景观设计导论

[第二版]

Introduction to Landscape Design

[Second Edition]

约翰·L. 摩特洛克 | John L.Motloch　著

于矛　译

WILEY　天津大学出版社
TIANJIN UNIVERSITY PRESS

Introduction to Landscape Design[Second Edition] by John L.Motloch

Copyright © 2001 by John Wiley & Sons, Inc. All rights reserved.

Simplified Chinese edition copyright © 2016 Tianjin University Press

天津市版权局著作权合同登记图字 02-2010-252 号

本书中文简体字版由约翰·威利父子公司授权天津大学出版社独家出版。

图书在版编目（CIP）数据

景观设计导论 /（美）约翰·L.摩特洛克著；于矛译 . —2 版 . — 天津：天津大学
出版社，2016.8

全国高等学校建筑学学科专业指导委员会推荐教学参考书

ISBN 978-7-5618-5651-2

Ⅰ . ①景… Ⅱ . ①约… ②于… Ⅲ . ①景观设计 – 高等学校 – 教材 Ⅳ . ① TU983

中国版本图书馆 CIP 数据核字（2016）第 205026 号

出版发行		天津大学出版社
地 址		天津市卫津路 92 号天津大学内（邮编：300072）
电 话		发行部：022-27403647
网 址		publish.tju.edu.cn
印 刷		廊坊市海涛印刷有限公司
经 销		全国各地新华书店
开 本		210mm×285mm
印 张		23.5
字 数		750 千
版 次		2016 年 8 月第 1 版
印 次		2016 年 8 月第 1 次
定 价		85.00 元

目录
CONTENTS

前言
PREFACE

《景观设计导论》的第一版对已有及新生的影响景观设计的因素进行了一个概述。序言以雅各布·布洛诺斯基（Jacob Bronowski）的"人类是一种奇特的生物。他拥有一系列迥异于其他动物的天赋。因此，与其他动物不同，他不是景观中的一个人物形象。人是景观的塑造者。从身体上与心理上，人都是自然的探索者，无处不在的特殊动物，他不是在每一块大陆上去发现，而是营建自己的家园。"（1973）[译注] 为开场白。第一版序言介绍了人类改造重塑世界过程中的责任，谈及了全社会的重新觉醒以及对人与环境互动关系的重新认识。《景观设计导论》的编著有助于这种重新觉醒，为那些毕生从事创造景观事业的人们提供服务，并帮助景观设计师们成为埃里克·詹奇（Erich Jantsch）所指的"受人青睐的系统"（appreciative systems），领悟到人类是"独特的装置，与他们积极并富有创造性的塑造现实生活的活动相联系"（1975）。前言认为设计是艺术与科学共同作用的产物，一种创造性的操控行为或者是生态与人文系统，并且属于生活的品质。

第一版由三部分组成。第一部分介绍了景观的概念以及影响我们管理和设计景观等的各类问题。第二部分介绍了各种影响力、影响作用以及景观管理、规划及设计中应注意的问题。第三部分探究了设计范式以及"健康设计"的景观设计理念，包括生态、生理及心理健康。

《景观设计导论》受到了广泛的欢迎，某种程度上应归功于该书所讨论问题的广泛性。自出版以来，我已感受到需要拓展针对景观管理、规划和设计过程以及各个学科、职业各自作用与相互作用的讨论。我也意识到需要阐述全球的趋势与动态，二者深刻改变着对符合生态、生理及心理健康要求的景观管理、规划和设计专业的认识。

根据第一版的优点及其提出的新挑战，第二版由四个部分组成。前两部分是对第一版相应部分的精炼，但是更加强调了景观体系。第三部分对景观管理、规划、设计及涉及的多种专业的作用进行了概述，回顾了专业景观建筑实践的模式、景观设计师的操作尺度（全球性管理、区域规划、生态规划和设计、土地规划、城市规划与设计、总体规划、场地设计）。第三部分以讨论场地尺度的设计过程（第一版中第十三章的主题）的章节作为结尾，包括场地已知、用途未明以及用途已知、场地未定两种情况的差异。

第四部分是主要的新增部分，围绕设计生态以及将不同参与者的决策与我们最终依赖的系统重新建立紧密联系的必要性进行讲述。该部分探究了全球趋势和动态对符合生态、生理及心理健康要求的景观管理、规划和设计专业产生的深刻影响。

第一部分：概念与概述探究了通过哪些观点使得景观设计师做出决策以及那些影响我们感知、管理和设计景观方式的问题。**第一章：景观的含义**介

[译注] 引自雅各布·布洛诺斯基所著《人类的攀升》（*The Ascent of Man*）。

绍了不同的认知方法，通过它们我们感知和归纳景观的含义；本章也详尽阐述了作为物质环境与个人意识之间的对话桥梁——景观的敏感性。**第二章：人、态度与感知**探讨了影响我们归纳景观定义及介入景观方式的基本世界观和价值体系；本章也探讨了再次出现的人—环境之间关系的态度和感知，用历史上的实例表明世界观的流动是景观介入的推动力。**第三章：教育和设计思维**介绍了教育思维发端于小学和初中教育及正规景观设计课程的长处和短处。以上三个章节为深入发掘景观设计的影响力、影响作用和问题奠定了必要的基础。

第二部分：设计的影响全面考察了对景观进行管理、规划和设计时需要考虑的驱动力、影响因素以及相关问题。**第四章：景观过程**阐述了环境过程（地质的、土壤的和生物的）是如何影响并定义景观形式并且整合自然和人工形式的。本章还建立了影响力、材料及时间之间的相互关系。**第五章：可利用的资源和技术**阐述了景观设计的材料范围，包括地形、水体、植物、构建材料和技术。**第六章：认知的感官特征**在强调视觉和空间感知的同时，探讨了感官知觉的设计内涵。**第七章：认知的时间特征**探索了时间和空间感知之间的相互关系。**第八章：作为秩序机制的视觉艺术**描述了与景观设计相关的视觉艺术要素和原则。**第九章：作为秩序机制的几何学**分析了形式的古典概念，对定义进行编码、解码的西方文化趋势，还有如何通过欧几里得几何学形成景观秩序。这一章还探讨了不断演进的自然几何学。**第十章：作为秩序机制的流线**探索了作为一种暂时组织空间体验手段的活动。本章还探讨了一些认知与技术方面的问题以及步行和机动车辆流线的设计含义，还对公交车、铁路、航空和水路运输系统的设计意义提出了建议。**第十一章：空间开发**探索了场所的空间知觉与感受，并研究了增强这种感受的设计和空间开发。**第十二章：建筑与场地开发**讨论了建筑物和场地之间的关系。本章应用了第五章（可利用的资源和技术）和第九章（作为秩序机制的几何学）中所阐述的对于材料和技术

的理解，还将建筑描述为诗歌以及结构和基础设施系统的整合。**第十三章：场所营造与社区建设**研究了在第十一章提出的场所定义以及作为人类社会一部分的个体的需求。本章还探讨了作为场所管理手段以及作为一种社会意识服务于人类心理健康的景观设计。

第三部分：当代设计应用概述了景观管理、规划和设计，相关专业的职能与整合，专业实践模式，景观设计师的操作尺度及基地尺度上的设计过程。**第十四章：专业实践**是新增加的一章，内容是对专业实践的一个概述。本章解释了实践者进行操作的不同层级、相关专业的相互关系、专业景观建筑师进行操作的模式，还有他们执行项目的类型。**第十五章：作为问题解决方式的场地设计**（第一版中第十三章）探讨了场地设计如何从生态角度和文化角度解决设计难题，包括第一种情况——场地已知、用途未明以及第二种情况——用途已知、场地未定。

第四部分：未来带我们再回到开始时的话题——系统。这部分呈现了社会走向全球系统衰竭的转折点时刻以及人类参与重建我们最终所依赖系统的需要。**第十六章：设计生态学**呼吁将管理、规划和设计专业纳入一种设计生态学，在地区和全球范围内指导社会重建健康而丰富的生态和文化环境。本章讨论了可以加速这种改变的趋势、动力、工具和技术，还研究了通往新生社会所必需的新世界观、价值体系与科学应用，讨论了已有的和新型的设计方法、工具和技术，协助景观设计师在区域和全球范围内重建健康而丰富的生态和文化景观时引领社会成为一个完整积极的影响力量。本章呼吁从生态角度对专业加以深刻改变，从而管理、规划和设计出生态、生理、心理诸方面健康的生态和文化景观。本章讨论了可以加速这种改变的趋势、动力、工具和技术。**第十七章：景观设计教育**讨论了引领设计职业所必需的教育领域的转变，包括设计教育、基础教育（K–12）[责编注]、大学教育、成人和继续教育的改变，促使社会接纳设计生态学，推

[责编注] K–12，当中"K"代表 kindergarten（幼儿园），"12"代表 12 年级（相当于我国的高中三年级）。"K–12"指从幼儿园到 12 年级的教育，也被国际上用作对基础教育阶段的通称。

动可持续与可再生的未来。

　　第二版的《景观设计导论》保留了研究范围的广泛性。书籍有限的时间和空间使得对多数问题的研究尚停留在表面。即使是更为深入的探讨也不过是概述而已。本书的价值不在于任何单一部分的涉及面，而在于各组成部分的广度及各组成部分之间的相互关联，并将设计提升为针对多种影响作用的创造性综合反应。本书提供了**参考书目**，以期这些独立的篇章能够鼓励读者对某些主题进行更加深入的研究。在参考书目之后附有**词汇表**。

致谢
ACKNOWLEDGMENTS

在本书第一版中，我对美国景观建筑师协会（ASLA，American Society of Landscape Architects）的莱恩·L. 马歇尔（Lane L. Marshall）的感激之情溢于言表：是在他的倡议下，我才萌生出为攻读景观建筑学的年轻学子们撰写一本景观设计手册的想法；是在他的帮助下，这一项目方能开花结果，景观设计手册最终付梓；他还提供了诸多宝贵的建议、批评意见和鼎力支持。我还要感谢伊恩·伦诺克斯·麦克哈格（Ian Lennox McHarg）和已经离世的纳伦德拉·朱尼加（Narendra Junega），在他们的启发下，我从动态变化的视角看待景观和建筑，同时把设计过程理解为设计师对设计对象的创意性反应。我亦应感谢以下诸位：普林尼·菲斯克（Pliny Fisk）和哈德利·史密斯博士（Dr. Hadley Smith）对系统和创造性思维方法驾轻就熟，颇具洞察力；米歇尔·墨菲（Michael Murphy）在可持续设计领域与我交流多年，相谈甚欢；而 R. 布鲁斯·赫尔博士（Dr.R.Bruce Hull）对于环境感知和场所营造提出了诸多见解；米歇尔·M.麦卡锡博士（Dr. Michael M. McCarthy）的健康设计理念使我受益颇丰。此外，我还要感谢我以前的学生约翰·霍洛韦（John Holloway）、格温·乔丹（Gwen Jordaan）、梅琳达·琼斯（Melinda Jones）、凯文·康纳（Kevin Conner），他们绘制了大量草图，向我反馈对这本书的使用心得，对这本书提出了批评意见并且帮助我校对书稿。我要感谢阿贝·萨恩斯（Abbe Saenz）、里凯勒·沃丽克（Rechelle Volek）、米歇尔·劳瑞（Michael Laurie）、卡门·伊斯皮提亚（Carmen Espitia）、丽莎·格里马尔多（Lisa Grimaldo）：他们费尽心力，辨识我字迹潦草的原稿，将文稿录入、打印然后校对。我还要感谢哈洛·C. 兰德菲尔博士（Dr. Harlow C. Landphair），他帮助我重新认识自我：虽然我笨嘴拙舌，不谙诡辩之术、不善巧言令色，但仍可凭借思维的力量创作出《景观设计导论》这样的宏宏巨著。

我对上述诸位感谢万千。我还要感谢国家价值中心（National Values Center）的唐纳德·爱德华·贝克（Donald Edward Beck）和克里斯托弗·考恩（Christopher Cowan），八年以来，我和他们一直在价值体系领域进行交流探讨。感谢崔静（Jing Cui）和张静（Jing Zhang）二人帮助我绘制了新图片。最后，我要再次感谢合作者普林尼·菲斯克，他供职于最大潜能建筑系统研究中心（Center for Maximum Potential Building Systems），毕生从事景观设计规划事业，其设计理念摒弃传统旧习，规划理念推陈出新，他倡导设计应当让各种体系中生命周期的循环运动处于均衡状态，从而成为设计领域引领潮流的先锋人物。在国家价值中心多年的工作经历和这些年里与普林尼·菲斯克之间畅所欲言、充满智慧甚至针锋相对的讨论，使我对设计创新学以及生态平衡设计领域的理解更加深厚透彻，也使得人们将它们重新与系统动力学，景观管理、规划、评价体系及再生过程设计等诸多领域联系起来。

引言：景观系统
Introduction：Landscape as System

管理、规划和设计作为受人青睐的系统和可再生的过程，要求将景观作为系统对待，也要求设计师积极主动地进行整体系统思维。因为系统思维与20世纪西方文化的还原方法十分不同，而它的专用语言包括一些以非传统方式应用的传统名词，因此以阐释一些定义作为开篇是非常有益的。

系统 | SYSTEMS

系统（"整体"（wholes）由实体和关系组成）通过部分之间的相互关系起作用，并展示了不依赖于这些部分而存在的特性。景观的管理、规划和设计要有效地整合多种多样的系统，景观设计师必须进行**系统思维**（systems thinking，整体思考的同时，对系统动力有所认知）。他们必须致力于景观的管理、规划和设计，从而优化各类物质系统、生态系统以及人类系统的健康与生产率。景观设计师必须立志于管理、规划和设计人与环境的关系，改善人类参与行为，深化**可持续性**（sustainable，满足今天需求的同时维持满足未来需求的能力）与**可再生性**（regenerative，再生系统能力的功能）的深刻含义。

由于必须整合不同系统，景观设计从范围广泛的众多学科和专业知识以及主动参与之中获益匪浅。另外，不同系统中有一些共同的概念、模型和特质，景观设计也从**通用系统方法**（general systems approach，通过理解共享系统行为来整合系统）中受益。当决策整合了系统的秩序、促进相互依赖、呼应背景以及整合跨学科知识时，景观管理、规划和设计将有助于系统的健康、生产率及系统更新。**创造性思维**（thinking outside the box，超越还原性思想的束缚来审视关系和联系）和**系统设计**（systemic design，整合系统动力的设计）是解决近代以来**还原思想**（reductive thinking，欠缺学科间丰富交流的狭窄思维）导致的区域与全球性碎化问题的途径。

本文致力于帮助读者们建立认知和整合**系统动力**（systems dynamics，系统内部和外部的行为）和**背景文脉**（context，全球、地区以及局部区域尺度的环境）的能力、应用规律原则的能力，并且探寻同时回应生态的、物质的、心理的、技术的、政治的以及社会经济系统的前进方向。本文还促进多种系统的**综合管理**（integrated management，创造性地整合长期以来很多参与者的决策）便于同时促进自然的以及人类生理和心理的**健康**（health，在此，随着时间的推演，系统不断再生而不是随时间在衰败）。

系统理论家告诉我们，共有两种系统行为或类型。第一种通常被称为"平衡系统"（equilibrium systems），属于动力平衡（缓慢变化的系统，例如新近的演替生态系统（late successional ecosystems），以高水平的集成程度、互动、积极的反馈、自我永续和再生为特征）的系统。这种系统具有高度的秩序性。但是这种秩序不是我们还原思想教育中传授的那种由一到两种可变因素组成的简单秩序。它是综合性的概率秩序，整合多种变量、优化多种系统的健康运行与生产率。在平衡系统中，被先前系统行为所提示的决策通常产生积极的或强化的反馈。不同系统中的积极反馈通过强化各部分间的相互联系促进这些系统缓慢地共同演化发展。随着时间的推移，诸系统精准调谐，各组成部分紧密关联，与背景文脉高度整合，鲜有内外部冲突。它们随着时间的推移维持和自我再生。第二种系统类型是**耗**

1

散系统（dissipative systems，高度自发的、迅速改变并且先天不稳定的系统）。在这种系统中，被先前系统行为所提示的抉择通常产生消极的反馈、内部和外部冲突或者压力。这些系统促进更多新的、更为相关的相互关系的产生。

在多数情况下，景观管理、规划和设计必须融入**动态平衡**（dynamic equilibrium，缓慢的、高度一体化的改变，并且系统各元素进行着一致的变迁）条件下运行的系统动力学。随着条件恶化，系统动力变得更加耗散。在这些情况下，设计师将成为"变革推动者"，加速新的和更加相关的运行环境、管理结构、规划策略和设计解决方案的出现。

本书的前三部分探讨了在平衡或动态平衡条件下运作系统中推动决策的设计思维、信息和过程。第四部分探讨当前生态动力、个人与场所的关联以及群体动力学领域全球性的衰竭，然而在长期狭隘思维方式的影响下，设计师还不断被要求在这种背景中继续进行工作。第四部分支持了新水平一体化的出现和再生性的景观管理、规划、设计过程和解决方案。

混沌科学（the Science of Chaos）告诉我们，通过妥善调节关系和积极反馈，平衡结构可在静态中或缓慢改变的系统中提供秩序。它告诉我们这种秩序生性短暂并且以基本随机性为基础，同时这些系统迟早会步入耗散状态。它证明了系统在平衡时存在的秩序以及系统趋于出现新平衡状态——耗散。这告诉了我们混沌潜藏在秩序背后，但是混沌本身表述了更深层的秩序，这种秩序跨越学科界限并在不同系统中对行为加以解释。混沌似乎解释了描述现实世界的复杂性，包括自然和人类系统的动力学。在广泛学科范围内，混沌也是激励人们整体思考的一种来源。

景观管理者、规划师和设计师必须能够应对平衡条件。在这些条件下，设计师需要对过去的决策反馈敏感，可以妥善地处理动态的关系，从而推进完整复杂的多种人文景观。然而遗憾的是，在现代主义的范式下，社会未能应对系统的复杂性、整体性并做出反馈，也未能意识到"自然的本质就是变化"。我们在还原思维和渴望**操纵**（engineer）世界（遏止改变）的幻想基础上进行决策，而非在我们管理、

规划和设计人文景观时使世界**生态化**（ecology）（结合改变的决策）的基础之上。通过与系统动力相结合的决策是可以避免系统衰竭的消极反馈与趋势。

景观管理者、规划师和设计师必须擅长应对离散系统，因为根深蒂固的还原思维以及对背景文脉和动力的迟钝已经使地区和全球的景观退化，加速了耗散过程。现在设计师所面临的很难应对的任务是将截然不同的元素整合成为富有意义的、可再生的景观。遗憾的是，设计师通常在静态和缓慢改变的文化下接受教育，他们的生活经历没能为他们提供充分准备，以在快速变迁与耗散动力背景下进行设计。规划和设计决策通常未能与更大范围的环境、人文和技术系统构成整体。另外，西方设计师通常把环境的、社会的、经济的、政治的及技术的环境中产生的解决方案误解为普遍规律，可以应用于任何环境的、社会的、经济的、政治的及技术背景文脉。当西方规划师和设计师在全球性范围拓展他们的活动之时，造成了20世纪70年代和80年代的重大危机。在这种范式下做出的决策未能使场所、人和科技起到协同作用，也未能提供一种积极的**场所意识**（sense of place，人在精神上与背景文脉相联系）、**群体意识**（sense of community，与属于富有意义的群体成员建立联系的感觉）或者**特定场所的群体意识**（place-specific sense of community，人与场所或场所中的其他人相关联）。这些决策对全球生态和文化产生严重冲击，导致了20世纪末的系统衰竭以及被弗里蒂奥夫·卡普拉（Fritjof Capra）、汤姆·沃尔夫（Tom Wolfe）和其他有识之士所记载的广泛危机。

20世纪末的技术极大地增强了我们产生影响的能力，并且因此增强了我们对地区和全球系统进行操控的义务。在20世纪70年代，这种责任意识导致了景观建筑职业当中从认识论到**系统管理**（systems management，管理体系的健康状况与生产率）的转变；类似的转变在80年代以**可持续发展**（sustainable development，在维持资源与系统健康和生产率的前提下，综合了保护与开发）的形式再现；90年代演化成为**可再生规划与设计**（regenerative planning and design，从系统动力中生成的解决方案再造系统的健康与生产率），使得人与场所和其他人可以重新联系起来。

再生设计打造的强烈群体场所意识可以使设计更加受人青睐，并且有助于个体成为"独特的装置，在它的形成过程中与现实联系起来……（他或她）积极并且富有创造性地参与其中"（詹奇，1975）。通过以**知识**为基础的**设计**（knowledge-based design）（通过艺术与科学的协同作用产生的洞察力获得启示），景观设计师可以创造出具有责任感的、人性化的场所，这种场所具有明显特征，促进人类互动和参与，丰富人类的体验，使生活质量最大化，并且促进生态的、生理的和心理的健康。

景观｜LANDSCAPE

不同于一些早期的书籍，本文**未将**"景观"一词运用于那些为了人类永久占据使用而改观的地貌，也**没有**将景观界定为"荒漠的反义词"。本书承认以上这些定义在历史上的某些阶段是准确的，而且这一词汇来源于德语中的"landschaft"（小规模的人类聚居建筑群，周围是圆形牧场环绕或被荒野包围的耕种空间）。然而，本文发现了早期定义当中拟人化的偏见，人与自然的割离导致与系统动力、人与自然的内在联系以及当前对于景观管理、规划以及设计的认识论都不匹配。在此，"景观"被视为一个兼容性的术语，其含义包括荒野、近郊和城区。荒野是一种自然景观，近郊是一种郊区景观，城市中心区是一种城市景观。

景观管理、规划和设计｜LANDSCAPE MANAGEMENT, PLANNING AND DESIGN

管理（management）是将优化潜能的设计策略加以确认并贯彻；而"**景观管理**"（landscape management）即是将优化景观潜力的设计策略加以确认和贯彻。"**规划**"（planning）是一种前瞻性决策，提供条件协助实现系统潜力；"**景观规划**"所包含的前瞻性决策（包括提供结构和基础设施）就是协助完成景观潜质。"**设计**"（design）是针对环境条件和集中意义所进行的创造性过程。"**景观设计**"（landscape design）就是创造反应迅速、生动感人、可持续发展的再生景观。**景观管理、规划和设计**（landscape management, planning and design）由有意识地管理、规划和实体改变景观的历程所组成。这个历程将景观作为**背景**（setting，实体条件）和**场所**（place，随着观察者给背景赋予意义而形成的认知思维的产物）。场所和设计作为场所营造的方式将在后续的篇章详细探讨，特别在第十三章"场所营造与社区建设"。

影响力｜FORCES

经过设计的景观（designed landscape）随时间进行演化，对广泛的"**重要影响**"（formative influences）做出回应，它们建立秩序、影响形式，并且赋予景观某种意义。已建成景观的特征——它的形式、材质、尺度、肌理及精神，都在回应这些构成外形的影响因素。再生性的景观设计分解了上述生态的、技术的以及文化的影响力，形成一个带有背景文脉的影响力，增强了整体性、健康水平和生产率。未能应对这些影响力的设计降低了系统的健康水平和生产能力。这些影响力自然地改变着，并且作为经过设计的元素改变着动力。因此，优秀的景观设计必须与不断变化的影响力紧密结合，并作为再生性景观设计的媒介。

融入背景文脉并不像有些人所说的那样扼杀了创造力。相反地，创造性地对多种影响做出反应、革新性地与不断改变的条件融为一体，催生因地制宜的美学理念，大概是最高层次的艺术以及最复杂的创造力，而不是停留在普适方法或与背景关联甚少的借用形式。

相互关联、富有意义以及动态的景观设计通过对场所和人的敏感反应与生态的、技术的以及文化的影响力融为一体，这种设计要求见多识广而且敏锐的设计师协同合作。知识和敏感性通过观察、实验、自我评价和再生设计的**范式**（paradigm，世界观）得到深化提高。

为了设计出富有意义的景观，设计师必须懂得影响形式的影响力，并对它们的意义非常敏感。阿摩斯·拉普卜特（Amos Rapoport）在《住屋形式与文化》（*House Form and Culture*）中提出：在前工业化文化中存在三种主要的影响力类型：**自然影响力**（physical forces，例如基地、气候和材质）、**文化感知与愿望**（cultural perceptions and aspirations，对于人与自然关系、社会互动、经济学、时间等方面的世界观和态度）以及**资源和科技**（re-sources and technologies，可用于改变条件）。在工业文化和后工业文化中，第四种影响力——**专业设计师**（designer）作为景观形式的赋予者变得至关重要。这四种影响力的积淀赋予生态景观和文化景观以形式和意义，并作为决策必须与之融为一体的基本原则。因此，景观能够被视作鲜活的历史、真切的现实以及萌芽的未来。

资源的可利用性
RESOURCE AVAILABILITY

上述各个影响力影响设计形式的程度取决于影响力的强度和应对该种影响力的决心与可用的资源。景观生态表明，在资源（材料、技术、能源、金钱）有限的时候，自然和人文景观会被优势背景文脉妥善调节。在只有少量资源的时候，作为回应的设计通常表达了区域、基地、材料、技术和文化，而非被外力左右的设计想法。这就是中世纪城市的情况，也是当今风土建筑和风土文化的情景；在这些情况中，人工环境与背景文脉妥善协调，具有丰富的区域传统。相反地，在资源丰富的时期，多余的物资可以突破这些限制，低效率的形式可以反映个人化的设计理论，而不是区域传统。不幸的是，资源丰富和低效决策的历史让我们无法在当前和未来资源稀缺、景观退化的条件下保持竞争力。我们昨日和当今的行为正在创造今天和未来的环境条件，在这一过程中我们正逐渐变得越来越不擅于竞争。

你可能会问，为什么我们不设法处理不断变化的资源条件。部分原因是系统具有自我教育的属性。多年来低效率设计取得的成功教育了我们，低效率的设计是合适的。先前的成功掩盖了资源过剩的情况已经消失的事实，这种成功使我们对决策的正确性产生错误观念，并且使我们在低效率、高消费以及将资源转变为废物之路上继续前行。这些决策的负面影响将持续多年。更糟糕的是，在经济限制日益增多的时期，我们废除了20世纪70年代制定的、意在维持长期生产率的规章，并且使我们的生态和人文景观退化。我们持续以子孙的可用资源为代价，追求不恰当的决策。

景观建筑学
LANDSCAPE ARCHITECTURE

"景观建筑学"（一种专业，在对实体与文化景观整体进行管理、规划和设计的过程中融合艺术和科学，包括尚未开发的荒野和逐渐扩张的城市）在营造生态与人类健康与安居乐业中迅速演进。该专业寻求景观的**可持续性**（sustainability，景观自我维持的能力，而不需使资源耗竭或退化）、**再生性**（regeneration，景观系统再生修养的能力）、强烈的积极**场所性**（placeness，一个场所唤起强烈主观影像并被长期记忆的能力）以及促进群体健康和生产率的**公共建筑**（community-building）。

展望未来 | LOOKING FORWARD

第一部分：概念与概述探究了景观管理者、规划师和设计师做出决策所依据的不同视角。该部分为研究**第二部分：设计的影响**奠定了必要的基础。第二部分深入探究了在景观管理、规划和设计时需要考虑的作用力、影响以及各种问题。在对这些设计影响力有了深入理解之后，**第三部分：当代设计应用**概述了景观管理、规划和设计，相关职业的作用和整合，职业实践的类型，景观设计师的操作尺度，基地尺度上的设计过程。**第四部分：未来**探讨了全球趋势和深刻影响变革的动力，肩负实现生态、生理以及心理等方面健康发展的景观管理、规划与设计；还探讨了为了迎合改变，需要在教育中进行必要的改革。

参考文献

Jantsch, E. Design for Evolution. New York: Braziller, 1975.

Kauffman, D. L., Jr. Systems 1: An introduction to systems thinking. The Innovative Learning Series, Future Systems Incorporated, 1980.

Lyle, J. T. Regenerative Design for Sustainable Development. New York: John Wiley & Sons, 1994.

Marshall, L. Action By Design: Facilitating Design Decisions into the 21st Century. Washington, DC: American Society of Landscape Architects, 1983.

Stilgoe, J. R. Common Landscape of America, 1500-1845. New Haven: Yale University Press, 1983.

Part 1 第一部分

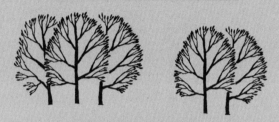

概念与概述
Concepts and Overview

　　第一部分：探究了景观管理者、规划师和设计师做出决策所依据的不同视角。**第一章：景观的含义**介绍了多种感知与定义景观含义的认知方法，本章也培养了对景观的敏感性，将其作为自然环境与个体意识之间的对话方式。**第二章：人、态度与感知**探讨了影响我们定义景观的世界观、假想和价值体系以及景观介入的性质。**第三章：教育和设计思维**介绍了设计思维，包括在小学和初级中学教育中的发端及正式景观设计教育的长处和弱点。第一部分为研究**第二部分：设计的影响**奠定了必要的基础，第二部分深入探究了对景观设计师管理、规划和设计时需要考虑的作用力、影响及相关问题。

第一章

景观的含义
Landscape Meanings

景观（landscapes）是一种对于生态、科技和文化影响的即时表达。**环境**（settings）是特定的地点，是经过了人工设计或未经设计的，由上面的影响催生并被人们体验。个体从这些环境中进行编码和解码是为了生理上生存和安全的目的，也是为了心理上群体感、尊重和自我实现的目的。环境的感知特征产生了**感知含义**（perceptual meanings）；环境与观察者之间直接/间接体验的关系产生了**联想意义**（associational meaning）。经人工设计的环境与背景文脉之间的关系影响了意义。**系统的设计**（systemic design）与这些不同的影响融为一体，提升了相互联系的感觉，并且促进了相互关联的单个意义。设计与背景文脉系统融为一体，反过来，它也逐渐变得更加具有互动性。系统设计的环境可以通过不同的方式、被不同的人、在不同时间进行感知。通过系统设计的介入，多种多样的影响和丰富的经历、强化的含义共同纳入整体，景观变得更加丰富，**场所**（观察者心目中体验的精神构想）变得更加生动。

1.1 研究方法 | METHOD OF STUDY

在《农民、社会与文化》（*Peasant, Society and Culture*）一书中，罗伯特·雷德菲尔德（Robert Redfield）在许多学科领域（音乐、宗教等）中区分了经典的或高雅文化与流行的或民俗文化。在《住屋形式与文化》（1969）中，阿摩斯·拉普卜特思考了高雅文化、流行文化与实体设计之间的关系。他界定了建筑学的伟大传统（grand tradition of Architecture）是"借助赞助人的实力，发挥设计师的聪明才智与赞助人的良好品位，集合一批志趣相投的建筑师和设计专家的力量建造出来给民众留下

深刻印象"的纪念物。另一方面，他将民俗文化定义为"直接而自然地将一种文化、这种文化的需求和价值观以及人们的渴望、梦想和激情体现在实体形式中"。他将民俗文化视作"缩小版表现的世界观，在建筑物和定居点上表现出的一个民族'理想的'环境，而不是设计师、艺术家或建筑师的刻意雕琢"。

在民间传统中，拉普卜特区别了原始建筑与风土建筑。**原始建筑**（primitive architecture，在由人类学家认定为只具有原始技术和经济水平条件的社会所产生）由当时属于施建通才的普通人建造完成，但他们仅仅拥有修建住所必备的有限建筑知识，这类建筑已经属于文化遗产的一部分内容了。**风土建筑物**（vernacular buildings，在经济和技术更为发达的社会中产生）由商人建造，但是建筑类型、形式以及材料作为知识文化载体的一部分而被众所周知。建筑"类型"追随文化传统变迁。个体建筑物巧妙地使传统主题与特定条件（家庭规模、基地、微气候等）相适应。《住屋形式与文化》聚焦于风土化，而非彰显伟大传统的纪念性建筑，该书对人工的景观进行了开创性的研究。正如拉普卜特所说：

> 人类的实际环境——尤其是人工环境，不论过去还是现在都不是设计师所能掌控的。这种环境是风土建筑（或民俗，或流行）的结果，它在很大程度上被建筑历史和理论所忽略。……另外，高品位的建筑，通常必须联系风土基础来加以审视，并且处于风土基础的背景文脉之中。事实上，一旦超越了该种背景文脉的范围，尤其脱离了它的设计和建造年代，高品位建筑将是难以理解的。

拉普卜特的说法暴露出现代建筑教育的一个主要不

足之处：在忽视流行建筑、背景文脉影响力以及更广泛含义的情况下，现代建筑教育一味只聚焦于高品位的建筑与形式。只是将建筑作为形式和对象来研究，而不是作为过程和整体加以研究。

不只拉普卜特一人在关注以上这些问题。同时代的其他学者，例如伯纳德·鲁道夫斯基（Bernard Rudofsky，著有《没有建筑师的建筑》，1964 年出版）、罗伯特·文丘里（Robert Venturi，1972 年出版《向拉斯维加斯学习》）、克里斯蒂安·诺伯格 – 舒尔茨（Christian Norberg-Schulz，著有《场所精神：迈向建筑现象学》，1980 年出版）以及汤姆·沃尔夫（著有《从包豪斯到我们的住宅》（From Bauhaus to Our House），1981 年出版）等人在后来的作品中以及后现代建筑中，都在为缺少现代含义而不懈奋斗。然而，这些人传播的思想并未被建筑界广泛接受。最知名的设计师并未发掘整体意义和文化意义，而是追求设计理论、运动和风格，例如现代主义（modernism，一种工业文化的体现）、后现代主义（post-modernism，图解拓扑的探索）以及解构主义（deconstructivism，凭借众多的解码意义将常规的心理结构分解）。综合型建筑设计师，包括理查德·布克敏斯特·福勒（Richard Buckminster Fuller）（20 世纪 30 年代至 70 年代）、斯图尔特·布兰德（Stewart Brand）、普林尼·菲斯克（"最大潜能建筑系统研究中心"的创立者之一，提倡低能耗和开放建筑）以及比尔·麦克多诺（Bill McDonough，美国当代设计师），他们都被视作处于边缘地带的"反叛者"，而不是主流运动的领导者。景观管理、规划和设计已经逐渐变得更加具有综合性和包容性——包含了建筑的伟大传统、风土设计以及整合了背景文脉的设计。

越来越多的专业设计人士和非专业人士都意识到应倡导风土化的需要，并坚决主张建筑表现文化，例如带状开发或迪斯尼乐园本身没有不妥之处。它们体现了我们另类文化主体内容的价值观、梦想和渴望。然而，风土化表达常常与大学里传授的经典设计定义和形式概念（见 2.2，3.3 及 9.1）发生冲突，被设计师不屑一顾。通过认识公共场所的价值以及非设计人员赋予景观的意义，设计师可以创造符合地域特点的美学观点，向更广大的民众传递更广泛

的意义，从而产生丰富的、具有启发性的景观，这种景观作为整体文化的一部分发挥作用，融合经人工设计与未经人工设计的元素，实现最为丰富的景观意义。

1.2 景观的意义 │ MEANINGS

我们已经初步了解影响形式的作用力，也明确设计应当对这些作用力做出回应，那么我们应该如何发现这些在一定时空条件下生效的作用力呢？如何理解表达这些作用力的形式的含义呢？换言之，我们该如何诠释景观呢？我们将景观诠释为何物，如何制定景观决策呢？

在《日常景观解读》（The Interpretation of Ordinary Landscapes）（唐纳德·威廉·迈尼格（Donald William Meinig）著，1979 年出版）的序言中，迈尼格说，"环境把我们作为生物供养；而景观以文化的形式展现我们的生活"，另外"我们的视野定义景观，并由思维诠释"。人们栖居其中的景观记载着文化传输的意蕴。根据梅·塞尔嘉德·瓦茨（May Theilgard Watts）（迈尼格，1979）的观点，我们可以像读书一般"阅读景观"。任何文化都可以通过阅读它的自传——景观，来探索其真实的自我。

景观的主要部分由拉普卜特称为"民俗传统"的共同要素组成。而少部分是被他称为"伟大传统"的由前意识构想过和专业设计过的元素。共同要素和伟大传统一同表达了"我们是谁"的两个方面：我们固有的自我和外在的自我。正如皮尔斯·福瑞·刘易斯（Pierce Free Lewis）（《阅读景观原理》（Axioms for Reading the Landscape））所说，二者以真实可见的形式互相交流"我们的鉴赏力、我们的价值观、我们的渴望，甚至恐惧"（迈尼格，1979）。事实上，这种景观的绝大部分是自发形成的，以致产生出一种更加诚实反映需要回应潜在作用力的景观，我们很少考虑到这一情况。

通常，景观是很难阅读的，有两个原因：第一，景观是容易混淆的，而且往往是矛盾的，因为它们在不断演进的过程中既要应对相互矛盾对抗的影响，还要匹配伴随时代变迁的作用力；第二，我们所受的教育使我们关注于独特而重大的问题，而不是感知景观全局，也不是好奇地探索我们周遭凌乱而且

难以控制的世界。

1.3 阅读景观原理
AXIOMS FOR READING THE LANDSCAPE

为了在设计中更好地对任何文化做出响应，我们可以将阅读文化的自传——它的景观作为起点。这样一来，将皮尔斯·福瑞·刘易斯已发表的《阅读景观原理》牢记于心是非常有益的，正如他所说，"这些原理是解读美国文化景观的基础"。这些原理发表于《日常景观解读》（迈尼格著，1979 年出版），现将这些原理归纳如下，同时也加入一些针对景观诠释、设计与设计教育原理含义的评价。

1.3.1 原理一：作为文化线索的景观原理
Axiom 1: The Axiom of Landscape as Clue to Culture

这条原理认定景观中的普通元素提供了关于"我们是哪种人"的深刻见解。这条定理有几个推论。文化变迁推论指出，景观代表了大量的投资，景观的重大变革将是在重大文化变革发生时做出的回应。有关区域的推论指出，如果某一地区表现出与另一地区明显的不同，那么这个区域将不仅从生态上发生了改变，而且从人文角度上也发生了变化。有关趋同的推论认为，景观看起来日渐趋同，事实上它们所代表的文化也是在逐渐聚拢的。扩散推论说的是，景观将通过模仿进行改变，交流的程度将会影响扩散的进度。最后，有关品位的推论说的是，不同的文化带有不同的偏见，就像它们喜欢或者厌恶、推崇或者禁止，等等。

在识读景观的时候，应该牢记我们是正在审视一个风土化的样本，还是一个崇高伟大的建筑。在设计师看来，前者将更多地告知我们真实的文化与平凡的生活；而后者，更多地告诉我们文化的宏伟志向。

1.3.2 原理二：文化统一和景观平等的原理
Axiom 2: The Axiom of Cultural Unity and Landscape Equality

这条原理讲的是，人文景观中所有的元素都会表达含义，并且绝大多数都传递等量的含义。依照

这条原理，一个风土建筑传达出的文化意义是与拥有伟大建筑传统的纪念性建筑等量的。在风土化表达占主导的区域内，交流主要表达的是普通人的意志；而在伟大传统占主导的区域内，主要是设计师之间的交流。

1.3.3 原理三：共同事物的原理
Axiom 3: The Axiom of Common Things

这条原理说的是，绝大部分的景观设计著述和专业学术期刊表达的是设计的伟大传统以及针对景观设计中共同要素的学术论述不足。这条推论是，通过浏览大量的非学术文献——例如汤姆·沃尔夫和伯纳德·鲁道夫斯基的著作、期刊、商业广告、旅游文学和研究人文地理学、环境心理学或景观意义的著作——我们可以发现比专业设计师更能影响他人决策的问题。

1.3.4 原理四：历史的原理
Axiom 4: The Historic Axiom

这条原理提出在阅读景观时历史知识的重要性。一方面，我们的行为被过去所限制，理解先前的决策可以使我们回应正在进行的过程时避免"重蹈覆辙"。另一方面，许多艺术品是已经改变了的环境条件的残迹，历史知识将防止我们将它们误读为活跃的作用力。历史知识帮助我们"阅读"艺术品。

这条原理有两个推论，历史沉浮的推论说的是主要的文化变革发生在突然的飞跃之中，景观在这些飞跃中改变甚少；机械的（或者科技的）推论说的是文化变革的突变通常与科技或信息交流的变革相关联，对科技和信息交流的了解在我们解读一个元素或者整个景观的时候是非常必要的。

当应用历史的原理去阅读景观时，我们应该铭记在心的是，我们正在阅读实体元素，这些元素不是抽象的形式，而是对于条件与影响的表达。我们也应该意识到，我们所处的时代正在经历一场空前的文化和科技变革，因此我们的景观正在以前所未有的速度发生改变。

1.3.5 原理五：地理的（或生态的）原理
Axiom 5: The Geographic (or Ecologic) Axiom

为了理解一个人文景观元素的含义，我们必须结合地理或区域背景文脉研究这些元素。我们对于这些元素的解读应该是对它们与背景文脉关系的一种回应，如同回应这些元素本身的实体特性一样。

现在，大批奉行伟大建筑传统的实践者似乎已经遗忘了这条原理。取而代之的信条是：设计师"绝对权威的概念"赋予设计意义。这种趋势已经延伸到了大量广受专家赞许的项目中，在设计阶段便固执地坚持建筑平面上的绿草地要一直伸向远方，直到蓝色的天际线。然而，一旦开始施建，就要根据其背景文脉来构思建筑。虽然图纸上的元素很可能成为最终建成的元素，但是两者的文脉关系是迥然不同，就像感知与解读元素和人工设计景观也是迥然不同的一样。

1.3.6 原理六：环境控制的原理
Axiom 6: The Axiom of Environmental Control

根据这条原理，文化景观与实体环境紧密相联；如果我们想准确地解读文化景观，那么对于自然系统的了解是很必要的。因为任何景观都是对于影响力的即时表达，这条原理意味着，了解创建了某一区域的生态影响力对于理解景观含义是必要的。

这条原理呼吁针对景观设计保持一种区域态度，并且在设计教育中重视地域主义。此处提及的地域主义并非像今天建筑所暗指的那样，通过一些设计细节或"抽象形式"去参考对应某种已有传统或者传统遗俗——像通常在当今建筑学中所说的那样，而是对多种多样影响力做出的系统而完整的回应，这些影响力相互作用建立特定景观。这一原理倡导源于区域影响力的区域设计传统。

1.3.7 原理七：景观模糊性的原理
Axiom 7: The Axiom of Landscape Obscurity

虽然景观带有多种含义，但它们并不是以一种单纯而客观的方式传达这些信息的。更恰当地说，它们有些模糊和混乱。每种论断都有很多种诠释，并且每种论断都将与其他多种论断交融。发现恰当的意义需要景观设计师提出合适的问题，对多种景观表达保持敏感度。

景观设计师应该对景观的模糊性、辩证特性以及人们喜欢"开放式"景观这一事实保持高度敏感，开放式景观使观众完善他们的信息，并且传递多重含义。我们应该意识到将复杂实体简化为单一表述的人文趋势以及由此引发的简化的景观意义和人们期望值的降低。我们应该致力于设计表达多种含义的"开放式"景观，正如克里斯托弗·亚历山大（Christopher Alexander）在《城市并非树形》（A City is Not a Tree）中所论述的那样。

有了上述原理，我们就拥有了解读景观的基本工具。当我们进行这种解读时，应该认识到正如第七条原理所说，这种过程不是被动消极的。通过模糊表达传达出多种含义的景观元素有多种解读方法。如果景观是如迈尼格所说的，"被我们的想法所诠释"，那么景观的"阅读者"就和它的含义融为一体。再次声明，相同的景观对于不同的人群意味着不同的含义。

1.4 景观解读
LANDSCAPE INTERPRETATION

迈尼格提出"观察者的眼睛：同一风景的十种版本"（The Beholding Eye: Ten Versions of the Same Scene）的论断，探索了"观察者的偏好"。他声称："任何景观都是由我们眼前的东西，还有我们脑中的东西共同构成的。"他设计了一项实验，一群由各色人等组成的参与者观察一处包含城乡结合的景观，要求他们描述景观并确定其中的元素、组织布局和意义。在这篇具有创意的论文中，迈尼格通过讨论由所见景观产生的十种不同感知，揭示了影响景观解读的不同偏好。迈尼格对于相同场景的十种解读版本呈现了人们解读景观的概观。这十种观点列出如下，每种观点都配有评论和一张图片。这些图片不应被视作仅表达这一种含义的实体环境，而应被视作观众感知这一类型图片的倾向，即便是从环境中获得的最微弱线索，通常也面临促使观众从其他视角审视景观的更强线索。

1.4.1 作为自然的景观 | Landscape as Nature

这种怀旧的浪漫观点，在 18 世纪的浪漫主义

图 1-1：作为自然的景观

运动（Romantic Movement）时期达到顶点，认为自然为主导，人类处于从属地位。自然被视作没有人类出现的原始状态（一片荒野）（图 1-1），没有人类活动的存在。这种天然保护论者的观点从他们自己的利益出发，认为自然景观作为一种实体应该被不惜任何代价地保护起来。这一观点的拥护者青睐将景观保持在一种不加雕琢的原始状态的决策。他们将景观中所有的人类工作和动作视作微不足道的努力，这些努力与自然景观的威严、力量和壮丽相比变得暗淡无光。自然景观的纯净、力量和壮丽是这种观点的前导。人被降级到一种次等的、无足轻重的位置，并被认为消极地影响了自然景观的完美。

这种观点的拥护者倾向于在场景中消除人的存在及其视觉表达。他们将文化景观视作是一种离经叛道、强加于人且不真实的景观。而未受干扰的景观，即使在很多情况下已是不再具有重要影响表现力的遗迹，也被认为是真实而恰当的景观。这种观点认为，自然景观实际上已经消失了几个世纪，即便在现有影响力背景条件下加以重建，也无法自我维持下去，因为这些影响力并不适宜。

这种观点将人与自然分离，多数是在回应人类大规模破坏环境、景观不断退化之时，针锋相对地提了出来。从哲学上讲，它树立了一种自然和人之间的对抗关系，对于正统的、纯净的和淳朴的自然景观，人类扮演了侵略者和掠夺者的角色。

这种观点的拥护者在政治层面经常属于草根阶层。他们提倡立法保护景观，并限制发展人类影响环境的能力。这些拥护者们积极地创建公园和野生动物保护区，编纂法令和规范以约束规划师、设计师、开发者和其他能够影响环境的人群。环境影响报告是环境保护论者最主要的理论载体，他们推动鼓励出台不会对实体与生态环境产生负面影响的决策。

坚决接纳这种观点的设计师觉得他们首要的社会价值在于保存、培育及保护环境。很多这类景观设计专业人员在公共服务部门，为城市、国家或联邦政府工作。另外，有些人则在草根环保组织中工作；有些人在以环境为导向的私人执业机构中工作；还有些人在景观建筑学或相关学术课程中进行教学工作。

1.4.2 作为人类栖居地的景观 | Landscape as Habitat

根据这种观点，景观是人类的住所。设想人类在土地上进行工作并改造土地来提高土地的生产力，并且重新将土地定义为一种资源，驯化驾驭土地为人所用。自然是温顺的供应者。人类与自然互动，接受自然的基本组织、结构和行为并改造自然中的原材料转变为资源，用以维持和提高生活品质。人们操控景观是在调和、关照、耕耘与管理景观从而维护土地富庶的愿望下实施的（图 1-2）。

这种观点，将人和环境联系起来，在美国独立战争（American Revolution）之后发展到顶峰，彼时人们接受了传统农业结构和空间排布方式。认定荒野和城市风光与农业景观相斥，于是就很少能再

图 1-2：作为人类栖居地的景观

载力最大化以维持各种文化的生存，而且极大地提高了我们对于作为人类栖居地的景观的理解。

这是一种综合性观念，将人与其经营管理的自然融为一体，并成为自然的一个组成部分。这种观点趋于成为风土化方法的主流，并且是科技水平较低、直接依靠土地维持生计的第三世界文化中的主导因素。第三世界文化改变环境以图获取作为资源的原材料，但它们几乎没有能力或愿望去深刻改变自然。这些文化与景观有一种辩证统一的关系，并且意识到为了利用自然，他们必须服从自然。这种观点潜在的设想是：自然是一种亲切和蔼的供给者，一旦赢得了尊重和滋养，自然就会维持人们的生活并且提供健康、意义丰富的生活方式。持有这种观点的人认为，他们的基本社会角色就是帮助自然维持人类的生活。

在第三世界和低科技水平的文化中，将景观作为人类栖居地来对待通常出于生存需要。这种观点也在部分第一世界和高科技国家有所持续。这两种情况下，景观已经演进出两种积极的特征。第一种，景观趋向于高度的和谐，人类活动与生态表达相融合，人与自然协调共存。在这种范式下，文化景观的演进通常被视作具有强烈的场所性（13.1），并且受到广泛欢迎。很多人花费巨资跋山涉水深入偏远地区，去观览由这种世界观衍生出来的古雅小村、偏远小镇或者独一无二的地区。

第二个优点是，这些景观很可能具有高效率的特征和自我维持的能力。既然人类的活动与生态自然融为一体，自然影响力便不会破坏人类的活动，而是强化了它们的条件（第四章）、功能和持续性。

1.4.3 作为人工产品的景观
Landscape as Artifact

这种拟人化的观点将景观认作人类创造的一种实体（图 1-3）。持有这种观点的人认为到处都是人文雕琢的场景，并认为自然景观只不过是文化喜剧上演和记录的舞台而已。

从这种观点出发，自然就不复存在了。景观

见到荒野和城市景象。人类栖居地的景观从自然景观当中获取建设提示，同时人类行为需与自然条件相呼应，发展出与自然融为一体的模式。作为人类栖居地的景观寻求引进自然景观作为生态基础的实体表现，寻求改变自然，提升自然对人类的眷顾。依据这种观点，人们有意识地改造自然为自己服务。每种景观都是自然和文化的表达。

根据这种范式，生活品质与一个健康的栖居地完整地关联，最大化发挥人类潜能的决策被视为合理的，并且推动维护高质量的、健康的环境，抛弃造成环境恶化的决策，自然自行修复被破坏的部分。

或许对这种观点最为众所周知的拥护者就是理查德·布克敏斯特·福勒（3.1.2）。他的**世界游戏**（world games）研讨课探索了"地球宇宙飞船"（spaceship earth）[译注1]的承载能力，并将它的承

[译注] 福勒 1969 年发起"世界游戏"活动，研究如何科学配置世界资源建设理想的人性化社会。他认为，地球就像宇宙飞船，依赖自身的有限资源生存延续。

图 1-3：作为人工产品的景观

完全是人类创造的。例如，土地不再被视作是人工改造过的、具有生物活性的介质，而是一种被复杂的人类活动——净化、耕作、施肥、护盖、种植、灌溉、补养、改良等"创造出来的"物质；水系也不再被视作是溪流或水文系统的一部分，而是工程基础设施管道。这种观点最典型的表现是**人工陆地**（made-land），沿海的沼泽湿地被人工填平，再造为大都会（例如马萨诸塞州波士顿的大部分陆地区域）。这种观点的另一个例子是建筑物本身：建筑物是一种人工产品，再加上人造的气候与氛围。

根据景观是人工产品的观点，人们已经征服了自然，并按照他们的目的重塑自然，并将自然作为一种自我表现。人们不再需要或希望回应自然模式，因为在统御一切的技术面前自然模式完全无关紧要。人类有能力也应该重建一个更美好的景观，脱离自然模式的束缚。根据这种论点，人类在生态角度居于主导地位并超越自然，人类才是典型的形式塑造者。景观按照人的意象重新定义、重新排序。这种人工的秩序不再是一种综合性的整体，而是一种公

然利己的秩序。

像其他观点一样，景观是一种人工产品的观点是一种在历史上的不同时代多次出现的心理构想。然而，到目前为止，因为科技水平的局限，它经常成为一种相当地区化的现象。例如，人们可以在花园中人工再造自然，但是这种重建活动自然不能大范围地扩张。借助于快速提高的科技水平，近来我们已经具有把这种观点应用在更大范围上的能力。随着这种不断增长的潜力，我们也逐渐认为人类是全球环境的科技再造者。这种观点促使工程师从实体角度重塑景观，生物技术学家也重新定义了生命形态和生命过程。

景观是人工产品的观点宣示了人类自我表现的愿望，当这种观点与我们大量的技术结合起来，产生了深刻的环境影响。当仅仅将技术应用于重建实体环境，而完全忽视与自然过程的整合时，必将导致大范围的污染和自然系统的衰退。这种衰退包括：地下水和地表水的水质降低和水量减少、表层土壤流失、土壤生产力降低、臭氧损耗以及几乎数不胜

数的其他环境问题（16.2）。景观是人工产品的理论是一种短视自私的观点，没有意识到推行这种观点的弊端，而且对出现的问题也漠不关心。

1.4.4 作为系统的景观 | Landscape as System

在这一具有整体性的观点中，景观系统是由相互依存的子系统组成的，包含的元素既是各个系统及发展过程的表现，而且也是理解它们的线索提示。这是一个相对新鲜、快速传播和发展的观点。它开始于一种还原牛顿科学的反应，并且乐于研究事物和构件，而不是寻求理解复杂的内部关联。景观是系统的观点自从其20世纪30年代出现，并在接受科学相对论作为现实观点后就迅速传播开来。这种新的科学观点具有整体性和完整性，认定意义的深化不是首先源于各组成要素，而是源于元素间的相互关系以及系统的行为和生成过程。认为景观是系统的观点坚称元素在整体上表达了其所属的多种系统。

在这种心态之下，人和自然表现出了系统的统一性。景观作为系统和子系统，完全出于维护环境和人类福祉的目的被理解与操控。健全的景观对生态和人类的健康、幸福是十分必要的，而人类的幸福是健康环境系统的具体表现。

从这种观点出发，元素不再是简单的事物，而是系统整体的组成部分。例如，一座建筑物是城市经验系统、结构系统以及基础设施系统中的元素。它是观众在穿行景观之中短暂体验的空间系统中的组成部分（从外部来看，可视作一个体量；从内部来看，则视作空间）。这个建筑物同时也是气候系统的一部分，可以在景观中为实现最理想的水和能量交换目标而设计（图1-4）。

"景观是一种系统"的观点展现了与系统动力和生命循环流动相关的行为。人类行为和设计决策被置于它们内部和外部的系统背景文脉中进行审视，并依据反应（初级、中级、高级、最高级）和景观系统对于健康和生产力的影响做出评价。优秀的景观决策可以提升景观及其子系统的操控管理，维持并提升承载能力、健康水平及生产力。

人们从文化上意识到最近以人的行为为核心的历史导致了系统的崩溃，从而使这种观点赢得了更多人的认可。与景观是人工产品的观点相对立，景观是系统的观点推崇可持续的、与文化相关的景观，将形式与功能融入景观动力并最大限度地改善实体和文化景观的长远健康及生产力。

笃信这种观点的设计师寻求一种**系统管理**（systems management）的方法。首先而且也是最重要的，他们将景观设计作为系统管理行为。这些设计师认为设计创造性地回应了系统行为，而不是设计师独立于背景文脉之外以自我为中心的表达。持有这种观点的人广泛分布于各行各业当中（私人

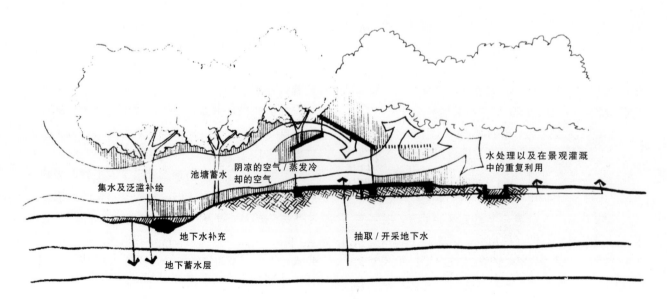

图1-4：作为系统的景观

的专业公司、非营利组织、公共机构、学术机构），他们提倡对生态系统和人类系统进行有效的管理，积极活跃于生态和人类系统，影响评价和调节，制定基于系统和绩效的法规以及控制开发的措施，提倡系统敏感的规划和设计，整合历史决策，教授他人具有系统敏感性的城市和区域规划、景观建筑学及建筑学方面的知识。

1.4.5　作为问题的景观 │ Landscape as Problem

这种观点认为景观——包括它的自然和人工元素，都是一种需要调整纠正的状况。臭氧消耗、空气污染、城市犯罪、人去楼空、海滩破坏、河口污染、溪流污秽、土地侵蚀、城市衰败和任意扩张、交通拥堵、危旧房屋都佐证了这种问题景观。在这种观点中，普遍存在的生态、生理以及心理疾病是景观的实质（图1-5）。

这种心态包括了对上面四种景观观点的认可，包括对自然的尊敬、赞成作为人类栖居地的景观、

图1-5：作为问题的景观（引自伊恩·伦诺克斯·麦克哈格所著《设计结合自然》）

保持针对景观作为人工产品的敏感度，同时回应将景观作为系统。然而，这种方法的基本前提是，所有以上这些都是混乱无序的。这种观点有一个令人信服的案例，那就是蕾切尔·卡逊（Rachel Carson，以关注环境及生态问题著称）的《寂静的春天》（*Silent Spring*，1982年出版）以及电影《失衡的生活》（*Koyaanisqatsi*，美国霍皮族印第安人单词，意思接近为"失去平衡的生活"）。与将景观视作系统的观点一样，问题景观的观点也是一个不断发展的观点，这种情况归因于快速发展的科技以及呈几何级数快速破坏景观的能力，并将景观从宝贵的资源转变为棘手的难题。

景观设计师发出的刺耳警告与稍事乐观的看法都表现了这种观点。这些设计师采用一种解决问题的方式（15.1），有些时候他们认为景观是一种需要迅速修正的严峻问题，还有时候认为景观仅仅是创造更美好世界的挑战。在后一种想法中，这种观点与"景观是人工产品"的论点有共同之处。

将景观看作问题的观点被景观设计教育作为实用的、基础的、行为的以及美学上的解决问题方式而得到推崇。它排除了"这种情况下束手无策"的观点。这种心态在20世纪70年代盛行于大多数的建筑院校和景观建筑院校，今天某些院校仍在坚持。

依据这种观点，景观设计师应用专业技能、科学知识及美学敏感来诊治环境问题疾患。在"景观是人工产品"的观点中看到了人为表达形式展现的价值观，而问题景观的观点强调了这些表达所反映的问题。它可以是一种短期观点（只是将当下的情况作为问题，而对二级、三级和四级问题关注甚少），也可能关注长期问题的解决。

当应用于长期目标时，这种认为景观是问题的观点倾向于创造没有问题的景观。然而，当着眼于短期，解决当前问题的做法常常会引起比原来更糟的问题。这种观点也可能创造出令人感到乏味的景观，其特征是一种无场所性（placelessness），不能提供维持人格魅力、促进心理健康的丰富环境。

1.4.6　作为财富的景观 │ Landscape as Wealth

这种观点是基于人们"拥有"土地的观念产生的。土地最基本的价值是它的经济价值；所有其他

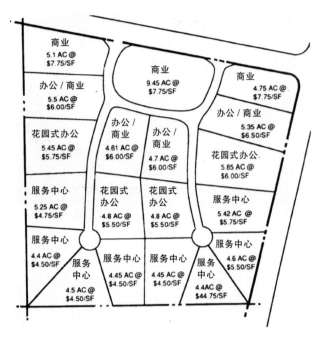

图1-6：作为财富的景观

的景观衡量标准对于投资潜力来讲都属于次要的了。土地是一种商品，它的价值是由市场上的货币决定的（图1-6）。这类似于房地产评估人的观点，通过市场寻求"最高和最优用途"来高度整合多种影响，确立土地价值并随着新情况的出现不断提升。

这种抽象的地理学观点将景观解读为一种经济单位，例如商业空间的建筑面积或者家庭住房的数量。它考虑土地的物理特性、市场影响、影响价值的外部条件以及土地满足支持系统需要的内在潜力，从而服务场地并促进开发建设。这种观点的拥护者把景观和支持系统看作经济投入。支持系统的便捷性和容量（公共卫生和排水管道、电气设施）通常比实体特性更加重要。场所和文脉的感知，甚至现场的人都是非常重要的。是富人还是穷人的聚集区会影响到土地评估和经济价值；形象是一种有价值的经济资源。

坚信"景观是财产"的人们关心商机和景观的内在约束以及那些可以被引入从而影响价值的因素。这些因素包括作为当前财产的景观以及作为未来财富的景观。它们以未来为导向，因为景观的经济价值在很大程度上是针对景观未来情况、用途以及价值的预测。

景观是一种财产的观点，在资本主义意识形态中根深蒂固，并主导了20世纪美国的景观设计。从我们的物质主义文化和短期角度来看，这个方法促使我们穷尽环境，迅速发展，对景观的效率和可持续性造成深刻影响。这种观点造成人们以经济价值为基础决策，而不是以景观承载力为基础。这种观点在开发矿物燃料、资源充足的时期能很好地服务于人类。但是当我们近期步入资源枯竭稀缺时期后，这种观点便失去了灵光（16.2）。

1.4.7 作为思想意识的景观 | Landscape as Ideology

这种观点认为，景观是一种文化的价值观、理想、志向、愿望以及梦想的象征（图1-7）。人们根据文化、潜在的哲学和自我感知对景观含义编码与解码。景观是文化、愿望和梦想的实体表现。它联想丰富，并且承载了设计师的个性。这种观点将景观视作价值的化身，并假设如果我们要改变景观，必须首先改变创造这种景观的文化哲学。

这种心态将景观的文化意义最大化。在具有同种特性、缓慢变迁的文化中，当创造完整景观的目的就是为了传达一种简单的意识形态时，这种观点可以产生伴有强烈整体感的景观。相反地，在异质或发展迅速的社会中，例如当代美国，这种观点产生了一种自发式令人激动的文化景观。这些高度零散的社会所产生的景观内部关联很差，缺少建立强烈整体感所需的必要关联性。这种社会创造出的是过度刺激、混乱不堪且心理不健康的景观。

1.4.8 作为历史的景观 | Landscape as History

在这种观点下，景观是特定地点自然与人类活动的复杂历史记录。它是按照年代顺序累积下来的记载。在年代背景、生成要素的事件以及由元素引发的变化中，景观元素才具有意义。依照这种景观观点，每件事都以事件和顺序定位。居住模式、城市形态、建筑形式、场地细节以及其他经规划与设计的特征都是有助于追溯元素归属年代的方式（图1-8）。

根据这种观点，景观是历史的层次。有时候这些暂时性的层次在空间上被分离开来，例如在一段

图 1-7：作为思想意识的景观

时期整个群体定居下来时，就会出现这种情况。更常见的是，它们在空间上交织，景观变成了一种历史丰富的时空拼贴马赛克。这种历史观译解了这种马赛克式的构成来构建精神景观，并把它们作为鲜活的历史。为了做到这一点，景观历史学家解码环境；就是说，历史学家阅读并解释线索，推断重组历史。在此过程中，历史学家对哪种线索可以长期生存（例如定居点和城市模式）以及哪些稍纵即逝（例如景观种植）是非常敏感的。

景观被视为世世代代的人们实际活动及最终形成的生态进程的记录。这种观点的拥护者解读这种记录，但通常会发现它是不完整的文献。当景观史学家解读历史记录时，组织模式、材料、形态和细部都会反映文化、亚文化、人类个体的一些内容以及创造景观的自然力量。为了理解景观并准确解读景观元素，景观史学家从它们的历史背景文脉角度并结合它们与过去、未来的联系来审视这些数据。

将景观看作系统的观点致力于将景观理解为建立互动系统的生态和人类活动过程；而把景观作为历史的观点则将这些最终构建完成的过程解释、解读为属于景观姿态的自然物理元素的改变，从而建立了一个更为完整的历史记录。对景观姿态的理解需要联系创造它们的文化和个体，而不是今天的文化与个体。然而，这些姿态的集合，即当代景观——是一种展现并解读历史元素的背景文脉，今天上演着一幕幕人生活剧。因此，当前的景观影响了我们对于历史的理解，景观作为历史的观点影响了我们当前的感知与行为。在这种相互作用下，景观成为了一种鲜活的历史。

这种观点通过了解发展历程，促使我们更好地理解我们的身份。关注我们共有的历史加强了我们作为一种文化的集体意识。然而，在异质并迅速发展的文化中，这种观点可能导致一种外观过度刺激的景观，景观中的元素缺乏视觉联系，彼此疏远。还有，如果一味只聚焦历史，便不会关注个体元素与当前和未来环境条件之间的关联。这种观点把当

图 1-8：作为历史的景观

前视作活着的历史，把未来看作尚未发生的历史，它与"景观是系统"的理念有共同之处，并且成为日常生活中的一部分。

1.4.9　作为场所的景观 | Landscape as Place

这种现象学的观点认为景观是知觉体验。它不仅关注元素，也关注感官上的（听觉、嗅觉、触觉）完形（指整体具有个体所没有的特性）。这种方法还关注场所的感觉、韵味及气氛，丰富多彩的心理建构和联想以及长久保留场所记忆的能力（图 1-9）。

持有这种观点的人从景观巨大的多样性、独特性与个体特征中得到快乐。这些人的关注点超越了一般意义上对景观的理解，寻求发现他们所声称的、所有景观都应具备的独特场所感觉和价值。它是一种强有力的观点，促使越来越多的人环游世界，体验一座独特的城市（例如威尼斯）或者一个地区（例如阿尔卑斯山脉）。

这种观点的支持者认为，人和环境不可避免地成为一个整体，感知健康的场所是人类健康幸福所涵盖的基本组成部分。这种观点深受哲学家马丁·海德格尔（Martin Heidegger）（1977）和建筑师诺伯格 – 舒尔茨（1980）的影响。作为人文表达与意义聚合的场所营造被认定为人类生存最基本的努力方式之一。13.2 探讨了这种观点，该节把设计作为心理健康和营造场所加以研究。

通常是地理学家坚持此类观点，他们关注场所特性，分析如何组织、构建、排布空间，创造出构想的景观。对于希望理解场所和意识之间关系的环境心理学家来讲，它也有研究价值。在环境感知研究领域，场所是基本的分析单位。

景观是场所的观点通过多种方式加以表达。能言善辩的作家通过玩弄词句传达作品氛围。摄影师——包括安塞尔·伊斯顿·亚当斯（Ansel Easton Adams），拍摄了具有启发性的影像图片；画家不仅仅是重复了场景，而且强化了场所的表达；地理学家发明了认知制图技术（cognitive mapping tech-

图 1-9：作为场所的景观

niques）来表达场所的心理建构，制作了航空地图和区域地图来表现景观中特定场所的空间布置。

景观是场所的观点关注于全部的景观整体而不是元素。由这种观点产生的景观对设计师的自我意识轻描淡写，而把重点放在景观特征上。他们倾向于具有视觉上联系、令人兴奋的并有感官反馈的环境。因此，这种景观理念与由"景观作为系统"的观点产生的景观设计有所相同。个体动作融入整体背景文脉。它们不是单纯反映一个问题，而是在多种背景文脉影响下的复杂表达。

在缓慢变革、低科技水平的文化环境中产生的景观通常具有一种整体系统的感觉，这是因为可供选择的范围有限。伴随着千姿百态的文化发展以及科学技术的突飞猛进，要想取得连贯的感知，需要强调作为场所的景观概念和大胆的体验式景观管理。

1.4.10　作为审美的景观｜Landscape as Aesthetic

这种观点首先强调了景观特征的美学品质以及景观是一种视觉场景（图 1-10）。与"作为场所的

景观"那种从经验角度考察景观的观点相反，"作为审美的景观"观点采用了一种超然抽象的方法。它在某些艺术语言的基础上解读视觉形式，例如线条、形式、色彩、肌理、韵律、比例、平衡、对称、和谐、张力、统一、多样化，等等（8.1）。这种观点可能综合了其他观点，例如"作为历史的景观"或者"作为场所的景观"。然而，这些思想相比该观点的基本寓意——景观是传达审美关系的载体来讲都是次要的。

"作为审美的景观"是理性的景观观点，认为不是由功能或体验，而是由某种审美理想来承载真理与美感，人类参与景观建设的目的不是简单的体验，而是深思熟虑。景观被认为是物体对象，场景与人类行为相脱离。景观被赋予了高度的观赏价值。无论它们如何正确地发挥功能或是具有高度的文化价值，它们与本观点都没什么关系。

当然，以上十种观点并没有囊括观察者的全部观点。然而，这些方法提供了一种综合概述并解释了景观解读的复杂性。在我们意识到这些观点并不

独立存在的时候，这种复杂性变得愈发明显。观察者通常同时接受多种观点的影响。个人对景观的解读通常是数种观点的杂糅。

　　管理、规划以及设计景观的方式深受我们如何看待景观的影响。作为回应，我们看待景观的方式建立在我们的**世界观**（world view）基础之上：潜力的基本假设和信仰、现存的问题以及针对这些潜力和问题采取的行动。世界观影响了我们看到些什么以及看不到什么的可能性；它会影响我们正在解决的问题以及正在恶化的问题，因为我们无法通过世界观来预测这些问题。第二章总体考察世界观；第三章探索了文化和教育如何建构世界观。

图 1-10：作为审美的景观

参考文献

Alexander, C. A City Is Not A Tree. Architectural Forum, 122, April, 1965 (58–62); May, 1965 (58–62).

Carson, R. Silent Spring. Boston: Houghton Mifflin, 1982.

Heidegger, M. Basic Writings from Being and Time (1927) to the Task of Thinking (1964). David Farrell Krell, editor. New York: Harper & Row, 1977.

Koyaanisqatsi. An IRE presentation, produced and directed by Godfrey Reggio, 1983.

McHarg, I. L. Design With Nature (First edition). Garden City, NY: Published for the American Museum of Natural History by the Natural History Press, 1969.

Meinig, D. W., ed. The Interpretation of Ordinary Landscapes. New York: Oxford University Press, 1979.

Norberg-Schulz, C. Genius Loci: Towards A Phenomenology of Architecture. New York: Rizzoli, 1980.

Rapoport, A. House Form and Culture. Englewood Cliffs, NJ: Prentice-Hall, 1969.

Redfield, R. Peasant Society and Culture: An Anthropological Approach to Civilization. Chicago: University of Chicago Press, 1956.

Rudofsky, B. Architecture Without Architects: A Short Introduction To Non-Pedigreed Architecture. Garden City, NY: Doubleday, 1964.

Venturi, R. Learning from Las Vegas. Cambridge, MA: MIT Press, 1972.

Watts, M. T. Reading the Landscape of America. New York: Macmillan, 1975.

Wolfe, T. From Bauhaus To Our House. New York: Farrar Straus Giroux. 1981.

推荐读物

Alexander, C. A Pattern Language: Towns, Buildings, Construction. New York: Oxford University Press, 1977.

Alexander, C. The Timeless Way of Building. New York: Oxford University Press, 1979.

Eckbo, G. The Landscape We See. New York: McGraw-Hill, 1969.

Marshall, L. L. Action By Design: Facilitating Design Decisions Into the 21st Century. Washington, DC: American Society of Landscape Architects, 1983.

Meinig, D. W. Environmental Appreciation: Localities as a Humane Art. Western Humanities Review. 25(1971):1–11.

Simonds, J. O. Earthscape: A Manual of Environmental Planning. New York: McGraw-Hill, 1978.

第二章

人、态度与感知
People, Attitudes, and Perceptions

第一章展现了在观察者的眼睛以及景观自然特性共同影响下的景观意义。本章考察了人们如何赋予景观意义并做出决策的基础和趋势。第三章探索了影响我们解读景观方式的教育、设计思维以及景观设计教育。

为了更好地理解人们是如何感知继而管理、规划和设计他们周遭世界的，我们必须考虑以下四个问题：影响决策的动力、回应这些动力的决策、这些决策的影响、在反馈基础上引入景观策略。本章分四部分探讨了这些问题：第一部分分析了人们如何感知并陈述景观；第二部分分析了历史上不同环境、不同社会背景中重复出现的态度和感知传统；第三部分讨论了这些传统的意义；第四部分展望了引入景观的未来。

2.1 态度的基础 | THE BASIS OF ATTITUDES

很多问题影响了人类对于周围世界的感知以及他们对于景观管理、规划和设计的态度。接下来对部分问题的研究考察是探索文化态度和感知的一个开端。

2.1.1 世界观 | World Views

"世界观"（即思维范式）很大程度上决定了我们感知景观的方式以及怎样辨别第一章中讨论的景观意义的区别。从一定意义上讲，人类文明的历史可被理解为不同世界观的历史以及通过这些观点产生的文化景观的历史。

不同的世界观或思维范式植根于一种或多种关于世界如何运转的基本态度。态度会关注我们周围世界可感知到的复杂性。**"笛卡儿世界观"**（Car-tesian view）降低了复杂性，关注于各组成部分，并研究这些部分进而了解整体。有一种设想就是这些部分的综合构成了整体。由这种观点催生的**积极心态**（positivist mindset）以一种更加简单、可操作、可预测和可复制的方式重新构建了世界。这是一种理性的观点，它是牛顿力学的基础，我们机械的西方文化也是在这种理论观点中得以构建的。另一方面，**系统观点**（systems view）重视复杂性，关注整体，寻求对整体和组成部分的理解。这种观点引导出一系列的思想倾向，包括一种**现象学观点**（phenome-nological view），这种观点将建立在对复杂动力和内在关系的主观理解基础上的多种现实纳入其中。

系统论者认为世界处在**和谐的相互关联**（har-moniously interrelated）中，相信自然的内在关联和相互依存是真实而优美的。这种观点坚持相互作用是组织力量，复杂的社交网络和生态关联是组织结构。与其持相反立场的"狭隘思维"观点认定，人们通过**狭窄的视角**（narrow-window）或专业知识范围观察世界。他们相信如果他们有自己的职责范围，那么别人也会负责其他领域。操控船只就是一种视角或专业，人们假定某个人在引领航行。这种观点被我们的笛卡儿心态（Cartesian mindset）和教育系统（3.1.3）所推崇，这种教育系统教会人们从特定的专业学科或主题的角度审视世界。

2.1.2 现实的属性 | The Nature of Reality

一些文化看到的是一种客观、理性的现实。另外有些文化凭借直觉神秘地解释世界。美国正从以寻求简约和现代主义**普遍性**（universality，包含在某种环境、社会经济、技术和政治背景中的解决方案等同于适用于所有环境、社会经济、技术和政治背景中的普遍规律）为特点的理性与客观的观点立场转变为支持多样性与自发性的后现代主义观点立场。现代主义与后现代主义观点在 20 世纪下半叶被设计师广泛接受。

美国开始接纳主观性、多样化现实、复杂性、整体性以及从特定背景文脉中产生的区域性问题解决方案。从 20 世纪 60 年代起，景观建筑学成为接纳复杂性、整体性以及区域性问题解决方案的先导。景观建筑学应用全新的综合性生态与系统科学知识不断加深理解，从而引领着设计行业。同时，建筑师接纳了现代主义，之后又接受了后现代主义；景观建筑师凭借系统思维、资源管理和区域动力整合成为设计先锋。

这两个不同的分支将建筑学和景观建筑学在 20 世纪后半叶分离开来。21 世纪是一个令人激动兴奋的时代，因为建筑学上的后现代主义转变为综合景观建筑系统思维提供了机遇，通过融合艺术和科学、整合直觉和理性过程的景观管理、规划和设计应对区域设计动力。

2.1.3 思维、感觉与认知的关系 |
Relation of Thinking, Feeling and Knowing

有些文化以一种密切联系的方式进行思考和感受，通过相互联系加快知识形成。另一些文化将思维和感知分离开来，有些时候甚至认为它们是互相对立的。在 20 世纪中叶，西方文化接纳了客观科学和理性思维，争取消除世界的神秘色彩。我们接纳笛卡儿哲学和牛顿科学，神化了理性思维并漠视直觉。我们认为艺术和科学在概念上是不同的，并且彼此相互竞争。在主观相对论科学的影响下，西方文化中正在萌生一种新的意识。这种意识认为艺术和科学是相互潜在统一联系的表达方式。这种统一性以及它对设计的影响将在 16.2 中进行讨论。

2.1.4 人—环境的关系 |
People–Environment Relationships

对于人与环境之间关系的理解——从人类被环境主导并因此屈从于自然，到人类主导自然，成为

自然的主人。在前者中，人类为自然服务；在后者中，自然为人类需求服务。

有一种从古代延续到今天的观点，认为每个场所都有它自己的精神。"**场所精神**"有它固有价值的观点由小林恩·怀特（Lynn White, Jr.）（1946）在《生态危机的历史根源》（*The Historical Roots of the Ecological Crisis*）中进行了陈述："在古代，每棵树、每汪泉水、每条溪流、每座山川都有它自己的场所精神，都有它的守护神……在人类砍伐树木、挖掘矿山或筑堤拦坝之前，一定要安抚住在特定地区的守护神并使它们保持平静，这是十分重要的。"在这种综合性的直观观点中，人类精神与场所精神紧密联系在一起，人类的健康幸福不可避免地与景观的祥和安宁联系起来。马丁·海德格尔的"居住"（dwelling）概念包括了这种观点，诺伯格·舒尔茨的《场所精神：迈向建筑现象学》（*Genus Loci: Toward a Phenomenology of Architecture*）在建筑学中引入了这一概念；尖锐的纪录片《失衡的生活》表现了由于缺乏对这种观点的关注而导致的 20 世纪美国场所精神的衰败。

这种综合性的直观观点与综合性的科学**景观生态观点**（landscape ecology view）联系起来；在科学性地综合景观生态观点中，景观元素被生态地组织进一种由重叠的生境（生态龛）[译注]组成的复杂互动整体之中。整体和部分在功能和行为中共同作用，并融入背景文脉。部分、整体以及背景文脉与人类共同在变化中实现动态平衡，人只是其中的一部分。在这种观点下，人和演进动力及自然过程结合为整体。人类的介入加强了景观的特性和景观的相互关联性。

另一方面，**人类中心论**（anthropocentric）认为人类是宇宙的中心、主宰了自然，并且自然的存在就是为了服务于人类的需要。环境仅仅因为它具备服务人类的能力才有价值；它的存在是为了被开发，为人类使用和造福。伊恩·麦克哈格（1969）反对这种观点，声称：

> ……只有人是天赐的，具有统治一切的权力。实际上，上帝是按照人的想象创造出来

[译注] 生态龛，包括物种在环境中所处的地位以及食物、行为等细节。

的……他不是去寻求同大自然的结合，而是要
征服自然。……在我们中间，很多人相信世界
只存在着人与人之间或人与上帝之间的对话，
而大自然则是衬托人类活动的淡薄背景。

在过去的 10 年中，一种新的犹太—基督教环境保护
论（Judeo-Christian environmentalism）迅速发展。
这种"绿色精神性"（green spirituality）使环境保
护意识、道德和宗教信仰相互联系，认为上帝期待
人类善待世界，而不是伤害世界。

2.1.5　社会关系 | Social Relationships

文化在不同的人际关系之中有不同的理解。一
种极端是对于**个人主义**（individualism）的强调，这
发生在个人处于自给自足状态而公共义务非常微小
的关系环境中。个人可以在不影响他人权利的前提
下决策。个人健康与幸福是自身的义务，每个人个
体的健康和幸福都与其他人的健康和幸福相隔离。
这种观点倾向于致使贫富差距日益扩大。它提倡个
人主义、张扬的表现以及繁复的视觉角度，常常缺
乏整体性的文化景观。另一种观点——**社群主义**
（communalism），强调社会互动、在社会内部个人
与他人的义务。这种观点在确定个体行为和决策是
否恰当合理方面给予群体极大的权利。在社会意识
中个体在心理上与他人融合。集体意识和群体表达
优先于个人的动机和表达。个体健康与幸福不可避
免地与他人和社会的健康与福祉联系在一起。价值
体系理论（见 16.4）认为个体和文化在生物心理复
杂性方面的推进建立在两个极端循环聚焦的基础之
上：在解决了从一个极端发现问题的同时，却恶化
了在该极端上没有发现的问题。

文化也因为其对从**隐私**（privateness）到**公开**
（publicness）地渴望社会交往的程度而存在差异。
重视私密性的社会将建立一种提示系统作为威慑物
或社会筛选。例如，在当代美国社区，步行流线系
统表达了一种对于私密性的期望，充当一种心理障
碍系统的作用。鼓励公众使用与街道相连的步道，
通向住宅的小路更加私密，门廊被视作私人住宅的
一部分。相反，一个热衷于互动的社会使用多种公
共提示促进交流和互动，充分表现社会属性。私密
区域通过稀少的直觉暗示连接到公共区域以抑制两

者之间的运动。人际关系的态度随着个体之间的熟
悉程度、场所细节、感知范围、具体的时间以及其
他可变因素而改变。

2.1.6　描述与规定的较量 | Description Versus Prescription

关注目的的不同以及时间焦点的差异将把规划
设计专业人员和大多数普通人区别开来。简言之，
大多数人建立起了一种关于"是什么"（what is）
的**实体性描述**（substantive-descriptive），重点是
陈述当下的需求。而另一方面，规划师和设计师聚
焦于未来需求并建立了"可能是什么"（what could
be）的**惯例式规定**（normative-prescriptive）。这
两种理解世界并重塑世界的倾向完全不同。两者所
需的信息是不同的；在过去，设计师依赖于通过实
体性描述思考者提供的信息。由于设计师对知识更
新换代的漠然已经导致无法从事相关设计工作。在
接下来的章节中从当今设计教育方面（3.5.5）以及
新教育方法方面（第十七章）讨论了这种问题。这
些章节共同反映了教育改革的需求与发展趋势，将
强调生态与文化景观的实体性描述观点与设计积极
的、可再生未来的惯例式规定教育相结合。

2.1.7　时间关系 | Temporal Relationships

时间被人类所知甚少，但时间极其重要地影响
了人们的态度和感受。目光短浅者着重眼前，所做
出的决策都是为了短期利益的最大化。目光长远者
着眼长期，其行为都是为了长期效益的最大化。目
光短浅者为了短期利益开发资源，而目光长远者搜
集资源并将部分能源反馈投入到维持发展能力的体
系当中。关注的时间也影响到了我们的态度、感知
和行为。

一些文化信奉**普遍的节奏**（universal rhythms）
或极端情况之间的对话交流。决策体现了极端情况
的范畴，反映了极端情况的相互影响，包括有节奏
的时间周期（日夜轮回的过程、季节交替或更长的
自然韵律，例如动物数量和旱涝现象）。在这些文
化中，决策是过去、现在与未来之间的对话。大概
最著名的时间节律或循环态度便是东方的阴阳思想。

其他文化遵循**线性时间**（linear time）发展规律，

或随时间推进。这种态度在某种程度上脱离了物质世界的节奏与周期。它倾向于将过去、现在和未来分离为概念上不同的实体，并分别对待。

2.1.8 物质与时间的关系｜Physical–Temporal Relationships

文化在理解**物质与时间的关系**（relation of the physical and temporal）上也存在差异。有些文化认为物质固化在时间上，有些文化认为物质是动态过程中某一时间点的反映。那些将物质与时间割裂开的人宣称事物是静态实体，认为形式是具体的存在，并且试图捕捉自然，并"操纵"世界成为一种静态存在。相信物质与时间紧密结合者把变化看作自然的本质。他们把形式看作与当前状态日趋迥异过程中的过渡阶段。他们寻找可整合动态过程的"生态"解决办法。

这些具有静态或动态倾向的感知理解延伸到空间感知方面。例如在 15 世纪透视画法诞生之前，空间与时间是相互联系的，形式是通过空间和时间上不同位置的多重图像来表达的。例如埃及的人像，表现整体的理想形象，就是各个部分理想图像的集合（从正面表现躯干，从侧面表现头和脚的轮廓）。这种理想图像对不同时空位置的图像加以融合。另一方面，透视图描画了时空中固定位置上的形式，类似于透视缩减的视觉技法取代了时间作为构建心理空间架构的基本手段。

正如后面章节中所讨论的，在设计专业中时间与空间的关系有本质区别。建筑师使用静态的元素和系统从事设计工作，不希望它们发生改变（柱子、梁、结构体系和空调系统（HVAC, Heating, Ventilation, Air-conditioning and Cooling））。或许正因如此，建筑师倾向于将空间看作静态的"空间是"或者"空间被体验为"。景观建筑师使用动态元素和系统（植物、溪流、生活社区、河流系统）从事设计工作。景观介入试图与本质是变化的自然融为一体。正因如此，景观建筑师倾向于动态思维，而且重视时空关系。他们对于日夜、季节交替等一系列的空间变化特性非常敏感。他们不谈及"空间是"什么，而是如何从一处转移到另一处地体验空间——空间的时间体验，见 7.6。

2.1.9 关注的范围｜Scale of Concern

文化也因为它们对空间和时间的关注程度不同而各有差异。例如，美国设计师通常根据对时空上最小尺度的评价做出决策，空间（场地以外区域的、全球的）和时间（长期生产率）中决策的前后关系通常被人忽视。景观建筑师约翰·麦金托什·莱尔（John MacIntosh Lyle）试图扩大关注范围并界定五种时空尺度，从短期退化的狭隘经济考虑（加剧系统崩溃、紧张和冲突）转向长期可再生的广义经济学。每个层级都包括并超越更低的层级。**最初成本**（first cost）包括原材料和劳动力。**生命周期成本**（life-cycle cost）包括最初成本和运营、保养以及管理成本。**可衡量总成本**（total measurable cost）包括生命周期成本和间接成本或外部成本，例如环境缓解措施（不考虑由谁支付）。**宏观市场成本**（marco-marketplace cost）包括可衡量总成本和更大的市场问题，例如产生的就业人数、收入分配影响等。最后，**环境退化成本**（environmental degradation cost）包括宏观市场成本和市场之外无法衡量的环境和社会成本。莱尔呼吁将认识论转变为包括以上五种范围的可再生设计。

2.1.10 性能评价指标｜Performance Measure

文化评价绩效的指标对于景观感知、设计介入及决策前后关系是至关重要的。一些人认为系统的**承载力**（carrying capacity）是优化生产能力的相应措施和长远决策。另一些人认为**资源**（resource）是适宜的单元，并关注于资源管理和有限资源的维系。一些人认为爱情和友情是内在的**精神**（spiritual）尺度。另一些人则将**能量**（energy）视作尺度，根据一定环境当中的能量做出决策。还有一些人把**经济学**（economics）作为有效的衡量措施。

不管哪种衡量标准——生态承载能力、能量流或者经济学，时间都是一种根本的考虑要素。长远的决策通常和短期决策非常不同，就像这些决策前后的关系不同一样。

2.1.11 科学与技术的关系｜Relation of Science and Technology

根据小林恩·怀特 1967 年时的观点，"弗朗西斯·培根（Francis Bacon）哲学——科学知识意味着科技的控制权力超越了自然"在 19 世纪 50 年代成为一种广泛传播的文化观念。在此之前，这种观点不可能出现，因为科学和技术之间存在潜在的社会差异。科学是属于贵族的，技术才是民众阶层的。培根哲学是改变了社会基础、促使科学和技术融合的民主革命的成果。科学和技术的融合导致了技术的快速成长发展、显著的景观引入以及重大的环境退化。反过来，这种退化使当前科学的工程应用（技术用于统御自然）转变为科学的生态应用（技术融入自然）。

2.2 传统表达
TRADITIONS OF EXPRESSION

在探索景观表达的传统中，这个章节采用了一种非常规的时间观点：不是按照通常"时间向前发展"的年代顺序，而是针对各种基础影响力态度的文化兴衰史。

2.2.1 土地使用的伦理 | Land-Use Ethics

关于人—环境关系的不同态度导致了对待资源的不同文化理解。《生活在环境中》（*Living in the Environment*）（1975 年出版）一书里，小乔治·泰勒·米勒（George Tyler Miller, Jr.）将对资源的理解分为四种土地使用伦理：经济的、自然保护主义的、平衡多种使用方式的以及生态的。这些不同的理解倾向极大地影响了历史上产生的文化景观。

在**经济伦理**（economic ethic）中，土地被视作一种经济资源。这种伦理来自于土地开垦者，他们认为土地是敌对和不祥的，他们的意图是开拓土地资源为人类所用。当环境严酷、技术水平低下时，通常盛行这种伦理。这种伦理在科技发达的国家也非常流行，他们认为人类的角色就是统治地球，而且从短期的经济收益定义资源。这种伦理是美国里根政府 20 世纪 80 年代执政的基础，通过取消环境和能源规章改善短期经济效益。

与之相对应的是**自然保护主义伦理**（preservation ethic），这种伦理推崇将土地保持在一种不被打扰的状态。将土地留给后代开发，它是一种活生生的生态实验室，只许可不具破坏性的用途。因为

这种伦理中，自然资源不会为了追求最大化的短期收益实施开发，经济伦理的支持者认为这是对资源的浪费。

米勒把**平衡多种使用方式的伦理**（balanced multiple-use ethic）与科学保护主义者的观点相结合，后者认为特定的土地应用来满足多种目的的需求，为后代子孙的福祉对这些土地加以管理保护。这种观点在使用与管理之间求得平衡。随着使用程度增大和退化加剧，也必须提高管理水平，减缓有害的影响。

生态的伦理（ecological ethic）或**可持续的土地伦理**（sustainable-earth ethic）试图在当前人类需求和未来人类以及其他生物需求之间找到一种平衡。它的核心目标是保持系统的承载能力。

在任何文化环境中，基本的土地使用伦理构建了人们的态度和感知，并且影响了人们生存状态的品质。

2.2.2 西方与东方的观点 |
Western and Eastern Views

西方观点相信固定的绝对现实；东方的观点相信基于连续和相互作用的、动态的非绝对现实。在东方人的观点中，现实是由动态的相对作用力相互作用表现的，例如阴和阳。

根据景观建筑师伊恩·麦克哈格的观点，东西方的思维范式导致对待人和环境关系上明显不同的态度，也产生了对于健康和幸福截然不同的含义。在对东西方观念的论述中，麦克哈格说：

> 首先，……是以人为导向的。宇宙就是一个让人类立于其顶端的金字塔……相反，与东方观点相一致的观点，认定了一个无所不包的整体自然，人类生存在自然之中。
>
> 这些对立的观点有两个核心，人和自然、西方和东方、白和黑、大脑和睾丸、古典主义和浪漫主义……拟人论和自然主义。西方传统鼓吹个人和人类脑力，污损自然、动物和非人脑的产物。在东方，自然是万能的，获得敬畏；而人只是自然的一个方面而已。否认每种观点的积极方面从而掩藏它们的消极方面都不是明智的做法。然而今天，这种二重性亟待得到重视。西方观点中关于人与自然的观点值得充分

关注。另外，我们必须质疑这两种观点究竟是否是相互排斥的。

犹太教—基督教—人文主义传统的继承者从《创世纪》这个以人为导向的宇宙中接到了他们的使命，人类是完全按照上帝的形象创造出来的，统御所有的生物和非生物，受命征服凡世……从犹太教开始，拓展延伸至古典主义时期，基督教时代得到强化，文艺复兴时期进一步膨胀，并在19世纪和20世纪广泛吸收，拟人论—以人为宇宙中心的观点已经成为人类对抗自然的默认准则。

（1969）

随着人们逐渐认识到拟人论—以人为宇宙中心决策的负面影响，20世纪60年代西方出现了自然主义观点。麦克哈格将这种观点描述如下：

西方的自然主义传统……可以描述为……所有系统服从于普遍规律并拥有无限潜力；在这个世界中，人只是一个居民，可以自由地发展自己的潜能。这种观点质疑了拟人论—以人为宇宙中心的观点；它没有抹杀每个人的独特性和潜能，宣扬了人的至高无上与独一无二的神圣。

（1969）

根据麦克哈格的观点，"人是根据上帝的形象创造出来的，只是在地球上短暂存在"的天主教观点巩固了西方以目标为导向的、短期的价值系统。东方信奉"与环境背景相融合的一体论"推进了禅宗思想，将生活体验定义为一种持续的对话、环境品质最大化的内心渴望以及长期价值体系。

2.2.3 泛神论和一神论｜Pantheism and Theism

泛神论建立在人和自然统一的基础之上，将诸神与自然力量和法则等同。所有的生物都存在完整统一的精神；人类与景观在精神上合为一体。在非基督教的文化中，对于主宰生灵诸神的敬畏是成功狩猎、作物丰收以及斗争中生存的先决条件。另一方面，**一神论**认为只有一个神，他是所有存在物的创造者，包括人与土地。一神论者否认人与自然的精神统一，而且否认上帝是地球的主宰。人类被视作很少依赖自然的生物。旷野是泛神论者的家园，对于一神论者来说它是人类难以控制的地方。自然不再是人类的"居住"场所（海德格尔，1977）。

2.2.4 与背景的关系｜Relation to Context

文化、环境以及技术背景对于建筑形式的影响取决于环境氛围的影响力、缓解环境恶化的资源以及对待环境氛围的态度。表现形式试图结合、描述或是表达当时的条件，或是反之引进或规定与情境无关的新形式。

在可用资源（原材料、技术、经济或能源）有限的时代，文化系统必须是高效率的，形式通常能够回应现实条件。文化表达通常是对情境的描述。这就是中世纪时期欧洲的情况。由于权力分散，缺乏原材料、技术和文化资源，文化表达是完形的。高效实用的建筑形式得到描述，并与大量影响力相整合（图2-1）。

在资源丰富的时期，文化表达通常更加约定俗成。古罗马以及文艺复兴时期都是如此。在这些时期，资源的丰富性促使文化重新定义周围世界。资源（尤其是经济和文化资源）被用来克制地方环境条件，将基于欧几里得几何学和针对形式的古典性质的新秩序强加给景观。这一主要视觉秩序不是寻求与自然的整合，而是打上了全新的人类烙印。麦克哈格将这种秩序界定如下：

一种僵化的对称模式……无情地强加在十分勉强的景观上。如果这种模式像宣称的那样，是理想秩序的形象，那么它就是一种人类形象，与荒野自然的秩序与表现毫无关系。我认为，它是弯曲的肌肉、公鸡啼鸣的形象以及人类统

图2-1：影响力的整合

御自然的傲慢假设。

很多人认为历史是一种描述和规定之间的互动。有些人认为历史是随着批判性文明变化的"有机"文明历史；而另一些人认为历史是随不同文明变化的"有机"文明。这两种极端描述了现有的情况或断言全新的秩序——对于景观设计以及本书都有重要意义。与约定俗成地单纯记录经典时期、抛弃或应用高调标签，比如"黑暗时代"（the Dark Ages）等记录历史的方法不同，本文试图积极关注整体性与规定性的历史。

2.2.5 消费和管理 |
Consumption and Stewardship

不同文化应用资源的方法也不同。消耗性文化从景观中最大化地提炼了短期人类收益：消费资源或破坏资源。另一方面，管理方法试图培育景观并保持丰富的景观资源。

消耗式传统对农业、畜牧业、木材业、矿物冶炼业以及制造业采用掠夺式的开发方式。它集中于不可再生资源并使短期收益最大化；而对于长期的景观良性发展或可持续性关注甚少（16.2）。另一方面，管理式传统采用一种生态敏感性方法，集中于可再生资源以及长期的景观良性发展和可持续性。

消耗式传统通常在高技术文化环境以及资源丰富时期成为主导。管理式传统在低技术水平文化环境以及资源稀缺时期成为主导。

2.2.6 早期和近期连续性策略 |
Early and Late Successional Strategies

根据历史记载，各类文化有的是为了现实存活，有的着重未来。做出短期决策的文化将盈余资源投入快速发展，并经常在资源充足时期取得成功。这在本质上属于早期连续性生态系统的策略；在此，我们称短期性思维是"一种早期连续性文化策略"。另一方面，在资源稀缺时期，成功且高效的文化强调维持系统长期的健康发展和生产能力。这就是"近期连续性策略"；在此，我们将长期思维称为"一种近期连续性文化策略"。早期连续性文化采用短期效率作为它们的竞争策略；近期连续性文化接纳长期策略。一种文明究竟接受短期还是长期策略作

为相关时期将影响该种文明的生存能力，正如人文景观特性的影响一样。

在很多情况下，文明的兴盛与衰落可以追溯到在资源可及的背景下文化的竞争性策略的适用性。例如，美国文化在上两个世纪间在资源丰富时期已经卓有成效地采取了一种早期连续性策略。未来针对快速退化的全球生态与资源基础，我们的竞争力将取决于向近期连续性文化的转变。

2.2.7 表现出原始的、风土的和伟大的传统 |
Primitive, Vernacular, and Grand Traditions of Expression

不同的态度、感受和资源状况导致了三种不同的方法或传统引入景观之中：原始的、风土的及伟大的传统。

原始传统（primitive tradition）主导了科技水平和发展相对低下、社会分工很少、广泛共享技术知识的社会。在这类传统中，通常是个人修建起他们的居所。建筑和景观表达是一致的，因为文化具有趋同性并且以传统为取向。形式微妙地调整传统形态以满足文化、环境和维护的需要，传统整合了处所和文化。美国西南部纳瓦霍人泥木屋的建筑造型代表了这种引入景观的方法（图 2-2）。

风土传统（vernacular tradition）由不同的方式加以描述。有些人认为是一种被商人与居民建造的建筑，所以居住者是整体建造过程的一部分（图 2-3）。另一些人将本地化界定为无意识设计的"低水平"建筑，这种建筑作为"高水平"或宏伟建筑传统的文化对应物在演进发展。不论哪种情况，建筑之间的基本造型、材质及构建形式并不会变化。然而，模式会随着工程的推进，伴随家庭需求、基地、微气候等因素变化。根据阿摩斯·拉普卜特的研究，本地特征"没有理论上或美学上的矫饰，紧密配合基地与微气候，尊重他人和他们的房屋；继而尊重整体环境，无论人工环境，还是自然环境；在惯例的框架下以及给定的秩序当中同各种变量协调作用。"（拉普卜特，1969）

源于本地风格的城市结构是动态的、开放式的，构成了风土化的传统（恰如希腊旅游海报所言）。在风土特色鲜明的希腊城镇、意大利山城和中世纪

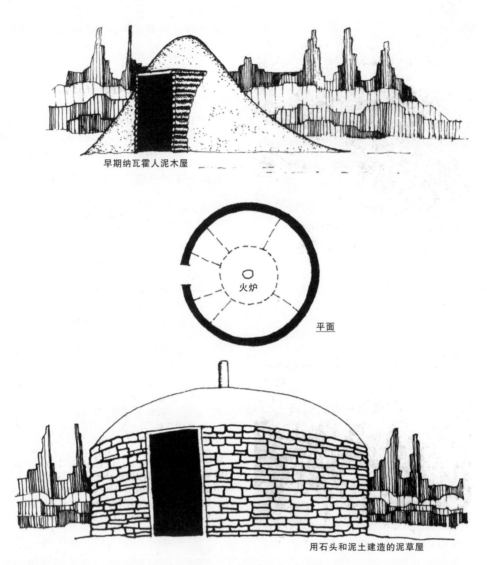

早期纳瓦霍人泥木屋

火炉

平面

用石头和泥土建造的泥草屋

图2-2：原始建筑（摘自 A. Bowen, "Historic Responses to Cooling Needs in Shelter and Settlement," *Passive Cooling Conference Proceedings*, American Solar Energy Society, Miami Beach, FL,1981,p.28)

乡村，个体元素与宏大的组织相较属于次要的，这种传统是相互协同作用的。

　　设计的**伟大传统**（grand tradition）包括了纪念性的和张扬的表达（图2-4）。这种传统是专业设计师的"惯用手段"，他们试图表达出独特性。这种传统属于设计院校中教授的"高等"艺术，表达了一种以人为中心、拟人的、强加的秩序。传统形式通常由重要的设计陈述与经典的秩序概念所规定。

2.2.8　文化价值系统 | Cultural Value Systems

　　各种文明的历史特征是跌宕起伏的价值系统，展现了思维范式与实体表达的发展变迁。在《社会与文化的动力学（1937—1941）》（*Social and Cultural Dynamics*（1937—1941））中，皮季里姆·索罗金（Pitirim Sorokin）分析了西方文化在三种价值系统中有规律的波动：感性体系上的、观念体系上的及理想体系上的。在体系变化范畴的一端是**感性价值系统**（sensate value system），物质是实际存在的事物，感官知觉是真理和知识，精神现象只是物质现实的表现。在另一端，**观念价值系统**（ideational value system）是一种超越物质世界的精神现实，是存在于内在意识当中的知识，拥护理想价值观、道

图 2-3：风土建筑

图 2-4：宏伟建筑传统——设计的伟大传统

德观和真理。这种价值系统在西方社会通过犹太—基督教对于上帝和泛神论的观点进行表达，在东方文化中则通过道家思想、禅宗佛教和印度教进行表达。

理想价值系统（the idealistic value system）介于这两种极端之间，作为两者之间的一种过渡转换并以两者的综合形式展现。在这种观点中，现实同时是物质的，也是精神的。这种观点盛行的时期，包括希腊黄金时期（公元前 4 世纪）以及文艺复兴时期（公元 15 世纪），都是物质与精神至真、至美的融合时期；并且在哲学、艺术和科学中以及场所、人和技术中都存在综合协同作用。

2.3 景观内涵 | LANDSCAPE IMPLICATIONS

所有生命形式都改变了它们的环境。改造程度受到现实的态度、文化构成、从这些构成中繁衍出的资源感知以及改造环境的文化技术能力等因素的影响。文化塑造环境的方式反过来对于人类和生态健康也有影响。阿尔文·托夫勒（Alvin Toffler）（《第三次浪潮》（*The Third Wave*），1980 年出版）、弗里蒂奥夫·卡普拉（Fritjof Capra）（《转折点》（*The Turning Point*），1981 年出版）、保罗·霍肯（Paul Hawken）（《商业生态学》（*The Ecology of Commerce*），1993 年出版）以及其他一些学者都研究了由人类近来的行为引起的人类生态健康危机。霍肯论述了问题的范围：

> 我们需要面对大量而又复杂的问题：58 亿的人口正在呈指数级地增长。满足他们愿望和需求的过程正在掠夺地球的生态承载力来制造生命；单一物种消费资源的高峰正在以压倒性优势超过天空、土地、水体和动物群系。正如莱斯特·布朗（Lester Brown）在他的年度调查《世界局势》（*State of the World*）中耐心阐释的那样：地球上的每个生命系统都在衰亡。更糟的是，我们身处在 10 亿年一遇的碳氢化合物大爆发的核心。在接下来的 50 年间，它们高速燃烧的结果是两度全面覆盖地球，气候影响无法预料。正遭开采与榨取的丰饶资源，并未很好地分配给地球上长期处于饥饿状态的 20% 的人口。世界人口的 20%，即大约 11.6 亿人正在利用着 82.7% 的世界资源，其余 17.3% 的资源留给了剩下的 46.4 亿世界人口。

卡普拉在谈及众多难题时将它们作为深层危机或元危机（metacrisis）的征兆。他认为这些元危机是我们决策时的假设。了解之后，我们便会发现元危机有助于探究本章开头陈述的景观含义的假设。

2.3.1 世界观的含义 | World-View Implications

每种世界观都含有景观方面的内容。这在《景观设计史》（*A History of Landscape Architecture*）的序言中有所说明，同时在这本著作中乔治·B. 托比（George B. Tobey）回顾了**田纳西自然资源保护论者**（Tennessee Conservationist）举办的一场竞赛。在这次比赛中，一张以残破的废弃农舍为内容的照片展示在一块同样被废弃的农田中；读者可以写一篇100字的描述性短文，并对最佳者予以奖励。一位印第安人获得了这项荣誉，他的文章如下：

> 这张照片表现了白人的疯狂。他们砍伐树木，搭建大帐，耕种山地，水体横流，大风吹走表层土壤。绿草消失了，门窗都消失了。整个家园消失了。钱也不见了。老婆不见了，孩子也不见了。没有食物，没有猪，没有玉米。没有犁，没有干草，没有小马。
>
> 印第安人不耕种土地，但伟大的自然滋生了青草，野牛吃草，印第安人吃野牛，用兽皮做帐篷和鞋子；印第安人不建造梯田，一直有饭吃，不狩猎，不旅行，不关心信仰，不射杀猪，不建堤坝。印第安人不浪费任何东西，他们不去工作。白人疯了。
>
> （托比，1973）

与这两种世界观结合的不同环境影响并不是偏爱原始的生活方式，而是说不断提高的技术和生活水平应该带来环境管理责任的提高。否则，环境健康和生产率将降低。

2.3.2　还原思维和感知普遍性的含义
Implications of Reductive Thinking and Perceived Universality

通过还原思维做出的决策已经建立了一个支离破碎的、低效率的文化景观，并产生了深刻影响。对于从环境、社会经济、科学技术以及政治背景文脉中演进而来的对决策的错误感知等同于普遍法则，这种普遍法则在所有背景文脉中的应用具有严重的破坏性。通过这种感知，在20世纪60年代至70年代由西方向全球输出的解决问题的方式造成了生态和人文系统的迅速衰落。对这种全球性损伤的意识加速了新一代设计方法（16.2）和设计教育（17.1.1）的产生。

2.3.3　片段思维的含义
Implications of Segmented Thinking

在20世纪下半叶西方文化将思维与感受分离，信仰客观科学与理性思维，怀疑直觉与神秘主义，拆分艺术与科学等趋势导致了我们在思维、感受、知识以及行动上的中断。使逻辑和感知进一步对立，行为方式与信奉的信仰不符，并且否认我们对周围世界的健康和生产能力所肩负的责任，在很大程度

上导致了当代社会的心理疾病。许多人相信，这种中断的感知是潜在危机的主要原因；尤其在设计学科中，一个主要的新目标是重新定义我们需要**重新建立起来**（reconnecting）的联系（思考、感觉以及知识，我们的信仰和行为，理性思维和直觉，科学和艺术）。西方文化正涌现出一种新的现象学观点，这种观点认为个体与一种整合了思考、感觉、知识及周围世界的潜在整体相联系。这种观点具有整合艺术和科学的潜力，并引导我们迈入了一个新的启蒙时代，将新近的理性和唯物主义同我们周围的新唯心论和敏感性综合起来。这种整体性和它对于设计的影响将在16.4.3中进行论述。

2.3.4　人—环境关系的含义
Implication of People–Environment Relationships

根据小林恩·怀特（1967）的观点，20世纪60年代的生态危机在我们对于时间以及人—环境关系的态度中根深蒂固。这场危机在地球逐渐衰退的长期趋势中只是一次相对短暂的搏动。很多人，包括麦克哈格在《设计结合自然》中的观点，认为人与自然的关系是我们全球危机的根源。麦克哈格谈及了两种不同的人—环境的关系：人类诞生于在一个特定的时间点，与景观系统的演化无关；或是说人类与其他有机体和环境共同演进。他主张，这两种不同的态度都具有深刻的景观影响。第一种观点认为人和自然是不相关的独立存在体，他们的健康和福祉不是息息相关的，并认可景观退化。第二种观点认为很难剥离人和景观的健康及良性发展，因此是促进了健康的景观设计。

小林恩·怀特在《生态危机的历史根源》讲座中采取了一种类似的立场，他宣称："基督教摧毁异教的泛灵论，他们漠视自然物的感受，使剥削式的开发自然成为可能……尤其是它的西方式形态，基督教是世界上最以人为宇宙中心的信仰……（基督教）不仅建立了人和自然的二元论，同时坚持认为人类为了达到他的目的开发自然是上帝的意旨。"这种二元性观点以及开发自然的自由感促使人们做出了对上游和下游环节都具有巨大影响的决策。越来越多的人认识到人类与环境的健康福祉是息息相关的，这种认识有助于人类明白伴随开发自由同时

的是管理的责任。

2.3.5 社会关系的含义
Implications of Social Relationships

当今的世界社会的特征是：众多无家可归者、高犯罪率、巨大压力及"文明疾病"（包括心脏病、癌症和中风）。我们缺少与他人联系的意识——即，一种群体意识。当前存在一种全球性的关注——20世纪60到70年代带有西方色彩的处理方式的输出取代了发挥良好调节作用并已植入当地建筑传统的社会关系，西方的解决方法是摧毁这些关系。很多人感到，为解决公共性和私密性的个体需要以及为了促进理想的人际关系而产生的规划和设计环境的失败，致使心理不健康的生活方式产生。在美国和全球对于设计促进人类健康的环境都有一种深刻的需要。

2.3.6 实际—规范的含义
Implication of Substantive–Normative Focus

在不久之前，人们探索新知识主要基于对实际情形进行描述，而非通过制定规范。这种情况导致信息量大增，而规划和设计方法却变化甚微。受一种渴望理解"是什么"而不是"可能是什么"的心态驱使，学术研究和大量信息未能对更好的设计产生足够的洞察力，自从20世纪60年代以来在设计方法上就没有出现重要的发展进步。例如，在系统动力学、生命循环流动和生态足迹（ecological footprinting）领域出现了新的科学信息，但是自然规划和设计专业并没有将这些信息引入规划和设计过程。人们转而通过制定规范获取新知识将有利于下一代设计过程的产生，它使自然规划和设计在社会最终依赖的若干系统中扮演了一种再生性的角色。

2.3.7 即时感受的含义
Implication of Temporal Perceptions

我们关注短期时间内的框架，并且为了近期利益开发资源，但是对于维持系统可持续性承载力的投入很少关心。我们认为时间是线性发展的，对自然世界的节奏和循环周期很少重视。通过被保罗·霍肯称为"亿万年一遇的碳氢化合物爆发（once-in-a-billion-year blowout sale of hydrocarbons）"，我们为工业革命添加燃料，显著地拓展人类的技术能力。西方文化，尤其是美国文化，通过早期连续性增长策略在快速发展和增加环境影响方面取得了成功。我们把资源过度转化为废物以实现短期收益最大化，但未对环境系统进行充足的反馈来维持长期的生存能力。1970年前后，达到了资源基础的极限。从20世纪70年代到90年代，我们采用赤字支出进行补偿，在短短的几年间，美国从全世界最大的债权国变成了最大的债务国。伴随逐渐降低的生产能力，我们以迅速衰退的全球系统、生产能力的降低、减少子孙后代的发展潜力（由于债务负担）为代价，仍然保持着我们早期连续性增长策略。

2.3.8 可感知的自然—时空关系的含义
Implications of Perceived Physical–Temporal Relationship

在美国，我们认为环境是静止的而不是动态的，竭力"驾驭"美国进入一种稳定状态，而不是整合动态系统的模型使它"生态化"。但是自然的属性是不断变化的。我们试图控制自然的结果是，竟将通常发挥生产功能（例如洪水泛滥补充了土壤肥力）的自然进程转变为毁灭性的力量（例如洪水泛滥毁灭人类家园）。与动态进程相整合的失败导致了美国的严重问题。问题包括：低效的空间模式（土地使用、结构和基础设施系统）、静态元素（建筑和道路）置入了景观的动态部分（沿海地区、分洪河道），导致需要很高的环境维护成本以及对系统再生产能力的不良损伤。

建筑专业（静态的空间，与时间无关）和景观建筑学专业（空间和时间的动态整合）对于时空关系的理解都是有问题的。这些不同之处导致了建筑学与景观建筑学的分裂，使建成环境的意义模糊不清，还导致了把作为静态实体的建筑融入动态的景观和背景文脉系统的困难。这些差异也使作为一种生产系统和人类体验的景观发生了退化。

2.3.9 关注范围的含义
Scale of Concern Implications

在美国，人们做出的决策通常是建立在小尺度的时空考虑基础之上的。上游环节（资源开发、加工、运输）和下游环节（废物），它们所涵盖的空间（场地以外的、地区性的、全球性的）和时间（系统随着时间退化）影响都未加充分考虑。当系统中存在盈余资源时，狭隘短视的思维模式能很好地为我们服务。现在，这种资源盈余不再存在，我们必须通过约翰·莱尔推崇的更广泛的视野和长远的思维做出决策——包括最初成本（原材料和劳动力）、生命周期成本（最初成本和经营、保养及管理成本）、总可衡量成本（生命周期成本和间接成本或外部成本）、宏观市场成本（总可衡量成本和较大的市场议题）以及环境恶化成本（宏观市场成本和市场之外的不可衡量的环境与社会成本）。

2.3.10 性能评价的含义
Implications of Performance Measure

　　在当代美国，**经济状况**（economics）已经成为我们最基本的衡量标准。我们赋予资源短期经济价值，并依据这些价值进行决策。我们认可了短期、狭义的经济，这种经济以整个系统的萎缩和长期发展的衰退为代价，实现了短期内的收益最大化。我们新型的矿物燃料资源基础及碳氢化合物的热销使我们提高了承载能力（图 2-5）。然而，我们采用了一种"赤字支出"策略，向未来透支拆借以超越这种稳定状态，毫不理会迅速增多的消极反馈。结果（图 2-6）是，承载力下降、生态系统退化、生态衰竭的风险逐渐升高并最终导致经济崩溃。

　　全球性的、狭窄短期经济衡量指标已经造成人工环境无法可持续发展。它们使我们对决策的前后影响麻木迟钝，并由此使国家背负巨额的债务、失控的通货膨胀、庞大的失业群再有贫富两极分化。

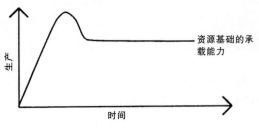

图 2-5: 承载能力

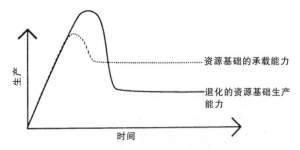

图 2-6：赤字支出与环境退化

以上这些都是不健康、不可持续、不可再生的人工环境、支撑系统陷入混乱的征兆。

2.3.11 科学和技术的根本
Science and Technology Roots

　　19 世纪的民主革命使科学和技术融合与应用从而实现统御自然的目的。在这场革命的推动下，人类改变世界的能力以一种前所未有的速度在提升。然而不幸的是，我们应用科学技术管理环境的能力却无法追赶上改变环境的能力。环境品质已经严重退化。但幸运的是，如果愿意，我们其实还是有科学和技术能力去有效地管理生态环境和人类生存条件。

2.4 系统思维 | SYSTEMS THINKING

　　正如前言所说，系统思维与 20 世纪西方社会的还原思维迥然不同。系统思维为景观管理、规划及设计提供了潜力，从而整合起复杂的系统，优化人工设计环境，使其健康稳定并提高了生产力，增进了具有深刻意义、与可持续性和再生性高度相关的景观的发展。系统思维还使景观设计师能够整合多种系统、多方面知识以及多学科专业的积极参与。这种思维方式让景观设计师把决策融入系统秩序，提高相互依存性，反映情景并综合了跨学科知识。系统思维还帮助设计师进行创造性思考，进行系统设计以克服由还原性思维、狭隘短视角度所引起的区域和全球性分化。这种方法帮助建筑师运用基本原则，探索前进方向，可以同时回应生态、环境、心理、技术、政治以及社会经济等各类系统并寻求对不同系统实施整体管理，以促进自然和人类生理和心理的健康发展。系统思维帮助设计师把场所、人群和技术综合起来，提供一种场所感知（将人们在精神上与背景文脉相联系）、一种群体意识（与有意义群体中的其他人联系起来）以及特定场所的群体感知（把人与场所及场所中的其他人联系起来）。这种思维方式帮助建筑师更好地操控区域性和全球性系统，并减弱技术单方面的影响。

系统思维为 20 世纪 70 年代景观建筑学向系统管理方向的转变提供了思路。这种思维方式在 20 世纪 80 年代演进为可持续发展，在 90 年代演进为可再生规划与设计（一种从系统动力学中产生的问题解决方式，实现可再生的健康系统与生产力，并将人与他人及场所重新联系起来）。在 21 世纪，系统思维依然坚持可再生设计，将艺术、科学融入以知识为基础的创造过程，打造出具有强烈特质的尽责的人文场所，从而提升了大众参与度，丰富了体验，最大程度地改善生活质量，优化了生态健康、生理健康和心理健康。

2.5　21 世纪的景观设计 | LANDSCAPE DESIGN IN THE TWENTY-FIRST CENTURY

根据《转折点》（卡普拉著，1981 年出版）一书的内容以及根据索罗金模式对现代历史的分析，我们能够理解基督教在中世纪这样一个观念性时期的兴起，引发了欧洲文艺复兴时期艺术、哲学、科学、技术在审美领域取得的辉煌成就。我们能看到这一时期的精神真理慢慢地让位于 17 到 19 世纪物质主义感受时期——包括启蒙运动、由勒内·笛卡儿（Rene Descartes）引领的现代哲学、牛顿科学和工业革命。我们可以认为这个物质主义时期产生了我们当前的世界观并引发了一系列问题。面对的危机表明我们已经来到了另一个历史转型时期。这些问题将会日益严重，直到这种历史转型的完成。

近期我们已经为新的启蒙时期准备了舞台，新启蒙时期指的是对艺术和科学、技术和哲学、物质主义和精神至上以及人和环境的一种综合。为了给这场转变做准备，必须重新审视我们的世界观和文化价值观。作为景观设计师，我们可以把设计教育作为一种机制，开始着手分析，使之适应新世界观。本书下面一章搭建平台对这种做法进行探讨。第二部分探讨了设计必须综合的研究议题范围。第三部

分考察了当代景观设计实践。第四部分展望了生态设计的未来并评价教育中需要做出的改变。

参考文献

Bowen, A. Historical Response to Cooling Needs in Shelter and Settlement. International Solar Energy Passive Cooling Conference, 1981.

Capra, F. The Turning Point: Science, Society, and the Rising Culture. New York: Simon and Schuster, 1981.

Hawken, P. The Ecology of Commerce: A Declaration of Sustainability. New York: Harper Business, 1993.

Heidegger, M. Basic Writings from Being and Time (1927) to the Task of Thinking (1964). David Farrell Krell, editor. New York: Harper & Row, 1977.

Jellicoe, G., and Jellicoe, S. The Landscape of Man: Shaping the Environment from Prehistory to the Present Day. New York: Viking Press, 1975.

Koyaanisqatsi. An IRE presentation, produced and directed by Godfrey Reggio, 1983.

McHarg, I. L. 1963. Man and Environment. The Urban Condition. Leonard J. Duhl, M.D., editor. New York, Basic Books, 1963.

McHarg, I. L. Design With Nature (First edition). Garden City, NY: Published for the American Museum of Natural History by the Natural History Press, 1969.

Miller, G. T., Jr. Living In The Environment: Concepts, Problems, and Alternatives. Belmont, CA: Wadsworth, 1975.

Norberg-Schulz, C. Genius Loci: Towards A Phenomenology of Architecture. New York: Rizzoli, 1980.

Rapoport, A. House Form and Culture. Englewood Cliffs, NJ: Prentice-Hall, 1969.

Sorokin, P. Social and Cultural Dynamics. Volume 1: Fluctuation of Forms and Art; Volume 2: Fluctuation of Systems and Truth, Ethics and Law; Volume 3: Fluctuation of Social Relationships, War and Revolution; Volume 4: Basic Problems, Principles, and Methods. New York, Cincinnati: American, 1937–1941.

Tobey, G. History of Landscape Architecture: The Relationship of People to Environment. New York: American, 1973.

Toffler, A. The Third Wave. New York: Morrow, 1980.

White, L, Jr. The Historical Roots of the Ecological Crisis. Science, 10: 1203–1207, 1967.

推荐读物

Altman, I. The Environment and Social Behavior: Privacy, Personal Space, Territory, Crowding. Lawrence Wrightman, editor. Monterey, CA: Brooks/Cole, 1975.

Tuan, Yi-F. Topophilia: A Study of Environmental Per-
ception, Attitudes, and Values. Englewood Cliffs, NJ:
Prentice-Hall, 1974.

第三章

教育和设计思维
Education and Design Thinking

"人类像蝴蝶一样光彩亮丽地登场,最后终结于封闭幽暗的蛹茧之中。"

未知来源

3.1 学习和教育
LEARNING AND EDUCATION

绝大多数的学习都是把新知识和已经熟悉的知识联系起来,因此,教育应该培养将新知识和已熟悉的知识联系起来的勇气和能力,拓展现有的教育模式,建立新的教育模式。然而,正如玛丽琳·弗格森(Marilyn Ferguson)在《宝瓶同谋》(*The Aquarian Conspiracy*,1980)中所说,我们的正规教育遭到了损害:

> 我们国家最大的学习障碍(是)以开放为代价,单纯强调"正确"的教育系统……来教育我们的年轻人如何保持平静、学会回顾过去、仰慕依赖权威、明确树立必然性观念……这是一种强烈的悖论:一种可塑性的大脑(拥有巨大的潜力)可以培养训练出约束自我行为的能力……孩子们进入学校的时候是完好无缺的,带有进行冒险与探索的勇气萌芽,继而却发现学校里的压力足以永久削弱冒险的勇气……而年轻人恰恰需要某种进入未知世界的启蒙激励,我们给予他们的是文化墓地中的残骸……他们需要在其中发现有意义的内容,而学校要求死记硬背,将训练与直觉相分离,教育模式与其他组成部分脱离。

结果是令人沮丧的。我们对教育投入巨资,但是我们的学生却逊于投资少得多的国家的学生。与其他很多工业国家相比,美国学生在数学和自然科学测试中的分数排名十分靠后。很多人认为美国教育体系是一种国家危机。

3.1.1 正规教育 | Formal Education

美国教育机构提供了丰富信息,但是通常阻碍了学生们渴望独立思考与研究探索的渴望。他们把大量的数据灌输到学生的思想中,但是没能培养学生发展出解读信息、探索各种方法、发展洞察力以及综合多种有意义反馈的能力。相反,他们应该培养学生探索和研究有意义事物的勇气和能力,建立动态意识,以展现学生不同的世界观和价值体系,揭示通过不同价值系统做出决策后的各种影响。教育机构应该促进世界观和健康之间,人和环境之间,空间和时间之间,能源、经济、环境以及人类之间,艺术和科学之间,科学和技术之间等重要关系的意识。这些教育机构应该鼓励学生察觉他们对于以上诸多关系的内在意识和态度。

人们期待美国的正规教育能够承担多种原来由父母承担的教育角色,而不是由价值体系的推动者或自立能力的培养者担当。学校没有培养学生创造有意义的、能够承载价值的决策能力,没能使学生实现自我教育,没能贯彻终生学习的理念。

3.1.2 自我教育 | Self-Education

20世纪诸多伟大天才之一——理查德·布克敏斯特·福勒,认为自我教育是"唯一真正的教育"。像很多具有创造力的人一样,巴基[译注]在很大程度上是自学成才的。他不承认天分,宣称"相较于其

[译注] 巴基是理查德·布克敏斯特·福勒的简称。

35

他人，我们这些人遭受的损害少一些而已"。这是对我们教育体系的一种悲怆但却真实的控诉；截然不同的天才教育是，天才们可以自学，利用信息提升洞察力。我们不断努力冲出破败不堪的教育体系的条条框框，我们可以从巴基·福勒的自学道路上获益。

自1760年起福勒家族的男孩都会进入哈佛大学，巴基也一样。然而，他很快发现哈佛传授的知识并不是他感觉应该学习的。他要回了学费，用这笔钱款待整个齐格菲歌舞团（Ziegfeld Follies）的成员们享受了一顿昂贵的晚餐，之后被正式除名了。接下来的十年间他经历了一系列的跌宕起伏，他有时候痴迷于协同作用——整体超过了部分之和，有的时候又会因为对文化的不适应感到沮丧。在经历了一系列感情的、个人的以及事业上的挫折、酗酒并且自杀未遂之后，巴基经历了他所谓的"个人体验"，正如他后来所说的："你没有权利杀死自己。你不属于自己。你属于宇宙。"进而开始了他的第二次生命——一段一心一意的自学历程，去探索他认为的宇宙原则。

福勒的历程便是以高度饱和的学习开始的。巴基付出整整一年的时间涉猎物理、数学、工程、建筑、哲学和诗歌。他不同任何人讲话，甚至他后来讲，连妻子也不理。当脱离这个饱和时期之后，他不停地和所有愿意倾听他的人说话，使用复杂的语汇、综合性的语言、意识流以及和他谈及的系统一样完整的语言结构。在他复杂的思维背后潜藏的是获取深刻洞察力、看清现象本质的强烈渴望与能力。当他的二女儿阿莱格拉（Allegra）指着一块燃烧的木头问他"火是什么"时，他充分展现了这种能力，福勒回答："火是从木头上燃起的太阳。当木头燃烧、迸发火花时，它在转瞬之间释放出了往日吸收的日精月华。"这句话表达了他发现和表达现象本质的独特个性（针对过去和现在、理性和感觉、分析和敏感、科学和诗歌），福勒不可比拟的方式是他自学过程的产物。

福勒沉浸于自学的快乐之中，终生勤奋耕耘，成为20世纪心智受害最小、同时最富思想性、涉猎最广泛、见解最为独到的智者之一。他不从狭窄的角度观察世界，而是教育自己关注广泛的关联性，

成为一位具有创造性和协调能力的思想家和感知者，高效驾驭着他所称的"地球太空飞船"（spaceship earth，意指地球就好像是一艘太空飞船，依赖自身有限的资源生存运转）。他拥有170多项专利，1935年发明了一种11座汽车，这种汽车可以每小时120英里的速度巡航，每加仑汽油可以行驶35英里远；他还是网格状球形顶的发明者；他拥有一系列荣誉头衔，是诺贝尔奖的提名候选人，拥有美国公民的最高荣誉——自由勋章（the Medal of Freedom），他是一位出色的、有教养的人。

理查德·布克敏斯特·福勒提高了建立联系、考察关联性的能力。这使他大大推进了对于宇宙规律知识的认识，提升了人类潜能。当其他人渴望学习现有知识或建立新的数据时，福勒则是运用知识去发现关系、潜能和现实，并开发新思路。通过这种方式，他提升了自己的洞察力，并将失败的实验看作"用来刺激想象力的模型"。

3.1.3 教育模型｜Educational Models

美国教育体系以一种阻碍拓展思维的不恰当模型为基础。它是在我们对于思想知之甚少的时候构想出来的。我们具有一种笛卡儿的世界观，倾向于进行还原思维，相信可以将复杂的事物分解成简单的部分加以理解，而教育的职责就是为整体中每个部分建立专业知识体系。然而，当今的科学告诉我们，"系统具有整合的特性，不能被还原为小单元的整体"（卡普拉，1981）。新物理学认为整体大于各部分之和（巴基所说的综合，现在被称为"**整体论**"（holism）），并认为单元之间的关系比单元本身更加重要。不幸的是，教育机构的变革十分缓慢。20世纪60年代开始努力使教育体系（K-12 education，美国基础教育的统称）冲破还原思维的樊篱，教育学生进行系统性的思考。然而不幸的是，里根政府削减了教育改革的经费，我们的教育系统仍然滞留于笛卡儿世界观，而不是以系统和模型为基础。我们当前的教育体系由学科构建起来，而不是协调与整合。正如霍华德·奥德姆（Howard Odum）解释的那样："应该有一门课程，大约开设在六年级，讲授生态、能源、经济学和人类之间的相互关系。"虽然一门课程是远远不够的，但在这

四种主要影响力相互关系的基础上开设课程的理念应该是全国教育的重点，而不应该是互相分离的学科和课程。

基于笛卡儿世界观的教育体系或许在过去曾广受欢迎。但是世界在慢慢发生着变化，学生学习在既定领域中需要的知识与观察世界的视角。今天，变革十分迅速，当今的学生——阿尔文·托夫勒在《第三次浪潮》（1980）中提到的第一代学生——必须做出全面回应，来应对同以往工业世界截然不同的信息时代。学生们必须对一个迅速变化的世界做出适当的决策，在剧烈变迁的文化背景中发现新的含义与相关联系，并且运用理解的知识去创造新的、动态的、相关联的系统和景观。

3.2 思想机制 | MECHANICS OF THE MIND

为了应对这种挑战，了解思想机制将会很有帮助，但思想却在竭力掩饰歪曲这种分析方法。从19世纪开始，我们就已经认识到大脑的不同部分负责处理不同的任务。近来我们发现，当大脑的一部分受损时，另一部分会接替它的任务。我们相信信息的认知过程随文化而不同，语言结构的差异或许会影响图像处理的机制。语言可能扮演部分角色，例如，在与背景文脉高度协调的日本文化中，日常工作生活都被认为是艺术形式；而相对于和背景文脉属于竞争关系的西方文化来说，是以目标为导向的，把生活和艺术截然分开。决策同语言之间的关系使近来在**符号学**（semiotics）方面的工作和设计中的多种语言选择变得尤为重要，新兴的**模因论**（memetics）科学拓展了我们对于文化信息、图像处理、认知模式以及文化决策等之间关系的理解。

尽管思想具有复杂性，但是一些观察结果仍可以为创造性思维提供深刻的领悟性。首先，随着新脑（边缘系统和脑皮质）的进化，旧脑（前皮层）依旧保留，但两部分的功能不同。新脑包括进行推理和逻辑思考的脑皮层或左半球（这里负责指挥右撇子或理性思考）以及进行直觉和感知的边缘系统或右半球（这里负责左撇子的直觉思维和感知）。一些人认为，存在于边缘系统深处的是旧脑——"爬虫类脑"（reptilian brain）或称"蜥蜴脑"（residual lizard），它存在于我们脊柱的末端，发挥维持生存

的功能。像过滤器一样，它运用**应急机制**（fight or flight syndrome），本能地感知**预测和逃避**（prospect and refuge），并倾向于做出安全的选择。

虽然通过大脑的神经生理路径处理刺激的过程机制仍然是一个谜，但我们已经知道如果改变刺激，就会改变信息处理的路径，也就是说，可以改变思想的模式。在《水平思考法》（*Lateral Think-ing*，1973年出版）中爱德华·德·波诺（Edward DeBono）探索了将这些路径转化为设计工具的方法。

3.2.1 左右脑同时思考 | Thinking with Both Hemispheres

我们的教育制度是我们的过去和持续感知的价值系统的产物，这一系统将真理和知识奉为理性思维，不鼓励原创思维，让人们压抑情感。我们开始突破这种桎梏，更加重视直觉和洞察力。连理性思维和科学方法的坚固堡垒——硬科学（the hard sciences，主要指自然科学）都在极力宣扬直觉的作用。理性思维和科学方法被视作证明事物各个组成部分的方法，但**不是**（not）发现与发展事物的方法。发现真理有赖于直觉的飞跃，它不同于理性思考，相信主观性。对我们周围自然世界以及人工设计环境的主观解读现在都被纳入了制定决策的范围。新近对直觉的重视与最近朝着相对论科学方向的转变是一致的，把现实既不视作物质的，也不认为属于理性的，而是一种现象：事件与记录该事件工具之间的相互关系。物质世界是构建现实的舞台，现实是对自然世界和人类意识在主观上、知觉上、情感上的综合。

对直觉的日益重视说明了我们的文明正在从一种感知价值系统进行转变，或是变为现实具有了一种精神意义的价值系统，或变为综合了理性和直觉思维的唯心论价值系统。这种情况表明对景观体验和设计过程的敏感性正在逐渐提高，设计过程包括理性的右手思维（通常被设计院校作为问题解决方式）以及左手思维（景观作为艺术、意义以及表达语汇）。

3.2.2 全脑认知 | Whole-Brain Knowing

人类大脑这台计算机"拥有难以想象的能力

和精密性，比数字方式更具模拟性。它依靠的不是精确性，而是通过概率性工作，通常通过大量粗略或模糊的概括……无须有意识地关注即可快速感知真相……或者从中推理出知识。"（弗格森，1980）。然而，美国教育损害了非常适配人类大脑的本能认知。近年来，我们把左右脑同时使用，即**全脑认知**（whole-brain knowing）转移到了只属于精神精英思考的神秘领域：禅师、哲学家或天才。我们怀疑直觉认知，因为它不能被证实：它是非理性的。作为笛卡儿—牛顿教育体系的幸存者，我们努力工作使大脑边缘部分平静下来、理性思考并怀疑我们的感觉。在这个过程中，我们变成了不敏感的、缺少感觉的个体。

我们习惯于进行逻辑思维。然而，想要得到洞察力以及洞悉的潜力是需要左右脑共同灵活思考的。我们必须直觉地、主观地、感性地并带有感觉地进行思考，允许思维沉浸在多种影响力之中，并促进新模式和新关系的产生。我们还必须用逻辑推理去明确工作的可操作性、需求，或者解决方案的适宜性。我们必须使用两种思考方式，能够适时关闭逻辑思维，在混乱中遐想。有时，我们必须消除混乱，理性思考。真正的教育培养的是以两种模式双重思考的能力，而且知晓何时以何种方式思考。

3.3　设计思维 ｜ DESIGN THINKING

敏感的、具有创造性的设计师必须是一个左右脑同时思考的人。这样的设计师，能够有效地进行直觉与逻辑思考，精力**集中**（centered）而且能进行完整的整体思考。帮助学生更加集中精力、具有创造性、善于感知各类关系并且更具洞察力，是设计教育的主要任务之一。

3.3.1　创意思维 ｜ Conceptual Blockbusting

高校设计专业的学生在正规教育体系中学习了十多年，这种教育体系教授的是约束自我行为并建立了行为遴选机制。这些遴选机制是下意识的生存机制，它们推崇"适当的"行为，在一些情况下，也充当了阻挡创造力的障碍。设计教育可以消除这些障碍，帮助学生更加集中精力，具有创造力。它能够为学生提供有关思维形式、阻碍思维流畅性和

灵活性的因素等方面的知识以及消除这些阻碍因素的方法。在《创意思维》（*Conceptual Blockbusting*）（1979年出版）中，詹姆斯·L.亚当斯（James L.Adams）认定了三种基本思维类型：视觉的、语言的和数学的。他帮助读者发现他们应用了哪种思维方式、避免应用了哪种方式以及他们思考的灵活性，还提供了提高思考有效性的方法。鼓励设计师们阅读这本令人愉悦的著作。

在《创意思维》一书中，读者发现有些情况通过视觉思维更容易理解，有些情况很难通过视觉思维加以理解，而应通过语言的或数学的方式。每种思维形式都有其适应的特定情况。例如，地形改造令很多设计师头疼，因为它需要把现有的和已设计过的地形进行图像化（视觉思维），并且计算坡度和立面（数学思考）。逃避任何一种思维类型都可能使设计任务变得困难。地形改造成功的关键就是在恰当的时间运用适合的思维形式。

在一种给定的情况下，思维灵活的人迅速直觉地探索各种思维形式，并选择最可行的形式。搜索可能是无意识的，但教育提高了灵活思维的能力，因此，如果所选择的思维形式被证明是无效的，我们可以有意识地转换到其他的思维模式。如果缺少这种灵活性，我们的思维和行动有可能陷入茫然错乱。

3.3.2　解决问题 ｜ Problem-Solving

根据詹姆斯·L.亚当斯的观点，创造性思维的障碍是"阻碍正确理解一个问题或构思解决方案的精神壁垒"。我们都体验过这些障碍。亚当斯总结了四种主要阻碍类型：感知障碍、情感障碍、文化和环境障碍以及智力与表达障碍。**感知障碍**（perceptual blocks）阻止设计师清楚地感知问题和解决问题所必需的信息。其中之一就是**陈规定式**（stereotyping），也就是，在概念上设置了不合理的狭窄界限。这种界限过早地限制了设计师思考的选择范围。为了在专业设计所中避免出现陈规定式，经常使用含蓄中性的语言描述项目，例如说成是"设计载人的装置"，而不说"设计椅子"。目的就是"设计载人的装置"将会涵盖更多的情况细节（材质、使用者等），不会因为介绍无关的老套信息，例如

椅子扶手、椅子的四条腿等造成工作任务中断。

　　亚当斯认定的另一种感知障碍就是**无法分离出问题**（inability to isolate a problem）。如果不能把问题独立出来，并明确界定，问题便不能解决。当然，问题也可能被界定得过于**狭窄**（defined too narrowly）。教科书上的例子就是试图发明一种可以采摘西红柿的机器，实现这种劳动力密集型行业的自动化。在多年探索机械化解决方式的过程中，从更为宽泛的角度对问题进行了重新定义，同时人们还研发出了硬皮西红柿，可以使用传统收割工具采收。**无法从多角度审视问题**（inability to see the problem from different perspectives）将导致只能解决一部分问题，甚至产生更多的问题。这种感知障碍与我们只是从狭窄的视野审视世界，无法看清事物全貌的倾向有关。通过角色扮演人们可以辨识并厘清身份角色，是一种在设计教育中经常用到的提高克服障碍能力的有效激励方法。

　　另一种感知障碍就是对问题的**熟悉**（familiarity），大脑在处理各种刺激时，会过滤掉熟悉的事物。这就是为什么我们不能准确地把电话拨盘上的数字与相应的字母对应起来的原因，尽管我们每天都在拨号打电话[责编注]。这也就是为什么若像螃蟹一样横着走过空间（意即变换观察视角）便可以帮助我们更好地读解空间：视角改变了，场所就变得比较陌生，也因此会更引人注意。

　　无法运用所有的知觉刺激（failure to use all our sensory stimuli）也是一种感知障碍。例如，当我们蒙着眼睛通过一个熟悉的区域时，会发现我们突然听到了以前不曾听到的声音，从而以不同的方式感知场所。通常，我们强调的是视觉刺激，排除了其他知觉刺激。如果在设计上能调动所有的知觉要素，则对场所的感知将更加丰富，并且强化了体验经历。

　　正如亚当斯所说，**情感障碍**（emotional blocks）在所有的思维障碍中是最有抑制性的。人们有一种强烈的创造冲动，正如在1968年的精彩影片《人类为何创造》（*Why Man Creates*）所表现的那样。然而，西格蒙德·弗洛伊德（Sigmund Freud）揭示了我们在阻碍感知时的其他特点：**自我**，或者说社会角度对自我的意识；以及**超我**，或者说道德上的自我[译注]。自我（常常过早地）拒绝它认为无法实施的看法，而超我是在自我意象（self-image）的基础上加以拒绝。

　　在不知不觉间自我和超我共同引入了一套诡异的情感障碍。对**失败的恐惧**（fear of failure）通常是最具毁灭性的情感障碍。在学术界，害怕承担风险导致了一种强烈的妥协折中的学习体验。有一种与学术界紧密联系的障碍就是**过于强调分数成绩**（overemphasis on grades）。当学习成绩属于危险边缘时，同探索研究能力相比，学生们更关心成绩，这种障碍变得颇具破坏性。在这种情况下，学生们通常尽量避免冒险，而学习和成绩都会受到影响。**过分在意他人的意见**（being overly concerned with the opinion of others）会导致努力取悦他人，而不是努力学习。当反馈变得非常重要的时候，它必须内化成为协调过程的一部分，在这一过程中，设计师在继续保持真实自我的同时，设计方向也要针对反馈适时做出反应。**厌恶混乱**（lack of appetite for chaos）就是怀疑理性思维，会导致先入为主的过早误判。另一方面，面对复杂问题通常需要容忍混乱的酝酿期，以便潜意识可以通过直觉判断权衡变化因素，并发现相关模式。人为缩短这个酝酿期将导致解决方案考虑不周。

　　与不能容忍混乱紧密联系的是**重视判断倾向，而不是产生巧思**（tendency to judge rather than generate ideas）。所生成的、未经判断的想法可以进一步孕育、培养其他的想法。**过早的判断**（premature judging）可能减少思路产生和散播的趋势。**缺乏好奇心**（lack of curiosity）将引起概念的不足。**缺乏**

[责编注] 在美国为了方便记忆电话号码和宣传广告，经常使用英文字母代替数字表示电话号码：2—ABC，3—DEF，等等。
[译注] 弗洛伊德将人格结构分成三个层次：本我（id）、自我（ego）、超我（superego）。本我：位于人格结构的最低层，是由先天的本能、欲望所组成的能量系统，包括各种生理需要。本我是无意识、非理性的，遵循快乐原则。自我：位于人格结构的中间层，从本我中分化出来的，其作用是调节本我和超我的矛盾，遵循现实原则。超我：位于人格结构的最高层，是道德化的自我。它的作用是：抑制本我的冲动；对自我进行监控；追求完善的境界，遵循道德原则。

想象力（lack of access to imagination），或者说是构成及利用生动形象的能力低下，**分不清现实和幻象**（failure to distinguish between reality and fantasy），尽管以上这些情况不很常见，也同样是破坏性的情感障碍。

亚当斯还论述了由文化和环境背景产生的障碍。他认为，人们所形成的**文化障碍**（cultural blocks）是那些被建立起来贯彻社会行为准则并消除不得体行为的事物。不幸的是，包括幻想、反思、顽皮、幽默、直觉、感受、愉悦、定性判断以及求变在内的一些行为类型都常常贴上了不适合成年人的标签。还有很多社会固有的文化禁忌或是设计师害怕社会可能强加给他们的文化禁忌。这些禁忌阻止（设计师）思考多种备选方案。

亚当斯认为**环境障碍**（environmental blocks）是由周边的自然或人文背景造成的，包括人与人之间紧张的压力，例如怀疑、缺乏沟通以及应有的鼓励；也包括噪声、强光等自然干扰。

亚当斯还认定了智力和表达障碍。**智力障碍**（intellectual blocks）包括使用了无效的思维形式，不能在思维形式之间进行转换以及生成错误的数据信息。**表达障碍**（expressive blocks）是缺乏充分的图形和口头交流能力或不能应用这些能力。

以上任何一种障碍都会阻碍有效的决策。消除或避免这些障碍有利于考量适宜的刺激，促进引发创造性概念的思考过程，促使看到更丰富、更具相关性的设计模式。

3.3.3 设计含义和语言
Design Meaning and Language

虽然问题解决只是设计中的一个方面，但它主导了现代建筑学中的"形式追随功能"。在 20 世纪 60 年代及 70 年代早期，设计缩减为一种功能性的表述：避免涉及更深的设计含义。在 20 世纪 70 年代晚期和 80 年代，建筑师出于多种原因拒绝现代主义，包括把含义削弱到了功能层面；现代主义倾向于从其他学科领域中选取形式，例如机械技术或立体主义美学；而且在连贯的视觉语言中现代主义也表现得无能为力。随后的理论，例如后现代主义在很大程度上放弃了将问题解决方式作为一种设计手

段的看法。然而，它们接受了设计语言、形式类型学以及设计含义。本文认为这两种观点是相关的。关注如何理性地解决问题对于功能艺术非常重要；语言和意图是设计与文明的根本。

符号语言学是语言和逻辑的科学，增进了对符号以及运用符号表达意图的理解。在拓展设计符号学方面意义深远的研究著述包括克里斯托弗·亚历山大的《建筑模式语言》（*A Pattern Language*）（1977 年出版）以及《建筑的永恒之道》（*A Timeless Way of Building*）（1979 年出版）。第一本著作陈述了一些充当自然表现语言实例而重复出现的符号。第二本书呈现了自然表现的语言概念、辨识符号以及含义的解码和编码。虽然它们不是符号语言学中最早或最新的论述，但它们仍属于最优之列；因为它们论述的不是建筑语言或场地开发，而是多种文化的发展历史中重复出现的模式语言和场所类型。这两本著作使用的是描述性语言，而非定义性语言。它们陈述了在背景文脉之中，为了表达特定场所的问题时会出现一种符号，例如壁龛。语言传达了那些在多种尺度和多种背景文脉中重复出现的表现模式。

为了应对广泛而复杂的后现代设计含义，出现了两种设计策略。第一种，由亚历山大和罗伯特·查理·文丘里的《向拉斯维加斯学习》（*Learning from Las Vegas*）（1972 年出版）佐证，接纳了一种折中的语言，允许同一个形态被赋予多种含义。这种策略热衷于复杂而多元的含义，并不试图去限制语言、结构或者解读方式。第二种策略是一种最近出现的方法，这种方法注重形式、语言结构、生成形式的规则，并寻求确定可接受的规则。第二种方法的实例是彼得·埃森曼（Peter Eisenman）根据诺姆·乔姆斯基（Noam Chomsky）的著作《笛卡儿语言学：理性思维史之一章》（*Cartesian Linguistics: A Chapter in the History of Rational Thought*）（1966 年出版）创作的设计作品。

3.3.4 景观符号学｜Landscape Semiotics

在人工设计的景观当中，探索语言含义、语言结构以及它的外形、符号和类型对于景观设计来说都是值得的。在古典和文艺复兴时代的世界，相对

趋同的社会变化速度十分缓慢，确立了人工建造环境的语汇和句法，设计元素成为了具有相对固定含义的符号。在迅速变革的同质文化和科技革新洪流中出现的现代主义没有明确的含义。后现代主义在自身情况尚未明朗的情况下，变换了一种研究方法来竭力澄清符号与含义。后现代主义符号语言学能否促进心理健康和良性发展，取决于它能否有效地把设计意图、复杂的系统属性、环境感知及用户心理需求加以调和并融入具有意义的且连贯的场所当中，并且取决于它的倡导者能否有效地应对复杂的城市场所特性和心理健康问题。

3.3.5　作为模因论的景观设计
Landscape Design as Memetics

景观设计教育应该接纳对语言、意义、复杂性及多元论的研究探索，并发展学生开放式表达的能力，对各类系统、复杂性和自然变化的本质做出积极反应。这种方法应该教会学生懂得如何解决问题，关注设计意义，接纳多元论解读，表达多种影响力、教育他人并带领社会走向一个更加积极的未来。

文化基因（memes）是文化创造的，承载着价值信息，其作用是向社会成员传达如何审视世界并赋予其意义。设计教育应该深化将设计作为**模因论**的理解。它应该教育学生认识他们所属的文化和其他文化中的文化基因。应该教育学生体味文化基因的复杂性，构想令人期待的未来，通过设计影响其他人去追求未来。从系统观点的角度来看，设计教育应该教育学生认清环境条件并加以响应，结合系统动力学，应用设计规则，寻求能够同时回应生态、环境、心理、技术、政治与社会经济诸系统的设计方向。另外，设计教育应该教育学生管理整合多种系统，促进自然与人类的生理和心理健康。它也应该教会学生进行景观管理、规划与设计，在动态平衡中将这些整合到系统中。最后，这一方法应该教育学生在系统耗散时，尽力促成更多相关的管理结构、规划策略以及设计。这些内容将在第四部分进行论述，包括帮助当今全球社会从"资源浪费型"模式转化为一种可再生模式。

3.4　设计过程的形成
GENERATIONS OF DESIGN PROCESSES

当我们讨论设计教育的时候，回顾最近的设计历史进程是很有帮助的，正如唐纳德·布罗德本特（Donald Broadbent）概括的那样。**第一代设计过程**（first-generation design processes）是对于先入为主的直觉设计的否定回应。它们属于线性的、系统的，由"专家主导"的问题解决方法，它们被量化并深深植基于规划。**第二代设计过程**（second-generation design processes）相信专业知识广泛分布在过程参与者当中，设计应该脱离出设计者与使用者对话交流的框框。**第三代设计过程**（third-generation design processes）认为规划者是设计推想的专家，但不能决定人们如何生活。

当出现新的设计方向时是很难辨识的，摩特洛克1991年时认为正在出现**第四代设计过程**（fourth-generation design processes）。他将这些设计过程视作革新式干预类型的设计方法（约翰·彼得·凡·季驰（John Peter van Gigch），1984），操控对话、融合专业、创造决策环境，实现响应式决策的整合。第四代设计师消除了人们生活、正规规划与设计之间的樊篱。这些设计师将不同的价值系统转化到规划与设计当中。

3.5　景观设计教育的地位 | STATUS OF LANDSCAPE DESIGN EDUCATION

景观设计教育在20世纪60年代末和70年代初经历了一次显著的改变。这种改变引发了景观建筑学专业以及专业设计操作过程和工具的变化。

3.5.1　将教育引入设计基础
Education into Basic Foundations of Design

景观设计有四个基本基础：艺术/美学系统、技术系统、自然系统及人类系统。景观研究人员和专业从业者建立起了这些基础，并将继续在这些领域当中工作下去。随着这些基础的发展，它们显著地影响了景观教育以及景观设计实践。

3.5.2 20 世纪 60 年代以前的景观设计教育 | Pre-1960s Landscape Design Education

在 20 世纪 60 年代以前，景观建筑学有两个主要基础：艺术 / 美学和技术，文化利用这二者改变自然环境，修造人工环境。在很大程度上，美国教授的景观设计历史是一部景观设计美学史，欧洲规则式视觉风格同化了美国。景观设计教育关注于 19 世纪的欧洲园林设计，它是文艺复兴运动中人文主义的辉煌绽放。文艺复兴运动始于意大利，根植于以人们意欲统御自然的设想，文艺复兴将简单的欧几里得几何原理强加于疏于雕琢的自然。20 世纪 60 年代以前的景观设计教育关注的对象包括位于菲耶索莱（Fiesole）、佛罗伦萨、罗马以及蒂沃利（Tivoli）的文艺复兴时期修建的宏伟园林及别墅建筑。支持将巴洛克式简单的人性化大尺度秩序引入平坦的法国地景，这种景观风格在沃·勒·维孔特城堡（Vaux-le-Vicomte）和凡尔赛宫达到顶峰。除了 18 世纪的英国，20 世纪 60 年代以前的景观设计教育都聚焦于花园设计、植物的装饰品质及设计美学。景观设计课程就是为了理解园林历史以及景观设计的美学传统。自然和人类系统的发展动力研究尚未成为景观设计的主要部分。

3.5.3 20 世纪 60 年代到 80 年代的景观设计教育 | The 1960s to 1980s

在 20 世纪下半叶，逐渐扩大的技术影响力促使景观设计教育界发生了一次重大转变，并确立了新的景观建筑基础。到 20 世纪 60 年代，景观设计的先驱人物，包括伊恩·麦克哈格和菲利普·刘易斯（Phillip Lewis），将自然系统作为第三种基础引入景观设计。他们将（在自然科学领域内）获得的快速增长的自然体系知识整合进设计当中，从而推动了这一引进过程。这些先驱在将对环境的关注转化为设计基础的过程中发挥了深远的影响作用。他们也引领社会意识到：人类改变世界的能力日益提高，超出了地球自我管控生态健康的能力，全球对于地球这种资源的管理责任同样在增加。在引导社会领悟这种责任的过程中，这些先驱和一些其他人士已经示范性地改变了景观设计教育和实践。

从 20 世纪 60 年代到 80 年代，景观设计课程继续有效地建立学生对于景观历史和园林设计传统的理解。此外，这些教育课程包括了土地伦理学以及系统管理范式；还推进了资源管理、增长管理、区域规划及以生态为基础的土地规划和场地设计等过程。景观设计课程也发展迅速，包括了新的管理、规划和设计过程，例如，叠加式设计方法把不断增长的针对自然科学（自然系统、过程、模式、动力）的理解整合融入土地管理和生态规划与设计过程。

在叠加过程中，需要管控的大量空间数据给开发数字空间数据管理系统（即所称的"地理信息系统"（Geographic Information Systems，简称"GIS"））带来了巨大压力。在景观设计专业中最流行并受到广泛欢迎的地理信息系统是美国环境系统研究所（ESRI, Environmental Systems Research Institute, Inc.）的景观建筑师杰克·达格曼（Jack Dangerman）开发的 ArcInfo（更新而且也更易操作的版本是 ArcView）。从 20 世纪 70 年代开始，景观建筑学在土地设计的数字技术应用方面占据了主导地位，不仅从图解可视化角度分析是这样，而且成为展现系统管理与景观动力学的工具。

从 20 世纪 60 年代到 80 年代，生态规划与设计的先驱们不仅在景观设计专业领域，而且在全球范围的跨学科领域和系统性的环境运动中发挥了重要领导作用。他们帮助人们意识到从资源—废物型转变为可持续发展范式的紧迫性。这种意识在 20 世纪 70 年代作为一种资源管理方式引入景观设计教育，并在 20 世纪 80 年代演化为综合了保护与发展的"**可持续发展**"（Sustainable Development）——也就是说，发展过程中不会造成资源枯竭或是系统和生产力的衰退。

先驱们比追随者更广泛地理解问题，然而不幸的是，社会虽然认同可持续性，但更加肤浅地解读了潜在问题。因此，"可持续性"与"可持续发展"这两个术语目前针对不同的人群和不同的职业完全意味着不同的东西。因为浅薄理解者只是大量地借鉴了这两个词；景观建筑师依赖必须重建才能得以生存的自然系统为基础，景观建筑学的语言已开始从可持续发展和可持续性转变为可再生的规划和设计；换句话说，景观设计在重建我们最终依赖的系统和生产力的过程中担任了积极的、基础性的角色。

提出这种新的景观建筑学语言的设计先锋是已故的约翰·迪尔曼·莱尔（John Tillman Lyle）。

3.5.4 20世纪80年代和90年代的景观设计教育 | The 1980s and 1990s

在20世纪80年代和90年代，景观设计课程继续树立起学生们对于美学和技术设计基础的理解。设计课程仍然还是关注于建立自然系统的基础、培养学生将可持续性融入景观规划和设计方法的能力。在这一时期，我们意识到做出不可持续的决策不能归咎于缺乏世界上自然和生态系统如何运转的知识，而应归因于我们做出决策的方式和范式。我们愈发意识到，针对源于区域动力的再生性决策，人们必须知识广博并且反应敏锐。

在20世纪80年代和90年代，我们也开始只从理性的设计视角鉴别与视角相关的问题。我们也开始青睐从另一方面着手的需求，即设计的直觉特质、神秘属性与激发鼓励等方面入手。我们认识到景观设计师游刃有余地观察、处理问题的必要性以及将设计的理性层面、实体维度和它的神秘莫测、精神实质与高深抽象等加以综合的必要性。

对上述这些问题的关注引起景观设计教育在20世纪八九十年代对一系列广泛问题进行探索。不幸的是，自20世纪60年代到80年代的范式飞跃之后，这些探索并没有在景观设计理论、应用方法、教学方法或专业实践中实现重大发展。这些变化是第十六章的主题。

3.5.5 当今景观设计教育中的关键议题 | Crucial Issues in Landscape Design Education Today

如果要在我们最终依赖的系统再生中担任重要和积极的作用，景观设计必须处理一系列的问题。如果想要设计一个积极的未来，我们也必须考虑这些问题。

人文—系统基础的发展 | Development of Human–Systems Foundation

现在对于发展第四种景观设计基础存在一种深刻的需求：设计的人文—系统基础。对于人文科学的理解需要整合、融入规划和设计过程（就像20世纪六七十年代将自然体系应用于设计过程那样）。

令人遗憾的是，开发设计的人文—科学基础比发展自然—系统基础的难度大得多，原因在于人文体系的复杂性以及自然和人文体系数据的巨大差异。与自然设计数据一样，自然—科学数据是从空间角度生成、组织和分析的；而人文—科学数据通常以其他形式（列表、表格等）生成、组织与分析。

价值体系（Value Systems）：在很大程度上，每一规划和设计专业都在教授学生通过专业的视角观察世界。学分课程无法教授学生通过多样化的视角和价值体系接纳纷繁繁复杂的世界。它们只会教学生如何通过设计学科束缚他们的思维，而不是逃离这种思维羁绊进行思考。

跨学科的规划与设计（Interdisciplinary Planning and Design）：景观设计教育承担着变革的压力，这是由于日益增长的系统复杂性必须通过规划和设计、参与者的日趋专业化和以知识为基础的规划、设计来实现整合。其结果是，景观管理、规划和设计愈发要求设计师承担跨学科规划和设计团队中领袖/推进者的角色。不幸的是，鲜有设计课程能够建立概念性理解，认清系统整合的广度、专业领域的方法（过程、工具或技术）以及领导团队成功整合的能力。

整合景观设计的四种基础 | Integrating the Four Foundations of Landscape Design

可持续解决方案优化了对广泛定义问题的回应，而不是最大限度地回应狭隘定义问题。因此，可再生设计必须优化对以上四种设计基础的回应。景观规划和设计方法必须综合美学系统、技术系统、自然系统及人文系统，提升生态的、生理的、心理的健康，促进生态和人文潜力再生。

重新建立人与场所之间的联系 | Reconnecting People to Place

笛卡儿思维模式的遗产之一就是重新建立人与场所之间联系的需求。这种需求当今正在推进景观设计当中人文系统基础的发展。

接受参与式的过程（Embracing Participatory Processes）：将人与规划设计方法联系起来的最有

效方式之一就是让他们参与到影响其自身生活的决策过程中。另外，为了将人们和设计决策联系起来，参与式过程帮助景观设计者超越设计者自身的思维范式来阐述使用者的需求。然而，很少有设计课程内容中会包括参与式的规划和设计过程中的课程学习或体验。随着景观设计课程的发展，这是一个需要关注的重要领域。

促进群体的特定场所意识（Promoting Place-Specific Sense of Community）：社会在做出可持续发展决策并扮演再生角色的过程中遇到的诸多困难源于人们和他们所做决策直接脱节的程度。这其中包括人与人之间的分离、人与生存环境的隔离。景观设计教育必须有效地建立设计师与生态和人文景观动力之间的联系，这种联系应该同时包括区域和局部两种尺度。我们采用的参与式的规划和设计过程及其产生的效果，必须将客户对象、更广泛的民众同场所和人群重新联系起来。

实现数字技术的潜力|
Realizing Potentials of Digital Technology

管理体系的复杂性促进了提高景观再生和生活品质的需求。数字技术便于景观设计师收集、分析、整合及管理大量的信息，并加速了这些数据与规划、设计过程的整合。因此，数字技术作为一种整合数据的可视化工具，可以帮助理解前进动力并管理错综复杂的对象，它在景观设计学科中正在快速应用。

越来越多的景观设计学位课程要求学生精通一系列的计算机技术。这种情况对于（建筑专业学士学位和硕士学位）最初的专业学位课程再设计提出了重要挑战。在很多情况下，计算机应用属于选修课而非必修课。在另一些情况下，数字技术应用被包含在其他课程中，授课教师缺乏充足的计算机应用技能。一些研究生助教承担了一些学术项目，在这些课程中，研究生助教具有很强的计算机应用技能作为技术支持。景观设计中的数字应用导致一些学位课程专门资助开设培养计算机应用能力课程。

设计课程（Design Curricula）：数字技术以多种方式应用于景观设计教育。学位课程通常会包括三学分制的景观设计数字应用的概述课程。有些课程介绍了一系列基本应用软件类型，包括：1）桌面排版软件，2）二维图形软件，3）二维渲染软件，4）三维模型软件以及5）便于用户操作的 GIS 软件。使用当前版本的软件，在组织良好、管理有效的课程当中，多数都会以上述顺序介绍与应用这些类型的软件。在同一学期中（通常在五年制文学士（BLA，Bachelor of Arts）课程的第二年，或三年制专业学位文科硕士（MLA，Master of Liberal Arts）的第一年），这五种类型的软件可以被整合到景观设计工作室的最终设计方案中。幸运的是，大多数设计课程都安排了熟悉数字技术的研究生助教来强化课堂学习。有时，会在同一所院校内两个或更多以设计为基础的院系，比如景观建筑、城市设计、建筑、美术、图形设计以及工业设计等，为学生设置选修课程。在这种情况下，各院系在不同的学期开课。学生可以在自己的院系上课（应用工具与他们的专业相一致）或是换个学期在其他院系上课（工具与专业不太紧密匹配）。

建构课程（Construction Curricula）：数字建构应用通常包含在建构课程中。当前的计算机辅助设计软件已经涵盖了基本软件，例如 LandCadd 软件是架构在 AutoCad 软件基础上的，还包括了一系列的数字技术应用——包括地形操作、土方填挖、排水计算、道路走向及其他一些景观建构应用。

3.6 设计的影响、当代实践及未来|DESIGN INFLUENCES, CONTEMPORARY PRACTICE, AND THE FUTURE

第一部分探讨了景观设计师制定决策的视角以及影响我们感知、管理和设计景观方式的一些问题。**第二部分：设计的影响**，通过深入探索设计师管理、规划和设计景观时需要考虑的作用力、影响及相关议题，提高学生对设计影响的理解。**第三部分：当代设计应用**，探讨了通过当代景观操控、规划和设计处理这些影响的方法。回顾了景观设计师的操作尺度以及在基地尺度上进行设计的过程。**第四部分：未来**，探讨了将深刻影响景观设计的全球趋势和动态，实现生态的、生理的及心理的健康景观管理、规划与设计。这部分包括探讨了在范式、职业角色、设计过程以及设计目的等方面正在出现的、令人期待的种种变化，帮助景观设计在引导设计向未来积极迈进时扮演一个更有意义的角色。

参考文献

Adams, J. Conceptual Blockbusting: A Guide to Better Ideas. New York: Norton, 1979.

Alexander, C. A Pattern Language: Towns, Buildings, Construction. New York: Oxford University Press, 1977.

Alexander, C. The Timeless Way of Building. New York: Oxford University Press, 1979.

Aulaire, E., and Aulaire, O. The Man Who Saw the Future. Reader's Digest. January, 1985: 123–127.

Broadbent, G. Design in Architecture. Chichester: John Wiley, 1973.

Capra, F. The Turning Point: Science, Society, and the Rising Culture. New York: Simon and Schuster, 1982.

Chomsky, N. Cartesian Linguistics: A Chapter in the History of Rationalist Thought. New York: Harper & Row, 1966.

DeBono, E. Lateral Thinking: Creativity Step by Step. New York: Harper & Row, 1973.

Ferguson, M. The Aquarian Conspiracy: Personal and Social Transformation In the 1980's. Los Angeles: J. P. Tarcher. New York: St. Martin's Press, 1980.

Kauffman, D. L., Jr. Systems 1: An Introduction to Systems Thinking. The Innovative Learning Series, Future Systems Incorporated, 1980.

Motloch, J. Delivery Models for Urbanization in the Emerging South Africa. Ph.D. dissertation: University of Pretoria: South Africa, 1991.

Odum, H. Paper read at the Florida Conference on Energy, Gainesville, FL, 1981.

Toffler, A. The Third Wave. New York: Morrow, 1980.

Van Gigch, J. P. The Metasystems Paradigm as a New Hierarchical Theory of Organizations, Annual Meeting of the Society of General Systems Research, New York, 1984.

Venturi, R. Learning from Las Vegas. Cambridge, MA: MIT Press, 1977.

Why Man Creates. Videorecording. Directed by Saul Bass; produced by Saul Bass and Assoc.; conceived and written by Saul Bass and Mayo Simon. Presented by Kaiser Aluminum and Chemical Corporation. Santa Monica, CA: Pyramid Film and Video, 1968.

推荐读物

Buffington, P. Understanding Creativity. Sky Magazine (Delta Airlines inflight magazine), June, 1984.

Hanks, K. Design Yourself. Los Altos, CA: William Kaufmann, 1977.

Koberg, D., and Bagnall, J. The Universal Traveler: A Soft–Systems Guide To Creativity, Problem–solving, and The Process of Design (Revised edition). Los Altos, CA: William Kaufmann, 1974.

Marshall, L. Landscape Architecture Into the 21st Century: A Special Task Force Report from the American Society of Landscape Architects. New York: American Society of Landscape Architects, 1981.

Ornstein, R. The Psychology of Consciousness. New York: Viking Press, 1972.

Sibatani, A. The Japanese Brain. Science, 80. December, 1980.

Part 2　第二部分

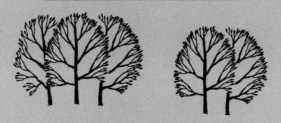

设计的影响
Design Influences

　　第二部分深入考察了景观设计师在对景观管理、规划和设计的时候需要考虑的作用力、影响及相关问题。**第四章：景观过程**阐述了影响和定义景观形式并且整合自然和建筑形式的生态过程（地质的、土壤的和生物的）。本章还确立了作用力、材料以及时间之间的相互关系。**第五章：可利用的资源和技术**阐述了景观设计的材料范围，包括地形、水体、植物、建筑材料和技术。这一章探讨了每一类材料和技术涉及的技术问题。**第六章：认知的感官特征**在强调视觉和空间感知的同时探讨了感官知觉的设计内涵。**第七章：认知的时间特征**涵盖了在设计中通常被忽视的时间因素以及时间和空间感知的相互关系。**第八章：作为秩序机制的视觉艺术**探索了运用于景观设计的视觉艺术要素和原则。**第九章：作为秩序机制的几何学**论述了作为景观秩序机制的欧几里得几何学的经典概念以及通过欧式几何学对定义加以编码与解码的西方文化趋势与不断演进的自然几何学。**第十章：作为秩序机制的流线**研讨了运动机制如何将空间与时间联系起来并从时间角度组织空间体验。这一章包括了感觉和技术问题、人行和车行流线的设计含义。第十章还对公交车、铁路、航空以及水路运输系统提出了建议。

　　第十一章：空间开发探索了场所的空间感受和知觉，并研究了增强这种感受的设计和空间开发。**第十二章：建筑和场地开发**回顾理解了建筑和场地之间的相关关系。本章应用了第五章谈及的材料和技术、第九章的作为秩序机制的几何学。第十二章还将建筑描述为诗歌，是结构同基础设施系统的整合。**第十三章：场所营造与社区建设**研究了在第十一章提出的场所概念以及作为人类社会一部分而存在的个人需要。第十三章还提出了场所是景观环境与感知环境的人类个体的协同作用，还讨论了经过设计的景观在处理社会需求中所扮演的角色。第十三章阐述了景观设计是对场所的管理，也是人类心理健康的一种社会感知。

第四章

景观过程
Landscape Process

景观（landscapes）是持续进程的即时表达，从积极意义上来讲，也是大量作用力留下的环境留存物。有些景观过程和作用力是生态的，有些是文化的，但是所有的都可以长时间地影响着景观。**场所**（places）是景观中的特定位置。设计形式回应场所、自然条件及过程的程度有助于确定适当的形式，这种程度也影响到必须用于针对随时间变化形式的维护效率与可用资源。

4.1 生态作用力
ECOLOGICAL FORCES

景观随时间演进，回应三种类型的生态作用力：地质过程，包括构造、水文、冰川、风和气象；土壤形成过程及生物过程。这些过程相互影响，构成**生态系统**（ecosystems）。变化是这些系统的本质，通过一系列方式，这些过程推进了丰富的多样化景观。

4.2 景观形式与模式识别 | LANDSCAPE FORM AND PATTERN RECOGNITION

将景观作为形式和模式加以解读。特定的形式及其分布或**模式**（pattern）为见多识广的设计师提供了自然和潜在作用力强度的线索。形式和模式还给出了一些线索来说明作用力影响是积极的；或者相反，说明景观过程不再有效。**模式识别**（pattern recognition）是一种识读景观并理解景观元素和作用力的成熟能力。

在接下来的部分将回顾具有启发性的形式和模式，这些形式和模式通常被界定为年轻的或老化的，或者是早期表现形式或者晚期表现形式。这些词汇是相对的，而不是绝对的年龄。一个年轻的或者早期的连续模式存在于可预知的形式进化序列中的初期阶段。而一个年老的或晚期的连续模式存在于进化形式序列的后期阶段。

4.3 地质过程 | GEOLOGIC PROCESSES

在地质力量的作用下，地质过程是一系列可预知的地质运动。它们是"沉积物转变为岩石物质，通过地壳变迁使沉积岩发生形变，通过变质最终熔化形成岩浆，通过火山作用和深成岩作用而形成火成岩，通过侵蚀形成更多的沉积物"的活动（弗兰克·普雷斯（Frank Press）和雷蒙德·西维尔（Raymond Siever），1974年）。

若不用专业术语，简而言之，地质过程是岩石形成、分化、侵蚀、堆积然后又重新形成岩石的过程。根据板块构造学说，这种过程是由地球内部通过放射性衰变获得的构造作用力推动的。地质过程还包括侵蚀和气候力量的作用。

从最基本的意义来讲，任何给定的景观都可以被视作一种两组地质过程相互作用的即时表达。一方面是由地球内部放射性衰变作为动力的构造力量，将地形提升，构成新的形式。将这些形式与基本设计语汇联系起来，我们可以说，抬升起的景观形式

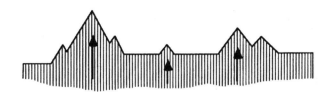

图 4-1：抬升起的景观；积极的景观形式

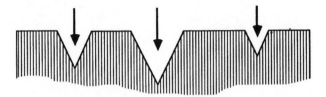

图 4-2：侵蚀性的景观；消极的景观形式

是积极的（体量生成的）形式（positive（mass-generated）forms））（图 4-1）。在这种情况下，体量表现了内部的生成力量。

在另一方面，侵蚀力量（风、雨、冰流）和气候力量（物理或化学的侵蚀）削弱或舒缓了抬升的形式并导致了侵蚀地貌的生成。从基本设计角度来说，侵蚀景观是由**消极的（由空间生成的）形式**（negative（space-generated）forms）控制的（图 4-2）。这些形式从表面上呈现了最生动的侵蚀力量。

4.3.1 构造地质学 ｜ Tectonics

构造作用力来自地球内部，其作用是在地球的地质板块上移动，并在这个过程中建立构造活动范围。在某些活动范围内，地壳被毁；在另一些活动范围内，地壳遭扭曲、弯折或破碎；还在一些活动范围里会产生新的地壳。新物质的形成随着熔化（压力、温度及运动）的化学性质和冷却时的气候而改变。由构造作用力形成的景观模式和物理外形有着极大的差异。

景观形式纯然反映了构造作用力，而且还减轻了腐蚀及气候影响，这种景观形式被认为是"**年轻的地质构造形式**"。例如，富有中国艺术特色的尖

利山脉以及喜马拉雅山脉蜿蜒不平的形式都是**年轻的**（young）地质构造形式（图 4-3）。而宾夕法尼亚的阿利根尼山脉（the Alleghenies）外形则更加柔和、圆滑，这就是**老化的**（old）地质构造形式。在这种老化的形式范围内，数千年前形成的山脉经过久而久之的侵蚀磨损而形成了一个不那么瘦削的、更为柔和的形式（图 4-4）。

4.3.2 水文 ｜ Hydrology

水文循环（hydrologic cycle，水从海洋运动到大气中，在空气中化作湿气和雨水，到达地表成为径流，渗入土地成为土壤水分和地下水，最后又回到海洋中）是一种常见的主要侵蚀力。地形同时由地下水和地表水来塑造。地下水主要通过溶解基质改变地形，也就是说，溶解了地质基础。水溶解了可溶性的基质，能造成地下洞穴景观。随着这种溶洞系统日益广阔并伸达地表时，将出现结构的毁损和塌陷。产生的地表形态被称作"天坑"（sinkhole）（图 4-5）。随着时间的推移，在潮湿地区由可溶性地质影响力形成产生的地表景观，就以很多天坑和时隐时现的溪流（水流进或流出地下洞穴）为特征。这类景观被称作"**喀斯特地形**"（karstic），以前南斯拉夫的喀斯特岩溶地区命名。喀斯特景观中的洞窟探勘者、观光客甚至游泳者都享受了这种由水溶解地质物质而造就的富有戏剧性的景观（图 4-6 和图 4-7）。

在可溶性地质区域，地下水的地形表达形式通常局限于喀斯特地形或其他塌陷类型的景观。然而，地表水流经的地形表达形式更加多样而普遍。在大

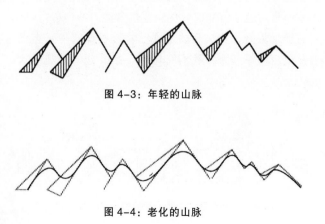

图 4-3：年轻的山脉

图 4-4：老化的山脉

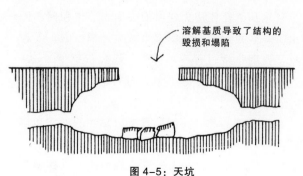

溶解基质导致了结构的毁损和塌陷

图 4-5：天坑

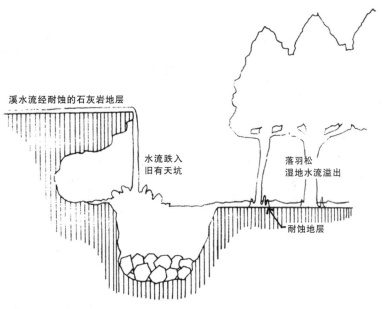

图 4-6：喀斯特池塘

（图中标注）
溪水流经耐蚀的石灰岩地层
水流跌入旧有天坑
落羽松
湿地水流溢出
耐蚀地层

图 4-7：天坑（汉密尔顿湖（Hamilton's Pool），位于得克萨斯州的中部山地）

多数景观中，地表水流是侵蚀的主要原因。事实上，鲜少有地表水流不去改变地形，而能保持原始的地形。

水体侵蚀土地的程度是基于水量、流速以及它流经的地质。雨水落在地面上，继而湿润了地面。当下雨的速度超过了渗透的速度，便产生了径流。

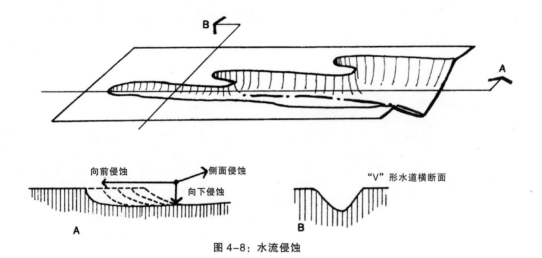

向前侵蚀　　　→侧面侵蚀

→向下侵蚀

"V"形水道横断面

A

B

图 4-8：水流侵蚀

这种径流开始时是一片水体。但由于与地表的摩擦，径流的速度和侵蚀能力都不大。径流很快扩大为小溪，然后这些小溪汇流而成小河。经过这样的过程，水流的水量、流速及侵蚀能力都提高了。

地表和植被具有一定的抵御水流侵蚀的能力。当侵蚀力超过了这种抵抗能力时，就会产生侵蚀。

开始的时候，溪流在水体最为集中的位置侵蚀地表，通常是在小溪水口的位置。接下来，小溪从三个方向侵蚀地表：向下、向前和两侧（图 4-8）。新出现的溪流随着时间发展逐渐成熟（老化），从上方看呈树状的流动模式。这种树状模式的上游段坡陡，水急，水道较直；下游坡平，水缓，河道蜿蜒（图

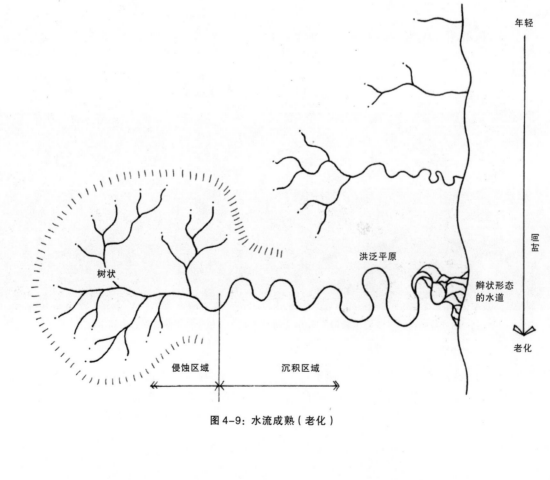

年轻

成熟

树状

洪泛平原

辫状形态的水道

老化

侵蚀区域

沉积区域

图 4-9：水流成熟（老化）

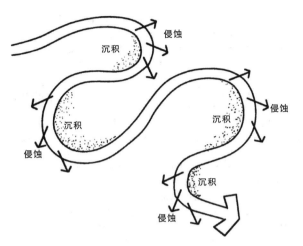

图 4-10：水流侵蚀的方向

缓慢流动的小溪将流经这种洪泛平原。在曲折水流弯曲处的外侧，水流加速并侵蚀地形；而在拐弯处的内侧，水流减速并将沉淀负荷沉积下来。经过这种过程，曲折的水流在岁月中慢慢地改变了它的形状（图 4-10）。

在水流非常成熟的最下游，老化的水道，接近河口和基底标高处，地势非常接近于水平。水流速度缓慢得几乎处于静止状态，水流被沉积物阻塞，并发展成为像辫状一般的水道。

4-9）。

水流冲带沉淀物的能力也受到了流速的影响。在陡峭的源头地区，快速流动的水体具有很强的侵蚀能力。而在低平的流域，缓慢的水流不能持续承载沉积物的负荷。这些物质沉淀下来，在洪水期这些物质将创造肥沃的洪泛平原。在水量正常的时期，

图 4-9 中所示的溪流老化模式是一种理想形态。通常，由于水面以下的状况千变万化，河流的实际形态将与理想模式有些差别。图 4-11 表现了一些更加常见的变化模式以及可能导致溪流演化成这类模式的潜在地质条件。经过专业训练的人，将从这些模式及其他一些模式变化中获得线索，从而挖掘出无法直接观察到的景观材料和景观过程。

4.3.3 冰川作用力 | Glacial Forces

冰川是地球表面积累的大块冰雪，终年不化并

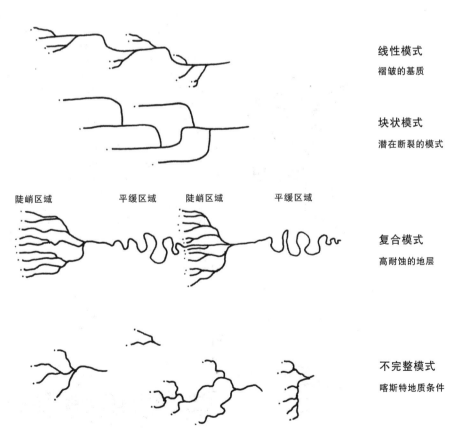

线性模式
褶皱的基质

块状模式
潜在断裂的模式

陡峭区域　平缓区域　陡峭区域　平缓区域

复合模式
高耐蚀的地层

不完整模式
喀斯特地质条件

图 4-11：水流模式的变化

随自重移动。它们极其沉重，刮落大量基岩，随着移动将巨石推向前面和两侧。

一些由冰川移动形成的地貌外形是条纹状冲刷而成的景观；冰川移动路径呈"U"形的横断面；河谷两侧和两端是条状巨石（称作**"冰碛石"**（moraines））；半悬的山谷和瀑布（图 4-12）；还有不规则的鼓丘形状（图 4-13）。这些形式通常表明了早期的冰川过程。现在，它们可以为设计师提供关键信息，查看当前进程以及数百万年前历史遗迹的类型。这一点非常重要，因为设计的地貌形式背景是活跃的地质过程，所以设计师必须顾及自然外形、材质**以及**那些创造了外形的活动。在历史遗迹性的地貌背景中，设计师需要考虑形式和材质，但必须设计出不同于遗迹背景所反映的发展过程。

4.3.4 风｜Wind

虽然风不及水体，它仍旧可以有效地侵蚀、搬运与沉淀沉积物。然而，风本身并不具备很强的侵蚀能力。为了产生侵蚀效果，风必须借助悬浮在气流中的微粒。因此，实现风蚀的前提条件是需要有稳定的沉积物供给来源，充足、稳定、持续的风速以及干燥的气候使微粒很轻松地脱离地表并悬浮在空气中。高湿度、低风速地区的风蚀现象比较轻微；而高风速、低湿度地区则具有鲜明的风蚀景观。

若要产生风蚀作用，微粒首先必须成为气流的一部分。然而，在地表附近（1毫米以内），摩擦力产生了一个停滞的空气层。紧贴地表的黏土颗粒具有很强的耐风蚀能力；而突起到气流中的沙粒则会受到风力影响。由于沙粒太重，风力常常难以裹挟，但是风力可以使沙粒弹跳。在冲击之下，沙粒碰撞其他更大的、更多的粒子进入气流。经过这种被称为**"跃移"**（saltation）的过程（同样也会在溪水中的卵石之间发生），风力移走了一层沙粒。这层沙粒是极其有效的侵蚀元素（图 4-14）。

比起沙粒，那些更小的、泥土般的粒子具有更低的磨蚀作用，但是它们也更轻一些。虽然它们并不是非常有效的侵蚀元素，大量的细微粒可以由风力输送得很高很远。例如，在20世纪30年代的沙尘暴中，有很多房屋被从天而降的沉积物整座埋起。这种通常称作**"黄土"**（loess）的微粒后来可以产生一种独特的、像峭壁一般的土丘景观。

在风力侵蚀作用下，岩石被磨成了体块，磨出了尖角、缝隙和孔洞；而由风沙堆积而成的沙丘（图 4-15），是一种松软起伏的外形，通常有鲜明的脊线。外貌形式不仅表现出了气流情况，还反映了沙粒的数量以及基础岩石的形态。最终的沙丘虽然看上去杂乱无章，其实整体秩序井然，它们通常是有韵律的和感性的景观，唤起人们对风力（风成作用）的印象。

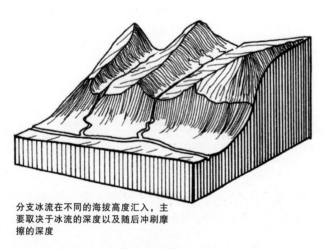

分支冰流在不同的海拔高度汇入，主要取决于冰流的深度以及随后冲刷摩擦的深度

图 4-12：半悬的溪谷和瀑布

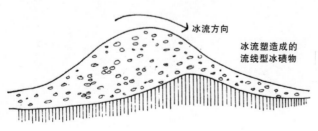

冰流方向

冰流塑造成的流线型冰碛物

图 4-13：冰丘

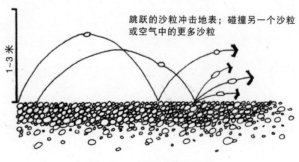

1～3 米

跳跃的沙粒冲击地表；碰撞另一个沙粒或空气中的更多沙粒

图 4-14：风跃移搬运沙粒

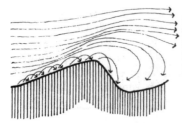

跳跃的沙粒落在沙面上；不断堆积的沙粒形成了前积层；沙丘上的压缩空气提高了风速，进而决定了沙丘的最大高度

沙丘的形成

图4-15：沙丘（沙丘形成一节改编自 F. Press and R. Siever. *Earth*, W.H. Freeman and Company, San Francisco, 1974.）

4.3.5 风化 ｜ Weathering

风化是侵蚀作用的主要因素。它包括机械风化或腐蚀以及化学风化。这两种风化形式互为支持，相互加强。机械性腐蚀或断裂的程度越强，化学腐蚀的表面积越大。另外，遭受过化学侵蚀的材质更易受到机械侵蚀的影响。

机械风化（mechanical weathering）包括以上论述的侵蚀活动，还包括气温和植被引起的破坏。气温主要从两种途径引起机械风化。它会加热和冷却岩石，因为不同矿物质的膨胀速率不同，气温引起压力变化并最终导致岩石断裂。然后水流入了岩石的裂缝。这些水分冰冻膨胀并瓦解岩石层。植物根系伸入原本充填土壤的岩石缝隙，经历生长过程，扩大了岩石上的裂缝并最终使岩石破裂。在干燥的气候、极端的温度情况下，机械风化是主要的风化形式。

化学风化（chemical weathering）主要发生在地下的矿物质中，在巨大的热量、压力以及地球表面的环境条件下发生分解。化学腐蚀的速度取决于气候、构造、岩石成分和时间。城市环境当中化学成分丰富的大气显著地加速了腐蚀。在湿润的气候环境中化学风化占主要地位。

机械风化及化学风化共同作用，产生了水体和空气之中携带的溶解物质。它们也是形成地球表面滋养生命土壤的第一步。

4.4 土壤形成过程 ｜ SOIL–FORMING PROCESSES

覆盖地球陆地部分的薄土层对地表生命的存在和繁衍有着深刻的影响。如果没有这个薄土层，我们所知的陆地植物和动物都不会存在，文明的兴衰也和土地资源的开发与流失息息相关。因此，当前美国正在流失其赖以生存和发展生产力的土壤，在全球范围内地球这艘"宇宙飞船"所依赖的土壤流失都是非常令人担忧的。

土壤形成的过程包括机械风化和化学风化两种作用以及生命活动和非生命活动。这一过程还包括上述讨论的气温和植被导致的破坏，水中化学物质引起的腐蚀。在风化产生的碎石中，青苔（一种具有共生性的藻类和真菌）开始生长。这些生物加速了化学侵蚀，通过植物的生长和死亡积累了维系生命的土壤有机质。随着土壤中有机质含量的上升，可以在恶劣环境下维持生命的先期植物——例如杜松，就开始在土壤中生长。这些先期植物提高了机械风化（通过根系作用）及化学侵蚀的速度。随着粉状岩石层增加，土壤中有机物质含量也会提高，土壤变得更加具有生物活性并具有更强的生产力。

4.5 生物过程 ｜ BIOLOGIC PROCESSES

地球"宇宙飞船"靠能量驱动。地质构造过程由地核放射性衰变产生的热核能提供能量。地表活动的能量主要来自太阳能，太阳能表现为：太阳能的原始状态、太阳辐射及储备状态：木材、煤、褐煤和石油。由于部分实际原因，核聚变和裂变的能量还未被广泛应用。

为了利用能源工作，我们必须改变它的状态。

根据热力学定律，当我们转换能量状态的时候，能量并没有被创造或消灭：系统中的能量总量是恒定的。然而，能量本身是趋向于内在一致的。例如，当我们擦黑板的时候，吹去黑板擦上的粉笔灰，粉笔灰并不重新形成之前在黑板上所写的字迹，而是相对均匀地洒落在地上。让粉笔灰重新形成黑板上的字迹需要消耗能量把这些颗粒收集起来取代灰末形式。相反，当高度有序的材质退化的时候，就可释放出可用的能量。这种倾向无序的普遍趋势被称作"熵"（entropy）。当我们把能量从一种更加复杂、集中的状态转化为一种分散的状态时，聚合能的总量便下降了。

　　生物系统具有增强秩序、组织以及复杂性的作用，并增加能量储存以备未来的再利用。从这种意义来讲，它们是**负熵**（negentropic）。生物系统聚集低级能量，即太阳辐射，通过光合作用的过程将能量集中在化学键中，以形成组织更好的复杂能量形式，称作"植物蛋白质"。其他生命形式以这种植物蛋白质为食，并通过呼吸作用把植物中低级的化学键转化为更高级的动物蛋白质。在这种情况下，这种能量经历了氧、氮、碳、微量元素和水等无机物的复杂运动。这其中的任何一种对于生物过程都非常重要，因此，任何一个都可以成为一种生态限制物质。

　　有生命部分和无生命部分相互作用形成**生态系统**。在这个系统之中，各部分整体联系在一起。生态系统随着时间朝着高秩序性、多样性、复杂性和稳定性以及更加有效利用资源的方向演进。我们把这种组织序列称为"延续"（succession）。**早期延续的生态系统**（early successional ecosystems，图4-16）组成物质的多样性最低，每个成分种类都可适应广泛的栖息地生态条件。在这种系统中角色的作用区别很小，模式的组织性和特殊性也很微弱。就如它们的生态生存策略一样，早期延续性生态系统可以容忍并利用恶劣的周围环境，具有迅速迁移到某一区域的能力。然而，它们在能源利用的效率上也相对低下。它们缺少在长期能源不足的情况下保持有效竞争力的能力，因此，早期延续性生态系统的生存时间相对较短。

　　晚期延续性生态系统（late successional ecosys-

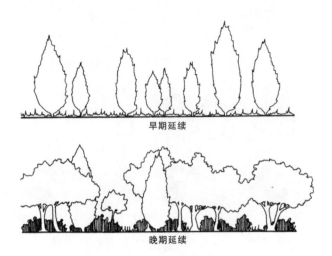

图4-16：早期和晚期延续性生态系统

tems，图4-16）具有高度的秩序性。这种秩序是整体性的，适应大量的可变环境因素，包括太阳辐射、温度、空气湿度、土壤湿度、土壤酸度、可利用营养成分，等等。它属于一种概率性的、不可预测性的秩序：大量的影响力相互作用以增加或降低一种特定的形式或物质产生的可能性，但并不具备准确预测产生地点与产生方式的能力。

　　晚期延续性生态系统具有高度的组织性和多样性。每个物种都有特定的职能，精细调节适应它们的生态环境。晚期延续性生态系统可以更有效地从系统中获得可用能量，当资源有限时，晚期延续性生态系统更具有生态优势。这种生态系统倾向于占主导地位，直到某种扰动改变了环境条件，使生物和环境之间妥善调节的关系发生了变化。晚期连续性生态系统的形成与其周边环境密切相关，相对而言，这些生态系统不能忍受环境变化。

4.6 形式反映了作用力、材质及时间 | FORM AS EXPRESSION OF FORCE, MATE-RIAL, AND TIME

　　场所的自然形式可被视作之前所述的生态作用力、场所材质以及时间相互影响的产物。某些材质对于某些类型的侵蚀具有很强的抵抗能力，但可能非常容易受到其他类型的侵蚀。例如，被称为"克利奥帕特拉之针"（Cleopatra's Needle）的花岗岩方尖碑在炎热干燥的埃及树立了超过35个世纪的时间。后来它被放在纽约的大都会艺术博物馆。在接下来短短的几十年中，这座方尖碑的风化程度比之前3500年的风化程度更趋严重，因为花岗岩在纽约潮湿、化学污染的空气中很容易遭到侵蚀作用。

当生态作用力很强时，材质很容易改变，景观模式和物理外形以一种相当"纯粹"的方式表现了这些作用力。这种情况很有可能在潮湿的气候中出现，在会出现极端气温的地方也容易发生。另一方面，当作用力很微弱，而材质的耐侵蚀能力较强时，模式和外形表现了材质属性，它们针对作用力创造的模式进行了调整。模式成为作用力与材质结合的产物。形式表现材质特性的程度在温和干燥的气候中更加明显。

自然外形也反映了时间的影响。随着时间的累积，最初时反映材质的外形进化为表现材质和作用力之间相互影响的形式，或者更充分地表现了作用力。然而，我们需要记住的是，高度耐腐蚀的材质或较微弱的作用力超越了时间界限，便可允许外形的表现长期"保鲜"。然而一旦遭到破坏，恢复景观异常缓慢。相反，强大的作用力和薄弱的材质会压缩维持景观的时间，但景观修复非常迅速。

正如之前所述，当我们讨论一种外形的年龄（年轻或老化，早期或晚期延续的）时，这些术语是相对的，不是绝对的。就像之前例子所说的那样，某些材质可以长期保持生态角度上的青春，而在不同的情况下也有可能迅速衰老。例如，花岗岩山脉或者一件花岗岩工艺品可以在埃及炎热干燥的气候中长期几乎没有变化，但是在潮湿酸性的环境下迅速衰老。

4.7 区域景观 | REGIONAL LANDSCAPES

生态作用力经历了漫长的时间创造了**区域景观**，也就是在不同区域有不同的外形表现。例如，生态作用力在历史上产生了遥远的美国东北部各州古老的冰川景观，在西得克萨斯州干燥的、大陆性气候条件下产生了截然不同的景观。

每种景观都是反映多种影响力的一整套表达。系统的作用方式各不相同。作为可视化的资源，它们表达自身的方式非常不同，但是每种景观都有自己独特的场所精神。

4.8 场所精神 | SPIRIT OF PLACE

根据克里斯蒂安·诺伯格-舒尔茨在《场所精神：迈向建筑现象学》（1980年出版）的观点，一个场所是"这个词的真正含义……是一个具有鲜明特征的空间"。在漫长的时间里，生态作用力可以提供鲜明的特征。设计师将这种特征具体化，集中到意义上来，并通过整合创造场所作用力的设计将人和场所联系起来。诺伯格-舒尔茨论述了设计师创造外形当中的职责：

> 从古代开始，场所精神就被认定为人类在日常生活中必须面对，而且做出妥协的实质存在。建筑学意味着使场所精神可视化，建筑师的任务就是去创造有意义的场所……（在这种场所中）人可以为自身定位，并在环境中找到自我。

场所性（placeness）是一种认知效应。景观特征传递了一种独特的性质，它可以作为一种针对某一地点场所的影像记忆下来，即便目光已经转移，它也仍会长期保留在人的脑海中。如果一个地点缺乏能够在思想中建立持续的鲜明特征的能力时，也就是**无场所性**（placelessness）了。景观设计应该集中体现场所精神，汇集景观意义，并增加场所性。

一些地区，例如得克萨斯中部的山区和墨西哥蒙特雷（Monterrey）附近的山谷（Huajuco Canyon），都拥有独特的场所精神。从更小的尺度来说，一些城镇或村庄，例如意大利的阿马尔菲（Amalfi）和科罗拉多州的杜兰戈（Durango），都具有强烈的场所感。几乎每座城市都有令人难忘的邻里关系以及唤起丰富思维影像的独特公共场所、人际间的场所或私人场所。然而，只关注这些特别的场所，我们可能会忽略一个事实，就是每个场所都有它自己的特点。具有创造性的、敏锐设计师认定场所感知随着人们的运动延续（7.2）：通过设计识别场所特性、汇集特征，辨识并改善破坏地域特性的各种元素的影响。

在《保持场所精神》（*Maintaining the Spirit of Place*，1985年出版）书中，哈利·劳恩斯·加纳姆（Harry Launce Garnham）确定了造就场所精神的组成成分以及这些成分之间的关系：

现存的自然环境，例如地形、地貌、植被、气候和水体；桥梁、城堡以及山顶教堂等则是景观、社会历史、地理位置、人类活动及文化产物的场所（场所的意义会超过其自然表现形式，比如具有历史意义的弗吉尼亚约克城）在文化上的表现；再有主要在视觉上的感官体验，它也来源于文化和现有景观之间的相互影响。

当一个特定地点的特征被解读为一种综合性的相互作用时，**场所精神**（spirit of place）便诞生了。现在很多城市都苦于缺乏协同作用，并因此导致了严重的无场所性。在另一方面，克里斯托弗·亚历山大的《建筑模式语言》（1977年出版）和同系列的著作《建筑的永恒之道》（1979年出版）则以另一种方式进行了论述：设计环境作为一种自然形式、人工形式以及人类生命形式的相互作用关系而"存在"。他所举的例子主要来自于建筑的本土化传统，而不是来自设计的伟大传统，这也是不足为奇的。当今，大多数例证都来自普通的环境以及被人遗忘的小镇，而很遗憾的是，它们并不来自于获奖的设计方案、建筑学以及景观建筑学杂志上的内容。

4.9 结构和基础设施｜STRUCTURE AND IN-FRASTRUCTURE

景观规划师和设计人员引入结构和基础设施系统，改善健康、安全、福利和生活品质；这些系统提高了自然和生态系统满足生活在工业化和后工业化社会中的人们集中需求的能力。当结构和基础设施系统与生态和人文系统、发展动力相整合时，场所的意识增强了。当出现这种整合时，结构和基础设施系统为人类提供了可用的资源，同时表达了人和场所之间的整合。基础设施系统处理人类的需求——人和商品的移动、饮用水、电能、天然气、通信以及清除雨水、垃圾和人类废物——结构和基础设施系统的模式与自然外形、地质和土壤的形成以及生物过程整合起来。这样含义变得更加清晰有力：强化了场所性。

对增强场所性的结构和基础设施系统实施管理是一种挑战，这是基于自然和基础设施系统概念上的差别。自然系统是动态的，自然的本质就是变化的。另一方面，结构和基础设施系统是静态的。它们不产生于一种有机的或生物的感官之中，而是对现有系统的递增扩展，或者作为新子系统的扩展。在很大程度上，人工环境中的场所感知取决于静态的基础设施系统形式（其模式必须将材质和技术认定为发挥作用的影响因素）整合动态自然系统形式的程度。

参考文献

Alexander, C.A Pattern Language:Town, Buildings, Construction.New York: Oxford University Press, 1977.

Alexander, C. The Timeless Way of Building. New York: Oxford University Press,1979.

Garnham, H.Maintaining the Spirit of Place: A Process for the Preservation of Town Character. Mesa, AZ:P-DA,1985.

Landphair,H., and Motloch, J. Site Reconnaissance and Engineering: An Introduction for Architects, Landsacpe Architects and Planners.New York: Elsevier,1983.

Norberg–Schulz, C.Genius Loci: Toward a Phenomenology of Place. New York:Rizzoli,1980.

Press,F., and Silver, R.Earth. San Francisco: W.H.Freeman,1974.

推荐读物

Garner, H.F.The Origin of Landscapes: A Synthesis of Geomorphology.New York:Oxford University Press,1974.

Keeton, W.Biological Science(Third edition). New York: Norton, 1980.

Longwell, C., and Flint, R. Physical Geology. New York: John Wiley & Sons, 1969.

McHarg, I.L. Design with Nature(First edition).Garden City, NY:Published for the Museum of Natural History by the Natural History Press, 1969.

第五章

可利用的资源和技术
Available Resources and Technology

生态作用力随着时间的推移创造了区域性的景观表现。作为系统，每种景观发挥着不同的功能；每种景观都是独特的视觉资源，构成了设计师进行土地设计的基本设计原材料。这些原材料与那些由人们制造或由外来输入的材料结合，并与社会的技术能力一起决定了设计的潜力。

本章探讨了土地设计上可利用的基本资源，包括材料和技术。本章首先论述了地形和地形基础结构的含义，并回顾了水体、植物以及施建材料的范围。本章最后探讨了结构概念，考察了结构系统的基本定律。

5.1 土地和地形 | LAND AND LANDFORM

土地是地球表面坚硬的部分；它的三维地势起伏被称为"**地形**"（topography）。随着时间的推移，生态、文化和技术作用力在地表发挥作用，地形随之变迁。作用力的强度、地球表面的阻力和相对时间这些作用力都会影响地貌形式。

区域地形 | Regional Landform

每个自然地理区域都有自己的一套生态作用力和材料。随着时间的推移，它们强化了该区域的自然特性，包括地形特征。例如，得克萨斯州中部的山地区域经历了漫长的沉积、构造和随即而来的侵蚀（主要是水体侵蚀）的历史。由此产生了分布在岩层中具有不同耐水腐蚀特性的石灰岩层，该区域明显的台地地形就是这样产生的（图5-1）。而当我们把地理学上的视角转移到东部时，地质材质从石灰岩变为黏土冲积层，地形也因而发生了巨大改变（图5-2）。以同样的方式，当生态作用力变化

图 5-1：山区的台地地形

图 5-2：黑土地草原的起伏地形

的时候，区域地形也会随之变化。

5.1.1 地形表现 | Communication

为了表现地形，在大多数设计中，以缩减的比例尺用二维的绘图技巧表现三维的外形。起先，这种表现具有很大的难度。然而，如果我们首先识别出关键的最高与最低的海拔高程点以及山脊线、山谷线，接下来使用各种基本的地形"图标"，那么识读和绘制地形将变得很轻松。

平面图上的地形 | Landform in Plan

晕滃线（hachures）是用二维平面绘图表现地形最有视觉表现力的方式。晕滃线是沿最陡坡度方

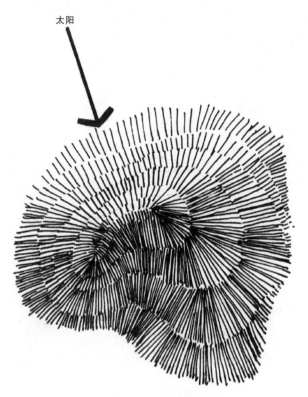

图 5-3：晕滃线

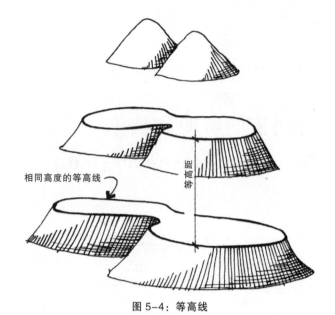

图 5-4：等高线

相同高度的等高线

等高距

+1.2 英尺
最低点

开口向上的 U 形表示山谷

+10.8 英尺
最高点

开口向下的 U 形表示山脊

2
4
6
8
10

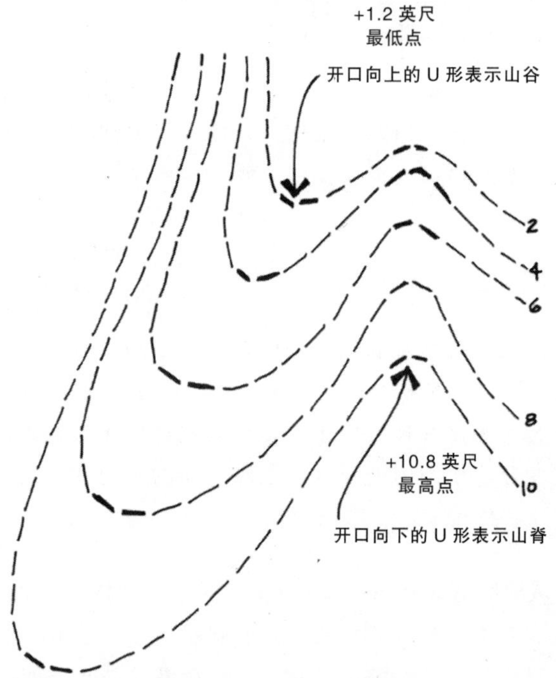

图 5-5：山脊和山谷图示

向绘制出的线条，这些线条将未画出的、连续的高度线连接起来（图 5-3）。晕滃线线条通常等距分布，线条之间的距离变化也反映了照射到地面的阳光量（结合了坡度角和朝向以及太阳的角度和方向）的差异，因此产生了更强的三维效果。

最常用的在二维表面表现地形的方法是等高线平面图（contour plan）。**等高线**（contour lines）是描绘相同高度的曲线（图 5-4）。在平面上的连续线条具有一致的垂直距离，这个距离称为"等高距"（contour interval）。

要读懂等高线图或地形图，我们必须了解典型的地形以及相应的等高线特征。当我们将这些特征牢记于心时，便可以看懂二维图像并理解地形。图 5-5 反映了两种最基本的等高线图标，在等高线图中出现的山脊和山谷。在《景观建筑构造》（*Landscape Architecture Construction*）书中，哈洛・C. 兰德菲尔（Harlow C.Landphair）和弗雷德・克拉特（Fred Klatt）呈现了一系列等高线图标及其所代表的地形。年轻的景观设计师应该熟练使用这些特征来解读等高线图，并理解图中所表现的地形。

剖面图或侧面图中的地形｜
Landform in Section or Profile

我们可以假想把地面切开，并从侧面对地形进行二维描绘，表现垂直结构。当用来表示现存地形或设计形态的时候，这种绘制方式被称为"剖面图"（section）；当同时表示现存地形和形态的时候，

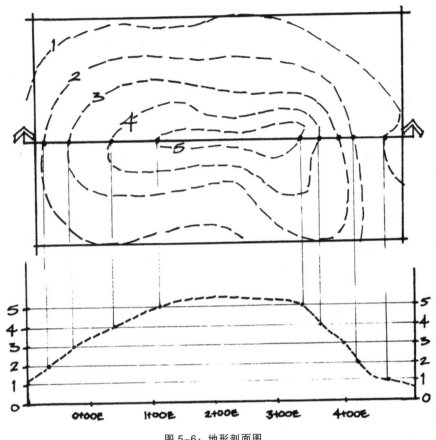

图 5-6：地形剖面图

这种绘制方式被称为"**侧面图**"（profile）。图 5-6
展示了一个等高线平面图以及根据它绘制的剖面图。

　　剖面图和侧面图通常是按比例绘制的。当剖面
图要表达视觉关系和地形的真实特点时，水平和垂
直方向的比例尺是一致的。在另一些情况下，垂直
方向的尺度要大于水平方向的比例尺（例如，水平
方向的比例尺是 1 英寸 =40 英尺；垂直方向的比例
尺是 1 英寸 =10 英尺）。采用这种方式通常是因为
需要精确地测算垂直方向的尺寸，例如计算现有地
形上填方和挖方的体积。

地形改造 ｜ Landform Manipulation

　　当表现地形改造的时候，现有的等高线应该用
手绘虚线进行表示，而设计的等高线应该用手绘实
线表示。现有地形的等高线全长绘制，而设计的等
高线只在偏离现有等高线的地方绘制出来（图 5-7）。

　　土地平整（grading）是一个综合性术语，表示

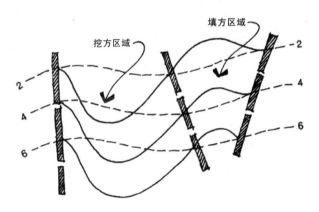

图 5-7：挖方和填方

对现有地形的改造。景观设计中土地平整的目的是
排水，将水导流出建筑区域或场地区域，创造一定
的视觉效果，等等。重新塑造地形是整个设计过程
中的一个组成部分，如果设计外形在三维图形当中
不能发挥作用，在平面图中也是无意义的。

　　在设计高度比现有高度低的区域需要移除地表

材料。这些区域被称为"**挖方**"（cut）区域。而设计等高线比现有高度更高的区域就需要对地表进行**填方**（fill）（图 5-7）。通常，挖方和填方都是对场地的重新塑造。在大多数情况下，平衡挖方量和填方量是一种具有经济优势的做法，也就是平整场地的时候不需要从基地上运走或输入土方。

坡度｜Slope

地表倾斜的程度被称为"**坡度**"，坡度可以通过两种系统加以量化。用**坡度比法**（the ratio method of slope）在描述坡度时使用水平距离差值和垂直高度差值之比（3:1, 2:1, 1:1）界定了斜坡陡峭程度。按照惯例，第二个数字通常是将垂直高度设定为 1，如图 5-8 中表示。

百分比法（the percentage method）在描述坡度的时候用垂直高度差值除以水平距离，所得的结果再把小数转化为百分数，用这个百分数来表示坡度（图 5-8）。

5.1.2 设计｜Design

景观设计中必须处理大量的地形问题。这些问题包括是直线的还是围合的地形、坡度考量、排水特点以及对舒适度的考虑。

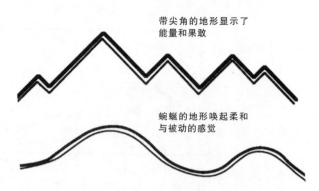

图 5-9：带尖角的外形和蜿蜒的外形

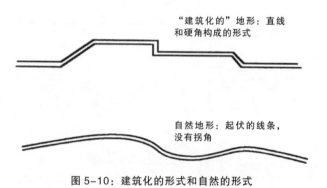

图 5-10：建筑化的形式和自然的形式

线性地形｜Landform as Line

地形的感知效应很大程度受到景观上线条类型的影响。例如，棱角鲜明的线条通常可以产生能量、力量及果敢的感受。另一方面，蜿蜒的线条则会促

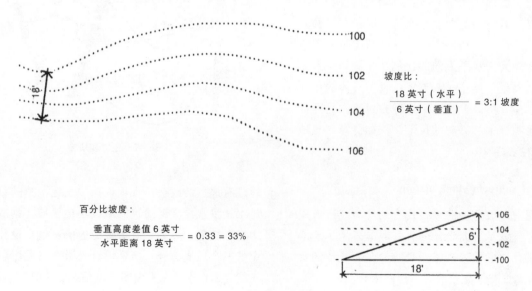

坡度比：

$$\frac{18 \text{ 英寸（水平）}}{6 \text{ 英寸（垂直）}} = 3:1 \text{ 坡度}$$

百分比坡度：

$$\frac{\text{垂直高度差值 6 英寸}}{\text{水平距离 18 英寸}} = 0.33 = 33\%$$

图 5-8：坡度

生平静、被动和安宁的感受（图 5-9）。

　　设计师可以用建筑化的方式（architectonic manner）或者反之，以自然方式改造基地地形（图 5-10）。**建筑化的**地形利用了通常在建筑学中所使用线条（直线和锐利的角度）的性质；因此，以建筑方式改造的地形形式具有结构严谨、人工设计的感觉。这种地形很容易赋予场地内的建筑元素以整体感，并且在一定意义上使整个景观拥有了建筑属性，加强了它们的影响力。

　　自然（naturalistic）地形利用自然界中进化形成的线条，柔化场所的感觉。如果这种地形把自身作为一个系统与建筑的构造外形对比交流，二者动态的相互作用、对比当中的相互补充相当鲜明强烈。另一方面，如果地形未能获得自身的完整性，它们可能被场所中的建筑式样所超越。

围合的地形 ｜ Landform as Enclosure

　　地形有助于实现一定程度的围合以及空间特征。一马平川的景观传递出广阔无垠的感觉。为了在这些景观中构成空间，设计师必须使用植物、围墙或其他阻挡或遮蔽视线的元素重塑地形或对地形加以补充完善。填充垂直平面的地形可以围合空间。围合程度随着地形遮蔽垂直视锥（vertical cone of vision）范围的扩大而增加（图 5-11），围合程度尤其容易受到视平线以上地形的影响。因此，围合与地形高度有关，也与观察者同地形的相对垂直位置相关。

　　当地形高于眼睛视线以上时，它阻挡了视

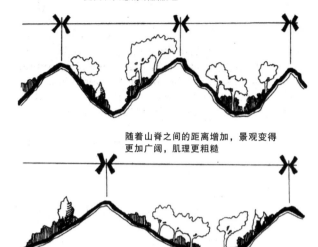

图 5-12：景观肌理

线、封闭了视野。可视的围合空间称作"视域"（viewshed）。随着地形空间创造的视觉边缘增加，视域被扩大，景观变得更加开阔（图 5-12）。也就是说，景观具有更大的范围和更粗糙的肌理。随着尺度减小，空间缩减，心理上更加受到庇护，也更具私密感。这种地形创造的空间更为狭小，具有更强的个性化尺度，也就是所谓的"细腻肌理"。

　　山脊线（ridgelines）和海岬（promontories）都是视觉上开阔的区域。它们非常宽广，提供了漫长的全景，即使从很远的地方来眺望，它们本身也具有高度的可见性。另一方面，山谷缩减了视域，但是具有向心性的感觉，因为四周坡地上的景象都

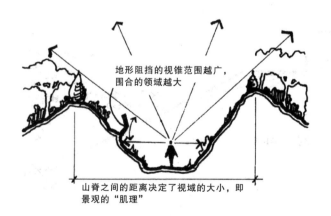

图 5-11：肌理与围合

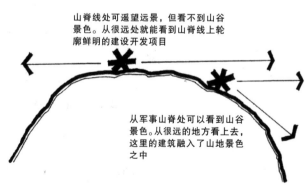

图 5-13：山脊线和军事山脊

向下聚焦到山谷中。

山脊线提供了遥远广阔的景象，从很远处依然有高度的可见性，在山脊上通常看不到山谷景观（图5-13）。然而，沿着上坡有一个从远处看不到的区域（因为它处在山脊的轮廓阴影之下），却可以看到山谷。这个区域是历史上军事将领布置部队监视山谷中敌人的地方，而他们自己则不会被敌人从远处发现。因此，这个区域称为"**军事山脊**"（military crest）（图5-13）。该区域为设计师提供了独特的机会：从这里可以看到优美的山谷景色，如果从远处来观察，建筑看上去与地形景观融为一体。因此，尽管对山脊线部分的开发会产生比较严重的视觉影响，但如果在军事山脊部分实施开发，可以将影响效果降低。禁止开发山脊区域，减少视觉影响的法令通常允许沿军事山脊处辟建建筑。

基地和设计坡面 | Site and Design Slopes

随着场地坡度的增加，它对设计的影响也会增加。图5-14展示了为创造一个平坦地面（用来建造一栋建筑）改变地形（水将从建筑周围流走而不会流进建筑里，不至于形成过于陡峭、易遭侵蚀的斜坡），而因此受到影响的相关区域。重新平整土地区域的范围将随着允许设计的坡度变化，显而易见

的是，现有的基地坡度将对允许的土地用途、密度和开发基地的效果产生主要影响。

预期的土地用途和材料与基地地形共同影响适宜的场地开发。允许的最小、最佳以及最大坡度与每一种材料与用途进行结合。大量关于"设计标准"的参考资料和书籍都列出了这些设计坡度。

地形，排水和基础设施 |
Landform, Drainage, and Infrastructure

山脊在地形学上将景观划分为一系列排水区域，称为"**流域**"（watershed）。水从山脊一侧流下到一个排水沟中，从另一侧流下的水流到另一排水沟中（图5-15）。水从山脊上流走，汇聚到洼地中。在图5-15中通过绘制山脊线和地表径流的路径（垂直于等高线），我们可以看到山脊线将图中区域自动划分为一系列流域和次流域。

流域是环境管理和土地使用规划中的重要单元。在环境操控方面，流域中的所有区域都向一个特定点排水，而水量和水质都是重要的可控环境变量，流域通常是最有效的操控单元。另外，在大多数景观中，水是最基本的生态与侵蚀作用力。管控这种作用力以及随之产生的水流侵蚀和土壤流失需要同流域管理协调共管才能达到最佳效果。

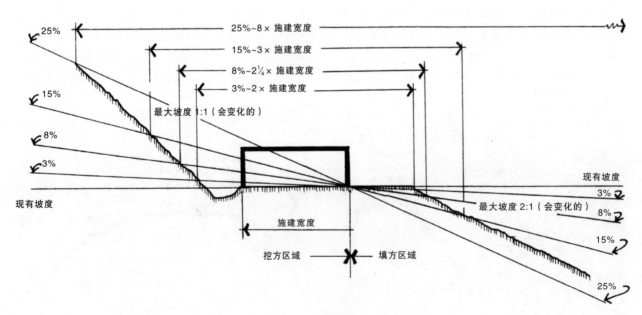

图5-14：地形改造区域是坡度的一个影响因素（经授权允许，改编自 Landphair, H. C., and Motloch, J. L., *Site Reconnaissance and Engineering*, Figure 1.9. Copyright © 1985 by Elsevier Science Publishing Co., Inc. ）

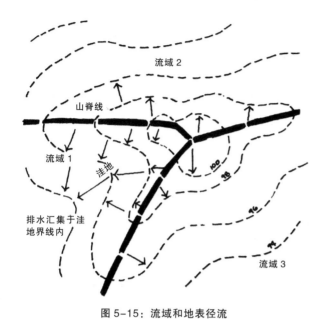

图 5-15：流域和地表径流

system），它们都与地形紧密联系。这些重力动力设施因提供原动力的地形差异而不同。它们是受制程度最大的支持系统。它们的形式应该与地形紧密相关，并通常会明显地影响已开发的地形。例如，大多数城市开发的界限就是重力作用的污水流动收集和处理系统的服务范围。

压力流动系统（pressure-flow systems），包括饮用水、电力、天然气、通信以及交通网络，它不受地形的限制，除了重力流动系统与压力流动系统相结合而产生的限制。因此，压力流动系统对于建成形式的影响更加微弱。

流域划分或山脊线是重力流动系统的自然分界线（图 5-16）。只有当在重力流动系统延伸到相邻的流域之后，建设开发才会跨越这些流域。地形低地或排水渠道也是开发建设的界限。生活污水处理设施通常布置在排水渠道附近，高于易受洪涝区域，它跨越收集与处理设施的排水渠道，不会导致污水在重力作用下流入附近设施。为了实现排水，这些区域通常依赖一些压力导流或者通过一些方式将废水提升运输。提升或压力作用在经济角度上都不是切实可行的，排水就成为了发展的界限。

针对前面的陈述，存在一些基地尺度上的推论。山脊或洼地可以作为经济角度上设施服务的界限（图5-17）。在这种情况中，地形学形态将把不适合开发的基地区域孤立出来。

在基地范围内，设计师希望地表水从周围流走，

土地使用规划包括土地用途的确定以及开发密度。然而，为了服务于人类的使用需求，大多数土地用途必须借助支持系统的协助，意指公共设施系统（utilities system）或**基础设施系统**（infrastructure system）。这些系统包括循环、电力、雨水、污水运输以及通信。

基础设施系统有两种基本类型：重力流动系统和压力流动系统。**重力流动系统**（gravity-flow systems），包括雨水排水系统（storm-sewerage system）和生活污水排水系统（sanitary-sewerage

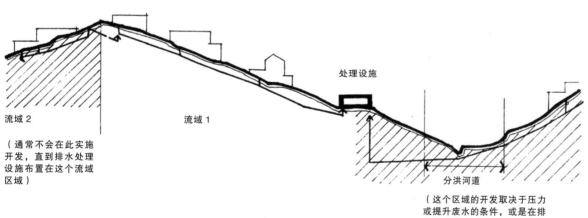

图 5-16：重力流动设施

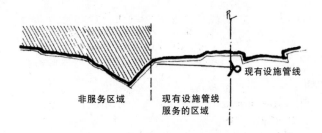

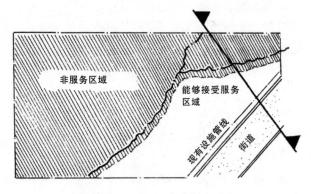

图 5-17：地形学上的基地开发限制

而不是流经建筑物和基地的使用区域。这个目的通常通过创造从较高部分的建筑或使用区域向较低部分倾斜的微型洼地来达成，在水流经过程中将从坡上流下的水集中起来，这样利用洼地把水从基地周围运走，然后再让水从建筑或使用区域成片流到基地下坡。这个过程在图 5-18 中进行了概念化的表达。平整基地进行排水的方法在设计中应该重点关注。必须在早期和设计全过程都进行考虑，因为它对于开发形式有着重要意义。

地形和舒适性 ｜ Landform and Comfort

舒适性（comfort）是来自于由温度、辐射能量、湿度和风速共同组成的令人愉悦的综合感受。人体将这种综合结果理解为生理愉悦感。舒适性很大程度上由气候决定。在区域尺度上，它被称为"**大气候**"（macroclimate）；在土地规划尺度上，称为"**地形气候**"（mezzoclimate 或 topoclimate）；在场地尺度上，称为"**微气候**"（microclimate）。土地的形态主要通过对季节性太阳辐射量（日照）和气流的作用，深刻影响着局地条件和舒适性。

坡度特征或坡地朝向（Slope Aspect or Slope Orientation）：地表坡度、方向被称为"坡度因素"或"坡地朝向"。坡度因素和太阳垂直角与平面方向相结合，共同决定了在特定时间上地表受到的相对入射太阳辐射量。如图 5-19 所示，坡度因素影响了一定量的太阳能在土地上分布面积的大小。

夏季太阳在东北方升起，在西北方落下，而在正午时分，太阳在美国南纬地区接近于与地表垂直。在相同纬度的地区，冬季太阳升起和落下的时候分别略偏东南和西南，全天太阳的天空高度也较低。在图 5-20 中，坡度因素决定了夏季太阳能照射在场地斜坡上的时间。这一信息在考虑建筑物的特定时间需求和场地用途的时候非常有用。设计师避免将高频活动布置在夏季下午阳光暴晒的区域，因为这是最为棘手的能量（夏季午后阳光在基地已经过热的时候又照射进来）。

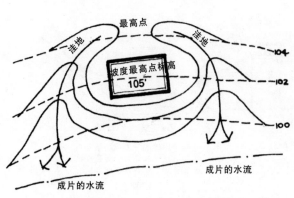

图 5-18：建筑物或使用区域周围的概念性土地平整

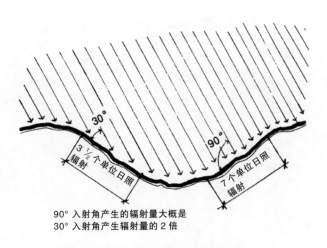

90° 入射角产生的辐射量大概是
30° 入射角产生辐射量的 2 倍

图 5-19：坡度因素和日照辐射

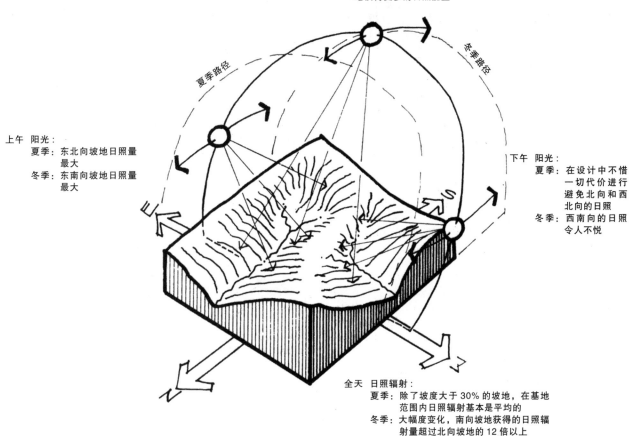

正午　阳光：
夏季：除了非常陡的斜坡，阳光接近垂直地
　　　平均分布在所有区域
冬季：太阳入射角较低，南向陡坡比北向坡
　　　地获得更多的日照能量

夏季路径

冬季路径

上午　阳光：
夏季：东北向坡地日照量
　　　最大
冬季：东南向坡地日照量
　　　最大

下午　阳光：
夏季：在设计中不惜
　　　一切代价进行
　　　避免北向和西
　　　北向的日照
冬季：西南向的日照
　　　令人不悦

全天　日照辐射：
夏季：除了坡度大于30%的坡地，在基地
　　　范围内日照辐射基本是平均的
冬季：大幅度变化，南向坡地获得的日照辐
　　　射量超过北向坡地的12倍以上

图 5-20：坡度因素和日照（经授权允许，改编自 Landphair, H. C., and Motloch, J. L., *Site Reconnaissance and Engineering*, Figure 1.48. Copyright © 1985 by Elsevier Science Publishing Co., Inc.）

在冬季，通常是渴望太阳辐射。设计师尽量把活动布置在阳光充沛的区域。如图 5-20 表示，坡度因素影响了冬季太阳能照射到基地的时间以及地表全天得到的日照总量。设计师寻求获得日辐射量最高的场所以及在每天在恰当时间能获得太阳辐射的场所。

因为坡度因素，引入垂直设计因素要结合照射到基地使用区域的太阳辐射差异（图 5-21）。在背向太阳的坡地上，垂直因素通常进一步降低照射到基地使用区域上的太阳能。在面对太阳的坡地上，相同的因素通常将更多的能量反射到基地使用区域中，制造了**散热器效果**（heat sinks）。

设计师辨别夏季和冬季日照条件相对的应用价值取决于一系列因素。然而，最基本的就是两个季节的相对严酷程度。例如，在美国南部，夏季通常是日照最强的季节。设计重点是针对夏季日照条件。而在美国北部，冬季气候严寒，设计中最重要的是考虑气候。

通风（Ventilation）：地形起伏对于气流可以起到障碍和导向的作用。当风吹过地面时，风速受到地表形态的影响。

在美国的大部分地区，风向随季节变化。最寒冷的冬季风（在大多数地区）通常来自北方或西北

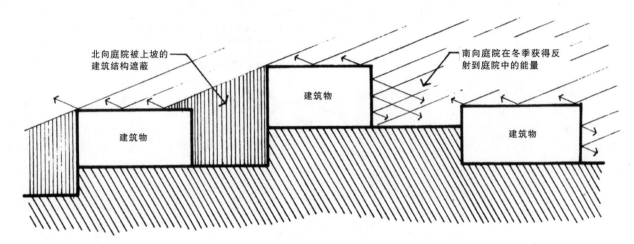

图 5-21：坡度因素和基地垂直因素

方。最凉爽的夏季微风通常来自南方、东南方或西南方。但是季节性风向会因地区而异。例如，在得克萨斯州东部，最寒冷的冬季风来自北—西北方向；温暖的夏季微风来自东南方。冬季风方向多变。然而，夏季微风的方向更加恒定，因为它们是从墨西哥湾吹过来的。风向的季节性方向变化和恒定方向对于景观设计师来说都是有价值的。

当山脊和山谷的方向与气流方向一致时，山谷中相对通风顺畅。然而，当气流方向与山谷方向垂直时，一部分风从山谷上方拂过，而不从山谷中吹过（图 5-22）。在第二种情况中，认为山谷位于风影区（wind shadow）当中；也就是说，地形挡住了山谷里的风。这种条件在冬天通常被视为一种优势，但是在需要通风（人体本身通过蒸发可以更有效地降温）的夏季则成为劣势。

当地形与气流相交融时，季节性风向明确了迎风坡和背风坡。山脊、迎风坡和侧面斜坡迎风部分的风力会轻微加速（10%~20%）。风力受到地形阻挡通常气流速度减慢（图 5-23）。设计师寻求重塑场地地形，从而在使用区域汇集理想的夏季微风，同时使这些区域避免不理想的冬季风（图 5-24）。

5.1.3 地形概要│Landform Summary

地形在景观设计师的调色盘中是一个非常重要的组成部分。它有助于塑造区域和场所的感知。它决定了地表排水，并深刻影响和界定了重力排水基础设施系统服务的区域，并帮助确定生理舒适性。

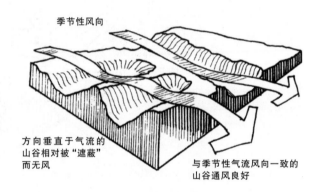

季节性风向

方向垂直于气流的山谷相对被"遮蔽"而无风

与季节性气流风向一致的山谷通风良好

图 5-22：通风和山谷方向

作为设计过程的一部分，理解并有效操作地形的能力是景观设计师的一项基本技能。

5.2 水体│WATER

水对于人类的健康幸福和生命本身都是必不可少的。它也是激发情绪和吸引关注的一种独特力量。水体是景观设计调色盘中的一个重要元素。它或许也是场地设计师最灵活使用的工具。

本节从以下几个方面研究了水体：首先以水体作为系统或进程的研究开篇；接下来从自然的意义与开发的角度将水体解读为一种资源；最后以水体和设计之间关系的探讨作为结尾。

5.2.1 水体是一种进程│Water as Process

水体是一种媒介，生命进程在水中得以发生。

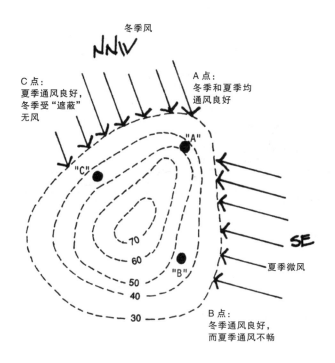

图 5-23：山丘周围的通风

C点：
夏季通风良好，
冬季受"遮蔽"
无风

A点：
冬季和夏季均
通风良好

冬季风
NNW

"A"

"C"

70
60
50
40
30

"B"

夏季微风
SE

B点：
冬季通风良好，
而夏季通风不畅

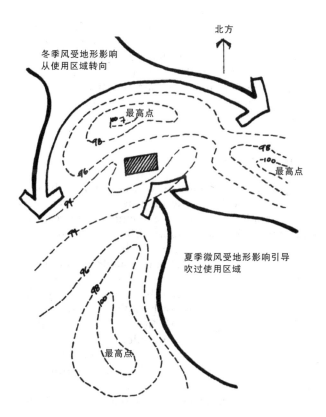

图 5-24：为应对季节气流重塑建筑基地

冬季风受地形影响
从使用区域转向

北方

最高点

最高点

最高点

夏季微风受地形影响引导
吹过使用区域

如果没有水体，我们所知的生命形式都不会存在。或许这可以解释人类天生对水体的迷恋。

水体也是一种有限的资源。它存在于地球表面和地表下的无数蓄水层之中（图 5-25）。水体的多种形态组成了**水文循环**（water cycle or hydrologic cycle）。在这一循环中，海水蒸发，水蒸气被风带到陆地上，最终以雨水、冰雹、冻雨或雪的形式落到地面。这类水体的一部分被冰冻储存在冰川之中；另外的主要部分则进入土壤由植物利用。一些水渗入更深的地层，最终成为储存在蓄水层中的地下水。土壤水的一部分会从地表蒸发；还有一部分由植物蒸腾。地表水体以一系列的形态流淌，包括地表径流，而后流经小溪、小河、河流、湖泊、辫状溪流、淡水沼泽、淡海水，最终流回大海。

水循环当中的不同元素具有高度的整体性。例如，在由断裂石地质（fractured stone geologies）构成的一些地区，在土壤和地表水之间存在着相对自由的径流。地表污染被迅速传播到地下蓄水层中。另外，开发增加了径流，更大量的水体流入湖泊和溪流，更少量的水体流入地下蓄水层。地下水位下降，地下蓄水层因而变得枯竭。

水文循环的各个组成部分不仅互相联系，也和生态系统中的各部分存在关联。植物依赖于水体，植被类型和分布与可用水体和水量相关。洪水过后，水体为土地补充营养并使土壤肥沃，使之成为人类最富生产力的农业区域。农业类型与水文类型相关；灌溉和耕耘增加了水土流失，它们对农业类型产生影响。

5.2.2 水体资源 | Water as Resource

就如同银行的价值是由美元持有量和现金实力所决定的一样；水资源的价值取决于水质和水量。我们操管水体这个银行的能力可被看作是接下来 20 年中社会面临的最严峻的生态挑战。

如同在任何系统中对任何部分进行管理一样，我们必须在整体层面进行操控；必须在区域水平上对水循环的各项部分进行共同操作。局部来说，流域是对地表水部分加以操控的逻辑单元。

当对水岸进行管理的时候，我们必须对其他一些方面进行控制，旱涝、侵蚀、沉降以及污染负荷。

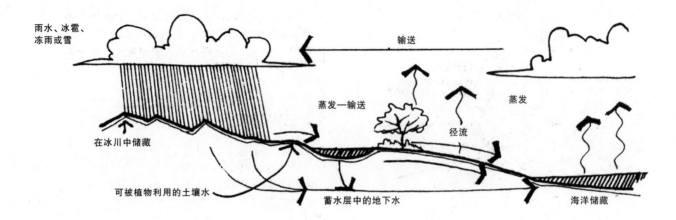

雨水、冰雹、冻雨或雪

输送

蒸发—输送

蒸发

径流

在冰川中储藏

可被植物利用的土壤水

蓄水层中的地下水

海洋储藏

图 5-25：水体循环

就决策影响各类变量的程度而言，我们传播了一种水资源准则。这种伦理是更大、更广泛的管控态度的一项基本组成部分，即"**土地准则**"（land ethic）。

地表水 │ Surface Water

水体供养了人类。我们利用水体灌溉农田、发展工业、控制气候、进行娱乐休闲以及频繁的运输。在历史上，地表水（溪流、河水、湖泊）满足了人类的很多需求，所以我们在水道旁建立起了城市。后来人类面对洪水泛滥时期的财产损失，修筑堤坝和蓄水库将财产损失降低到最小。通过这种做法，我们阻止了河流补充土地养分的能力。

资源管理开发基于一种强烈的土地和水体资源伦理，认识到水体满足人类需求的能力以及对水资源实施管理的需求。开发的模式和特性就是回应这种需求；并且将建设开发的地区远离洪泛平原的主要农地，允许周期性地发生洪水，通过自然的再生过程补充土地养分。

排水模式 │ Drainage Pattern

某一流域的排水模式随着地表径流而变化。随着时间的推移，这种模式与基地影响力之间将达到一种平衡；这种平衡为基地服务人类提供了可能。改变平衡将对基地的这种能力产生负面影响，因此，应该避免打破平衡。

为了充分利用水资源，建设开发应该避免改变排水线路附近的地形（图 5-26）。应尽可能不改变溪岸的状态，溪岸表面上铺满盘根错节的完整植物根系。形式和地表覆盖类型应该被保留下来，以继续保持抵御地表径流的作用力。

景观设计师还应该记住，水道形式和地表条件都根据地表径流的历史速度开发建设。通常建设开发取代了可渗透的地表条件，例如将具有透水性能的林地或草地改变为不透水材料，如混凝土和建筑物。这引起了水量的显著增长——通常也引起流速提高，从而扰乱了平衡，并导致破坏性的改变。为了避免这些不必要的改变，设计师就可以使用滞洪或蓄洪水库以容纳建设开发导致的水量增长（图 5-27）。

滞洪结构（detention structures）汇集并储存了由建设开发产生的雨水，通常在开发前计量出从蓄水库中流出的水量。它们容许水流总量随着开发而增加，而不是加快水流速度。**蓄洪结构**（retention structures）收集雨水并将雨水储存起来，直到雨水渗透进入土壤水和地下蓄水层当中。

由建设开发引起的其他广泛问题是不断增加的侵蚀与沉积（在基地内或基地外）以及水质退化。**泥沙沉积结构**（sedimentation structures）收集沉积物以及污染严重的水流（通常是最上面的半英寸）并对水流进行过滤，通常通过沙地阻挡沉积物和由沉积物携带的污染物。

图 5-26：保留现存的排水线路

地下水 | Groundwater

正如上文所述，蓄洪结构和滞洪结构都有助于管理地表水流。蓄洪结构具有更多的裨益在于其可以增加地下蓄水层的补充水源。就其本身而言，它们是重要的地下水体管理工具，可以帮助维持地下含水层中的水量。为了保持这个水量，设计师和使用者必须做出决策，以确保渗透水至少与含水层中的水分流失持平，必须有足够的渗透水量与自然流失水量相平衡；还必须加上灌溉、工业加工和其他与人类用途相关的耗水量。景观建设开发之后的渗透水质也必须不低于建设开发之前进入土层中的水质。

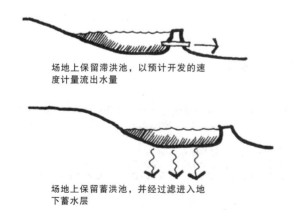

场地上保留滞洪池，以预计开发的速度计量流出水量

场地上保留蓄洪池，并经过滤进入地下蓄水层

图 5-27：滞洪结构

湿地 | Wetlands

溪岸、湖滨和湿地是物产丰饶的栖息地，它们为动物提供了遮风挡雨的居所和食物。它们对于生态系统来说是无价的。其连续性以及它们的植物、动物群落方面的连续性——都取决于支持它们的水文关系。建设开发不应该对这些具有价值的栖息地造成有害影响。

休闲 | Recreation

水体是一种前所未有的休闲资源。它为垂钓、游泳、划船以及露营、远足等很多活动提供了机会。建设开发应该允许公众亲近这种资源，并保持充足的水量以及对健康、安全和幸福有益的水质。

舒适性 | Comfort

在过热的环境中，尤其是空气干燥的情况下，蒸发冷却可以有效地改善基地舒适性。在这种情况下，将建设开发区域布置在池塘（图 5-28）、湖泊（图 5-29）和灌溉草坪或喷水雾装置（图 5-30）的下风位可以很大程度地降低空气温度。另外，茂盛的植被可以为使用区域遮阴，并通过植物表面的蒸腾——呼吸作用进行降温。

感官价值 | Sensual Value

水体具有一种卓越的力量，它主要通过视觉和声音刺激思维。水对于景观中的生命是不可或缺的，它引发了思维，凝聚了景观含义。水面反射了它所滋养的景观，增强了这类交流；流水的声音使景观意义扩大，并进一步强化交流。泛着涟漪的波浪、潺潺的小溪、轰鸣的瀑布、鳟鱼溅出的水花再有海浪的碰撞都加强了水体激发思维图像的能力。视觉、听觉、嗅觉以及水触碰皮肤的感觉都是丰富场所感觉的刺激物。它们对于场所营造者的景观设计师来说是无价的资源。

土地价值和土地用途 | Land Values and Land Use

根据上述理由和其他一些原因，水体是一种重要的体验资源。它的价值在于丰富人的体验与生活品质，这一点在经济上被反映出来。在环境中的水体价值不菲；与水毗邻就是畅销商品。

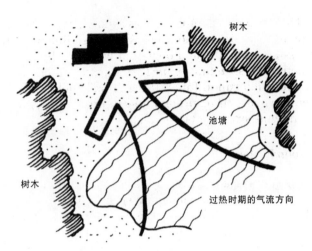

图 5-28：基地中的池塘和冷却作用

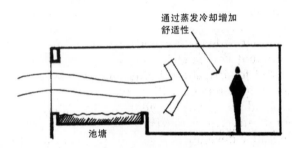

图 5-29：池塘和蒸发冷却

因为水体的体验价值及其资源价值，导致滨水的土地用途产生了激烈的竞争。这类土地的价值在于它适合于修建公园、住宅、宾馆、度假村、饭店、商店或是提供很多其他用途。每种用途或多种用途的集合在滨水区域都有一定的适合程度，这种适合程度都基于对生活品质、系统承载能力以及水资源不会发生显著退化的界限等综合考虑。滨水区域的

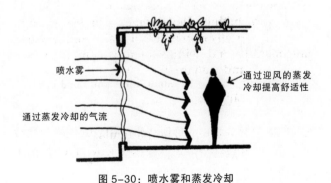

图 5-30：喷水雾和蒸发冷却

建设开发必须解决这些用途之间的竞争，并调和预期使用目的和系统需求。有一种开发指导方针日益用于缓解这类竞争，管理宝贵的水体资源，将滨水区域的开发限制在"水体依赖型"（water-dependent）的用途，以响应环境的方式实施管理。

湿地是一种具有很高价值的资源，这种价值一般通过土地使用规范为人们所认识。通常来讲，只有水体依赖型的使用方式才允许在湿地区域施建，所有对湿地产生影响的建设开发必须以创造新的湿地区域作为补偿（通常是遭破坏湿地的数倍成本）。

5.2.3 水体设计 │ Water as Design

诺曼·布斯（Norman Booth，1983）论述了水体是景观设计师调色盘中的元素之一、水和背景文脉的关系以及水体的视觉影响力：

> 水体除了它是一种液体，本身没有明确的设计特质，……所有水体的视觉特性都直接依赖于其承载与反映水体的外部因素（可塑性、运动、声音、反射性、坡度、容器尺寸、形状和表面粗糙程度、温度、风和光线）。因为它特殊的性质，水体必须依赖于它的环境背景文脉。如果改变环境背景的影响力，那么水体的特性也随这种背景而变化。

在很大程度上，我们对于水体的感知都在于视觉方面。因此，接下来对于水体与设计之间关系的论述就以水体的视觉特征开始，随后从其他感官方面探讨水体与设计之间的关系，然后再将水体作为运动、隐喻以及象征来讨论。本节还关注了特定类型的水体，包括水池和水塘、水渠、小瀑布、瀑布和喷泉。本章最后探讨了水体的冻结状态。

视觉设计元素 │ Elements of Visual Design

水体展现出来的线条、形式、颜色和肌理特性有助于唤起思维图像。

线条（Line）：水陆交界处形成的线性特征对于水体唤起观赏者的思维图像具有重要影响。一条软质的岸线能够使人联想起无拘无束的特质，而严密控制的蜿蜒岸线（图 5-31）会让人联想起具有控制性或象征性的特征，直线暗指建筑，折线代表能量。岸线可以由水生植物遮挡而变得模糊，传达出

一种神秘的感觉,或运用防水隔板显得清楚而果决,几乎没有留下想象的空间。

水面也可以进行线性形式的表达。相关的例子包括风吹动水面产生的具有节奏的波浪线条,还有当有东西撞击水面产生向外跃动的涟漪。通过塑造水流落下的边界,水可以形成一系列垂直的线条,这些线条共同组成一个条纹状的面纱,强调垂直方向并暗示水天之间的联系(图5-32)。

形式(Form):水体可以是线性的,强调水体的流动;或者采用集中形式,传达向心性或抵岸的感觉。形式也可以是具有不同特性的复杂综合体,将迥然不同的元素整合在一起(图5-33),或者相反,始终如一地表达更加统一的感觉(图5-34)。

色彩(Color):优质的水体是相对清澈的,它呈现出的颜色来自水面反射的景物、水体自身的扩散特性以及容器的色彩。白色和反光的容器表现出水的透明性,创造出水很浅的幻觉。浅蓝色的容器表现出水体的清澈、清洁及纯净。深蓝色和黑色的容器最大程度地呈现反射效果,呈现出深不见底的幻觉。在深色容器中的水看起来尤其湿润。

肌理(Texture):运动中的水面形态取决于水深、流动特性以及容器的形状和质地肌理。水流的收缩和突出将引起湍流并增强水面肌理。随着水体的变浅,容器中即使是微小的变化也会产生水纹肌理。

正如图5-35表现,当一片很薄的水从一个接近垂直的表面流下的时候,表面细小的波纹也能呈现有趣的水面纹理和气泡。一个阶梯状的容器可以将一片光滑的水面转换为水滴的舞蹈,每个水滴都能反射阳光,共同创造出一个嬉戏光影的小瀑布。

感官品质│Sensual Quality

水体可以提升大多数场所的感官质量。这种强化作用由特点和意义(一条小溪潺潺流过草地)的一致性引起,或来自对比(沙漠中的一片绿洲)。

设计过程(Design Process):为了优化景观中水体的感官作用,设计师可以由确定设计意图开始,包括功能、情绪、审美以及感官特性。设计师可以着手识别水体产生的效果,促进理想的特征、审美、情绪与功能。最后,景观设计师应该塑造容器并设计环境背景文脉,实现设计效果。

设计意图和水体产生的效果随着环境变化。图

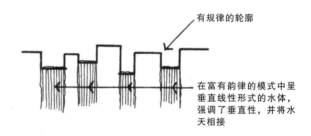

图5-32:富有韵律感/直线的水流

图5-31:水岸线的控制特性

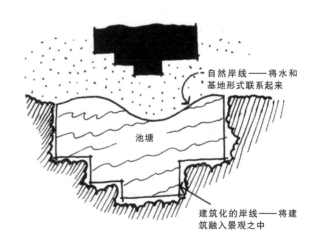

图5-33:复杂形式的水体

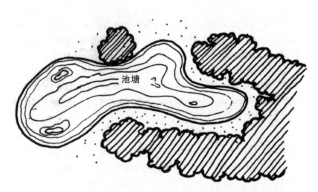

图 5-34：简单造型的水体

平滑的表面产生光滑的片状水流

层叠的表面产生水平的泡沫状韵律

水平肋状墙面创造出跃动的多层泡沫状表面

阶梯状表面创造出无数的水滴，每个水滴都对光源进行反射

图 5-35：垂直墙面肌理的视觉效果

5-36 表现了一座喷泉，从一侧看来设计提升了街道特质，而从另一侧看则发挥了视觉舒适性、屏障遮挡以及蒸发降温的作用。喷泉池为庭院一侧掩盖了街道的噪声，临街一侧只是一种视觉表达，几乎没有声音或其他非视觉刺激。在庭院一侧是一系列跌水景观，水流跌落产生白噪声（white sound）[译注] 来掩饰街道上的噪声。庭院一侧的水流产生气泡增加了水的蒸发达到降温效果。因为喷泉池的位置接近步行交通，喷泉吸引行人驻足并接触水流。它改观了庭院区域。

运动的水体 | Water as Movement

　　静止（不流动）的水体在视觉上和心理上都具有反射性。因其宁静和脆弱，引发冥想。最轻柔的微风也能驱散这种视觉效果。静止的水体几乎丝毫不能掩盖混乱的声音。

　　另一方面，流动的水是微妙而动态的。它几乎可以在不知不觉间流动，也可以像激流一般湍急。它可以几乎无声无息地潺潺流动，也可以响亮地飞溅。它可以表现野性的力量并掩盖最嘈杂的城市噪声。

隐喻和象征的水体 | Water as Allusion and Symbol

　　水体也可以发挥隐喻和象征的作用。流动的水体意味着不稳定性、向着平衡的运动和未被分解的重力。静止的水体表现了稳定、决心及平和安详。

　　通常，自然景观在城市中很难以尺度和姿态表现力量和趣味。因此，城市中除了罕有的面积广阔

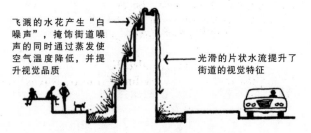

飞溅的水花产生"白噪声"，掩饰街道噪声的同时通过蒸发使空气温度降低，并提升视觉品质

光滑的片状水流提升了街道的视觉特征

图 5-36：多功能的水墙和小瀑布

的公园表现了大自然的风貌，对山川溪流、河水、泛滥平原以及辫状水流的建筑性解读也可以体现自然环境，它们以强势的造型泰然自若地存在于城市环境当中（图 5-37）。它们可以将自然含义象征化、集中化并转化到城市背景之中。

伦理水体 | Water as Ethic

　　引入景观表达了一种伦理。汹涌的洪流令观者

[译注] 白噪声，指功率谱密度在整个频域内均匀分布的噪声，它可以用来掩盖令人心烦的杂音。

震撼，象征了一种拟人的世界观：人是自然的征服者和统治者。少量的水体通过一系列感官体验传达了对于稀有水体价值的珍惜与渴望，伊斯兰教的传统及其对水体的神圣定义都证明了这一点。

水池和水塘 | Pools and Ponds

水池和池塘都是静止的水体。**水池**是一种建筑形态（图 5-33）；**水塘**是自然产物（图 5-34）。水池可以作为反射表面。为了有效地进行反射，它们必须有足够的深度，而且颜色深暗。反射表面（水位）应该近乎平面（图 5-38）。水池对具有视觉趣味的事物进行反射时的效果最佳，只要视线合适，人们便可以从理想的观测点看到水面上的反射目标，而且没有破坏反射效果的眩光。水池还必须具有一个合适的尺寸，从而按照设计意图、对象尺寸以及观测者的位置实现反射。

水塘是具有自然岸线特征的静止水体，这一特点还通常被自然绿化所强化。池塘通常坐落于地形上的最低处，从而强调了与重力的平衡。它们明显增添了场地的田园心境。

水渠 | Channels

水渠是线性的水道，表达出运动和分散的含义。一条水渠的感官效果取决于水量、流速及水渠尺寸、形状和坡度。光滑的水渠催生平滑的水流；粗糙的水渠产生湍流。水渠障碍物影响水流，并反过来加

剧湍流并向下游冲刷，直至达到平衡（图 5-39）。水道收缩将提高流速、增加湍流而且加大了水声。

小瀑布和瀑布 | Cascades and Waterfalls

小瀑布和瀑布水流的跌落效果几乎不受任何限制。这种效果随着水量、流速以及水瀑的边界情况、跌落高度和性质以及水瀑末端的水面而变化。随着水量增加，水流变得更加规律，而其他变化（例如边沿的特征）的效果就不那么显而易见。

流速将影响水的惯性以及当下方失去底部基础支持时水流中断的方式。从一个光滑边沿上落下的水流会形成片状的小瀑布；而从一个粗糙边沿上流下的水流受到扰动与空气交织混合在一起。当流量、流速、粗糙边沿等因素相结合后，透明的片状水流将被充满泡沫的毯子般的水流所取代。缓慢流过圆滑边沿的水流紧贴垂直墙面流下，如果墙面由吸水性材料如混凝土制成，这样的水流将明显改变墙面的色彩和特征。反之，改变边沿状态将引起水流中断，而墙面保持干燥。向水流中突出的边沿将引起水花四溅，创造出可以反射光线并传达振荡能量的水滴，正如之前在图 5-35 中所述的那样。当水体自由落下的时候，水量越大、落差越高，水流撞击表面的影响力越强烈。如果水流落下撞击一个坚硬的表面，例如混凝土，产生的噪声就是一种响亮刺耳的啪啪声。如果水流落在一片池水中，产生的声音则更加低沉柔和。

喷泉 | Water Jets

相对大量的水通过很小的孔洞中射出会产生可以暂时摆脱重力的高速水流。这种结果是一道纤细而快速的水流，然后缓慢地落回地面（垂直喷泉）

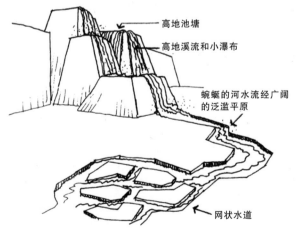

图 5-37：象征性的溪流

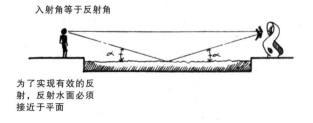

图 5-38：反光的水池

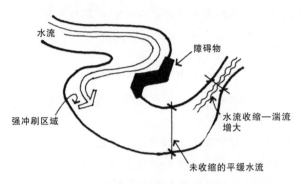

图 5-39：水渠中的水流

图 5-40：作为景点和符号的喷泉

或落在别处（有方向性的喷泉）。

垂直喷泉通常将人们的注意力吸引到特定的点上，以强调景观。就其本身而言，这种喷泉可以非常有效地强化因为某些原因而具有特殊含义的地点。有时候垂直喷泉会出现在视线的交叉处（图 5-40）；在另一些时候，作为一种雕塑，它们强化周围的空间。在田园环境中，它们通常作为能量的汇集点。通过对比，它们加强了田园特征。垂直喷泉很少出现在从视觉角度上赏心悦目的环境中，因为与环境相比它们将同时丧失视觉影响力。然而，它们产生的声音将很有效地掩盖噪声。

非垂直的喷泉可以连接焦点并引导视线。它们可以应用于为空间添加能量感、运动感以及方向感。

喷泉具有五种基本类型。**单孔喷泉**（single-orifice jet）制造出相对透明的水流。**空气混合喷泉**（aerated jet）中水流携带着空气，使水流呈现一种不透明而闪烁的性质，并加强了水流的存在感。**喷洒喷泉**（spray jet）让水从很多小孔中喷洒出来，由此创造出一种在多风条件下难以控制的细雾，但是这种细雾可以非常有效地进行蒸发降温。**水雾喷泉**（mist jets）将水从非常细小的孔中喷出以创造一种湿润的微气候，造成飘在空气中的幕状水雾效果——尤其当空气静止的时候。**混合喷泉**（formed multijets）将多种独立的喷泉结合在一起，创造出雕塑般的复合水流形式，例如指环、酒杯、牵牛花。

冻结状态的水 | Frozen Water

液态的水体看上去深暗透明，而当水结冰之后则变得看上去轻盈而模糊。如果设计合理，冰冻的

反射水池也可以成为一种休闲资源进行滑冰。

如果温度下降的时候喷泉池水仍然会流动，将产生冰的仙境，那将比冰融化时更加富有梦幻色彩；反射的光线在潮湿的冰面上舞动，形式变得生动起来。当然，如果缺乏将这种使用意识贯穿于设计之中的恰当方法，在这样的条件下开启喷泉将产生维护和安全方面的问题。

5.3 植物 | PLANTS

所有生命形式，包括人在内，都利用太阳的能量为生命过程提供动力。然而，高级生命形式通常不能直接获取和利用这些能量。如果没有五彩斑斓的植被覆盖在陆地和水面上，太阳的能量就不会像我们所知的那样支撑生命形式。

植物，通过光合作用过程获取太阳能量，并将一部分能量与化学键结合。通过将能量被更高级的生命形式利用，植物成为食物链中至关重要的第一步，食物链通过在生态系统中进行营养物质的循环、再生景观以及利用太阳能来达到生产目的。

除了获取大量能量并使这些能量被其他生命形式利用，绿色植物也提供了其他一些生态贡献。它

们吸收空气中的二氧化碳，作为光和作用的副产品产生氧气。它们的根系使岩石破碎，构成最初形成土壤的成分。根系作用使土壤暴露在空气中。枯叶、嫩枝和根系为土壤提供有机物，改进土壤的构造与肥力。植物的根系编织起来，并为保持土壤水分提供有机物。它们还有助于产生一个广泛的微气候。

5.3.1 作为过程的植物材料
Plant Materials as Process

植物材料是在特定的场所和时间里生物过程的产物。它们依赖于环境背景，随着时间的推移，植物群落与这种环境中的特点共同演进。

植物生长必需的环境条件包括阳光、水、营养物以及适当的温度。安德烈·弗朗兹·威廉·席姆佩尔（Andreas Franz Wilhelm Schimper，1903）总结了植物的需求首先是需要阳光。接下来，他断言**基本生命形式**（basic life form，荒漠、矮草草原、灌木草原、稀树草原或者森林）取决于可以获得的水源（图 5-41）。他说，在某一区域可以生存的**物种**（species）由温度决定。**基地中实际的植物材料**（actual plant materials on-site）最终由土壤决定，这些土壤影响了水分、营养物质以及植物可以利用的土壤气体。

植物可用的阳光、营养物质、气体、水及其他可变因素的特征和数量从整体上界定了其栖息地的特性。栖居地满足一个有机体生物需求的程度将决定这种有机体能否生存。如果任何元素在特征或数量上变得不合适，那么这种元素将成为限制植物生长的一种因素。植物材料和环境之间强烈和复杂的关系就在于此。

环境随时间改变。随着它们的变迁，它们支持的植物群落也在改变。在先有鸡还是先有蛋的经典现象（chicken-and-egg phenomenon）中，植物群落也改变了它的环境。植物和栖居地在一种动态平衡状态中相互依存共同改变。每种栖居地的构成都不尽相同，但是植物和环境之间的整体关系（在某种程度上）在任何时候都存在。

植物和环境的整合程度在一个被称作"演替"（succession）的过程中随时间改变。概念上，演替指的是生物系统对可用的能源和资源加以回应，并随时间改变的自然倾向。在这一过程中，植物群为了与其栖居地获得更加完整的关系而随时间改变。假以时日，生态系统将会从一个由未分化的、秩序随机且低效的生物群落生存其中的、相对无差别的实体环境进化为一种高度分化的环境，其中具有大量生物多样性、秩序性以及效率。

早期演替植物（early successional plants）是开拓者；它们在能量丰富、缺少竞争的严酷环境中开拓领地。它们的生态生存策略包括迅速在活动区域蔓延并可以适应广泛环境条件的能力。

早期演替群落的特征是多样性很低（只有几种物种种类）、植物相对随机分布（图 5-42）、种子生产率高，但整体效率低下（生物量生产和能量加工转化）。它们的生态角色包括改善环境；随着时间的推移，它们改善系统组织、秩序、多样性、稳定性及复杂性。它们有助于升级土壤，改变土壤和微气候。它们提高了环境加工处理能量、产生氧气等方面的能力。因为它们的生态环境（栖居地和作用）涉及严酷的环境以及改造现状，所以在生态上它们自身也在不断更新换代。早期演替生态系统（early successional ecosystems）生命力相对较短；它们创造了自身淘汰的环境条件。

晚期演替植物（late successional plants）依赖于作为一种生态策略的效率。它们使生物量（能量加工）的生产能力最大化，而并非是种子生产。作为生物群落，它们具有高度的多样性（许多不同的物种）、秩序性（与环境的可变因素相关）（图 5-43）和长时期的稳定性。它们为适应环境进程而具有组织性，它们明确地与基地的各种可变因素互相交流

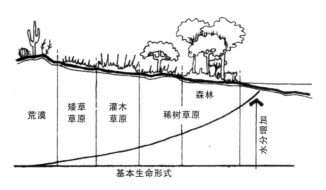

图 5-41：基本生命形式及可获得的水分

图 5-42：早期演替群落

图 5-44：荒漠植物群落

联系。它们是场地条件的优秀指示物。

演替进程还具有空间意义。生物群落和环境共同随时间改变，它们与空间模式共同演进。在汇集了水体的地形上，我们可以找到"喜水"（getting their feet wet）的植物类型。在缺少光线或阳光被大幅遮挡的地方，出现喜阴的植物。同样地，因为温度、地形、坡度、可获得的阳光、水分等方面的不同，植物生态群落产生了区域性差异。为适应地域差异，生态群落呈现了鲜明的区域特征（图 5-44）。

5.3.2 作为资源的植物材料
Plant Material as Resource

植物材料是非常有价值的自然资源。它们获取太阳能并使它进入食物链中。它们产生氧气，净化水体并通过蒸腾作用使水具有可用性。

规划资源（Planning Resource）。它们除了作为全球资源的价值，植物对区域规划和设计目标都具有价值。在规划中，它们是最重要的景观视觉因素。管理区域特征和场所感知包括对某一地区的植物材料及植物生长模式的管控。

两种或更多生态区域的界面被称作"**群落交错区**"（ecotones），对于野生动物栖居地和移动系统而言，它们是具有很高价值的植物生长走廊。保护这些区域和植物走廊（不是孤立的，而是与开发相结合的），对于野生生物的管理必不可少。

设计资源（Design Resource）。在基地设计尺度上，植被提供了许多感官享受。它产生了围合并界定和明确表达了空间。植被可以遮挡、框定或作为环境元素的背景；它还可以为景观贡献色彩。植物可以遮挡狂风，或通过微妙的运动令人感受到最轻柔的微风。接下来的章节将讨论植物的设计潜力。

正如图 5-45 中展示的那样，植物材料可以影响微气候和人类舒适度。通过蒸腾水分，它们使空气降温并引起少量的气流。大量的树叶使气流转向或流进使用区域并产生阴影。这些特征中的每一种或几种，都可能是有益的或有害的，这取决于气候和季节情况。这些可变因素都在知识丰富、机智敏感、富有创造力的设计师的掌握之下，将促使基地内的植物材料成为一种主要的舒适性资源。

土地价值（Land Value）。重要的植被将有助于提高土地的经济价值，很多公认的经济公式记载了

林冠层物种

林下层物种

草本植物和地被植物

图 5-43：晚期演替群落

这些资源的价值。这些公式通常参考植物尺寸、物种、条件以及环境区位，然后将适合当地条件的各种衡量因素应用到区域规划中。

　　植物材料的价值伴随着背景与文化的重要性而变化。同样一棵树栽植在城市中其价值比生长在旷野高出几倍。如果它承载了特殊的文化或历史含义，这棵树的价值会更高。例如，如果在一棵橡树下达成了一项具有历史意义的重要协定，这棵树就有了非凡的价值。

5.3.3 作为设计的植物材料
Plant Material as Design

　　在多数场地设计条件下，植物群落在很大程度上调和了场所感知。在很多情况下，植物是唤起思维图像的最强有力材料。即使在最混乱的基地中，植物背景也通常会影响感知。

　　植物材料属于高度形象化的；并且在大多数情况下，在建立基地视觉特征中比设计师手中的其他设计材料更为重要。为了帮助景观设计师对植物作为一种设计材料的理解更加深刻，本节将开始探讨作为视觉元素的植物材料。然后讨论其他一些植物设计方面的感知与临时性问题。本节还研究了植物材料与运动，分析了作为环境特征指示物的植物。

文章简单考察了维护性问题，结尾回顾了植物与场地设计的关系。如此撰写的目的就是展现针对与植物设计相关的一系列问题的关注。

视觉议题 ｜ Visual Issues

　　如上所述，植物材料的感知首先是视觉形象的。因此，在对植物材料进行讨论的时候，我们应该将它与视觉设计元素、植物阶层和尺寸以及空间问题共同考虑。

　　视觉设计元素（Elements of Visual Design）：植物材料展示出的线条、形式、色彩、纹理特征将有助于确定场所意识。

　　线条（Line）：植物材料引入的线条特征范围包括蜿蜒曲折的自然线条及间距规则、笔直的建筑几何线条（图5-46）。线条特征，不论是自然属性的或是建筑构造的，都有助于表达场所的感觉。

　　呈直线组织的植物材料通常表现了人类的存在。鸟儿落在人类建造的电话线或篱笆上，在鸟儿排泄后，它们播种下了线性排列的植物。基地设计师建设大路以指引活动并引导视线。沿着街道栽种的成排树木加强了它们的线性特征，并将临近植物边界的不同建筑元素统一起来。植物也可以作为线

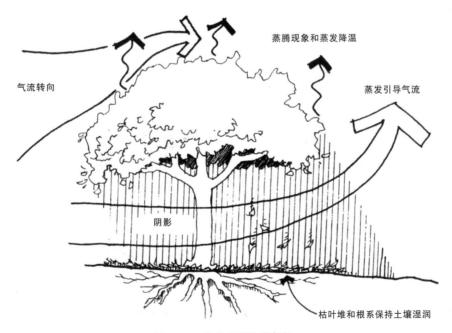

气流转向

蒸腾现象和蒸发降温

蒸发引导气流

阴影

枯叶堆和根系保持土壤湿润

图 5-45：植物材料和微气候

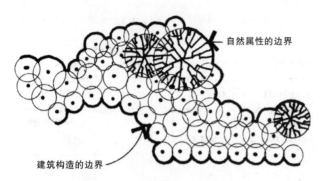

自然属性的边界

建筑构造的边界

图 5-46：植物群的"线条"边界

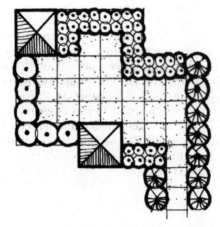

图 5-47：作为线条联系诸多元素的植物材料

条将建筑延伸入场地之中，而且在视觉上将临近的结构联系起来（图 5-47）。

形式（Form）：植物形式是整个植株形状以及生长习性的结合（图 5-48）。以下的每种形状都有自己独特的特征与设计潜力：

1. 锥形植株（fastigiate plants）强调了垂直性。它们通常作为设计作品的焦点。

2. 圆柱形植株（columnar forms）与锥形植株类似，但是顶部更加圆滑。它们也可以表达相似的设计意图。

3. 圆形植株（round plants）是最常见的形式，它们通常构成设计构图中的植物群。它们不具有方向性，可以作为其他更具有方向性形式的背景，也可以在栽植构图中提供统一性。

4. 伸展式植株（spreading forms）强化了水平方向。它们可以有效地将建筑化的形式延伸到基地中。

5. 金字塔形植株（pyramidal forms）具有一种正式的建筑构造特征。它们为植物提供了刚毅与持久。

6. 低垂式植株（weeping plants）通常出现在潮湿地区。如果建筑形式对其加以映衬或是允许瀑布悬垂在建筑形式之上，它们的形式将非常具有表现力。

7. 图画式植株（picturesque forms）是不规则的或扭曲的。它们通常生长在具有动态的自然影

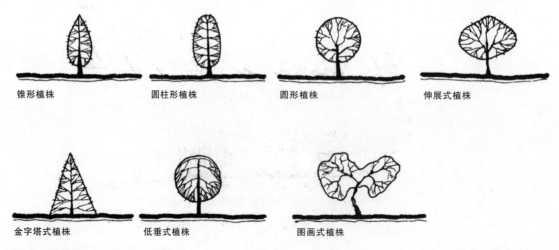

锥形植株   圆柱形植株   圆形植株   伸展式植株

金字塔式植株   低垂式植株   图画式植株

图 5-48：植物形式（根据 *Design Elements of Landscape Architectural Design*, Booth, N. K., Figure 2.40, p. 94. Copyright © 1983, reissued 1990 by Waveland Press, Inc. 重新绘制）

响力的背景文脉之中；通过它们的形态，表达这些影响力。这些形式还将在**林下叶层**或**边缘**条件下生长演进，在那些环境下，植物相互竞争以获取有限的光线。在栽植景观中，图画形式植株通常作为唤起感情的范例。

景观设计师既关注独立植物的形式，也关注植物组群的形式。植物群落的综合形式随着演替而改变。早期演替群落通常以随机分布为特征，组织分布呈现为空间中的散点（图 5-49）。随后演替群落组织呈现为组群形式，与各种环境可变因素精确调和。例如，灌木喜光，它们通常从阳光照射下的木本冠状植物线性边缘下方以弧形的线性群体形式出现（图 5-50）。

针对环境条件，松散地组织设计自然形态的植物组群。相反地，以网格形式组织灌木树阵（bosque）（图 5-51）。远看，它是一种直线的植物组群；近观，它创造了由树干圆柱体组成的网格明确表达的正规空间。在某种程度上，它具有建筑化的感觉。

色彩（Color）：植物色彩在营造场所情调中发挥了重要作用。浅绿色的树叶创造了一种轻松的感觉；因此，落叶植物景观在春季时的明亮色彩显得更加活泼。明亮的色彩使人愉悦；深暗的色彩，看起来神色黯然。正常的叶子从浅色变成深色、色调从黄绿色变为蓝绿色、青铜色、铁锈色和紫色，叶子的景观价值也有所不同。秋天的叶子颜色色调更加多彩，并更富有戏剧性，但是持续时间较短。

植物色彩由花朵、果实、树叶、树皮、嫩枝以及树杈所提供。花朵的色彩丰富、具有动态，但是通常寿命较短，因此不能常年持续。果实的色彩与树叶的色彩产生了强烈对比，提升了树叶的视觉效果；当树叶落下后，果实挂在枝头显得更加引人注目。树皮、嫩枝及树杈呈现了（与叶子、果实和花朵的颜色相比）趣味丰富而微妙的颜色，因而在冬季效果更加鲜明。

在景观设计中，色彩与线条、形式以及肌理结合，从而展示出植物材料。如果一株被选中的植物从纹理、形式、尺寸或线条中脱颖而出，色彩与背景的对比提升了它的特征。为了创造视觉趣味、消除平淡，设计师可以栽种树叶色彩范围丰富的大片

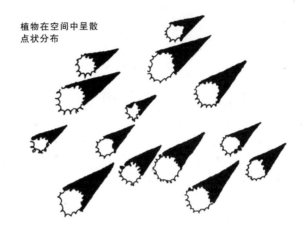

植物在空间中呈散点状分布

图 5-49：早期演替植物分布

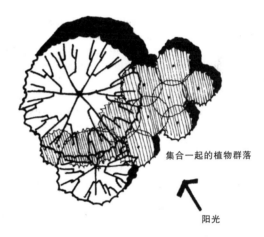

集合一起的植物群落

阳光

图 5-50：晚期演替植物分布

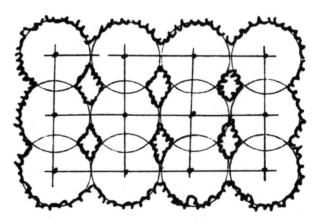

图 5-51：灌木树阵

植物。通过这种方式，敏感的景观设计师将意识到，色彩在某种程度上具有区域性和特定的基地特性，并避免外来的或人工合成的配色方案，除非设计意图就是与区域性表象产生对比。

纹理（Texture）：纹理指的是一个被感知表面的视觉纹理或粗糙程度。纹理受到叶子的尺寸、边界特性、嫩枝和树杈大小、树皮关节、生长习性以及观察距离的影响。

纹理粗糙的植物以宽大的叶片、粗大的枝丫、少量的小枝及松散的生长分布为特征。当与中等纹理或细腻肌理的植物共同应用时，粗糙纹理的植物通常会居主导地位。这种主导性使它们成为焦点。当这样运用时，它们与细腻纹理的背景产生出最为有效的对比。粗糙纹理的植物倾向于朝着观察者推进，并使它们所处的空间看起来更加狭小。它们通常不应用于狭小或紧凑的空间中。

大多数植物都属于中等纹理，通常是中性群落，并且在重点强调粗糙或细腻的植物时充当背景。

细腻纹理的植物有很多细小的叶片，它们生长得稠密而茂盛，并且有很多纤细的枝丫和嫩枝。这种植物在非常近的距离观察时效果强烈，并且不会对小空间产生威胁和压制。事实上，它们通常使这种小空间看起来更大，因为细致的纹理让植物看起来向后退去，使观察者对空间的感受比起实际情况更加深入。细腻纹理的植物看起来柔美精致。当细腻纹理的植物用作背景的时候，它们加强了粗糙纹理植物的强调作用。

感知纹理会随着观察者的所在位置而改变。当近距离查看的时候，植物纹理由小枝、叶片和树皮特征决定。当远距离观察的时候，生长习性和分枝模式对感知植物纹理具有相对重要的决定作用。因此，一株植物既可以在近观时被视作属于粗糙纹理的，也可以在较远距离看时视作中等纹理的，反之亦然。

植物层级和尺寸（Plant Strata and Size）：层级（strata）指的是组成一个植物群落的不同水平层次：林冠层（canopy）、林下层（understory）、灌木以及地被植物（图5-52）。尺寸通常指的是植株顶端的高度。当谈及尺寸和层级的时候，我们将研究大

型和中型（冠层）的树木、小型和开花（林下层）的树木，大型、中型和小型灌木及地被植物。

大型和中型树木（Large and Intermediate Trees）：根据大多数植物名录，大型树木通常高于40英尺；中型树木通常在30~40英尺之间。大型和中型树木共同组成了植被林冠层。从外部来看，它们组成了植物群；从内部来看，它们形成了有遮盖的空间。它们的树干暗示了空间，但并不围合空间（图5-53）。它们形成的空间通常有遮盖但没有围墙，只有柱子。这种空间在视线高度非常通透。

一株高于头顶的树木冠层将猛烈炫目的阳光改变为柔和的光斑。这种光斑特征对于营造树林中的感官非常重要。当大型和中型树木的树冠非常连续的时候，树冠的空隙引入了室外空间的特征，向天空敞开（图5-54）。猛烈的直射阳光穿过了树冠空隙，增强了空间的动态性。

大型和中型树木是非常有效的微气候调节器。它们遮挡了中、高角度的阳光（图5-55）。如果将它们的边界用低矮的植物分支材料围合，或者大规模种植（在气流的方向上），它们可以大大降低空气的流通。另一方面，如果边界较开敞，种植群组相对较矮，它们将增加空气流动，因为风将被压缩并被迫从树冠下吹过。

在种植设计中，大型和中型的树木可以提供一种大规模体量的感觉（图5-56）。如果种植大型和中型树木将建筑的线条或韵律延伸到外部空间中，那么树干将赋予基地一种建筑化的特征（图5-57）。

小型和开花（林下层）树木（Small and Flowering（Understory）Trees）：小型和开花植物通常是

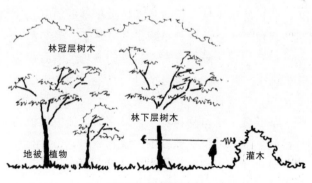

图5-52：植物层级

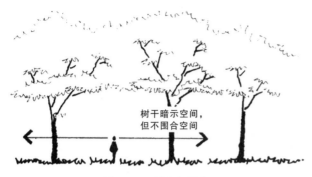

图 5-53：树木与围合

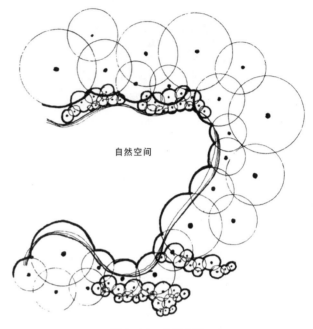

自然空间

图 5-54：外部空间

15~20 英尺高。当它们种植在大型和中型树木的树冠下或直接暴露在阳光下时，它们的形式和花朵密度将产生很大的不同。在直射阳光下，它们生长得更加浓厚饱满，而花朵也更加茂密。

当树冠在顶部高度以上时，小型和开花树木**暗示**（imply）了私人空间。当树冠处于视线高度上时，小型和开花树木将树冠下的空间**围合起来**（enclose）（图 5-58）。这种树木在小型或私密庭院中效果良好，因为它们提供了色彩和阴凉，却没有压制空间。在这种环境下，它们通常被用作重点植物或焦点（图 5-59）。

小型和开花树木可以非常有效地遮挡太阳高度

角较低的阳光。它们通常种植在建筑的西南侧，或者与低矮的分枝灌木一起种植在西侧和西北侧（图 5-60）。

高灌木（Tall Shrubs）：较高的灌木大概会生长到 15 英尺。它们没有树冠，比小型树木稍矮一些，

如果"X"方向的深度较大，或者植物群的边界分枝较少，气流将被植物群阻挡转向

如果"X"方向的纵深较小而且边缘处没有植被，空气将会从树冠下穿过

图 5-55：大型树木和微气候

图 5-56：大型和中型树木在植物群落中构成大组团

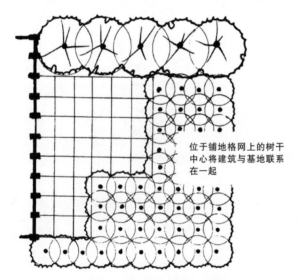

位于铺地格网上的树干中心将建筑与基地联系在一起

图 5-57：树干作为景观"柱廊"

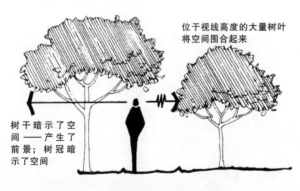

位于视线高度的大量树叶将空间围合起来

树干暗示了空间——产生了前景；树冠暗示了空间

图 5-58：小树和空间围合

图 5-59：突出强调的小型树木引导视线

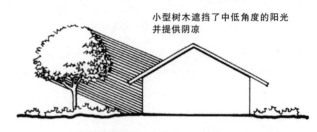

小型树木遮挡了中低角度的阳光并提供阴凉

图 5-60：小型树木和阴影

叶子通常接近地面。它们具有强烈的围合感和高度的私密性。它们是非常有效的屏障。较高的灌木可以在大型空间中作为雕塑元素，它们还可以作为小型植物或雕塑的展示背景（图 5-61）。

中型和矮灌木（Intermediate and Low Shrubs）：中型灌木约为 3~6 英尺高，矮灌木则是 1~3 英尺高。中型和矮灌木限定并分隔了空间，而且不会阻挡视线。它们可以用作步行流线的阻隔。矮灌木提供了一种薄弱的视觉分隔（图 5-62）；中型灌木的视觉分隔能力则强一些。

中型灌木的顶部高度如果位于视线处，它们将会令人感到不安。当观察者的视线试图越过灌木顶端进行观看时，紧张感就产生了（图 5-63）。因此，最好避免这种顶端高度为 4 ~ 6 英尺的植物材料，除非后面有更高的植物材料作为背景。

矮灌木可以有效地联系更大型的植物群，同时

图 5-61：高灌木作为屏障 / 背景

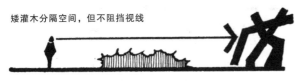

矮灌木分隔空间，但不阻挡视线

图 5-62：矮灌木与围合

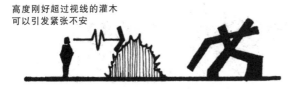

高度刚好超过视线的灌木
可以引发紧张不安

图 5-63：处于视线高度的中型灌木

容许视线穿过（图 5-64）。通过这种方式，矮灌木可以有效地整合设计构图。

地被植物（Ground Covers）：地被植物界定了种植区域。与小型灌木类似，它们可以对大型植物群进行统一，还能暗示空间边界，并创造出线条将视线引导向焦点、建筑入口或设计构图中其他重要的部分（图 5-65）。地被植物还能创造具有视觉特征的线条，并在叠加铺地或细腻纹理的草皮上提供了细部。

地被植物对于稳固坡地、阻止侵蚀十分有益。坡度超过 4:1（25%）的坡地上除草非常困难并且容易产生侵蚀。在这种坡地上，通常建议种植地被植物。

植株规模、统一性和多样性（Plant Size, Unity, and Variety）：对冠层树木和地被植物的应用种类进行简化可以有效地使迥然不同的设计元素得到统一（图 5-66）。相反，一个复杂的、多层级的种植方案可以为乏味或枯燥的建筑构图作品提供多样性和趣味性（图 5-67）。

空间议题（Spatial Issues）：本节谈及的空间议题包括围合性、空间类型、空间深度、框景以及植物材料与景观之间的关系。

空间围合（Spatial Enclosure）：围合指的是对空间分隔的感知程度。阻挡视觉的植物材料提供了围合感；而没有阻挡视觉的植物材料只暗示了围合的存在。

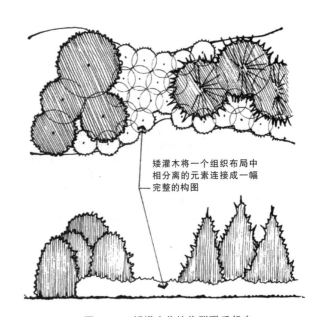

矮灌木将一个组织布局中相分离的元素连接成一幅完整的构图

图 5-64：矮灌木将植物群联系起来

图 5-65：线性的地被植物

视线高度的植物围合了空间。密实的植物群组提供了强烈的围合感（图5-68）；疏松的群组只产生了部分的围合感。全面的空间限定和围合感是不同层级共同作用下的纯视觉效果，正如图5-69所示。

空间类型（Spatial Type）：空间类型变化丰富。在尺度上，它们从私密延伸到公共；在方向上，从水平方向延伸到垂直方向；在围合程度上，从全部围合到自由开敞。图5-70描述了一些空间类型以及不同程度的围合。

空间深度（Spatial Depth）：如果空间组合中包含有前景、中景和背景，那么这个空间构图组合将更加有效。前景使观察者进入空间之中，中景通常作为主题并在背景下呈现出来。

熟练的设计师可以应用前景植物框定或围合主题，并在主题和背景之间提供高度的对比（在色彩、纹理等方面）（图5-71）。

前景和背景之间的关系可以通过设计达到强调或削弱空间深度的效果。通过在前景中使用纹理粗糙的植物材料并在背景中使用纹理细腻的植物，设计师可以延伸视觉深度。相反，在前景应用纹理细腻的植物材料并在背景中使用纹理粗糙的植物将从视觉上缩短空间。

框景（Enframement）：植物材料可以对某处景观加以框定，通过它们的形状对主题的形式或者构图布局中的焦点进行强化提升（图5-72）。

图5-67：复杂的植物为乏味的构图增添了多样性

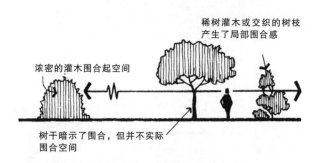

浓密的灌木围合起空间

稀树灌木或交织的树枝产生了局部围合感

树干暗示了围合，但并不实际围合空间

图5-68：边界的密度与围合程度

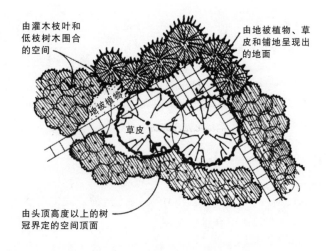

由灌木枝叶和低枝树木围合的空间

由地被植物、草皮和铺地呈现出的地面

地被植物

草皮

由头顶高度以上的树冠界定的空间顶面

图5-69：空间界定

图5-66：整合的植物将迥然不同的元素统一起来

植物材料和地形（Plant Material and Landform）：植物材料可以强化或削弱地形。沿着山脊种植的稠密植物可以增加形式的视觉高度，并提高围合程度（图5-73）。相反地，在洼地上进行种植可以使地形特征不那么明显。如图5-74所示，（位于建筑结构周围）排水所必需的沼泽可以通过选择合适的地被植物和灌木创造一个水平面从而加以隐藏，使建筑的水平线条延伸到基地中。

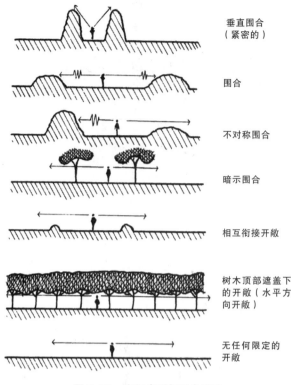

图 5-70：空间类型与围合程度

图中标注（从上到下）：

垂直围合（紧密的）

围合

不对称围合

暗示围合

相互衔接开敞

树木顶部遮盖下的开敞（水平方向开敞）

无任何限定的开敞

图 5-71：纵深和构图

在具有重要地貌的较大场地上，选择出的植物材料可以表明甚至强调坡度因素的影响。例如，当南向坡地与（南边）200 英里以外的北向坡地有类似的土壤气候时，这两个相反方向的坡地上的植物材料可以反映出截然不同的生态系统（图 5-75）。这种情况可以营造视觉趣味和场地结构，同时加强视觉和微气候因素的差异。

其他感官议题 | Other Sensual Issues

除了视觉效果，设计师还能应用植物材料的嗅

图 5-72：植物材料框定了景观

强化了地形，并产生围合效果的种植

图 5-73：强化地形的种植

觉、声音及触觉特征优势来进行设计。对非视觉感知的有效刺激可以加强或削弱由视觉传达的刺激。春天蓬勃的色彩被花朵的芬芳增强。随着种植在小路旁的植物材料不断碰触路过的人们，就加强了对这种材料的意识。

在大多数情况下，非视觉刺激与视觉刺激相比居于次要地位。然而，在特定情况下，非视觉刺激的重要性被大大提升。当特意进行削弱视觉的设计时，非视觉刺激变得至关重要。

生理舒适性在植物设计中是一项主要的感知问题。树冠遮挡了头顶上的炎炎夏日，并使风转向。低枝树木和灌木遮挡了低角度的阳光。它们有效地遮挡早晨的阳光，更重要的是还遮挡了午后的阳光。它们还使气流转向。如果这些植物材料是常绿的，它们可以用来使从西北方向吹来的冬季风偏转，并阻挡夏季傍晚西向和西北向的光线（图 5-76）。

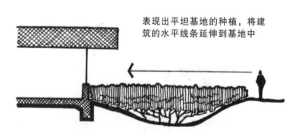

表现出平坦基地的种植，将建筑的水平线条延伸到基地中

图 5-74：产生平坦形式的种植

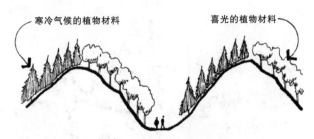

图 5-75：坡度因素与植物材料

混凝土和其他铺地吸收阳光并将能量作为热量再次辐射出去。另一方面，植物将能量转化为化学键并且不会再次辐射出明显的热量。它们还通过蒸腾作用使环境降温。出于这些原因，种植植物的场地比起不种植植物的场地具有更低的夏季温度（图5-77）。

时间特征 | Temporal Aspects

植物是独特的设计材料：它们是活着的有机体。它们随着时间生长，尺寸和特性都在变化，叶片的情况、纹理和色彩等方面也在变化。本节探讨了植物材料与时间的关系，包括季节和演替的特征以及空间序列。

季节因素（Seasonal Character）：基于树叶外形和季节因素，植物分为三种类型：落叶植物、常绿针叶植物及常绿阔叶植物。每个类型都有自己的习性和设计潜力。

落叶植物（Deciduous Plants）：落叶植物在温带气候中是基本的植物材料类型。它们可以呈现出四季不同的特征。在春天，初生的叶子是黄绿色的，它们可以呈现花朵的色彩。夏季的叶子通常是饱满的深绿色。落叶植物的叶子可以在秋天飘落之前呈现斑斓的秋季色彩。而在冬季，光秃秃的枝丫和树干纹理将持续很长时间。只经历很短暂冬天的落叶植物，或者只会掉落一部分叶片的落叶植物通常被认为属于不落叶的。

常绿针叶植物（Evergreen Conifers）：常绿针叶植物具有常年不落的针状叶片。它们通常不会开出色彩丰富的花朵。叶片是深色的，通常生长肥厚，看起来硕大而庄重，传达出基地的一种稳重感。

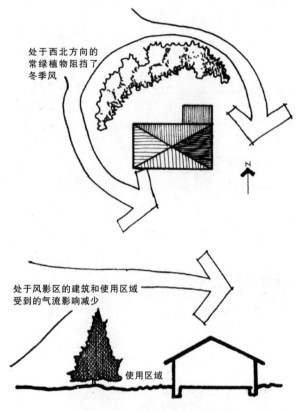

图 5-76：常绿植物和冬季气流

针叶树木的外观常年保持一致，并通常可以营造出高度的私密性（图5-78）。当在接近地面处生枝时，它们可以有效地阻挡风力。它们通常种植在建筑或使用区域的北向或西北方向，以阻挡冬季寒风（图5-76）。在这种区位，它们还阻挡了夏季午后低角度的阳光。

设计师必须注意，针叶树木并不阻挡人们渴望的冬季阳光，尤其是在清晨时分。

常绿阔叶植物（Broadleaf Evergreens）：常绿阔叶植物看起来与落叶植物类似，但是叶子常年不落。它们的叶子倾向于呈现深绿、不透光并且在一定程度上是非常光滑的。它们通常展现了生动的春季色彩。

大多数常绿阔叶植物需要酸性土壤。它们不能承受大范围的温度变化。在冬季它们通常需要保护，阻挡寒风的侵袭，并在夏季需要对其加以部分遮阳。

混合种植（Mixed Plantings）：在冬季，落叶植物看起来是枯萎的；常绿植物看起来较为暗淡，

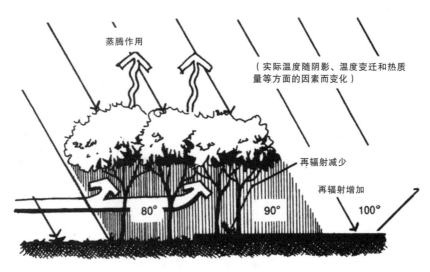

图 5-77：种植和相对夏季温度

针叶树木为使用区域提供了高度的私密性

图 5-78：针叶树木和私密性

缺少季节性变化。通过落叶植物与常绿植物的混合种植可以避免冬季始终如一的外观，每个类型的劣势都可以被克服（图 5-79）。这种做法将产生四季不同的景观，同时在冬季也有一些叶片保持存在。

生长和演替（Growth and Succession）：因为植物生长成熟后进行移植的成本很高，所以通常是栽种幼苗，逐渐成长。早期演替植物材料成长很快，但是生命周期较为短暂。晚期演替植物材料成长较慢，但是生命周期较长。因此，混合种植早期和晚期演替植物材料通常较为理想。早期演替植物材料可以很快速地提供成熟的外观并在早期的几年时间内成为构图的主导。随着时间的推移，晚期演替植物材料成熟起来并成为主导。

序列空间（Sequential Space）：植物材料可以用来框景，并且在原本无差别的空间中创造出空间序列。当我们通过空间时，植物群组框景营造景观，随后看到了其他空间和其他新植物群组，步移景异。

5.3.4 植物材料和移动
Plant Material and Movement

我们已经讨论过随着观察者的移动，空间如何展开。接下来的章节思考了另一种类型的移动，那就是由风力引起的植物移动。特定的植物材料，由于不同的叶片形状或树枝纤细程度，即便是最轻微的风吹拂过也会产生叶片的飘动。这种移动以阴影的形态传递到其他的表面上，包括地面。在寒冷气候条件下，这种移动为死寂的空间增添了生机。在

混合种植常绿和落叶植物可以带来常年的生机与四季的变化

图 5-79：混合种植常绿树木和落叶树木

炎热的气候中，它从视觉上强调了空气流动，从生理角度使人感觉更为舒适。

5.3.5 植物作为环境指示物
Plants as Environmental Indicators

植物与基地条件协调相关，随着场地条件的改变，植物也会随之变化。随着时间的推移，基地条件精确调节植物，并成为基地环境条件的指示物。从植物材料的角度，设计师可以推测相关的土壤肥力、排水状况、有效水源、侵蚀和沉积及微气候，等等。

早期演替植物材料具有广泛的生态龛（ecological niches），仅仅提供有限的基地线索，例如基地变迁的历史。另一方面，晚期演替的植物被精确调节，以适应它们的背景，从而提供了关于基地条件更加具体的线索。

5.3.6 植物与维护 | Plants and Maintenance

本地植物（native plants）是指在某一区域进行演化的植物；**生态平衡的植物**（ecologically balanced plants），不论是本地的还是外来的，都会与环境产生协同关系。这些植物需要的维护相对较少。另一方面，那些与环境不平衡的植物材料需要大量的维护成本，包括人员和化石能源、水及营养物。这些成本创造了植物需要的环境条件。无论何时，同惯常一样，维护和资源保育都很重要，因此，应该避免种植不能与环境平衡的植物。

5.3.7 植物材料与设计进程
Plant Materials and Design Processes

具有环境责任感的设计师会研读基地条件并采取相应措施。他们应用植物的相关知识、植物与环境条件的关系和植物的设计潜力。在应用这些知识时，景观设计师努力寻求：

1. 决定基地内种植的植物材料及它们的特性。
2. 基于这些材料，对基地条件做出有依据的推测，确认并解析重点领域。
3. 从健康、承受摧残的能力以及满足方案要求的能力等方面对现存的植物材料加以分析。

4. 确定被保留的植物（优先保留茁壮的植物，而不是垂老或濒死的品种）。
5. 为方案、人类以及植物的需求进行设计。当进行决策时，考虑建设引发的微气候变化及其对现存和设计植物材料的相应效果。

5.4 建筑材料、技术及系统性能
CONSTRUCTION MATERIALS, TECHNOLOGY, AND SYSTEM PERFORMANCE

基于当前的技术水平，设计师通常拥有可以任意使用的大量建设材料。每种材料都有自己的特点、性能、设计潜力、在生态和人类健康及良性发展方面的含义。由这些材料构成的系统是变化多样的（结构概念、含义以及建筑形式的含义）。本节首先探讨了当代建筑材料的范围，接下来回顾了技术应用的范畴，最后思考了与系统性能有关的材料和技术。

建设材料可分为五个类型：有机材料、在自然状态下应用的非有机材料、在大幅变迁状态下应用的非有机材料、复合材料及合成材料。下面按照从最有利于环保的材料到最不协调的角度罗列出各种材料。

5.4.1 有机材料 | Organic Materials

有机材料直接来自生命有机体。木材是景观建设中最主要的有机建筑材料。它广泛应用在简单的结构之中，可以作为分隔墙和挡土墙或装饰材料。作为一种建筑材料，木材质轻、牢固并且合理耐用。如果合理采伐，提高可持续采伐技术的应用，木材就成为一种可再生资源。在适当的时候，开发建设中使用的木材应该来源于妥善管理的森林中的可持续采伐，设计师也应该在应用木材前对其可持续性能进行调查。有些木材物种，例如红木和雪松，具有天然的防腐性能。另外，木材的细胞结构中可以充满化学物质从而提高耐气候性和对虫害的抵御能力。然而，某些化学物质可能对环境产生副作用。

出于建造目的，木材分为两种。来自于常绿针叶植物材料的**软木**；来自落叶和常绿阔叶树木的**硬木**。大多数应用于户外建筑的木材是软木。硬木的建造应用通常局限于家具、精磨木工制品及内部装饰。

软木｜Softwoods

大多数应用于室外用途的木材都是软木。每种软木的可用性、硬度、可加工性能、结构性能、耐久性和外观都大不相同。五种最常用于室外建造的软木是雪松、柏树、花旗松、黄松和红木。

雪松（Cedar）：雪松质地软；容易加工，有香味；可引起视觉愉悦，尤其在乡村的、风化的环境中，对腐蚀和变形具有天然的抵抗能力。然而，雪松是最脆弱的软木之一，在雪松上钉入钉子都很容易松动。

柏树（Cypress）：柏树是一种非常适合户外环境的木材。它具有良好的抗自然腐蚀性和抗虫害能力。如果不加饰面，它会自然风化成为银灰色。柏树比雪松更加致密和牢固，但是仍然非常容易加工。柏树通常用在平台、结构和装饰方面。柏树材料通常为 1 英寸的标准厚度。

花旗松（Douglas Fir）：花旗松是最牢固的软木之一，同时也是最普遍使用的木材物种。由于它在建筑内部和被保护区域内的结构性能优秀，所以花旗松获得广泛使用。然而，它的抗腐蚀性能一般，并且当应用在外部环境中的时候需要进行木材防腐处理。另外，它不能很好地保持外饰面涂层。因为这些原因，花旗松在外部建造中的应用并不广泛。

南方黄松（Southern Yellow Pine）：南方黄松是最坚固的软木，在其上钉入的钉子不易松动，进行防腐处理之后具有很强的抗腐蚀能力。虽然它的自然外观并不美丽，但是南方黄松很容易染色。另一方面，它的树脂含量很高，必须妥善处理防止弯曲。涂满沃尔曼木材防腐剂（wolman salt preservative）的南方黄松在外部结构、台板以及公共场所的家具中都有广泛的应用。

红木（Redwood）：红木是一种坚固的木材，并具有天然抗腐蚀性和抗虫害能力。它的外观很引人注目，只需要很少或不需要饰面与防腐处理。它容易加工，不易弯曲和收缩。红木是一种室外建造的理想木材，但它同时是一种非常有限、具有很高

价值、需要保护的自然资源。它价格昂贵，因而通常不易获取。

硬木｜Hardwoods

枕木或将枕木作为景观木材循环利用大概是硬木在景观建造中的唯一用途。为了防腐采用杂酚油（creosote）浸泡枕木细胞结构，由此产生的环境问题大大削弱了这些枕木的景观应用。

5.4.2　在自然状态下应用的非有机材料｜Inorganic Materials Used In Their Natural State

主要以自然状态加以应用的非有机自然材料包括石材、黏土、砖、砾石及沙土。

石材｜Stone

石材是一种在场地设计中广泛应用的自然材料，包括景观结构的建造、分隔墙和挡土墙、台阶、墙体的表层贴面和铺地。石材以全然的自然状态进行应用，或者作为已经过塑形、加工甚至抛光的自然材料进行应用。在多数工程项目中，从很远的距离运输自然石材并不经济，自然石材也通常被视作一种当地资源。另一方面，在景观中应用的塑形、加工甚至抛光的石材通常需要远距离运输。

石材的性质、特征和结构性能变化范围很广。在基地建造中最常使用的石材是花岗岩、石灰岩或砂岩。

花岗岩（Granite）：花岗岩是一种坚硬、致密且沉重的火成岩，从块体到面板具有多种应用形式。通过高强度的处理（粉碎、锯切、抛光及一些微妙的变化），花岗岩可以大幅度加工，实现典雅的设计。花岗岩的抛光表面具有持久易清洁的高度光色，较难加工，但非常耐磨损。过去，被称作“**石块**”（set）的小块花岗岩被用作船只的压舱物（图 5-80）。在将这种压舱物从船上卸下后，这些花岗岩石块被继续用来铺地。

石灰岩（Limestone）：石灰岩（及白云石（dolomites））是沉积岩，其颜色范围从白色到灰色，主要由碳酸钙构成。它们牢固坚硬，但是比花岗岩

更容易加工。它们可被割削、刨切、用车床加工或用手工工具加工。石灰岩在色彩和硬度上变化丰富；很多都非常容易受到化学侵蚀。

在美国的大部分地区，石灰岩都是独立的岩石，或是土壤中的晶砂石（lenses），称作"毛石"（fieldstone）。在其他地区，石灰岩存在于水平地质层面上，称为"架岩"（ledgestone）。

通常对石灰岩进行一定程度的塑形改造，将其应用于铺地、面板及墙体的压顶石（coping）（图5-81）。石灰石在自然状态下被用来建造干砌石墙体（dry stone walls）及自然景观石。

砂岩（Sandstone）：砂岩经久耐用，便于加工。它的色泽范围从深赭石色到深土黄色或琥珀色。在有些地区还存在其他颜色，包括赤褐色砂岩和蓝灰色砂岩。砂岩与石灰岩在景观建造中的应用方式相同。石材来源是决定采用哪种材料的主要因素。

黏土｜Clay

黏土通常由铝土或硅酸盐岩石构成。在湿润的条件下它通常有弹性，当干燥时通常是坚硬的。黏土建造材料包括黏土陶管、黏土瓷砖贴面及建筑黏土砖（图5-82）。

黏土陶管（clay tile pipe）和配件通常有两种类型，实体管和多孔管。多孔陶管用于疏导土壤水分；实体陶管通常用来将水从一个地点转移到另一地点。正如我们将看到的那样，黏土陶管正在被塑料材料迅速取代。

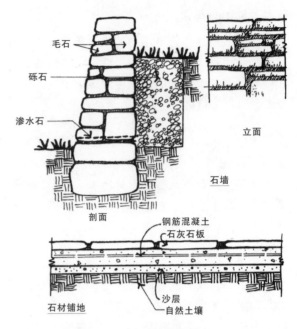

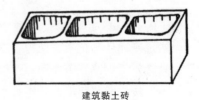

图5-81：石灰岩墙体和铺地

黏土瓷砖贴面（clay tile veneers）通常用作装饰面板，置放在结构或分隔墙上。这种饰面可以浇铸、加入纹理、上色或者在上面绘画。这种材料通常被称作"陶砖"（terra cotta），其材料属性与烧制砌块相似。

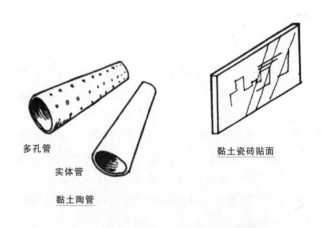

图5-82：黏土建造材料

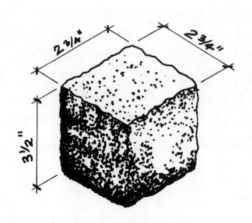

图5-80：花岗岩石块

黏土瓷砖铺地（clay tile paver），有时被称作"墨西哥瓦"（Mexican tile），通常用于场地铺地。

建筑黏土砖（structural clay tile）是模块化单元，通常具有光滑的釉面。它们既可以用作贴面材料，也可以用作承重墙材料。

砖 | Brick

砖是小型的、模块化建筑单元，经由加热或化学作用硬化的非有机材料构成。砖有三种基本类型：黏土砖（硬烧（hard-burned）或软烧（soft-burned）而成）、水泥砖（cement brick）及砂灰砖（sand-lime brick）。

起初，砖是在 8 英寸建筑模数基础上的一种模块化材料，如图 5-83 所示。从前视图来看，任何三块、两块或一块（包括灰浆接缝）都形成了一个 8 英寸的长度。今天，砖的尺寸已经出现了某些变化。砌筑时露出的表面和砖的方向决定了砌筑方式，包括顺砖（stretcher）、丁砖（header）、侧砌丁砖（rolok）、立砌砖（soldier）（图 5-84）。

砖的设计潜力和局限都出自砖的模数特性。任何不吻合模数的尺寸或形状都需要切削或者制造特殊的单元；但这两种方式的成本都较高。另一方面，砖本身为直线形式。它们可以构成辐射状或曲线形式——如果有足够大的半径曲率，使砖拼成这一形状而不需裁削，也不会造成接缝处视觉上的扭曲不适。

尽管存在一些局限，砖还是可以用来创造一些非常有趣的表面图案，如图 5-85 和图 5-86 所示。

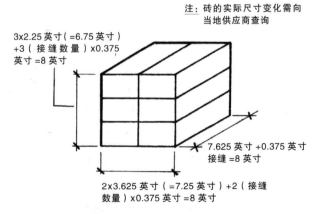

注：砖的实际尺寸变化需向当地供应商查询

3x2.25 英寸（=6.75 英寸）+3（接缝数量）x0.375 英寸 =8 英寸

7.625 英寸 +0.375 英寸接缝 =8 英寸

2x3.625 英寸（=7.25 英寸）+2（接缝数量）x0.375 英寸 =8 英寸

图 5-83：砖属于模块单元

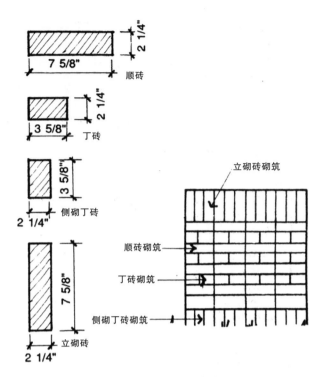

图 5-84：砖的砌筑方式

顺砖砌筑（running bond）是在铺地和墙体中最常见的砌筑图案，非常易于建造。在铺地中，这种砌筑方式强调了连续的灰浆接缝的方向，砖块铺地通常采用垂直于视线的拼接。在砌筑墙体时，顺砖砌筑通常是水平方向的，不连续的垂直接缝产生了具有很强结构强度的表面。

交错铺地（interlocking pavers）指黏土或混凝土砌石单元拼接在一起，从视觉上形成了交错排列的形式。这种铺地有多种模式可以应用（图 5-87）。

黏土砖（clay brick）和黏土铺地块都是用湿润的黏土填充模具成型，然后在砖窑中进行烧制的。它们的色彩和硬度取决于黏土材质本身和烧制条件。不完全燃烧将使黏土砖质软色淡；比较充分的烧制砖块颜色会较深且硬度较好。过高的烧制温度会使砖块烧毁、变形、碎裂，变成"炉渣"（clinker）。软质砖经受风化的能力不佳，在景观建造中并不常用。渣块的颜色深暗，砌筑难度较大，因此在景观设计中也很少应用。在景观建造中最常用的黏土砖就是硬砖。硬砖也会被敲碎成称为"渣块"（cinder）的碎块，用来铺砌小路和跑道。

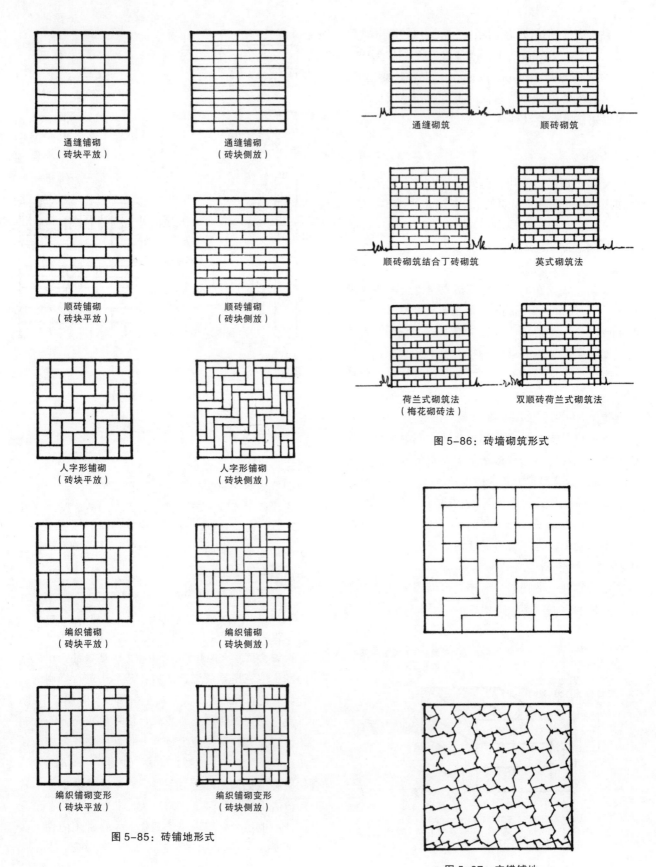

通缝铺砌
（砖块平放）

通缝铺砌
（砖块侧放）

顺砖铺砌
（砖块平放）

顺砖铺砌
（砖块侧放）

人字形铺砌
（砖块平放）

人字形铺砌
（砖块侧放）

编织铺砌
（砖块平放）

编织铺砌
（砖块侧放）

编织铺砌变形
（砖块平放）

编织铺砌变形
（砖块侧放）

图 5-85：砖铺地形式

通缝砌筑

顺砖砌筑

顺砖砌筑结合丁砖砌筑

英式砌筑法

荷兰式砌筑法
（梅花砌砖法）

双顺砖荷兰式砌筑法

图 5-86：砖墙砌筑形式

图 5-87：交错铺地

当强度要求很高，并且抗潮湿性能非常重要的时候，**水泥砖**（cement brick）常用作外墙的饰面。**砂灰砖**（sand-lime brick）是一种不含黏土的材料，其应用与硬砖非常相似。砂灰砖有很好的防火、防霜冻及防酸性能。在当地无法获取黏土材料的情况下可以应用水泥砖和砂灰砖。

砾石｜Gravel

砾石由岩石颗粒组成，既具有棱角和破碎的形状，也包括经河水冲刷后的光滑形状。当单独使用时，砾石有很高的强度和很好的排水性能。它通常被放在开挖处的底部，便于排水以减少其他易腐烂材料的受损，例如木材。砾石还经常与多孔管结合使用，从而排走下层土壤中的水分（**法式排水**（French drains））。

由于砾石的强度、尺寸稳定性和优良的排水性能，这种材料常用于铺地的底基层。将砾石和沙子压实，作为建筑的底板基础。它也常被用作混凝土中的一种骨料。

人行道和车行道通常用砾石铺成。在这种用途中，铺地材料颗粒的轻微颤动以及在表面运动发出的嘎吱声都能增加感官体验。

沙土｜Sand

沙土由岩石或矿物的微小颗粒构成。自然形成的沙土包括二氧化硅海滩沙，也可将较大的岩石人工粉碎。**岸沙**（bank-run sand）指的是构建前准备的沙土；**过筛沙**（screened sand）或**净沙**（washed sand）则是已经准备用在基地建设中的沙土。

沙土用作混凝土、灰浆以及灰泥的细骨料。它还用作找平层，在它上面铺设硬质铺面，化解基础构建材料的尺寸差异。沙土还用来作为灵活的模块铺地的基层，例如砖、沥青和混凝土。当铺地的下方基层不够坚实的时候，铺地表面很容易随着土壤膨胀而起伏，因而产生一种"坚硬材质变软"的感觉。粗糙的沙土也是一种优良的铺地材料。

5.4.3 在非自然状态下应用的无机材料｜Inorganic Materials Not Used In Their Natural State

在非自然状态下应用的无机材料包括很广泛的一系列材料：铝、青铜、红铜、铁、钢和不锈钢。

铝｜Aluminum

铝是一种轻质、柔软、无磁性的金属。它具有高度的反光性、抗氧化性，并非常容易导热和导电。在场地设计中，铝主要有四种用途：制作合金、作为覆板材料、制成丝网或制作导线。

铝通常与其他材料共同制成合金，并挤压成细条状，制成扶手、护墙板、装饰材料，等等。铝还被铸造成连接件和支撑部件。当把铝做成很薄、很轻的建筑覆板的时候，它或者被做成波纹板从而增加强度，或是制成装饰形状代替波纹。这些板片常用于屋顶或护墙板。

铝网是非常典型的遮蔽、防护及围栏部件，它有很多尺寸和图案可供选择。铝也在电气工程中广泛应用。

青铜｜Bronze

青铜是一种铜锡合金。在场地设计中，青铜可滚成板状，挤压成细条，或者锻压、铸造成更加不规则的形状。它的两种主要用途是制作雕塑和五金件。

在用于雕塑时，青铜可锻造成任意的形状，创造出具有精致静态细部的雕塑。青铜可以呈现多种色彩，这取决于合金中锡的含量。青铜的色彩经久不褪，表面产生的氧化膜使颜色更加丰富。由于持久耐用并具有抗氧化性，青铜还用于制造五金件及零配件，例如铰链、金属板、螺栓、螺母和金属件。

红铜｜Copper

红铜是一种有韧性的、可塑的微红色金属，具有优秀的导热和导电能力。它的外表面氧化为一种明显的铜锈，这种氧化膜具有抗腐蚀性（除了酸蚀）。轻度酸洗将改变红铜表面铜锈的视觉特征，但是长期暴露在酸性空气中将会引起迅速的腐蚀。

红铜在场地中的应用主要有三种形式：金属线、管材和薄板。铜质电线在电气工程中广泛应用。虽然价格较昂贵，但是铜质金属板耐用、美观并且维护成本低，常用作屋顶；被弯折成特定的形状制作防雨板、罩和装饰，等等。

铁 | Iron

铁具有高抗压性，但是韧性和强度较差，同时很容易被磁化。铁对大多数酸都不具有抗腐蚀性。在基地建造中，铁常通过铸造形式和锻造形式加工或者作为钢铁加工当中的合金。

铸铁（cast iron）是一种高炉制品，常用作装饰铁艺和铁管。熟铁（wrought iron）的密度较小，它是炼制的，经过锤制或碾压成铁棒，然后再制成铁片，熟铁常用来制作管道和栏杆。

钢 | Steel

钢是铁和碳制成的合金，可锤打或锻造、碾压、铸造或熔炼。它还可以焊接和铆接，但是不能挤压。如果没有镀锌保护层或底漆涂层，钢容易氧化。钢通常用作加固物、钢板、钢网、钢片或带钢、钢筋或管道以及结构钢材。钢通常以电镀钢板的形式出现，并有一层自我氧化的耐腐蚀面层。

钢筋（Steel Reinforcement）：钢筋，例如螺纹钢筋（deformed bars）或金属丝网（welded wire mesh），钢筋嵌入混凝土中以抵抗拉伸应力。螺纹钢筋的标号是根据 1/8 英寸的倍数来计算的（#3 表示的是直径 3/8 英寸的钢筋，#6 表示的是直径 6/8 英寸或 3/4 英寸的钢筋）。金属丝网的规格以具体的网眼尺寸和网眼规格来表示，例如 6×6×16（尺寸大小为 6 英寸 ×6 英寸，网眼规格为 16）。

镀锌钢（Galvanized Steel）：镀锌钢有钢丝、钢筋或钢板，外覆防止腐蚀的锌镀层。镀锌钢涵管是波纹形的镀锌钢板，以螺旋状绕成一种结构型材（图 5-88）。镀锌钢也常用作屋顶和护墙板。

图 5-88：波纹形钢制涵管

耐候钢（Cortan Steel）：耐候钢是一种经过加速氧化处理而产生深暗锈色的钢材。其表面丰富的氧化物是一种具有自我恢复能力的保护层；上面的划痕和破损都可以重新氧化。然而，水流会使锈色逐渐扩散到邻近的物体表面，很多设计效果将被临近材料上的斑斑锈色破坏。这种情况可以通过避免让水流过耐候钢后再流到临近材料上加以避免。

钢丝网（Steel Mesh）：场地设计中使用的钢丝网包括钢丝网围栏、公用设施和装饰性的屏障。

钢板和钢带（Steel Plates and Strips）：钢板和钢带可以弯制成一系列的建造材料，包括屋顶板和门窗框。

钢筋和钢管（Steel Bars and Tubes）：可用的钢筋和钢管包括正方形、矩形及圆形，尺寸和厚度多种多样。它们可用于柱、梁、柱桩、栏杆、管子等。

结构钢材（Structural Steel）：结构钢材包括"I"形梁、宽缘工字钢梁、"H"形柱、"Z"形钢、管道、板材等。这些标准形状和尺寸的结构钢材组成了结构构架、桁架、空间构架以及其他结构系统。复杂形状的结构钢材原件通常以断面类型和每英尺长度的重量进行区别；角钢和钢板以长度、宽度和厚度加以区分。

不锈钢 | Stainless Steel

不锈钢是铬和钢的合金。它可以拉伸、碾压、铸造、锤炼、弯折、焊接或铆接。不锈钢通常用在扶手、装饰、铁栅、屏障，偶尔用于防护覆盖。

5.4.4 复合材料 | Composite Materials

复合建筑材料指的是将两种或更多种材料混合到一起成为一种新材料，这种新材料的性能与原有材料截然不同。混凝土和胶合板就是两种复合材料。

混凝土 | Concrete

混凝土由水、硅酸盐水泥、精细骨料及粗糙骨料复合而成。水泥本身就是一种由二氧化硅、氧化铝、石灰和其他一些粗细骨料混合在一起的材料共同组成的。烧制硅酸盐水泥很大程度上导致了全球性二氧化碳问题的产生，如果将百分之一的水泥以粉煤灰（如果在当地可以获得）取代，那么将会减少（加工水泥过程中的）能量消耗并可以阻止粉煤灰中的碳（否则将会成为一种污染源）进入混凝土当中。混凝土是一种块体材料，抗压强度很高，但是抗拉能力很弱。钢筋通常被布置在未成形的混凝土中的特定位置，以抵抗内部的张拉应力。嵌入钢筋的混凝土是一种合成物，被称为"**钢筋混凝土**"（reinforced concrete）。

　　混凝土最初是流动的状态。在这种状态下，水泥将发生化学反应，把各种原料黏合在一起。在这个过程中，水泥必须浇注在模板中成型。同时，混凝土的各种组成材料也必须分布在合适的位置，从而产生理想的强度。钢筋混凝土构件可以在工厂**预制**（precast），然后在工地上进行组装；或者在工地**现场浇注**（cast-in-place，并当场嵌入钢筋）。为了增加强度，钢筋可以在混凝土固化过程中先**施加预应力**（prestressed），或在固化后再**后张预应力**（post-tensioned）。

　　预制混凝土（Precast Concrete）：预制混凝土构件通常在场地外的混凝土工厂中制作好了。这些构件，包括内嵌的钢筋，运送到场地内进行组装。预制方式避免了大量的现场模板工作。这种技术还广泛应用于桥梁以及一些类似的情况——结构部件具有高度的重复性，同时现场筑模工作又较为困难。

　　现浇混凝土（Site-Cast（In Situ）Concrete）：大多数混凝土都是现场浇注的。在很多情况下，例如路面铺筑，下方的土壤对混凝土起支撑作用，模板限定了混凝土的边界。在这种情况下，现场浇注通常是唯一经济合理的选择。即使混凝土造价有所提升，但从经济学角度上依然首选现场浇注，因为模板工作的成本通常比运输预制构件的成本要低很多。

　　现浇混凝土墙体和梁是非常复杂的。混凝土通常以直线断面进行浇注，使混凝土表面成型并保持稳定通常采用胶合板，除非这些混凝土需要暴露在外。将永久暴露在外的混凝土称为"**装饰清水混凝**

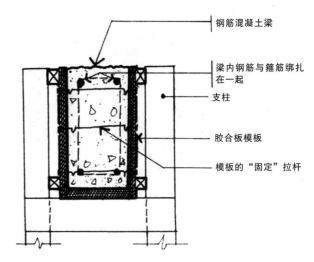

图 5-89：钢筋混凝土梁的模板

钢筋混凝土梁
梁内钢筋与箍筋绑扎在一起
支柱
胶合板模板
模板的"固定"拉杆

土"（architectural concrete）。这种混凝土的浇筑模具通常具有特别细密的纹理和高密度的表面，例如钢模具。

　　在进行墙体和梁的模板浇注时，用有固定间隔的钢制拉杆网来固定侧面（图 5-89）。这些固定拉杆的断面较为脆弱，大概距离模板面 1 英寸左右。在混凝土凝固以后将模板拆卸下来，从而塑造出构件外形，由绑扎好的钢筋来支撑外形。混凝土在灌注过程中不停均匀地搅动骨料使其凝固。在凝固之后，拆解并移除固定的模板。

　　如果采用装饰清水混凝土（永久暴露在外）的形式，必须非常小心处理模板的节点——例如加上衬垫或者塞子以免渗水，因为渗水将影响混凝土的颜色和硬度。混凝土必须以大型振捣器进行充分搅拌，保证视觉上看起来骨料分布非常均匀。最后，拆掉模板连杆并应该将脱模留下的小洞用混凝土进行修补，与周边区域保持一致，但是这项工作的难度相当大，通常不采取这种修补方法。而是将连接杆的孔洞扩大，产生较好的视觉排列效果，并塞上铅帽添堵。这些塞堵的网格状排列非常明显，通常出现在装饰清水混凝土中。

　　混凝土饰面（Concrete Finishes）：装饰清水混凝土可以产生丰富的表面和纹理变化。如果需要光滑的表面，可以将半凝固的混凝土按要求铺在表面，然后使用金刚砂磨石进行磨光，除去不规则的表面

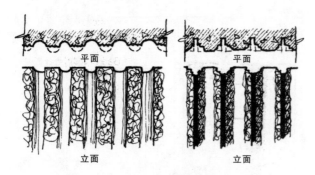

图5-90：肋型浇筑并凿毛的混凝土表面

起伏和坑洼。如果需要暴露骨料，那么通常采用喷砂工艺。在混凝土潮湿时，用粗砂进行喷砂处理，这样使骨料充分暴露；如果在混凝土上干时使用细沙进行喷砂，则骨料暴露程度较低。偶尔也会在浇筑前或拆模后混凝土半干时将非常粗糙的骨料手工铺在模板上。

一种最具有鲜明纹理的混凝土饰面是通过将混凝土浇筑在波纹状或肋状钢制模板中，然后使用凿毛机（凿、削）处理混凝土表面而产生的效果（图5-90）。虽然很有美感而且轮廓清晰，但这种表面造价非常昂贵，因为凿制表面的人力和工时消耗很高。

胶合板｜Plywood

胶合板由多层木板黏合在一起而成。相邻的木板互相呈一定角度叠合在一起，可以极大地提高成品强度。胶合板根据其黏合剂，分为室内、室外和船用胶合板。暴露在外的饰面需要平整处理。用作饰面的胶合板有多种等级和木质品种。

沥青混凝土｜Asphaltic Concrete

沥青混凝土是一种由沥青膏和石骨料构成的复合材料。它可以在高温、流动的条件下进行搅动，并碾压成一片巨大的铺地材料，进而在一种半流动的状态下进行冷却。它也可以在场地温度下以单元或模块化铺地进行施工。

沥青混凝土铺地在美国各地的机动车道表面得到了广泛应用。它在高温的气候下会变得很黏，因此，通常只在气候凉爽的地区作为人行道表面，在气候炎热的地区较少作为人行道表面。

5.4.5　合成材料｜Synthetic Materials

合成材料是由人工制造出的材料。在场地设计应用中最常见的两种合成材料就是玻璃和塑料。

玻璃｜Glass

玻璃是由二氧化硅、碱性溶剂及稳定剂熔化成坚硬的、非结晶性的透明合成物。玻璃是一种有极多用处的材料，熔融态玻璃可以多种方式塑形。它可以吹制成球形，流动形成感性的形式，或者被切割、平整并缓慢冷却以降低脆性。熔融态玻璃可以由一根棒从熔料桶中拉出，用滚轴整平成连续的一片，或者用浮法制成非常平滑的一片。在塑形后，玻璃可以进行加热以获得更高的强度并提高安全性能。在户外条件下容易被人接触到的玻璃应该进行这种回火处理。

在场地上对玻璃的应用包括：玻璃雕塑和雕像；玻璃棒、玻璃条和玻璃管；波纹玻璃；彩色和彩块玻璃；浮法玻璃；回火玻璃；玻璃砖。玻璃可以制成透明的，也可以有其他多种色彩。

玻璃雕塑和雕像（Sculptured and Statuary Glass）：雕塑和雕像玻璃可以在高温下铸模形成具有美感的形态，或通过冷却使玻璃碎裂成有棱角的块状从而产生块状纹理。因为这种玻璃很容易遭破坏，它的应用应该仅限于可以进行高度控制的区域。

玻璃棒、玻璃条和玻璃管（Glass Rods, Bars, and Tubes）：玻璃棒、玻璃条和玻璃管可以被作为雕塑应用，或者和其他材料进行共同使用，例如和木材、金属一起作为扶手栏杆系统。它们也可以制成用于户外照明的灯具，也可以充入氖气和其他受热气体以产生多种颜色的光线。波纹玻璃可以用于装饰用途。

彩色和彩块玻璃（Stained and Faceted Glass）：彩色和彩块玻璃是装饰性的。彩色玻璃是玻璃中添加了色素，透明玻璃可以染色然后经高温烧制。彩色玻璃可将表面暴露在外，可以通过把多片彩色玻璃放在恰当的位置组合在一起。彩块玻璃是烧制后的彩色玻璃碎片，经过排列由环氧化物或胶结材料

图 5-91：玻璃砖墙体

连接起来。彩色和彩块玻璃板可用来装饰天花板，也可以装饰墙壁或用作窗玻璃。彩色玻璃有时也作为地板，但是当潮湿的时候会因湿滑出现危险。

玻璃砖（Glass Blocks）：玻璃砖是空心的建筑玻璃单元，具有多种模块化尺寸。这些玻璃砖的表面光滑，也可以有不同的表面肌理。玻璃砖通常由灰浆黏合进行砌筑（图 5-91）。

塑料 │ Plastics

塑料在复合材料中是一个丰富多彩的群组，它可被塑形、铸造、扭曲、切片形成雕塑化的形式、塑料片、塑料管、塑料条、塑料棒或塑料薄膜。它们也展现出广泛的结构性能、视觉表现力以及基于其自身化学成分的耐久性。塑料可以制造成一系列不同的颜色和肌理。

塑料在建造基地中有很多种用途。它们广泛用作预制的公共家具、长椅、垃圾桶，等等。它们可以塑形成为屋顶和墙面板，通常是波纹状的彩色板。特定的高强度和耐冲击塑料常用于保护户外光源。特殊的光纤塑料棒可以从隐藏光源中将光线传导到工程基地中，并产生另外独特的照明效果。最后，多孔或实体形式的耐腐蚀塑料管，正在迅速取代陶管在地下排水系统、灌溉及污水管道中应用。

5.4.6 结构概念 │ Structural Concepts

建筑形式是前一阶段（及其他阶段）材料和建造系统的表达。在这些系统背后的是一些基本问题，包括外力、力学和静力学、内应力、弹性和具体形态的性能特性。

外力 │ External Forces

外力通过建筑材料发挥作用。这些外力包括由建筑自身施加的、始终一致的**恒载**（dead load）以及由风、水、家具、人、车等产生的可变**活载**（live load）。

力学和静力学 │ Mechanics and Statics

力学研究的是力对于实体的作用。静力学研究的是力学中使实体保持静态的原理。简而言之，**静力学**涉及的是外力的组合作用以及材料通过阻止运动的方式达到从内部抵抗这些外力的能力。

内应力 │ Internal Stresses

大量的外部影响对于建筑材料产生了三种类型的外力：压缩力、张力及扭转力（图 5-92）。压力使构件压短；张力使构件伸长；扭转力使构件扭动。

当外力作用在一个构件上时，三种类型的内应力在材料内部产生：抗压应力、抗拉应力及剪应力。抗压应力是对压缩力的反作用，抗拉应力抵抗张力，

压缩力

张力

扭转力

图 5-92：作用于建筑材料上的外部作用力

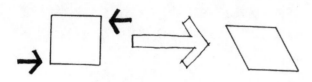

图 5-93：剪应力

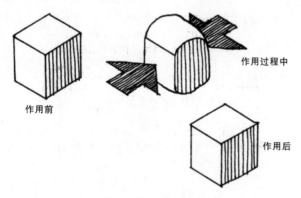

作用前

作用过程中

作用后

图 5-94：弹性力学

剪应力是不在同一直线上作用于相反方向的一对作用力（图 5-93）。

弹性 | Elasticity

弹性指的是某种材料需要连续的外部作用力来改变形状的特性。相反地，它也是一种材料在外部作用力移去之后恢复自身原有形状的特性（图5-94）。

具体形态的性能特征 | Behavior of Specific Shapes

三角形是非常特别并具有结构优势的形状。即便当它的角部（节点）并不牢固时，它也是最坚固、最稳定的形状。其他多边形的稳定性则取决于它们角部的结构稳定性（图 5-95）。

球体也是非常特别且具有结构优势的形状。它的单位表面积可以包围最大的空间或体量。

5.4.7 结构系统 | Structural Systems

如果结构要保持稳定，材料的组织和装配必

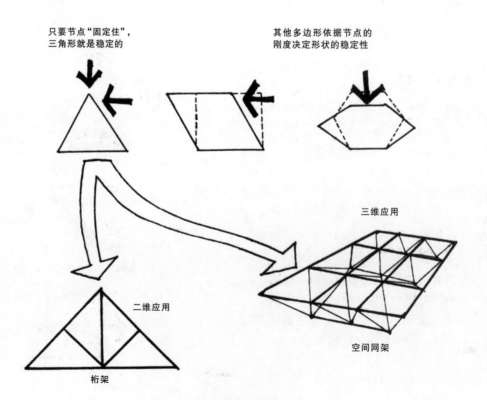

只要节点"固定住"，三角形就是稳定的

其他多边形依据节点的刚度决定形状的稳定性

三维应用

二维应用

桁架

空间网架

图 5-95：三角形的结构稳定性

须在创造特定形状的同时保持稳定性，并避免材料破坏。这些材料建造的方式——也就是说，结构系统——将外部作用力，例如风、重力等，转化成为材料中的压缩力、张力及剪应力。材料的特定性能和结构系统的特性共同作用，以决定是否可以达到稳定或者是否会发生材料破坏。

构件材料系统包括体量、支柱和门楣、门窗框、结构网架、结构板、折板、拱券、穹隆、十字拱、圆顶、薄壳、桁架、空间构架、网格球顶、张拉膜结构、悬索结构、张拉整体以及气压系统。

体量结构 | Mass Structures

体量结构依赖于体量内的压缩力对外部作用力的抵抗。最具有表现力的体量结构就是锥形体量，它完全回应了材料自重的形状。体量结构承载自身重量的一个例子就是一堆沙子。其建筑化的推论形式就是金字塔（图 5-96）。体量在承载自身重量的同时，也需承载外部重量的时候，最具有表现力的形式是圆台体量（图 5-97）。体量结构的洞口处由叠涩、支柱和门楣或者拱券支撑。

叠涩（**Corbeling**）：在**叠涩**中，上层的叠放材料比其下层材料探出一定长度，最后逐渐形成洞口（图 5-98）。叠涩使外力转化成抗压应力并作用在

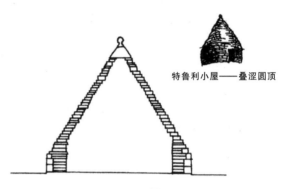

图 5-98：叠涩

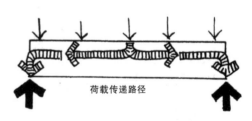

荷载传递路径

石墙上的立柱和门楣洞口

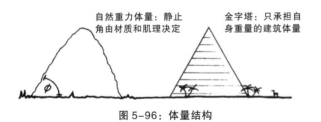

图 5-96：体量结构

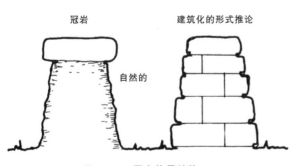

图 5-97：圆台体量结构

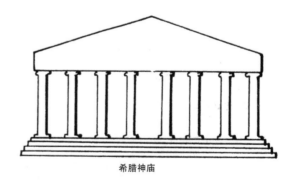

希腊神庙

图 5-99：立柱和门楣建造物

洞口的两侧。二维洞口表面可以进行叠涩；穹隆和圆顶也可以进行叠涩。

支柱和门楣（Post and Lintel）：在**支柱和门楣**结构体系中，立柱支撑着水平方向的门楣（图5-99）。门楣起到梁的作用，通过综合抗压应力、抗拉应力及剪应力承担垂直方向的荷载。

框架结构 | Frame Construction

立柱和门楣建造体系发展到三维形式，就产生了框架结构。框架结构有两种基本类型：轻质框架结构和厚木板梁框架。

轻质框架结构（Light Frame Construction）：当今的大多数住宅结构都是由混凝土板建造的，通常围护表面是在砖、石材或轻质木框架结构上覆盖木板。几种**轻质框架结构**具有一些共同的特征。地面、天花板和屋顶都由墙体支撑（图5-100）。墙上的洞口通过支柱和门楣形成框架。当墙体的间距超过了地板或屋顶龙骨的距离时，这些龙骨将由柱子支撑的横梁进行承载。

大多数景观结构的建造都使用一种轻质框架建造技术，这种技术被称为"**平台框架**"（platform framing）（图5-101）。因为大多数木质景观结构并没有结构墙体，场地中建造的平台框架系统通常

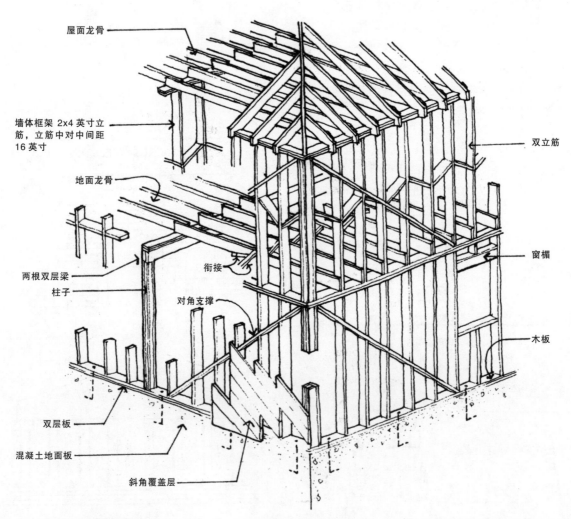

屋面龙骨

墙体框架 2x4 英寸立筋，立筋中对中间距16 英寸

地面龙骨

两根双层梁

柱子

衔接

对角支撑

双层板

混凝土地面板

斜角覆盖层

双立筋

窗楣

木板

图 5-100：轻质框架或轻捷型构架（Ramsey, C. and Sleeper, H. *Architectural Graphic Standards, Eighth Edition*. John Ray Hoke, Jr., editor in chief. New York: John Wiley & Sons, Inc. 1998.）

图 5-101：平台框架（经授权允许根据 Landphair, H. C., and Klatt, F., *Landscape Architecture Construction*, Figure 5-6. Copyright ©1979 by Elsevier Science Publishing Co., Inc. 重新绘制）

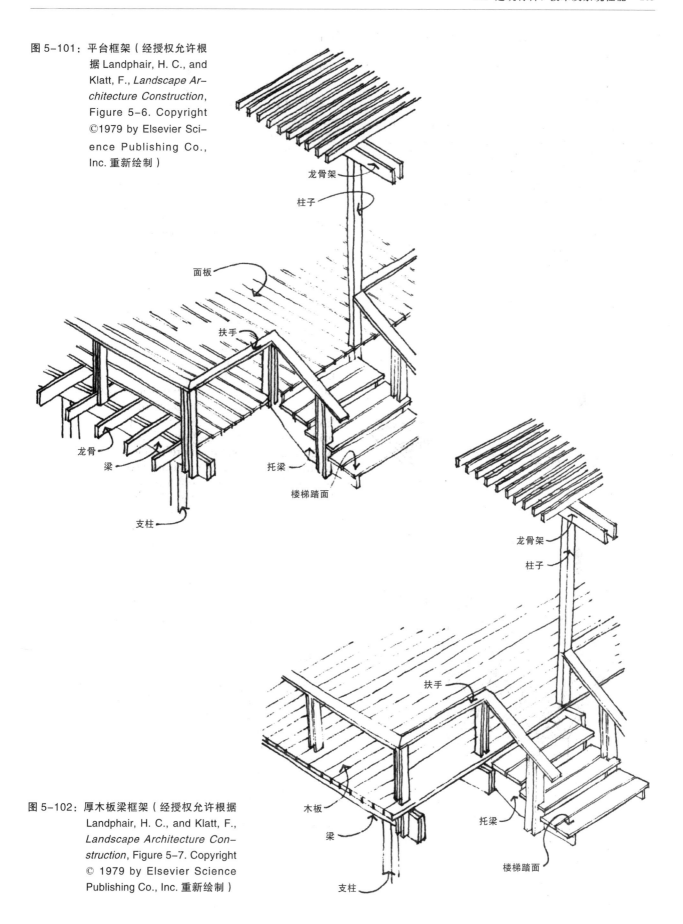

龙骨架

柱子

面板

扶手

龙骨

梁

托梁

楼梯踏面

支柱

龙骨架

柱子

扶手

木板

梁

托梁

支柱

楼梯踏面

图 5-102：厚木板梁框架（经授权允许根据 Landphair, H. C., and Klatt, F., *Landscape Architecture Construction*, Figure 5-7. Copyright © 1979 by Elsevier Science Publishing Co., Inc. 重新绘制）

包括四种基本元素：地板铺装、龙骨、梁和柱子。地面板由龙骨支撑，龙骨将这些荷载传递到梁上，梁通常由柱子或立柱进行支撑。在某些情况下，梁被称为"主梁"的更大型的水平构件支撑。在这种情况下，柱子或立柱支撑着主梁。

厚木板梁框架（Plank and Beam Framing）：厚木板梁框架比起平台框架要更加简单，因为它没有龙骨（图 5-102）。地板层面更厚（如果跨度超过 4 英尺，则厚度至少为 3 英寸），从物理角度是从梁到梁铺装，并且直接将荷载传递到这些梁上。这种系统通常更耗费材料，并且比平台框架更加昂贵，因为它需要更厚实的地板材料。它呈现出一种更加轻盈的外观，比起较为结实厚重的平台框架具有"更简洁"的线条。

结构网架 ｜ Structural Grids

上面论述的厚木板梁系统是创造出平坦水平表面的最简单系统。然而，将地面设计成一个整体的厚板，并将地板从两个方向用直线网格形状的梁进行支撑将更加有效，这种网格形状的梁被称作"**结构网架**"（structural grid）。这种结构网架，必须有坚固的接合点表现出整体承载作用。如果一种荷载作用在一根梁上，这根梁会产生形变，导致周围的梁也会变形（图 5-103）。在力作用平面上的梁通过弯曲来抵抗力的作用；而不在力作用平面上的梁将同时通过弯曲和扭转来抵抗力的作用。因此，在一个结构网架中，接合点的稳定性是决定性的。这种稳定性通过钢筋混凝土或者焊接钢、螺栓连接钢是很容易达到的。但是木质构造的结构网架的接合点很难达到理想的稳定性。结构网架以接近正方形的网格单元实现了最大的效能。

斜向网格（Skewed Grids）：当一个结构网架的整体形状并不接近于一个正方形的时候，有时可以通过使用**斜向网格**（图 5-104）来实现结构上与经济上的效能。

曲面网格（Curved Surface Grids）：斜向网格可以通过弯曲形成一个**曲面网格**（curved surface grid），由此以一种有效的方式跨越较大的距离（图

5-105）。如图中所示，拱的结构概念与斜向网格的特性结合在一起从而提高了效率。

结构板 ｜ Structural Slabs

当一块板承受荷载时，它具有变形或凹向中心（dish）的倾向。在产生变形的过程中，它通过弯曲、扭转及拉伸来承受荷载。它用厚度支撑一个合理的重量：1 英尺厚的板材可以和 1.5 英尺厚的结构网格的跨度相当。

然而，结构板的强度重量比（strength-to-weight ratio）远低于梁或网格结构的强度重量比。因此，当跨度超过 15 或 20 英尺的时候，结合使用整体梁可提高板材的强度并且减少板厚的做法更加经济且有效。槽状混凝土板（concrete channels）和"双 T 形"板（double Ts）是与整体梁相结合的浇筑而成的单向板。它们二者的混凝土薄壳跨越整体梁构成

图 5-103：矩形结构网格

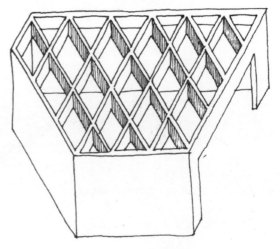

图 5-104：斜向网格

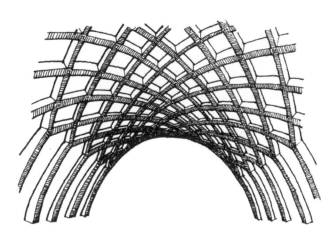

图5-105：曲面网格

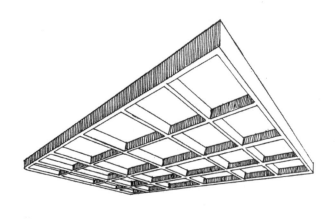

图5-107：井式楼板

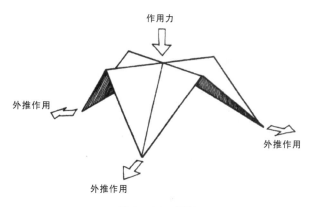

图5-108：折板

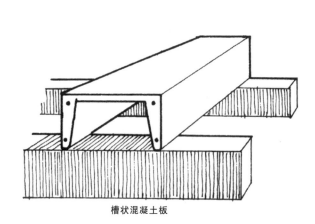

槽状混凝土板

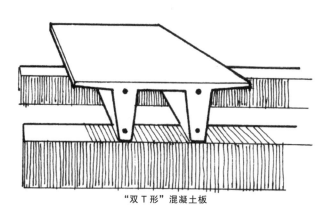

"双T形"混凝土板

图5-106：结合整体梁的预制单向板

了一种水平面（图5-106）。

　　槽状混凝土板和"双T形"板都是单向板。它们只在一个方向受力。结合整体梁的双向板通常称为**"井式楼板"**（waffle slab）（图5-107）。井式楼板是一种性能优良的结构形式，将板材和网格结构的优势结合在一起。

折板 | Folded Plates

　　折板通常是钢筋混凝土薄板（图5-108），在浇筑时使用折板形状的模板。它们的强度随着这种形式的有效深度而增加。因此，可以用较少的材料达到更大的跨度。

　　当用折板结构承重的时候，多种作用力的组合使折板两侧向外推，这产生了将折板压平的倾向。

这种形式的强度取决于抵抗这些将折板"压平"的作用力的程度。

拱券 | Arches

拱券是二维紧凑结构，由造型精确的单个紧凑构件建造，例如将石头截成楔形，将这些楔形单元组合在一起形成弧形（图5-109）。最上面的石块——**拱心石**（keystone），承受了上方墙体的重量，其作用是压紧拱券的楔形石，由此提供将各个石块固定的摩擦力。

拱券由早期罗马人发明，用来作为厚重石墙上的洞口，依靠沉重的墙体获得稳定性。它们从一个垂直支撑升起弧线；然后优美地将拱券落在另一个

支撑之上。一组这种拱券将本来厚重的墙体转化为轻盈、通透的拱廊。

筒形拱 | Vaults

筒形拱是具有拱券形式横剖面的三维挤压式结构。就像拱券，它们也是由精心塑型的单体构件互相挤压构成的，通常是将石材截成楔形，并组合到一起。位于最上方排成一线的拱心石将筒形拱压住，并提供把各个石块挤压在正确位置的摩擦力。

筒形拱将荷载转化为压力，但是在这一过程中产生了更大的侧推力。为了抵抗这种作用力，墙体通常需要（加厚的）**扶壁**（buttressed）或在侧方通过**飞扶壁**（flying buttresses）（图5-110）或其他方法进行支撑。

筒形拱具有很高的重量跨度比，并需要厚重的砖石构造。正因如此，当今已经很少建造筒形拱了。

十字拱（Groined Vaults）：两个筒形拱的交线是十字交叉形的，十字拱就是两个筒形拱呈直角相交的形式（图5-111）。当交线由两条交叉的对角结构拱券支撑并表现，这种形式被称为"**加肋十字拱**"（ribbed groin vault）。

穹隆 | Domes

穹隆是一种半球形的屋顶形式，通过将拱券的最高点以一条垂直线为轴进行旋转而成（图5-112）。与拱券和筒形拱相似，穹隆也是一种挤压形式的结构。就如拱券或筒形拱的拱心石，穹隆顶部的压顶环起到压紧并产生摩擦力的作用。然而，压顶环也

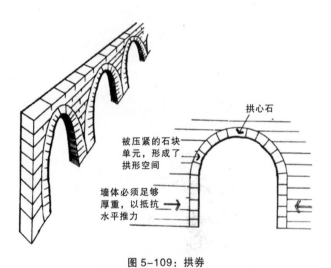

图 5-109：拱券

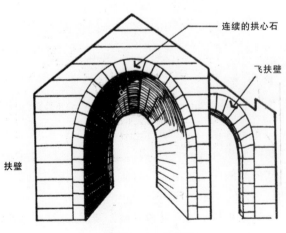

图 5-110：筒形拱

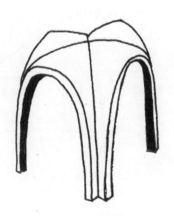

图 5-111：十字拱

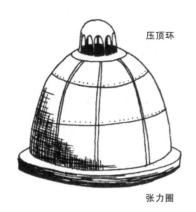

图 5-112：穹隆

压顶环

张力圈

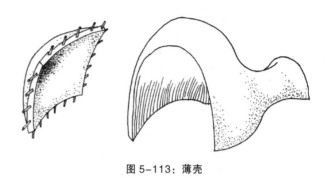

图 5-113：薄壳

可以使穹隆顶部打开，阳光可以照射进来，热量可以散发出去。穹隆底部通常需要一个张力圈或较大的支撑体量以承受外推力。

薄壳 | Thin Shells

薄壳通常是大跨度、三维的结构，通过两个方向同时进行弯曲（类似于鸡蛋壳）（图 5-113）实现强度。弧面的弧度越明显，越接近于一个球面，形式的强度和稳定性越高。

使用直线构成曲面形式可以采用常规的木材。这种形式，包括双曲抛物面（hyperbolic paraboloids）（马鞍形）和双曲线体（hyperboloids）（图 5-114），这些都是薄壳构造中非常经济实用的形式。

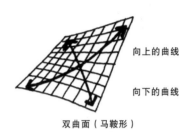

向上的曲线

向下的曲线

双曲面（马鞍形）

旋转双曲面

图 5-114：由直线构成的薄壳

桁架 | Trusses

桁架是由三角形构成的二维结构（图 5-115）。它们是仅用少量材料支撑重荷载并达到大跨度的有效结构形式。桁架通常被用于大面积空间无中间柱情况下的屋顶支撑。

桁架有很多种不同的形状，包括豪威式桁架（Howe）、水平豪威桁架（Flat Howe）、华伦式桁架（Warren）、巴尔的摩桁架（Baltimore，平弦再分桁架）、弓弦式桁架（Bowstring）。每种形状的桁架都包括上弦（top chord）、下弦（bottom chord）以及形成两弦之间三角形区域的中间构件。受压或受拉的弦和中间构件通常由木材或钢材制成。桁架也可以由钢筋混凝土制成。

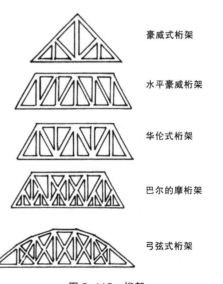

豪威式桁架

水平豪威桁架

华伦式桁架

巴尔的摩桁架

弓弦式桁架

图 5-115：桁架

空间网架 | Space Frames

空间网架，或称"双层网架"，是将上层和下层网格以及中间的支撑在三维上组合到一起形成的结构（图 5-116）。中间的支撑将两层网格之间的体量再细分成四面体、八面体、六面体或其他三角几何体。

空间网架通过压缩或拉伸应力将作用力减小。它们通常由预制支柱和节点组成。它们在材料的应用以及实现大距离的跨度上非常有效。

网格球顶 | Geodesic Domes

网格球顶是一种由三角形网格组成的曲面空间网格（图 5-117）。理查德·布克敏斯特·福勒基于高效率、自然分子结构发明了网格球顶。网格球顶结合了球顶与空间网架的结构潜能，可以包围极大的空间而不需要中间支撑。网格球顶实际上会随着规模增大而变得更加牢固。福勒甚至提议将曼哈

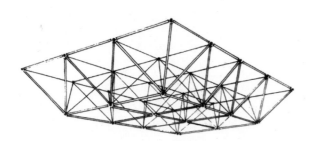

图 5-116：空间网架（摘自 *Why Buildings Stand Up: The Strength of Architecture*, by Mario Salvadori. © 1980 by Mario Salvadori. Used by permission of W.W. Norton & Company, Inc.）

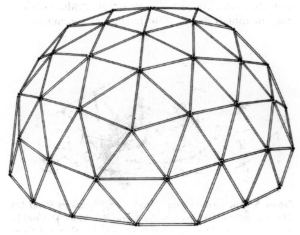

图 5-117：网格球顶

图 5-118：张拉膜结构

顿包裹在一个网格球顶之下。蒙特利尔世界博览会的美国馆在被火灾烧毁之前是最为著名的网格球顶。

张拉膜结构 | Tensile Structures

张拉膜结构是由支柱支撑、通过绳索拉伸的像帐篷一样的织物薄膜（图 5-118）。支柱作为一个抗压构件，将织物薄膜和绳索绷紧。这种张力必须非常大，以阻止织物薄膜的飘动，尤其在边缘位置；而锚定点必须可以抵抗极大的张拉应力。

张拉膜结构质地较轻并可拆卸。它们通常是开

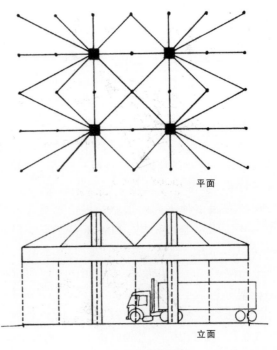

平面

立面

图 5-119：悬索结构

敞的户外结构，除非有一些次级结构用来封闭结构
面料与地面之间的空间。

悬索结构 | Cable Structures

悬索结构由三个主要部分组成：中央支承塔架、平板以及柔性受拉索（图5-119）。中央支承塔将应力传向地面，并抵抗压缩、弯曲和扭转作用力。平板在悬挂点之间以两个方向展开。柔性受拉索将板面悬挂于许多悬挂点之上，并将荷载传递给支承塔架。

悬索结构的重量—跨度比较低，因此当风要将板面吹起时将会成为问题，有可能引起飘动。可以通过增强板的重量或将板面用拉锁锚定在地面上将这种影响最小化。两种补救方式都增加了拉锁承受的张拉应力、支承塔架上的压缩、弯曲以及扭转应力。

张拉整体结构 | Tensegrity Structures

张拉整体结构由肯尼思·斯内尔森（Kenneth Snelson）发明（图5-120），是由钢制或铝制管状抗压构件和钢制拉索受拉构件形成的空间构架。在这种结构的设计中，通常在抗压构件之间不会有接触。这导致了没有连续的压力作用线；抗压构件似乎使重力失去效果而飘浮在空气中。张拉整体结构将实用性的桁架再次发展为一种富有表现力的三维艺术形式。

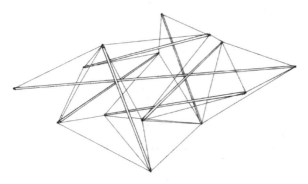

图5-120：张拉整体结构（摘自 *Why Buildings Stand Up: The Strength of Architecture*, by Mario Salva-dori. © 1980 by Mario Salvadori. Used by per-mission of W.W. Norton & Company, Inc. ）

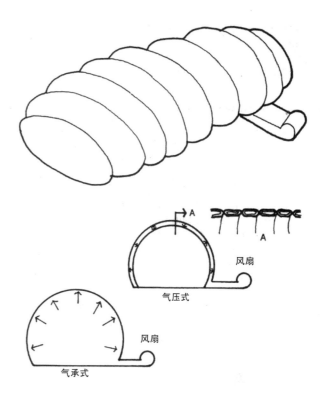

图5-121：充气结构（摘自《建筑笔记》，汉宝德著，p17，Crisp Publications, Inc., Los Altos, CA ）

充气结构 | Pneumatic Structures

充气结构是轻质、柔性、气密性薄膜材料，例如塑料或聚四氟乙烯（teflon），结构由空气压差来支撑。充气结构有两种类型：气压式和气承式。气压式结构是双层壁薄膜：一组充气软管组合起来就像一个巨大的低压空气床垫。气承式结构是单层壁薄膜，由作用在内壁上不断增大的空气压力来支撑（图5-121）。

每种类型需要的空气压差非常小。如果应用气锁阀入口，那么一个风扇可以提供这种压差。产生的结构是轻质的、易于运输，并且可以快速装配和拆解。这种结构最主要的缺点是，由于低压差的存在，在有风的情况下会失稳。

5.4.8 系统性能 | System Performance

以上所述的材料和技术都有各自的优势和局限性以及不同的系统影响。有丰富学识和责任感的设计师理解这些差异并做出对环境来说最恰当的决策。

负责任的设计和适当的材料

Responsible Design and Appropriate Materials

　　有责任感的设计师并不要求砖的表现像钢一样，而是可以充分利用砖的性质与性能。设计师利用当地可得的材料和技术，有效且富有表现力地处理基地条件、维持稳定，创造具有意义的形式。他们不只在材料用量上非常有效率，同时也使材料和技术的全生命周期非常有效率；他们毕生都在思考区域性影响和远期影响、上游和下游成本（通过废物回收和环境资源化进行矿物提炼）。

环境责任｜**Environmental Responsibility**

　　具有重大意义的环境成本与生产率及建筑材料的利用有关。景观的衰退源于开采不可再生资源、开采可再生资源的速率超过了资源本身的再生速率、由资源提取导致的污染、原材料运输、原材料加工、原材料分配、基地建设以及材料整个生命周期产生的废物。具有责任感的设计师通过理解这些成本（通过**生命周期评估**（life cycle assessment））做出有关材料和技术的决策，并努力降低（所选用材料和技术的）**生命周期影响**（life cycle impacts）。

　　行业标准（Industry Standards）：行业标准将环境责任提高到更高的标准。**国际标准**（international standards）由基于能量消耗的基准（ISO9000）转变为基于上游和下游环境影响的标准（ISO14000）。多个国家还采用产品标签系统（product labeling systems）以避免材料全生命周期产生的环境影响。

　　循环内容（Recycled Content）：可循环利用材料（钢、铝、塑料、石膏板、混凝土）的环境成本比首次使用的材料要低很多，很多行业都有涵盖理想再循环内容的标准。有责任感的设计师使用原材料满足，甚至超过这些标准。

　　绿色材料（Green Materials）：绿色建筑材料是有利于环境保护的材料。有一些是可持续获取的，另一些是通过产生很少污染的加工过程生产出来的，还有一些具有很高的可循环成分含量。在自然状态下应用的自然材料有利于环境保护，人工合成比例低或石油基材料含量少的天然材料也有利于环境保护。

　　环保信息和物料名录内容丰富，绿色材料也逐渐变得更为可行并且具有更高的成本效益。**绿色规范**（green specifications，通用型）正在帮助更多的设计师通过材料的生命周期来明确有利于环保的材料。当前，美国环保局（Environment Protection Agency，简称"EPA"）正在拨款筹建最大潜能建筑系统研究中心（Center for Maximum Potential Building Systems，简称"CMPBS"）和大学联盟，开发一个环境保护企业及其产品材料的数据库。这个项目将提高景观设计师确认和指定随时可得绿色材料的能力。

　　地方性材料（Local Materials）：使用地方性材料可以减少原材料的运输和由此产生的环境成本，这种做法被托夫勒做出最佳诠释："我们跨越这颗星球运输大量材料——例如铝土岩、镍或铜的唯一理由就是我们缺少将地方材料转化为便于使用的替代品的相关知识。一旦我们掌握了秘诀，在运输环节中产生的开支将得到更大程度的节省。"（1990）静观二十年以来，最大潜能建筑系统研究中心已绘制出地方性材料和区域性资源的分布图，而最近还绘制完成了建筑材料在其全生命周期内（提取、运输、加工、分配、使用及回收）的环境影响图。

材料和技术的环境性能｜**Environmental Performance of Materials and Technologies**

　　有责任感的设计师选择对环境无害的材料和技术，这种做法将上游和下游资源的流动加以平衡（见16.7），并促进了长期的景观健康与景观生产力。可能的条件下，他们使用通过可持续方式设计的可再生原料，而非不可再生材料或不能持续获取的材料。

参考文献

Booth, N. Basic Elements of Landscape Architectural Design. New York: Elsevier Science Publishing Co., Inc., 1983.

Hanks, K. Notes on Architecture: Information Design Series. Los Altos, CA: William Kaufman, 1982.

Landphair, H., and Klatt, F. Landscape Architecture Construction. New York: Elsevier Science Publishing Co., Inc., 1979.

Landphair, H., and Motloch, J. Site Reconnaissance and Engineering: An Introduction For Architects, Landscape Architects and Planners. New York: Elsevier Science Publishing Co., Inc., 1983.

Ramsey, C., and Sleeper, H. Architectural Graphic Standards (Eighth edition). John Ray Hoke, Jr., editor in chief. New York: John Wiley & Sons, 1988.

Salvadori, M. G. Why Buildings Stand Up: The Strength of Architecture. New York: Norton, 1980.

Schimper, A. F. W. Plant Geography on a Physiological Basis. Translated by W. R. Fisher, et. al. Oxford, Poland: Clarendon Press, 1903.

Toffler, A. Power Shift. Bantam Books, 1990.

推荐读物

Fisk, P. and McMath. "Is Anyone Listening?" Texas Architect, 1998,

Motloch, J. Site Design for Energy Consciousness in Southern Homes. Yearbook of Landscape Architecture. New York: Van Nostrand Reinhold, 1985.

Untermann, R. Principles and Practices of Grading, Drainage, and Road Alignment: An Ecologic Approach. Reston, VA: Reston Pub. Co., 1978.

Watson, D., and Labs, K. Climatic Design: Energy-Efficient Building Principles and Practices. New York: McGraw-Hill, 1983.

第六章

认知的感官特征
Sensual Aspects of Perception

认知是通过感知器官产生的体验。认知由外部物理条件或**刺激物**（stimuli）触发，这些外部条件或刺激物激发我们的感觉，唤醒思维中的潜在图像。刺激物可以是空间、体块、时间等物理实体，认知则是心理建构。认知包括确认和判断，并被刺激物之间的关系、观察者的生理和心理需求影响。认知包括环境的实体体验以及我们赋予这些环境的意义。它涵盖了对于舒适、安全与象征的判断以及所预期和经历的与他人之间的互动。因此，场所认知是物理条件和心智体验的共同作用。

6.1 感性—认知过程
PERCEPTUAL–COGNITIVE PROCESS

感性—认知可以理解为一种过程，通过这种过程，感官刺激转化为心理建构。这一过程中可确认的步骤阶段包括模式观察、形式辨识、对形式赋予意义、将感情灌输在这些意义中以及观察者对以上四步的反应。例如，在图6-1中，我们首先观察到图片上的图案，然后识别并对女巫的面貌赋予含义。我们将情绪和这些意义联系起来，并结合前面章节中的技术形象，对图像做出一些情感判断。

6.2 简单和复杂（相互作用的）认知
SIMPLE AND COMPLEX （INTERACTIVE） PERCEPTION

刺激物触发了感觉：视觉、听觉、触觉、味觉和嗅觉。通过这些感觉，我们认知视觉形式、色彩、光、肌理、可听见的音调、言语、气味、滋味、触感、触觉形式（通过触摸进行感觉时的三维方面）、动觉体验（肢体动作的内部感知）、运动以及时间。

图6-1：认知

思维过程通过这些刺激物获取信息而进行复杂的认知。例如，食物的滋味受事物的气味和视觉特征影响；餐馆中避免在荧光灯下展示食物，这样会显露食物中的蓝色。

因为对环境的感知很大程度上是视觉方面的，熟练的设计师将通过视觉刺激唤起理想的认知，并通过刺激其他感觉来提高视觉认知。随着不同的知觉刺激之间的相互支持，对场所的感觉增强了；随着它们之间的相互矛盾，场所的感觉被削弱。通过有效地对全部感官范围进行掌控，设计师可以优化场所的感觉。

6.3 刺激与心理模式
STIMULI AND MENTAL PATTERNS

知觉刺激活化了思维中的潜在信息并产生心理形象。为了产生理想的形象，设计师必须理解信息储存于其中的形式。接下来的短文来自于爱德华·德·波诺的《水平思考法》（*Lateral Think-ing*）（1973），这段文字将大脑作为记忆表层进行论述，并帮助我们建立这种理解。

> 一个景观作品就是一个记忆表层。地表轮廓为落在其上的水流提供了一种累积的记忆痕迹。雨水形成了小溪，小溪汇集成溪流然后流入河水。一旦排水模式形成，那么它就倾向于变得更加具有固定性，因为雨水被收集在排水渠道中并趋于使水道加深。雨水进行雕琢，而正是地表对雨水的回应使水流的雕琢井然有序。

根据德·波诺的论述，通过思维创造、存储继而辨识模式的能力，思维进行着一种与环境的单向对话。当一种刺激因素进入大脑后，就像德·波诺对于景观的类比中所述，它促成并引发现存的模式，这些模式被视作认知的早期阶段；然后思维将意义、情绪归于这些模式，并对它们做出回应。

模式从思维、意义及归属化的情绪中产生，被唤醒的个体所做出的回应将随着不同的刺激而根本变化。因为如此，设计师有时会发现闭上眼睛、采用蹲姿或另外一些非典型的方式体验某一区域非常有益。通过改变刺激，设计师更加明显地意识到之前被忽略的场所特征，并能更好地操纵刺激因素（空间尺度、大小、色彩、肌理、硬度等）以优化观察者对于场所的认知。

6.4 视觉与空间感知
VISUAL AND SPATIAL PERCEPTION

视觉是首要的感官，个体通过视觉将环境信息聚集起来，场所认知主要是视觉上的。更加具体地来说，它是空间上的。环境由围合限定，通过光、色彩、肌理及细节来理解。当外部环境的围合不够完整时，形式通过基于隐含边界的心灵之眼（mind's eye，即思维）加以构建，包括地形等级、头上的树冠或不具有连续性的垂直元素，例如树干。

6.4.1 认知的三维方面
3–D Aspects of Perception

感知首先是空间上的，而空间是三维的。根据詹姆斯·杰罗姆·吉布森（James Jerome Gibson）

在《视觉世界的知觉》（*The Perception of the Visual World*，1950）中的观点，三维现实通过刺激变量、它们的结构以及可感知的知觉变化所传达出的**透视图像**而被感知。在 21 世纪，思维可以通过透视线索熟练地"观看"三维空间。根据吉布森的观点，有四种线索将帮助我们通过透视观察空间：位置透视（包括线性透视）、视差透视、独立于位置或运动以外的透视以及通过轮廓深度表达的透视。

根据吉布森的观点，**位置透视**（perspective of position）包括由肌理差异传达出的透视，随着肌理的减小和密度的增加，物体逐渐远离（图6-2）。位置透视包括由尺寸产生的透视，尺寸的减小表示了更远的位置。这种透视还包括**线性透视**（linear perspective），线性透视是通过平行线条汇集于灭点来表达三个维度（图6-3）。从文艺复兴时期开始，线性透视或许已经成为最为西方观察者所知的透视线索，也因此成为最为广泛认可的在二维表面创造三维图像的技巧。线性透视通常在设计院校中作为一种空间表达和设计的基础工具来传授。

通过**视差透视**（perspective of parallax），思维基于不同空间位置所产生图像之间的差异建立了第三个维度。视差产生的透视通过双眼透视或运动透视之一产生。**双眼透视**（binocular perspective）是关于深度的透视，源于观察者两只眼睛在空间上的分隔以及由此带来的每只眼睛接收到图像的差异（图6-4）。我们可以通过观察附近一个物体时先睁开一只眼睛然后再睁开另一只眼睛所看到的不同图像来理解这种效果。我们还可以在观察相对平坦的地

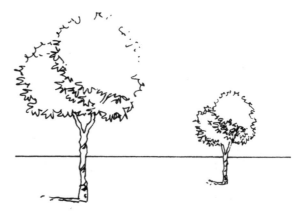

图 6-2：由肌理和尺寸表达的透视

图 6-3：线性透视

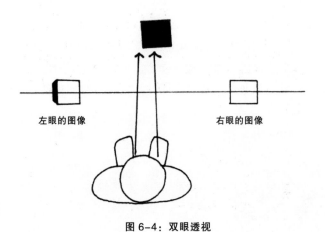

左眼的图像　　　　右眼的图像

图 6-4：双眼透视

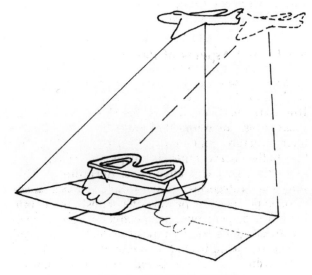

图 6-5：航拍图片的立体影像

方时闭上一只眼睛，因为眼睛必须单独依靠其他三类透视线索，以感知第三个维度。双眼透视也是当我们观看数帧立体航拍图片（同一景观区域从两个稍微不同的飞机位置上进行拍摄）时用来蒙蔽思维，好像观察到了第三个维度的现象（图6-5），或在

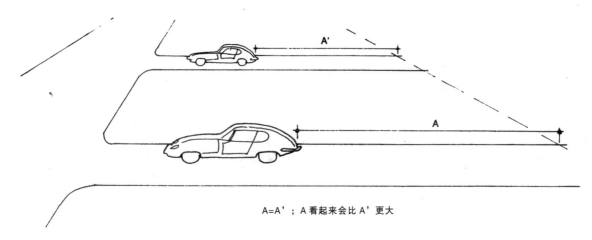

A＝A'；A 看起来会比 A' 更大

图 6-6：距离与感知速度

看一张二维立体海报时观察到一幅三维图像。双眼透视也是在立体电影中应用的技术：每只目镜通过色彩滤镜对同一场景产生不同的视觉影像，因此创造了三维的幻象。**运动透视**（motion perspective）产生于当一个物体接近我们时，对它的运动感知速度会变得更快。相反地，远处物体以和近处物体以相同速度运动时看起来较慢（图 6-6）。

根据吉布森的观点，存在**独立于观察者的位置或运动的透视线索**（perspective independent of the position or motion of the observer）。这些线索包括空中透视、模糊透视以及由视野中的位置产生的透视。**空中（或大气）透视**（aerial（or atmospheric）perspective）是对于深度的感知，是基于观察者和被观察物体之间的大气导致的模糊度增强并且减弱了色彩饱和度而产生的。距离、湿度及空气质量都从本质上会对这种感知产生影响；空气透明度越高（体积越小、潮湿度越低且污染物越少）将使物体看起来越近。**模糊透视**（perspective of blur）发生的条件是我们关注一个特定的深度并且在视觉中其他距离的物体变得模糊的情况下。模糊程度与成比例的距离差相关，这种距离差指的是分别是眼睛与被观察物体间以及与视线中其他物体的距离。这种效果可以用在有些逆向的感觉中，并很大程度上由画家、摄影师及电影摄影师发挥影响，他们将它作为一种方法吸引观众关注作品中的元素。

视野中位置产生的透视（perspective by loca-tion in the visual field）发生在思维暗示出基于视野中相对垂直位置的透视时。因为我们感知视线以下或者靠近我们的物体在视觉范围中比远处的物体位置要低，所以这样的位置本身就暗示了靠近。这种效果随着视平线逐渐从地面提高而加强。

透视和纵深还通过**一个轮廓的感知深度**（per-ceived depth at a contour）而体现。当物体在视野中产生重叠时，若分隔这些物体的距离增加则会导致所感知的肌理、模糊性以及物体运动速度的差异。这些差异是帮助思维解释空间关系的线索。具有完整性或连续轮廓的物体似乎与轮廓线中断或模糊的物体相重叠。重叠还可以在二维表面创造出三维的幻象，而色调和色彩的差异则可以表现深度的变化。这是一种在二维绘图表面表现第三维度的有效技术；有效的表达因素通常会强调空间中相分离物体在色调或色彩上的差异（包括黑色和白色的并置），并将其作为表达空间分隔的一种方式。具有代表性的是，有效表达空间的绘画可能包含各种"绘图技巧"的组合，或者艺术家们对线条、明暗、色调等有意识的操控，以增强空间重叠物的对比并因此强化了第三维度的错觉感（图 6-7）。

6.4.2 尺度｜Scale

空间可以具有强烈的情感标记，这基于它们可被感知的大小、尺度或比例。一个空间的尺度由两部分组成：与它的背景尺寸有关的空间尺寸，与观

图 6-7：色调明暗增强了三维感觉

察者有关的空间尺寸。就有关于背景的尺寸而言，如果将曼哈顿闹市区的一栋高层建筑放置在波士顿后湾区（Back Bay）或美国小城镇的主要街道上，将具有截然不同的感知尺度。

与观察者有关的尺寸也影响了空间的感知尺度，而当空间包含了人体尺寸的元素时，它们看起来愈加具有人性尺度。同样地，根据威廉·霍林斯沃思·怀特（William Hollingsworth Whyte）在《都市小空间的社会生活》（The Social Life of Small Urban Spaces）中的观点，空间具有一种可从直觉感受的由人群所掌控的容量。随着空间逐渐接近这种容量，它们就变得更加具有人性尺度。例如，随着一个大广场"填充"了人就会变得宜居，一个合适的人群数量的出现将使它看起来不那么庞大令人难以忍受，并且更具人性尺度。

在《总体设计》（Site Planning）（1984）中，凯文·林奇（Kevin Lynch）和加里·海克（Gary Hack）对于舒适外部空间的尺寸和比例制定出一些试探性的指导方针。这些指导方针基于观察并与人眼特征以及从不同距离感知的人类尺寸相关。林奇和海克陈述道：

> 我们可以从 4000 英尺之外发现一个人，在 80 英尺的时候辨认他；在大约 45 英尺处清楚地看到他的脸；而在 3~10 英尺时，不论是愉悦或感到被打扰，都会感到他直接与我们相关。后面的尺寸在户外空间中看起来是极度或

难以容忍地狭小。40 英尺看起来是亲密的尺度。达到 80 英尺仍然是一种舒适的人性尺度。以往大多数成功围合广场的短边尺度都未超过450 英尺……当墙体高度是围合空间宽度的一半或三分之一时，外部围合最为舒适；如果这个比率下降到四分之一，空间看上去不再被围合。如果墙体的高度比围合空间的宽度更大，我们将看不到天际线或不能轻易判断墙体的高度。空间变得类似于一个深坑或沟渠。

外部空间应该伴随它与背景、观察者及与用途有关尺寸的意识进行设计。景观设计师应该创造出具有恰当尺寸的空间，以唤起理想的感觉并促进有意图的行为，开发一种具有合适尺度的空间。空间的开发将在第十一章进行深入探讨。

6.5 刺激因素、人类互动及安全 | STIMULI, HUMAN INTERACTION, AND SECURITY

人们占用、连接并保护领域。他们会从心理上捍卫领域，有时候也按照自然规律保卫领域。这些领域与理想的人类互动区域及感知上的安全性有关。这些区域可以被比作一系列扩大的或收缩的空间泡泡或空间领域。对于在社会情境中的美国人来说，这种领域归为四个类别：亲密的、个人的、社交的及公共的。这些区域的边界是模糊的，从接近到远离的不同等级存在于每个区域当中。对于每个区域或领域来说，人们都具有一种情境化的个性。在某一区域中，比起其他区域来说他们的行为不同，并

期待他人的行为也不同。他们从直觉上限定每片区域或领地，继而使它包含刺激因素，这种刺激因素与其他人思维中的恰当模式接近。这些刺激因素包含阐释人际关系和社交上恰当行为的心理模式。在绝大多数情况下，引起这些认知模式的刺激因素是在潜意识里的、出于经验的层次上进行操作，而不是在有意识的、理智的层面上展开。例如，一个可以使人感知他人身体散发出体温的区域通常被界定为亲密领域；这种区域的亲密性通过感知人的体味和眼睛无法在如此短的区域范围内聚焦而被强化。景观设计师必须非常敏锐地意识到这些区域、它们的特征以及它们的认知影响，并可以通过自然法则上的规划和设计在这些区域中创造和操纵刺激因素实现理想效果。

对个人和人与人之间空间的领域和区域的认知并不是静止的。在这些区域中的行为也同样是多变的。观察者的情绪会影响这种关系，处于一种武断情绪中的人通常会具有些许侵略性地打扰其他人的个人空间。与其他人的熟悉程度也影响了领域的大小和理想的空间距离。当访问一位亲密友人的时候我们会将自身贴近在比和陌生人说话更近的位置上。

环境因素的变化也影响到这种领域范围。例如，在一个电梯中与他人距离上的靠近在社交上是可以接受的，但是在大多数环境中这样的做法在几乎没有人的大范围空旷室内则是无法令人接受的。环境的微妙变化也影响了空间的这种范围：昏暗的照明、轻柔的语言及高度的环境噪声都会使人们更加接近。

亲密空间 │ Intimate Space（0 ~ 18 英寸）

最小的社交范围被称作"亲密空间"。在这种空间中，视觉的变形、气味以及其他人身体上散发出的热量和呼吸都有助于感知与他人的亲密参与。在亲密空间的内部区段（0~6 英寸）发生的活动通常仅限于高度的亲密性：亲热、舒适和防卫。在外部区段（6~18 英寸）中，身体接触通常限于手部的触摸。在这种距离上，噪声通常是低声私语，其他人的呼吸散发的热量和气味通常易被感觉。这一区域通常被个人高度控制；进入这一区域的权利仅限于非常少数的人。然而，在特定情况下，例如拥挤的电梯或地铁中，其他人被允许进入这一区域，伴

随着的是经调整的对恰当行为的界定，避免眼神交流和身体接触。

私人空间 │ Personal Space（18~48 英寸）

接下来的一种较大的空间泡泡是一个人与其他人之间保持的安全空间，通常称为"私人空间"。这一区域的内部区段（18~30 英寸），称为"亲密的私人地带"，通常仅为非常亲密的朋友保留。外部区段（30~48 英寸）刚好在接触距离之外。这一距离是在讨论个人感兴趣的问题时正常交谈的距离。这一区域在尺寸和行为方面将随文化而异。当一个欧洲人在社交谈话中采用令人不适的近距离时，或者当一位来自另一文化的泛泛之交在随意交谈中将一只手放在别人的肩膀上时，会让很多美国人感到不舒服。而其他文化成员在看到美国人采用过远的距离和行为时会感到不舒服。

社交空间 │ Social Space（4~12 英尺）

私人和社交空间之间的界限在一定的社会中具有合理的连续性。不希望人们站在这一界限之外，也不欢迎不请自来做出身体接触。这样的做法侵犯了一种已建立的领域关系。在这一距离下发生的对话不应是私人的或亲密的。这一领域的接近区段（4~7 英尺）是非个人事务的区域。一起工作的人以及社交聚会中的人倾向于采用这种距离来进行非个人事务的对话。远区段（7~12 英尺）用来进行正式的事务性对话。当一位专业人士和客户在桌前讨论事务时通常会采用这种距离。这一距离使两个人在开始或停止对话时没有尴尬。候车室和其他公共座位区通常采用这种距离。

公共距离 │ Public Distance（12 英尺以上）

处于公共距离的人们是在参与性活动的范围之外的。在公共领域的内部区段（12~25 英尺），这一距离能使个体在感觉受到威胁时有足够的时间做出反应或采取防御措施。因此，在这一区域中几乎不需要行为上的或社交上的屏障。在公共区域的外部区段，语言意义的微妙差别已失去，他人已成为环境的一部分，而不是相互作用的一个客体，并且几乎没有相互间互动参与的发生。

领域空间的设计｜Design for Territorial Space

景观设计应当促使这些个人空间的各个区域被认知。应该设定好舒适适宜的位置，从而人们可以为有意的互动关系和行为将自身置于合适的距离。

6.5.1 行为的行为学方式｜Ethological Approach to Behavior

根据保罗·麦克林（Paul MacLean）的观点（1973），人类大脑由三个不同的区域组成。最早进化的部分被他称为"**爬虫类脑**"（reptilian brain），它可调节影响生存的行为，例如当面对危险时经历的"应急机制"。麦克林宣称，大脑的这一部分还影响到与繁殖、领域性及与寻找食物和遮蔽有关的行为。

包围着这种爬虫类脑的是**中脑系统**（limbic system），它调解情绪和感受。包围着中脑系统的是大脑的外层，称为"**新大脑皮质**"（neocortex），这部分控制说话、语言及其他抽象思维。

和这种大脑结构三部分理论相一致，很多人——包括爱德华·维克多·阿普尔顿（Edward Victor Appleton）（1975），都对行为采取了一种行为学的方式。他们主张大部分的人类行为都可以被最佳地解释为在人类不断发展进化的历史中所获得性格上的反响结果，它与一种更加原始的环境有关。

6.5.2 私属空间与公共空间｜Proxemic and Distemic Space

人类行为的行为学方式的一种表达是**私属空间与公共空间**的理论。这一理论起始于人类学家的观察，他们观察到人类社会通过把可能有十几人的大家庭聚集在少于一百人的部落中获得进化。这一理论宣称人类大脑在这种背景中进化；并且因为这种社会生物学历史，人类具有了一种强烈的天生倾向——偏爱相对较小的社会群体。这种小群体的社会行为和偏爱似乎存在于我们的大脑边缘（感觉）系统。它们似乎也是我们情感所依附的熟悉的人、场所及事物存储的地方。这种行为和偏爱也仿佛限制我们在一百人以内建立亲近密切关系的能力。最后，它们也似乎使我们在不熟悉的人进入我们的领域空间时感受到威胁。

这一理论还宣称，在恰当的环境下，人类具有超越这种小型群体倾向的能力。这一理论坚持认为，把众多的人类组群加以抽象概括的能力以及对人类社区构想的能力在人类大脑的发展晚期获得进化，两方面的能力存在于大脑新皮层中。根据巴里·格林比（Barrie Greenbie）的观点（1981），在拥挤的环境中我们可以从认知上重建我们的领域关系。我们通过与一个小群体的个体交流以及有效地拒绝其他小团体来避免过度的压力。

私属空间和公共空间理论宣称，除了在前面探讨的实体领域，我们也建立起概念上的领域，例如学术组织。我们维持这种领域，正如我们将维持空间领域一样。根据格林比的观点，超越小团体行为并抽象地处理大量人群的能力"对于人类性格的发展是必不可少的"。它在广义上将我们统一于人性。

爱德华·特威切尔·霍尔（Edward Twitchell Hall）（1966）发明了"**空间关系学**"（proxemics）这一词汇来表达群体使用空间在文化上的特定方式；即将空间的用途作为一种文化阐释。格林比（1981）使用这一词汇来描述"文化上同源的城市和村镇以及城市邻里……还有在空间中其他特定类型的小群体联盟"。在这些情况下，他认为同一文化人群在空间上的行为高度一致并受严重的社会压力监管。他在这种空间中只看到很少的人际冲突而且对行为线索需求甚微。在私属空间中，社会和实体环境都可能极度复杂，因为它们在很大程度上是想当然的，这是由于它们被所有的使用者高度熟悉。这些区域通常具有极高的关联意义。

格林比还讨论了文化多样性，再有大部分由不同文化子群体的人们所使用的主要城市，还有并未被任何群体察觉的领域。这种空间由在文化上多样性的子团体共享，这些子群体拥有不同的价值观、行为准则、神话传说、象征及认知态度。因为这种多样化，一个群体的行为可能会冒犯到另一群体。公开外在的行为必须由明确的行为暗示、规则、法令及外部监督所控制。对行为的限制虽然非常明确，但是通常比私属空间更加广泛。通常，只是禁止对他人或其财产有不利影响的行为。格林比创造了**公共空间**（distemic）这一词汇来表达这种空间。因为这种空间可以容纳大量人群，所以它们通常是非常宽广的。如果它们可给予个体充分的空间以维持上文所说的领域距离，那么它们通常是非常舒适的；而当存在一种可感知的逃脱方式时则会使得人们在心理上产生焦虑。公共空间的可预知性和识别性应该比私属空间更高，因为使用者并不强烈熟悉该空间或它的居民，而行为也更加多样。由于同样的理由，公共空间也应比私属空间的复杂程度更弱。

空间随时间变化，空间的使用者也随时间变化。一个服务于单一群体并于空间关系学上在一天内某时刻发挥作用的空间，可能接纳多种群体的组合并在另一时刻起到公共性的作用。克里斯托弗·亚历山大的《城市并非树形》(*A City is Not a Tree*)(1965)和凯文·林奇的著作《场所岁月》(*What Time is this Place*)(1972)中都讨论了这个问题。

私属和公共空间以互补方式发生作用。13.1.4探讨了亚伯拉罕·马斯洛(Abraham Maslow)的"需求层次理论"(hierarchy of needs)以及相对令人满意的生理需求的必要性——例如安全性，作为阐释更加抽象的心理需求的先决条件。在此有足够的理由来宣称，**私属空间**作为主要舞台满足使用者的安全需求。**公共空间**提供了挑战和改进。私属和公共空间在城市景观中提供了实现全面人性潜力的机会，并使人类生理和心理健康达到最大限度。

格林比为追求一个私属城市环境组成的丰富拼

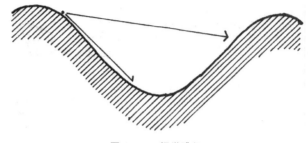

图6-10：视觉眺望

贴而摇旗呐喊；即内部相似的邻里多样性。格林比还力求在毗连不同的私属空间处设计公共空间。

6.5.3 眺望和庇护 | Prospect and Refuge

行为学方式将我们感知的安全程度解释为体验到的实体与空间环境以及我们根据空间位置和视野赋予场所的特殊意义。这种方式解释了为什么我们行走于大型开敞空间时会感觉到不适（图6-8）。人类已经进化为一种优势物种，我们生存的能力依存于发现猎物的同时能够躲避食肉动物。这种能力包括人类选择自身的位置，并在植被的生长边界以内移动，而不是暴露于空间之中（图6-9），并将自身的位置设定于陡坡或山体的军事山脊处（图6-10）。在两种情况下，这些位置都在人类进化发展的历史上提供了获取必要食物的**眺望处**(prospect)以及躲避食肉动物的**庇护**(refuge)。因此，

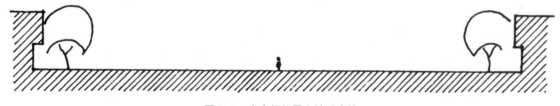

图6-8：在空间位置上缺乏庇护

图6-9：边缘庇护

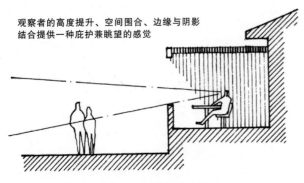

观察者的高度提升、空间围合、边缘与阴影
结合提供一种庇护兼眺望的感觉

图6-11：眺望和庇护

从一种行为学的观点来看，随着人类大脑中最早的爬虫部分的进化，对眺望和庇护偏好的直觉与预知性的回应也获得了进化。

这是阿普尔顿关于行为的**眺望和庇护理论**（prospect and refuge theory）（1975）的基础。这一理论宣称：爬虫类回应仍然在人类思维中出现，它们的作用更像前意识过滤器，使中脑系统呈现出对于提供眺望和庇护性场所的偏爱（图6-11）。

6.6 刺激物与象征意义
STIMULI AND SYMBOLIC MEANINGS

感官刺激带有象征意义：垂直元素是令人振奋的，水平元素是稳定的，巨大的元素传达出持久的感觉，饰有金银丝细工的元素唤起怀旧之情。有尖角的形式表示能量和运动，圆形传达出被动和安闲的感觉。特定的声音和气味也具有象征意义，还有天然材料，包括水、土壤和植物以及建筑元素，包括门、拱和山墙。特定的场所具有象征意义，并随文化与个人体验而发生变化。我们赋予实体元素和形式以意义，这些意义刺激大脑中的特定模式，激发特定的情感反应。具有特殊意义的刺激物将引起尤其强烈或生动的情绪响应。这些情绪响应都可以成为对设计师独特的机会与约束。

6.7 刺激物与社会制约
STIMULI AND SOCIAL CONDITIONING

文化交融（acculturation）指的是人在婴儿期就开始的过程，人们通过这一过程使个体习得社会文化、学习恰当的社会行为以及附属于特定感官刺激的文化上的特定意义。正是在这种文化基础上，人类个体建立了他们对于世界的认知模型。

每种文化都对现实有不同的理解。每个设计职业都是一个通过特定透镜观察世界的亚文化群，并都在设计中具有自己的线索语汇。设计师对这些线索进行操作，将它们作为刺激物，通过鼓励使用者以恰当方式感知设计环境来引发所需要的行为，然而，这些线索通常在一种潜意识层面上起作用，并很少被充分认识和理解，即使是设计师也很难做到。

理想行为以及因此产生的恰当的设计线索将随着不同文化而发生变化。例如，当一群美国学生在意大利接受教育时，第一个设计作业内容就包括对一个小型托斯卡纳村庄的现场勘察。在15分钟之内，学生们就已发现，在美国来辨别公共空间和私人空间的线索都是无用的，并且他们开始在意大利小镇中变得心不在焉。继而学生们变得欣赏这个小镇，因为它已被隔离了数百年：每个人都相互认识，并和其他每个人都有关联。这个小镇的线索就代表了私属空间，然而美国的线索就代表了公共空间。通过观察不同于他们自身所属文化的其他文化，学生们意识到了在他们所属文化中的潜意识线索，而这些线索是他们先前未意识到的。正如每个人类学的青涩学生所学的，对一个人所属文化产生敏感的最有用方式之一就是研究一个极为不同的其他文化。

景观设计师必须处理不同文化群体的需求，因为在美国城市中存在大量的不同文化。还有，景观设计师的作品越来越多地出现在其他作品中，通常在第三世界国家和乡村。我们应该从20世纪60年代的错误中学到两件事，它们将在这一语境下很好地为我们服务。第一件事就是设计师有必要认识并回应对于"个人领域"不同的个体与文化感知。第二件事就是作为刺激和思维模式的线索，这些刺激的产生随文化环境而变化。为了给其他文化做设计，不论这些线索产生自美国还是遥远的土地上，都需要设计师获得对该文化意识的洞察力。

6.8 生理舒适
PHYSIOLOGICAL COMFORT

生理舒适是在相对没有生理压力的情况下获得的知觉体验。这种舒适感存在于由精密仪器认定的使人感觉舒适的特定范围的温度、入射辐射、湿度以及风速。用来衡量舒适的精密仪器就是人体本身。只要身体的内部温度保持在一个理想的范围之内，那么直觉体验就是一种舒适的感受。不舒适的感受产生在环境条件超过了维持这一内部条件的范围。随着环境温度的上升，或随着增加的活动量或者发烧提高了体内温度，皮肤表面的蒸发降温（出汗）随之增加来排除多余的身体热量。提高空气流动速度或降低湿度可以减弱因提高蒸发降温使周围温度升高的压力。相反地，随着环境温度的降低，我们必须进食以阻止身体热量的流失，或者获取更多的太阳辐射。

庇护所的首要目的就是控制环境，改善生理舒适度。每个地区都有各地的季节性太阳辐射（日照）、环境温度、湿度和风速。对每个季节而言，比如说严冬和酷暑，设计师应该了解环境条件以及环境条件所提供的改善气候的机遇。例如，设计师应该知道亚利桑那州的大多数地区，夏季炎热干燥，湿度低，昼夜温度波动很大。墨西哥湾沿岸各州也很热，但湿度高，每日的温差波动小。设计师应该了解这些气候条件以及适宜的区域策略，提高场地舒适度。这些内容在唐纳德·沃特森（Donald Watson）与肯尼斯·莱伯斯（Kenneth Labs）所著的《气候设计：高效节能建筑的原则与实践》（*Climatic Design: Energy-Efficient Building Principles and Practices*）（1983）一书中详尽地加以了讨论，在哈洛·C.兰德菲尔与约翰·L.摩特洛克所著《现场勘查与工程》（*Site Reconnaissance and Engineering*）一书中进行了更为简洁的阐述。

6.9 设计适宜的刺激物
DESIGNING APPROPRIATE STIMULI

设计师的任务就是设计出带有刺激物的环境背景，而且鼓励将环境解读为引人入胜、意义丰富、令人满意的场所，从审美角度令人愉悦，引发了强烈的场所感知，回应人们的需求（13.2）。环境背景还必须传达出适当的含义，在感情层面影响观察者。为了达到这一目标，景观设计师必须理解文化差异，并对它们做出回应，敏锐地洞察人们的生理及心理需求，在激励下设计出令人满意且意义深远

的环境。

参考文献

Alexander, C. A City Is Not A Tree. Architectural Forum, 122, April, 1965, 58–62; May, 1965, 58–62.

Appleton J. The Experience of Landscape. New York: John Wiley & Sons, 1975.

deBono, E. Lateral Thinking: Creativity Step by Step. New York: Harper & Row, 1973.

Gibson, J. J. The Perception of the Visual World. Boston: Houghton Mifflin, 1950.

Greenbie, B. Spaces: Dimensions of the Human Landscape. New Haven: Yale University Press, 1981.

Hall, E. The Hidden Dimension. Garden City, NY: Doubleday, 1966.

Hesselgren, S. Man's Perception of Man-Made Environment: An Architectural Theory. Stroudsburg, PA: Dowden, Hutchinson & Ross, 1975.

Landphair, H., and Motloch, J. Site Reconnaissance and Engineering: An Introduction For Architects, Landscape Architects and Planners. New York: Elsevier Science Publishing Co., Inc., 1985.

Lynch, K., and Hack, G. Site Planning (Third edition). Cambridge, MA: MIT Press, 1984.

Lynch, K. What Time is This Place? Cambridge, MA: MIT Press, 1972.

McLean, P. D. The Brain's Generation Gap: Some Human Implications. Zugon /Journal of Religion and Science, 8, No. 2:113– 127 (1973).

Watson, D., and Labs, K. Climatic Design: Energy-Efficient Building Principles and Practices. New York: McGraw-Hill, 1983.

Whyte, W. H. The Social Life of Small Urban Spaces. Washington, D.C.: Conservation Foundation, 1980.

推荐读物

Perin, C. With Man In Mind: An Interdisciplinary Prospectus For Environmental Design. Cambridge, MA: MIT Press, 1970.

Sommer, R. Personal Space: The Behavioral Basis of Design. Englewood Cliffs, NJ: Prentice-Hall, 1969.

第七章

认知的时间特征
Temporal Aspects of Perception

景观可以被理解为影响力在历史时间点上的表述。景观也可以被理解为一种短暂的表述。自然的性质在变化；自然和文化景观也在不断演进。景观的变化是景观设计中的一项基本考虑。

除了景观随着时间发生物理性实体变化，人对于景观的体验也是暂时性的。景观被作为一种建立在时间上的认知序列被体验。景观应该作为一种在先前体验的背景环境之中的短时体验来进行设计，同时也对后续体验做出预期。设计在感情上令人满意的景观就包括精心编排场所中的短时体验。

根据韦氏词典的解释，**时间**（time）是"一种缺乏空间维度的连续体，并且处于其中的事件历经过去、现在和未来逐渐超越"。时间还是"发生事件的特定时间点或时段"。在第一种定义中，景观设计师将时间作为一种环境体验的连续体来对待，并发觉这一连续体的特性以及对于设计的意义。景观设计师还将时间的第二种定义及景观设计和实体环境作为生态和人文影响力的即时表达来对待。

7.1 景观的时间特征
TEMPORAL ASPECTS OF LANDSCAPES

景观会通过提高效率、秩序和生产力这一过程随时间改变。这些过程在时间尺度上进行变化，从地质的（改变发生在千年之间）到瞬时的（当一个被遮蔽的表面被阳光照耀）。景观的变化通常通过序列和自然节奏发生：连续性的、季节性的及每日的。

景观对这些尺度范围加以表达。它们是即时性的表现，同时景观也是因自然与文化影响力而发生历史变迁的"图书馆"。它们包括历史遗迹表达与反映前进过程的表达。

正如前文讨论过的德·波诺的"思维模式"所述，景观形式和材料可以被视作过去事件的鲜活记录，也可被视作能够影响不断前进的生态、技术与人文影响力作用方式的物理实体，这些影响力将会塑造未来的景观。景观设计师必须理解所有的时间特征，并将景观作为唤起时间尺度、过程、韵律以及序列的"即时性"表达进行设计。

7.1.1 时间尺度 | Temporal Scales

景观变化发生在一系列的时间尺度上，从逾千年而产生（板块构造论与冰河作用）到瞬时产生。另外，一些过程在几种时间尺度上发生作用：板块构造的缓慢移动为重大的短期事件提供了动力，例如地震和火山喷发。

每种促使景观发生变化的过程都有自己的时间尺度，景观就表达了这些不同的尺度。一些景观较为确实地表现了一种尺度，例如喜马拉雅山表达了地质过程和时间架构。另外一些景观，包括很多成熟的景观作品，更加均衡地表达了一系列时间尺度，例如地质隆起、水流侵蚀、植物再生长。在大树倒下后，植物侵入被阳光照射到的森林地面，这表达了一种更加近期的时间尺度。

7.1.2 作为序列的景观 | Landscape as Sequence

生态景观作为一定程度上可预测的序列，通过演替获得进化。文化系统的进化则有些难以预料。文化景观的变化回应自然系统动力学、不断变化的技术以及人口、观点和观念之间的差异。随着景观的变化，文化景观包括任意时刻历史影响力的遗迹、现时影响力的表达以及未来景观得以建立的原材料。

7.1.3 作为韵律的景观 | Landscape as Rhythm

　　景观的变化富有韵律。在昼夜和季节的循环中、短期与长期的序列中以及规则和不规则的韵律中，景观展示了很多气氛与特性。这些韵律或许是自然对于系统和过程最纯净的叙述；即循环系统向着未来的状态运动。景观特征有短期的韵律，例如昼夜和季节性的变化；还有长期的循环，例如演替、气象和气候。

昼夜韵律 | Diurnal Rhythms

　　景观表达了昼夜的韵律：白天和夜间、光明和黑暗。这种昼夜韵律极大地影响了景观感知。从视觉上，光的特性在一天中产生变化。正午时分，烈日当头，影子很短，光线刺目，距离看起来较短。随着太阳在天空中的位置变低，影子也变得更加显著。当太阳下沉到地平线附近时，夸张的长阴影表现出线性而有时甚至是带有尖角的景观特性。在黄昏和黎明，景观在空间上变得平坦并失去了色彩，观察者变得对非视觉刺激更加敏感，例如景观的气味和声响。在夜间，景观从视觉上被重建。距离看起来更长，视觉引向了天空，听觉、嗅觉、味觉以及触觉被加强。

季节韵律 | Seasonal Rhythms

　　在季节性景观中存在具有象征意义的出生、成熟、老化及死亡：春、夏、秋、冬。在落叶和寒冷气候的景观中，这四个季节会以富有戏剧性的方式表达自身，提供极其多变的四种截然不同的季节性景观。在主要是常绿植物的景观和温和气候中，通常景观在视觉上的变化戏剧性较弱。

演替韵律 | Successional Rhythms

　　景观经历了包括开创、建立、早期演替、晚期演替、扰动、再扰动的演替韵律。这种韵律是具有一些可预见性的，其前进的速度与气候相关。随着它们在视觉上表达了影响力、材质及时间的关系，所产生的景观"形式"序列也具有一些可预见性。这种韵律是概率性的而不是确定性的，因为干扰会随时对进程加以干预。在这种意义上，景观韵律的行为是混沌的（沿着混沌理论的路线，这一理论声称现实的秩序来自于趋势与可能性，而不是预测）。人们通常在农业和城市景观中发挥作用，在一种早期状态暂时地抑制阻止演替；并否认演替随时间的线性变化以及在某些情况下，否认演替的周期性韵律。

天气循环 | Weather Cycles

　　季节韵律还包括天气的年度循环。反过来，这种循环影响了人们设计与季节性使用建筑和外部空间的方式。

气候循环 | Climate Cycles

　　景观也以更长、更不规范的韵律性气候循环为特征：天气、雨水及干旱。随着气候条件的变化，空间特征以及对场所的感觉也产生了变化。这种情况被再现于20世纪30年代干旱引起的风沙侵蚀区。希望随着温室效应和严重干旱的加剧，我们对于景观、人和环境的关系以及对设计的态度将更好地应对这种循环。

7.2 空间—时间的关系 | SPACE–TIME RELATIONSHIPS

　　引起景观变化的进程透露出景观的空间结构和时间结构。这些景观随着地区变化，并且地区景观表达了创造它们的生态和文化进程的历史。

　　景观也是空间与时间上的序列体验。事实上，时间可以被视作一个人在景观中移动时的空间序列秩序。相反地，空间连续体可以被视作一系列由时间组织的体验，伴随由时间传达出的空间关系，它从一处向另一处移动。随着自身位置经历时间的改变，我们逐渐理解空间。

　　随着我们在空间和时间中的运动，感知发生了持续改变。根据拉普卜特（1977）的观点，在观察周围世界时，我们寻求感性的改变：渴望变化无常的感知。另一方面，我们也寻求图示的恒久不变；即我们希望对于世界的心理建构具有相当的持续性。当我们短暂地体验景观时，景观设计必须处理感性变异和图示的恒定性之间的相互关系。

7.3 关于时间的文化态度 | CULTURAL AT-TITUDES CONCERNING TIME

肯尼思·鲍尔丁（Kenneth Boulding）（1956）将**时序图像**（temporal image，时光的流逝以及在其中的场所）作为影响我们观察世界的一个维度进行研究。拉普卜特（1977）声称，我们对于城市组织的理解是建立于对这种时序图像和**空间图像**（spatial image，一个人在空间中的位置）以及**关系图像**（relational image，将我们身边的世界作为规律的系统——即我们对于一种有秩序现实的感知）进行综合的基础之上。

个人主义文化和群体对时间有着不同的理解。有些人认为时间是一种线性的发展进程；另一些人则关注周期性或有节奏的时间：由连续周期联系起来的过去、现在和未来。有些人关注现在，并对时间进行即时感知。另一些人关注未来，为了达成某些未来的希望目标而舍弃当前的喜悦。

7.3.1 线性时间 | Linear Time

西方文化具有一种线性的时间态度：时间不停向前。过去是这样，现在是这样，未来也会是如此：时间是三种不同的存在。现在被视作从过去衍生而来，并影响未来，但是与另外两者明确分开。

7.3.2 周期时间 | Cyclical Time

东方文化以及很多传统文化，都对时间产生了周期性的理解。他们认为过去、现在与未来无法摆脱地受周期束缚。这种信念在他们的文化价值观和表达中得以体现，这类文化价值观和表达对于相互关联的过去、现在和未来的意识进行编码以融入他们的设计环境。佛教徒和印度教信徒在他们的建筑上加上莲花，作为纯洁、创造以及美的永恒象征。相似地，中东建筑的尖拱象征了伊斯兰教信徒相信"神只有一个；穆罕默德是他的先知。"尖拱将伊斯兰教信徒和他们的过去联系起来，它们将祈祷时双手合十的历史象征体现在建筑形式上。在这些以及其他情况下，建筑符号加强了文化范式、价值观以及宗教信仰，并将过去、现在和未来联系起来。

7.3.3 瞬时时间 | Instantaneous Time

很多的文化，包括当前的美国文化，都对时间进行瞬时感知并寻求短暂的满足。美国人希望事件现在发生，寻求迅速回报，他们以目标为导向，并愿意为便利和功能付出额外费用。我们喜欢节省时间的快餐厅以及食品便利店。瞬时的时间感受促进了短时收益最大化的抉择，而代价通常是长远角度上的低效。

嗅闻玫瑰的知觉时间影响了我们的体验以及走过景观时的感知时间长度。随着可用的时间增加，开发与改善环境的可感知价值观以及我们从景观中获得的愉悦也会增加。当感觉可用的时间很多时，我们从容地享受景观，而这一过程也显得很短。当我们匆忙赶时间的时候，体验周围世界时仅获得很少的愉悦，这一过程也显得延长。

7.3.4 目标导向与体验导向的对抗 | Goal-Oriented Versus Experience-Oriented

有些文化和个体把注意力放在目标上，往往损害了对当前的体验。另一些文化和个体注意力放在当前以及对周围世界体验的丰富性上。他们认为有意义的是行程，而不是抵达。这一论题在罗伯特·波西格（Robert Pirsig）的《父子的世界：对价值观的探寻》（*Zen and the Art of Motorcycle Maintenance*）（1974）中有所论及。

7.4 参照的时间框架 | TEMPORAL FRAME OF REFERENCE

对时间的感知也是个体和文化建立他们的世界观的一种主要基础。具有线性、短期世界观的人通常在获取和使用资源时对资源基础的可持续和可再生关心甚少：他们把资源转化为废物。具有循环和长期世界观的个体和文化更倾向于对他们最终依赖的资源进行可持续地获取和补充，并将他们的决策与传统及可再生的未来联系在一起。

对于时间世界观含义的理解在这一历史的关键时刻是至关重要的。在工业革命之前，时间的衡量与自然的昼夜循环联系起来，并直接与场所产生联系。在工业革命期间，出于对协同时间表的需求——例如火车到达和离站时间，全球各类社群都从自然时间转为线性时间与离散的时区。再后来，这种方式被扩展到创造白昼以节省时间。在 20 世纪 70 年代初期，作为一种看上去无害的发明，随着能够显示即时时刻的电子读数，电子表取代了手上二十四小时进行运动的表盘而成为了循环时间的象征。这种看上去毫无恶意的发明预示了当前的焦点：瞬时时间、转瞬即逝的名望和话语片段，等等（里夫金（Rifkin），1987）。

7.5 时间、技术及经济学 TIME, TECHNOLOGY, AND ECONOMICS

对于时间的文化态度是个体和文化建立它们的技术与经济系统的基础之一。这种态度深刻地影响了决策的短期和长期结果以及文化景观的可持续性。通过狭窄的视角以及短期时间框架进行预想的技术和经济系统倾向于是消耗性的、退化的；而那些通过长期时间框架进行预想的技术和经济系统有助于健康、可再生的景观。从景观影响的方面来说，识别四种经济时间框架是非常有益的，决策正式通过这些经济框架得以制定。每种经济框架都扩展了前面层次的认识，也扩展了更加负有责任感和伦理的技术及经济的范围及时间框架。

- **第一层次：最初成本的技术和经济学**（Level 1: First Cost Technologies and Economics）关注于当前。人们漠视未来，为当前需求开发资源，使短期经济效益最大化，并且是"赚了钱就跑"。对问题的限定是狭窄的、空间的和瞬时的（无视决策的上游和下游影响）。
- **第二层次：经营与保养成本的技术和经济学**（Level 2: Operational and Maintenance Cost Technologies and Economics）关注于近期的未来。人们考虑最初成本加上随着时间流逝为项目或生产用途产生的经营与保养成本。人们仍然开发资源并且赚了钱就跑，但是他们试图跑得更远、更有效。
- **第三层次：生命周期的技术和经济学**（Level 3: Life Cycle Technologies and Economics）关注于中等期限的未来。它们包含最初成本、经营与保养成本以及生命周期成本，并包含缓解影响

的成本。人们为了持续的系统健康和生产力而获取资源，并试图在系统承载力范围内进行工作。
- **第四层次：再生的技术和经济学**（Level 4: Regenerative Technologies and Economics）关注于长期和可再生的系统承载力。人们把注意力放在对景观未来生产能力的管理上。

7.6 时间和感知 TIME AND PERCEPTION

景观设计师对时间和感知之间的相互关系进行考虑。这种考虑包括感知一种背景、将背景作为场所进行识别的可用时间。第二种考虑是环境学习曲线。随着我们面对新的背景，迅速启动环境学习；继而随着时间的推移，处理的景观信息的速度放缓，观察者关注的信息类型也发生了变化。对整体景观形式和模式的相对前意识的探索以增加理解为目的，这种探索演变为一种对更具细节、更具体的信息和异常现象的自觉探索，这些信息和异常现象将增加意义、心理联想的丰富性与深度。景观信息处理的类型与处理速率问题将在 13.1 中进一步讨论。

我们对于世界的心理建构随时间变化。当我们进入城市的一个全新部分时，最初街道地图类型的建构就演变为一种对于地区、特定场所、地标、边缘、关系等方面丰富的心理建构。最初作为一种场所之间相对大量的可行路线演变为给予运动方向、可用时间及理想的丰富体验的路线选择。

某一场所体验的频率影响了人与场所的联系。我们体验一个场所的次数越多，我们与它实体特性的联系越弱，我们与场所的普遍概念以及它所唤起的联想的依附也就越紧密。

7.7 时间和距离 TIME AND DISTANCE

我们对于世界的认知制图通常包括对场所的感知、相互关系及距离，而距离通常被视作并表达为时间。我们发展了一种关于距离的复杂主观感知，这种感知以精确的距离、瞬间的距离和过程的愉悦为基础。感知距离受行程的感知时间影响，而行程的感知时间受我们的情绪状态影响，像鸡与蛋的相生问题一样，情绪状态又会受景观体验的品质所影响。感知距离由于运动的预期难度而提高，不论这

种难度是否由移动性降低引起；移动性降低可能是因为年老的生理缺陷、拥塞、恶劣天气或其他一些原因。

意识到人们通过景观时以主观瞬时距离而非物理距离做出决策是非常重要的。设计师对于空间—时间的景观感知、客观时间和体验时间的差异以及景观改变时间感知的能力是非常敏感的。

7.8 运动和感知
MOVEMENT AND PERCEPTION

我们在通过景观时将它作为一种时间—空间的连续体进行体验。随着移动，我们对于场所的感知发生实体上的改变，并受先前的体验和预期的影响。例如，经由较狭窄的空间后进入一个大空间时，我们会觉得这个大空间更加令人惊叹。

7.8.1 路线选择 | Route Selection

我们通过景观的路线可以从根本上影响我们对于景观的感知。路线选择可能呈节奏性变化，我们会选择一条白天的路线眺望远处的景色，也会选择一条夜间路线欣赏湖面反射山腰上闪烁的灯光。路线选择也会发生季节性的变化，例如，为了观看杜鹃花的繁盛期而选择路线。路线的选择还可能基于对场所理解的不断提高和不断演化的认知制图或心理建构而随时间改变。被选择的路线也有可能随着景观演进而改变。

7.8.2 连续视觉 | Serial Vision

景观感知包括了**连续视觉**；即视觉是一系列连续的感知。通过这一系列图像，心灵之眼发展出一幅场所的时空图像，在任何时刻看到的场景都在这种整体的时空语境中被感知。在头脑中，感知的图像与过去的体验和预期体验加以综合产生出针对场所的一种复杂的、演进的感觉（11.3.5）。

在景观设计中经常用到连续视觉技术。在历史上，这些连续视觉技术包括了一系列手绘的透视草图，这些草图展示了通过景观时的一种移动的序列。计算机迅速地提高了在设计中使用连续技法的能力，而电脑动画软件使设计师们创造出在通过景观时精细的连续图像。动画界面、抓图以及升级的软件都

将使设计师通过视频捕捉和设计提升的景观制作出移动的连续视觉图像。

设计是一种连续感觉，它始于丰富**故事线索**（story lines）的构思能力，这些故事线索是根据时间顺序组织的体验性故事。它通过设计来实现这些故事线索。设计师创作一系列的图像，用于构想通过景观时接受到感知刺激的工具（各类事件以及事件之间的关系），通常沿着预先设定的路线或路径，以设计出唤起感受和令人满意的景观为目的。故事被有效地空间开发所提升，这些空间开发或沿着路径，或在交口处，或沿路的其他位置点。丰富的故事叙述包括引起回忆的场所设计以及有效的过度性设计（10.1.6）。

7.8.3 景观特征及移动速度 | Landscape Character and Rate of Movement

我们经过景观时的速度受到了景观特征的影响。在令人愉悦的景观中，我们倾向于缓慢地移动，但是整个过程却显得很短暂。我们在乏味的景观中行动迅速，但是整个过程却显得很漫长。

随着景观复杂程度的提高，我们降低了移动速度；而随着景观变得更加简单，我们提高了移动速度。后一种情况在高速公路设计中是一个关键问题，也就是既要考虑提速，同时又要保持充分的刺激维持驾驶兴趣，这个问题引起了对安全性的关注。

7.8.4 速度和感知 | Speed and Perception

观察需要时间，设计师必须对通过景观的速度及其对于感知的影响保持敏感。例如，眼睛需要十分之一秒以上的时间来注视一个物体或景观场景。除非眼睛和物体或场景处于相对固定的关系，否则眼睛是不会觉得场景存在的。这一情况可以这样验证：当我们想看到一处景观时以中速转动头部，会发现除非眼睛在这一过程中短暂停留，否则我们无法感知到可辨识的图像。我们看到的世界是模糊的。

车行道设计 | Roadway Design

注视时间是车行道设计中的一个重要现象。对于快速通过景观的司机而言，眼睛和情景之间的关系总是处于变化之中，这种变化被近处的物体加以

强调，而驾驶机动车的人不会注意到这些近处的物体，除非他们的眼睛短暂地停留在物体之上。间距较近的物体，例如垂直的桥栏杆，在视野中根本消失不见了。中等间距的物体仅短暂可见。只有距离较远的景观可以在能察觉的时间内被看到。

在设计速度与眼睛同场景建立固定关系的距离之间存在一种直接的关系。因此，随着机动车设计速度的提高，感知的视锥减小，对近处景观的感知也被削弱。体验是在观看远处景观时产生的。这种焦点距离的变化也具有安全内涵。机动车驾驶者的反应时间包括：从仪表盘上把焦距调整到路面场景大概需要一秒钟，凝神注视再加上另一个四分之三秒，才能最终做出反应。这些问题以及另一些问题都在约瑟夫·鲁本·汉密尔顿（Joseph Reuben Hamilton）和路易斯·列昂·瑟斯顿（Louis Leon Thurstone）（1937）的开创性文章中有所呈现，该文章中包括关于运行速度和景观感知之间关系的五个论点。这些观点中某些时间方面的内容以及来自于克里斯托弗·滕纳德（Christopher Tunnard）和鲍里斯·普什卡列夫（Boris Pushkarev）（1963）的其他评论综合如下：

1. 聚焦程度随着速度提高：随着速度的提高，注视时间和反应时间变得更加重要，视觉刺激物的数量增加了，并且被观察到的信息相关性变得愈加关键。视觉被集中于面前的路径；该路径引导眼睛去观看。

2. 焦点随速度增加而逐渐远去：随着速度的增加，机动车驾驶员的关注焦点变得更远。速度为每小时 25 英里时，焦距为 600 英尺；速度为每小时 45 英里时，焦距为 1200 英尺；速度为每小时 65 英里时，焦距为 2000 英尺（图 7-1）。

3. 周边视线随速度增加而减弱：随着眼睛关注于更远、更小的细节，视锥缩小了。根据滕纳德和普什卡列夫的观点，速度为每小时 25 英里时，水平视角范围约为 100 度；速度为每小时 45 英里时，水平视角范围约为 65 度；速度为每小时 60 英里时，水平视角小于 40 度（图 7-2）。

4. 前景细节随速度增加而消逝：随着速度的增加和关注焦点的逐渐远去，前景信息的清晰度逐渐丢失。速度为每小时 40 英里时，最近的清

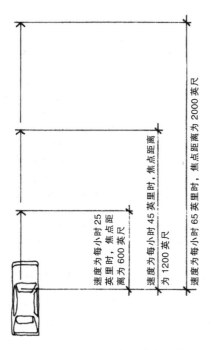

图 7-1：运行速度与焦点

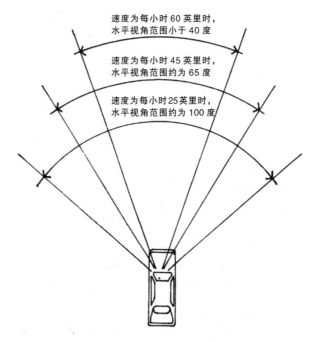

图 7-2：运行速度和周边视线

图 7–3：从一个固定的视点表达空间（皮特罗·佩鲁吉诺（Pietro Perugino）的画作《耶稣将钥匙交予圣彼得》
（*The Delivery of The Keys to Saint Peter*），1482 年，梵蒂冈西斯廷教堂壁画，from *Design Basics*, by David A. Lauer）

晰视线距离为 80 英尺远的地方；速度为每小时 50 英里时，前景细节大量消失；速度为超过每小时 60 英里时，前景感知可忽略不计，人们只能分辨 110 英尺以外的细节。

5. 空间感知随着速度的增加而降低：随着速度增加，视觉被引导向前方，而不是被引向两侧和空间的边缘。这样的结果就是，空间感知随着速度的增加反而降低了，我们对于景观的解读也降低了（读者可阅读滕纳德和普什卡列夫的著作中关于空间感知降低引起安全忧虑的讨论。）

7.9 时间悖论 | TEMPORAL PARADOX

时间为设计师呈现了一种悖论。一方面，在设计中自然系统的本质是变化，而我们用以建造的很多单元都是静止的。我们将静止的建造单元——例如建筑物和分隔墙体，放置在动态的景观系统中，这种悖论和建筑与景观建筑学使用不同的设计手段、方法导致了这两个专业对于时空关系的不同理解。建筑师的设计几乎仅限于静态的建筑材料和系统。建筑的结构、空间、机械、电器及管道部件并不发生演进，而由它们组成的系统"生长"于一种隐喻意义中，而非真实意义。通过加入更多的静态单元实现生长，而不是通过单元的成长、再生或演进。

另一方面，很多景观建筑材料则从内部实现生长或演进。景观通常以一种未成熟的状态出现，但其设计以成熟为目标。景观设计富于戏剧性的变化，它会随季节而改变，并在日光褪色成记忆的几分钟里改变个性。景观设计力图与场地的不同影响力、景观变化以及生命系统进行整合。当设计未能实现整合时，自然影响力设法摆脱非良性的设计系统，景观设计师也痛苦地回想起变化才是自然系统的本质。

在前不久，建筑已经表达了建筑材料、建筑系统以及由此产生的对美学和设计的态度的静态特性。建筑通常未能与其背景文脉进行"对话"，这种对话的重要性也未得到足够的重视，建筑也未能与场地影响力、景观变化加以整合。场地影响力和自然系统都力图摆脱这些不良因素系统，设计师也通过不断地弥补缺憾而做出反应。不幸的是，有些人仍然认为景观建筑所担负的职责是提供补救性的工作，而不是带领设计团队去理解建筑—场地的协同作用和设计，这种设计应与背景文脉系统整合，以保护公共健康、安全及福利，并使人与环境的关系最优化。

景观建筑师在需要整合的背景文脉中进行工作。当景观干预未能与背景文脉进行协同作用时，自然影响力就开始在已经设计的部分以消极方式实施变化。随着时间的推移，景观设计师对于需要考虑问题的感知以及设计的职责已经演化为可依据的、综合性的、广阔的、动态的系统。景观建筑职业已经发展为对当前和未来的健康、生产力、景观项目品质以及这些项目间系统的整合等加以强调。

人们很少会认识到，但意义却很重大的是：设计师不同的感知源于他们对时空的不同态度。这种差异与对文艺复兴的不同理解非常相似——巴洛克风格的画师与立体主义画师哪个更胜一筹。文艺复兴时期的画家从一个固定的点来表现空间（图7-3）。

图7-4：从多个时间点的空间表达（马塞尔·杜尚的（Macel Duchamp）画作《下楼梯的裸女》（*Nude Descending a Staircase*），1912. Copyright © 1990 ARS NY/ADAGP）

观察者和物体在时间上是固定的，从单一视角解读场景。通过线性透视表达三维属性。人们学习通过透视来观察空间，而不是通过表达空间和时间中运动的多重图像。立体主义画家并不将观察者的位置固定于空间和时间当中，在后期阶段他们也将表现对象从空间和时间中解放（图7-4）。由不同的观察者—对象关系产生的多重图像被附加在画作之上。时间以及不断变化的观察者与对象的关系成为三维表达的本质。

在前不久，建筑师倾向于借助对文艺复兴感知的偏爱进行空间设计；景观建筑师则采用更接近于立体主义的方法进行设计。建筑师已感知了固定的空间以及一致的关系；景观建筑师则发现了时间与空间的连续统一，他们认为空间更为多变且具有多种表现形式，它们依赖于不断变化的背景文脉、时间、序列及体验。在建筑和景观建筑这两个专业中，都存在一些显著的意外。建筑师弗兰克·劳埃德·赖特（Frank Lloyd Wright）和阿尔瓦·阿尔托（Alvar Aalto）对视觉序列和空间—时间的关系赋予了极大的重要性。相反，巴西景观建筑师罗伯托·布雷·马克斯（Roberto Burle Marx）绘制并设计出优美的景观作品，这些作品被视为是从特定的、通常是外部固定位置视角获取的整体形象。

7.10 作为一种时间表达的设计
DESIGN AS AN EXPRESSION OF TIME

针对设计作为一种时间表达的探索中，景观设计师考虑了短期与长期的时间框架，他们的设计是为了应对演替、自然节奏、运动、随时间的变迁、美学及设计过程。

7.10.1 短期和长期决策
Short-and Long-Term Decision-Making

景观设计必须面对当前和未来。必须满足短期需求、长期健康以及景观和文化的可持续性。但是当代美国具有一种短期的偏见。决策通常为了使短期经济收益最大化。幸运的是，ISO14000国际环境管理体系认证所发生的变化以及根据这些标准会削弱美国的技术竞争力都极大地促进了我们应以更加具有可持续性的方法取代短期决策制定方法的意识。

这种意识已经支持了景观设计过程中的变化。更加重视在规划与设计系统以及运作环境中众人历经漫长的历史时期做出决策，这将提升更高层级的环境责任感以及系统的健康与生产力。这一论题将在第十四章和第十六章中进行更加深入的探讨。

7.10.2 作为演替的景观设计
Landscape Design as Succession

应对变化的能力是景观设计的本质。达到这一目的的一种方式包括设计方案在栽植植物后会使人愉悦，并随着时间推移景观逐渐成熟。这些方案可以使用早期或晚期演替植物材料，用早期演替植物迅速建立一种令人满意的景观，并使晚期演替植物生长以产生一种更加稳定和长久的景观。通过这种方法，不断演进的美学将把人和景观的演替联系起来。

7.10.3 作为韵律的景观
Landscape Design as Rhythm

景观设计可以从景观的季节层面以及这些层面对感知提供的机遇和施加的约束中受益并提高了认识。设计可以利用季节气候条件的优势，例如，有效地利用植物的季节习性，并借此表达每个季节的不同特征以及每个场所的独特感觉。景观设计师可以操控材料及材料的布置，创造充满趣味的空间表达和所有季节的视觉关联，在一种丰富的时序中编排随季节变化的景观。

室外环境的日间韵律提供了设计机会。景观可以被设计为在尺度、特性及氛围上日夜有显著变化的空间。夜晚的黑暗，通过射灯、向上的灯光、反射光、重点照明、轮廓照明等得到进一步增强，可以通过丰富的多样性取代较为有限的日光效果。景观设计从白天到夜晚的变化可以改变空间感知和视觉以及其他感官刺激的空间关系；动人的景观将更加全面地开发我们的感官。

景观设计也可以反映出场所在一天当中最集中使用的时间。例如，迪士尼乐园和新奥尔良夜晚的照明设计都非常令人兴奋。还有很多露天剧场和夜间竞技场也是如此。景观设计可以充分利用昼夜使用模式的能力来影响我们对于场所的心理意象，并鼓励我们以集中使用时间为基础对场所进行不同的感知。

7.10.4 作为运动的景观设计
Landscape Design as Movement

对时间进行探索和表达的景观可以是丰富的并使人满意。通过设计丰富、不断演进、具有感官体验的景观路径，设计师可以使景观体验最大化。对一个场所之前的体验以及跟随场所而来的体验都可以充实场所体验。景观可以成为一种有效的时间框架，在其中可以对场所和时间加以体验；这些场所和时间可以使观察者对接下来的体验做出准备。整个序列可以成为一种有效景观设计的时空体验。

7.10.5 景观设计和变化速度
Landscape Design and Rate of Change

景观通过生态和文化的介入过程获得进化。当介入过程缓慢地并以微弱的方式改变了景观的时候，改变通常会被协作关系所吸收。这即是属于良好调节的类型，它具有晚期演替、本土化及风土景观的特性。另一方面，迅速或深刻的变化是很难被吸收的。由此产生的景观其整合性、效率及健康情况都较弱。这是多样性的、迅速变化的 20 世纪城市景观中的基本问题。在这种情况下，设计师必须起到景观管理者的作用，并创造出可以推动有意义的城市和景观演进的管理架构和实施结构（13.2、14.1.3、16.6.5）。

7.10.6 时间和美学 | Time and Aesthetics

在我们迅速变化的文化中，存在一种不断增长的对于美学的需求，这种需求包括在变化的同时也要满足人们同时对多样性和图像恒定的需要。设计可以通过一种分类学以及结合了变化、秩序和自发性的设计语言在改变的同时满足人们的需求；这种分类学和设计在一种整合总体中表达出复杂性，并包括了随时间产生的变化。

7.10.7 时间和设计过程
Time and Design Processes

与设计语言类似，设计过程必须面对景观变化。

它们必须促进时间网络的设计，正如接下来的内容所示；还必须促进回应每天、每周和季节性改变需求的场所设计。设计过程还必须包含并回应生态和文化的变化。

7.11 作为回应运动速度的设计 | DESIGN AS RESPONSE TO RATE OF MOVEMENT

在设计景观和穿行过景观系统时，我们必须肯定速度的影响。随着速度的提高，感官刺激也得到提高，我们减小了视锥以及对景观的感知。随着移动速度的降低，视锥和思维得到提高，我们对周围世界有了更强的意识。我们运动得越慢，对眼前景观的意识就越强烈。随着景观复杂性的提高，速率也需要降低。相反地，随着速度的提高，环境复杂性必须降低，而景观偏好恰是依赖于景观复杂性和移动速度间的适当关系。我们还应该留意的是空间特性和路径的性质影响了移动的速度（10.1）。

设计师应该记住，城市环境具有高度的复杂性，在某种程度上加快了城市中的时间感知。因此，人们会被过度刺激而对城市环境麻木不仁，并且因此从中获取较少的愉悦。作为设计师，我们应该对降低快速穿行城市环境的总体复杂性尤为敏感，直接关注那些传达了最相关信息以及提高城市视觉满意度的特性。另一方面，我们应该避免在移动变缓或者当我们凝视一个特定场所时，在表现视觉细节的丰富性和自发性的同时避免单调乏味。

7.12 设计与变化的速度 | DESIGN AND RATE OF CHANGE

当我们为了长期健康和生产力对景观进行操作、规划与设计时，设计师必须对系统环境保持敏感。因为大多数景观都在向着动态平衡进行缓慢而整体的演进，景观设计师通常寻求与系统动力学的整合，避免做出提高变化速度的决策。另一方面，设计师可以将发生深刻、迅速、耗散方式变化的景观视作是得到了令人兴奋的全新解决方法的机遇。

景观设计师必须在几乎所有项目基地上处理建成环境的悖论。他们必须通过高度整合的过程处理随时间变化的动态自然系统以及向更加健康、有效、可持续且具有生产力的方向演进的系统。设计师还

必须接纳静态的人造系统（结构和基础设施），这类系统的组成部分并不会改变。

7.13 作为时序网络的设计 | DESIGN AS TEMPORAL NETWORKS

设计通常伴随对空间感知的敏感重视前进，但不幸的是，对时间感知的敏感性较弱。因为景观是时间体验性的，设计应有效地将景观作为短时体验建立起来。拉普卜特（1977）就是将经历时间变迁构建的场所作为**时序网络**的发展进行阐述。.

将景观作为时序网络进行设计，包括排布各种设施，使这些设施适时地被适合的群体使用，满足这些群体的需求，同时不会和具有不同需求、行为或处理方式的群体发生冲突。设计时序网络通常包括对场所的公共性与私密性进行变更的规划、一天或一年中占据空间的特定群体合理与不合理行为感知变化的规划。看到一个设计，学生开始意识到克里斯托弗·亚历山大所说的"城市并非树形"（1963）的时候是令人欣慰的；我们也十分欣慰地看到他们意识到设计方案并不是一个独立的场所而是很多不同的场所，这些场所随着一个团体的离开和另一个团体建立自己的领地而产生了变化。一旦这种意识的神经突触建立起来，学生就会理解在高效组织起来的生动的意大利广场与荒地般的美国广场之间的深刻差异，这些美国广场会随着城市中上班族下班回家后而变得非常空荡并缺少安全感。

然而，我们应该时刻铭记，即使时序网络也并非不能预知，它也是极其复杂的。场所若要成为在时间中有效的网络，通常必须体现某种程度上的**开放性**（open-endedness），使不同的活动能够在空间中发生，并让使用者可以改变场所从而使场所的氛围发生变化。通过这种方式，空间可以表达微妙的细小差别并打破一致性，这一观点在威廉·霍林斯沃思·怀特制作的录像节目"街道生活"（The Street Life Project）（1979）中进行了探讨，在这一节目中人们受开放的公共空间需求驱使，即使是在就座前移动一下椅子如此细微的象征姿态，这种空间也可以让人们获得某种所属地的感觉。这些微妙之处几乎难以充分预计，因为在很多情况下使用者也是难以预计的。

具有开放性的设施随时间变化。它使几乎无以数计的时间序列得以演进。它还促使使用者缓和他们与设计师的感知（13.1.9）与动机之间的差异。开放性让使用者对无法充分满足他们需要的场所进行良好调节。

7.13.1 作为社交时间和社交空间的设计 |
Design as Social Time and Social Space

人类群体建立了时间和空间领域，从社交时间和社交空间上感知场所。群体建立起领域，合适的群体在时间和空间上会聚的程度将影响他们获得的满意程度以及他们的压力和心理健康。这种程度还决定了群体对场所的感觉。因此，公共景观必须加以设计以促进社交领域在时间和空间上的建立，并提供这些领域之间适当程度的整合与分化。

7.13.2 回应时间节奏的设计 |
Design in Response to Temporal Rhythms

回应现有时间节奏的设计有两种基本方法。第一种是识别普通和非典型的时间韵律和节奏，并回应这种韵律进行环境设计。在这种情况下，公众区域和系统被作为公共空间设计和设置，使合适的群体在适当时间进行使用。公共性较弱的空间被设计为空间上更具私属性的区域。

随着城市更加混杂，变化愈加迅速，设计师通常无法回应时间节奏进行预估或设计。在这种情况下，设计师的任务就是设计出可以随时间变化的环境，对不明确的、多样的、不断变化的使用者的需求做出回应。这些场所的设计会允许最大程度的用户调整改动并容许在空间和时间中的高度社会多样性。场所设计让不同的群体同时对场所的一部分进行使用，而不会打扰不同习俗的群体，能够长时间满足最广泛用途的使用，一个群体在一个特定时间点的使用不会限制另一群体在其他时间的使用。当以这样的方式设计场所时，最大范围不明确的使用者可以在使用的时间周期中从场所获得最为理想的愉悦感。

7.14 设计过程的时间特征 | TEMPORAL ASPECTS OF DESIGN PROCESSES

从 20 世纪 60 年代起，新设计方法已开始发展或细化，改变长期资源管理在时间上的侧重点。例如，**叠加法**（overlay method）——用手绘地图不断叠加来进行土地分析——始于查理斯·埃利奥特（Charles Eliot）在 19 世纪 90 年代用"叠加"方法实施的工程分析和环境分析。这种方法影响到沃伦·曼宁（Warren Manning）的国家规划（1923），曼宁的国家规划以自然和文化资源为基础。叠加法由卢·霍普金斯（Lou Hopkins）推进并发展，并从 20 世纪 60 年代开始由景观建筑师中的领导者融入景观设计方法进行应用，这些景观建筑师包括菲利普·刘易斯、安格斯·希尔（Angus Hill）以及伊恩·麦克哈格。麦克哈格以一种促进学术研究主流加以采用的方式，雄辩地将这种方法推荐给土地设计专业人士；叠加法由卡尔·斯坦尼兹（Carl Steinitz）和其他一些景观设计师进行了更进一步的发展。

这些方法支持了对时间具有敏感性并富于时间表现力的设计策略。他们整合了过去、当前与未来，还把现有的景观设计知识与预期的景观设计洞见整合起来。这些策略揭示了短期思维、资源开发以及将资源转化为废物垃圾的技术经济体系的衰退等当中存在的固有问题。它们表明了回应长期价值、促进可持续资源获取以及再生规划与设计的过程。另外，它们促进了作为时空网络的景观操作、规划和设计，这种时空网络表达了自然的韵律，便捷了时间使用模式。这些方法将景观提升为唤起丰富的体验式故事线索，精心编排设计了实践体验的路径。它们还促使开放景观的设计成为具有体验特性的网络，这种体验网络整合了自然、文化、空间、运动以及个体和群体行为。

但是，这种过程的时间潜力并未获得充分的理解。例如，很多人使用叠图法探索适合于特定土地用途的模式。然而，他们未能认清，我们可以解读由设计过程在不同时间尺度所产生的模式，而且这些模式的表达是动态过程的线索。这些模式以及它们作为历史遗迹或演进的辨识标志能够提供关于历史遗迹及活跃的场地过程的深刻见解。然而，这就是设计过程得以工作的方式。例如，麦克哈格将绘制出的变量组织为多层蛋糕的形式，构成一时间顺序。表现最长时间框架的（地质）为第一层级，表现短期内不断发展发展变化的框架（地下水文、地表水文、土壤、植被、微气候及文化）图纸叠放在上面。这种方法被设计应用于这些实体—空间模式去探索潜在的过程，包括它们在空间和时间上的维度。

　　新一代的设计方法包括很多时间设计工具，例如动态模拟系统性能软件、动画设计以及使观察者进入设计环境虚拟现实的软件。这些软件以及其他设计工具帮助景观设计师模拟过去、现在和未来，并处理自然、文化和感知的时间特性。

参考文献

Alexander, C. A City Is Not A Tree. Architectural Forum, 122, April, 1965, 58–62; May, 1965, 58–62.

Boulding, K. The Image: Knowledge in Life and Science. Ann Arbor: University of Michigan Press, 1956.

Hamilton. J. R., and Thurstone, L. L. Safe Driving 8: Human Limitations in Automobile Driving. Garden City, NY: Doubleday, Doran & Company, 1937.

Lauer, D. Design Basics. New York: Holt, Rinehart, and Winston, 1979.

Manning. W. H. A National Plan Study Brief: Special Supplement to Landscape Architecture, July 1923 (13)4.

Pirsig, R. Zen and the Art of Motorcycle Maintenance: An Inquiry into Values. New York: Morrow, 1974.

Rapoport, A. Human Aspects of Urban Form. New York: Pergamon Press, 1977.

Riflin, J. Time Wars: The Primary Conflict of Human History (Edition one). New York: Henry Holt, 1987.

Tunnard, C., and Pushkarev, B. Man–made America: Chaos or Control. New York: Harmony Books, 1963.

Whyte, W. The Street Life Project. Video, based on The Social Life of Small Urban Places, written and produced by W. H. Whyte, for NOVA, 1979.

推荐读物

Appleyard, D., Lynch, K., and Myer, J. The View from the Road. Boston: MIT Press, 1964.

Lynch, K. What Time Is This Place? Cambridge, MA: MIT Press, 1972.

Parks, D., and Thrift, N. Tome, Spaces, and Places: A Chronographic Perspective. New York: John Wiley & Sons, 1980.

第八章

作为秩序机制的视觉艺术
Visual Arts as Ordering Mechanism

我们已经付出了相当多的精力用于回顾赋予形式以意义，并且影响感知与表达的各类影响力上。我们现在将考虑把视觉艺术作为感性态度与秩序机制。

在《视觉形态设计基础》（*Basic Design: The Dynamics of Visual Form*，1964）一书中，莫里斯·德·索斯马兹（Maurice De Sausmarez）论述道：

> 每个视觉体验都曾经并同时接受了片段性信息、给予视觉感知一种给定形式以及萌生的感受响应……对艺术家来说，最重要的是由此产生的感觉质量。

通过环境体验，思维建立了一种对于世界的构想，并存储成图像供今后参考。外行和设计新手关心的是表现，即表达"是什么"的实体特性。有经验的设计师则是在表达实体特性的基础上，也表现出对于超越实体层面特性的兴趣：将实体特性与存储的认知图像联系起来，形成联想，表达超越字面以外的意义。设计师关心感性的和联想的意义，并同时表达实体的和抽象的特性。在致力于形成联想和汇集意义的过程中，景观设计师对于交流的视觉语言以及在基本语汇中固有的影响力保持敏感：点、线、形式、色彩及肌理。

景观设计师意识到，没有一门艺术——即使是具象派的艺术，可以复制现实。设计师理解到艺术的目的并不是为了呈现，而是把被体验到的景观与心智的潜力结合起来。艺术目的的最佳写照或许就是关于一位艺术家绘制伦敦桥的精彩故事。故事中，一个男子看了看画作和伦敦桥说："我以前从未见过像你画上那个样子的伦敦桥。"艺术家头也不抬

地回答道："是啊，但是难道你不希望它是那个样子的吗？"正如这位艺术家一样，景观设计师也致力于操纵语汇，使景观体验最大化。

景观设计师理解点、线、形式、色彩和肌理的每种特性与组织都在一种背景下发挥内在影响力。很少见的是，这些元素和它们的组织结合起来，与储存于思维中的图像相联系形成联合，并在心灵之眼中感受回应。

景观设计师试图将注意力集中起来，使设计师提升能够汇聚并强化特征含义的意识。通过**抽象**（abstract），设计师从他们的考量中消除了实体世界的某些特性，将注意力集中于其他方面，并以一种结合认知图像并能刺激想象的方式重建这些方面。在这样做的过程中，景观设计变得具有象征性和具象性。

在本主题和下一主题中，我们讨论了视觉因素和组织模式影响感知的方式，同时时刻记得这些考量是问题，而不是规则。训练有素的表达或是理性的论述并未排除自发的、感觉的、直觉的姿态。在艺术上富有创造力的行动，还有科学发现几乎从来都不是逻辑上的缜密设计。它们是直觉的飞跃。这就是为什么设计师迅速且看起来漫无目的地工作：自发的、无计划的线条或形状可以激发思维产生具有创造力的深刻见解。设计师们迅速工作，产生了丰富成果，获得了直观流动的感觉，并开发了直觉提供的设计机会。

8.1 视觉形式的元素
ELEMENTS OF VISUAL FORM

视觉形式的元素可以用来引出思维回应的实体

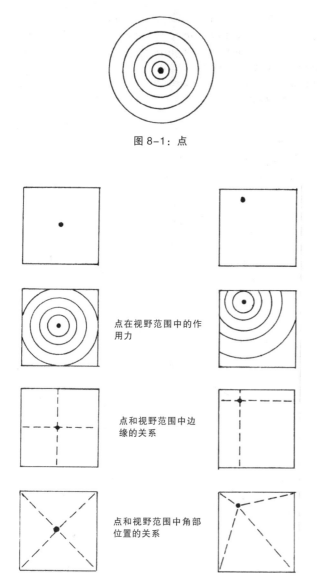

图 8-1：点

点在视野范围中的作用力

点和视野范围中边缘的关系

点和视野范围中角部位置的关系

图 8-2：与视野范围产生关系的点

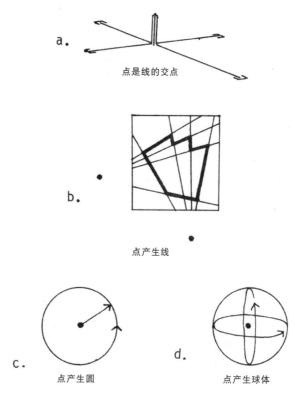

a. 点是线的交点

b. 点产生线

c. 点产生圆

d. 点产生球体

图 8-3：作为特殊场所的点及其生成性影响

特性。**视觉形式的原则**（principles of visual form）是这些元素之间的视觉关系。设计元素包括了点、线条、形式、色彩及肌理，等等。原则包括将元素组织起来获得统一、多样、韵律、比例、尺度、平衡，等等。景观设计师关注这些元素和原则引发出的感性影响。

视觉设计的元素和原则回顾如下。这个回顾并不是为了全面地处理设计元素和原则，而是为了引入一种语汇并开启读者对于视觉设计问题的探索。

几乎所有关于视觉元素的内容列表都包括线条、形式、色彩及肌理。还有一些包括了点元素。

这些元素中的每一种都体现了设计师操控认知效果的特点。

8.1.1 点 │ Point

点是最基本的元素。它没有长度、宽度和深度；也没有方向。然而，它却具有影响力。它被感知为在内部嵌入了生长或运动的能量。这种可被感知的能量影响了它的背景（图 8-1）。当一个点被放置在视野中，它同视野的关系为这个点本身带来了新的特征和能量。在视野中心时，这个点看起来是稳定不动的；事实上，由于视觉重力的作用，这个点看起来好像是在它所在范围中心稍微靠上的位置（图 8-2）。除了带来向外生长的力量之外，点还与所在范围的边缘和角部位置相互作用，这种相互作用造成了影响。当这个点从重心移走，它与边缘和角部位置不平衡的相互作用就产生了张力：这个点就变得不再稳定。

点可以是一个构图中的特殊场所。它们可以意味着相互作用；它们还能产生线条、圆和球体（图 8-3）。任何点都可以意味着无限数量的线。两点之

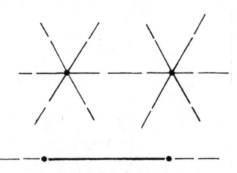

图 8-4：两点产生一条直线

间会建立一种关系及共同的张力。连接这两个点的线成为了一条特殊的线。这条线在两点之间的部分在整个区域内是最特殊的线（图 8-4）。

8.1.2 线｜Line

线是一个点的延伸，它是无数的点相互并排连续而成的，它也是运动的点的轨迹。从概念上来说，线具有长度和方向，但是没有宽度和深度。事实上，一条线要被人看到，就必须具有宽度。某种程度上来说，这种宽度传达出感情。宽线条代表了力量；细线条表现出柔弱。线的特点也表达了情绪。直线看起来明确而稳定，折线看起来能量充沛并且有时有些神经质，曲线看起来很柔美。

线的方向影响了它的能量。纵向的线条表达了最主要的作用力——重力的平衡。一条横线，让我们想起休憩中的身体和支承性的地平面，表达出了稳定感。竖直和水平线条共同传达了坚定的感觉，

所有作用力都处于平衡之中。它们产生了 90° 直角，也带有这种坚定的感觉（图 8-5）。不呈水平或竖直的线具有不坚定的感觉。它们的作用力是失衡的，它们自身也不处于平衡之中；事实上，它们看起来是活跃而动态的。这种线条使我们产生张力或即将发生变化的感觉。

直线和直角还成为我们建造技术的特征，也因此传达出形式的建筑化属性。直线和锐角代表了能量（图 8-6）。另一方面，曲线在自然中随处可见：弯曲的树枝、蜿蜒的溪流、片状剥落的岩石。柔和的曲线使我们产生自然、被动和坚决的感觉。

建筑化特征 / 坚定的力量

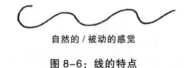

折线特点 / 坚定的感觉

自然的 / 被动的感觉

图 8-6：线的特点

水平和竖直线条以及 90° 直角传达出稳定性和影响力的坚定感觉

斜线表达出运动、不稳定和动态的感觉

图 8-5：线的方向和稳定性

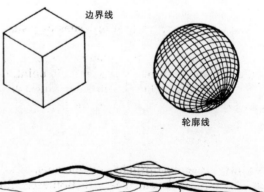

边界线

轮廓线

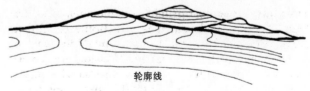

轮廓线

图 8-7：边界线和轮廓线

线条特征还能代表形式和形状。作为边界，线条通过界定边缘来表现形式；作为轮廓线，它表达了形状的表面（图 8-7）。

平行线代表了一个平面。它们之间的距离越近，这种感觉越强烈（图 8-8）。它们产生的平面具有长度和宽度，而没有深度。

平面暗示了空间和体量（图 8-9）。建筑通常使用二维水平表面围合一个空间。垂直平面（墙体）通常阻挡了视线并围合空间。悬于头上的平面增加了围合的程度。

8.1.3 形式 ｜ Form

勾画出一个表面边缘的边界线赋予了这个表面

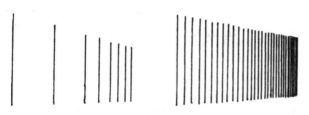

图 8-8：产生平面的线

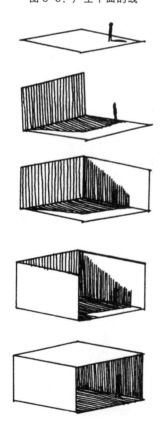

图 8-9：平面暗示了空间

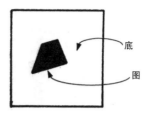

图 8-10：图 / 底

独特的形状。在二维构图中，形状通常被称为"图"，而形状所在的区域被称为"底"（图 8-10）。很多基础设计练习都专注于使图—底之间的关系互动性更强。通常，图被视作一种积极的形状或生成性作用力，而底被视作一种消极的形状或背景。然而，通过这些基础设计研究，我们发现图本身就具有积极和消极两方面。当图将自身作为一种生成性作用力进行表达时，我们感知到积极的或设计出的形状。当底具有这种属性时，它就变成了积极的形状（图 8-11），而图也便成为了消极的或未加设计的形状；于是就产生了图—底之间模棱两可的感觉。将这种现象扩展，表现出一种积极与消极影响力平衡的二维形状产生了三维形态，这种三维形态整合了体量与空间的影响力（图 8-12）。

空间作用力的二维形状 ｜
2–D Shapes as Spatial Forces

在二维范围内的形状具有三维的含义。这类形

黑色圆形的几何图形将它的影响力作用在白色区域

白色圆形的几何图形将它的影响力作用于黑色的图上，引起图—底关系的模棱两可

图 8-11：图 / 底之间的模棱两可

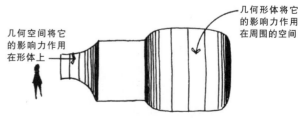

几何形体将它的影响力作用在周围的空间

几何空间将它的影响力作用在形体上

图 8-12：空间与形体的平衡

图逐渐远去；底向前进

图向前进；底逐渐远去

图 8-13：图 / 底和空间关系

由于线条的连续性，人们只能想出八种将 A 囊括其中的构图方式

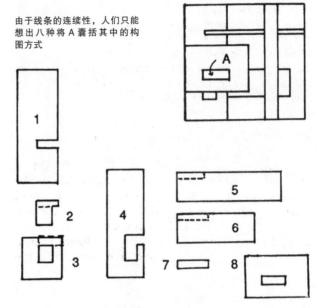

图 8-15：连续的线条

状可以产生空间特征并赋予二维表面空间意义（图8-13）。空间作用力通过产生的深度，发挥分离图—底的作用。当有多重图共同出现时，空间作用可以通过颠倒图—底关系、线条关系以及尺寸、色调、肌理和色彩等方面的差异得到提高。

颠倒图—底关系（Reversals of Figure/Ground）：当图—底之间出现模棱两可的关系时，思维开始与形式产生了动态的联系。随着眼睛审视图面，思维在看到黑底上的白图和白底上的黑图之间进行波动（图 8-14）。由此得到的结果是增强了动态空间的兴趣及视觉的兴趣。

线条关系（Relationships of Line）：线条的长度、宽度、方向、与画面的关系以及与构图中其他元素的关系都会影响空间组织。一种很重要的关系是连续性，因为连续的线条使眼睛以多种方式看到特定的形状（图 8-15）。以一种方式来看，这些形状可以形成一种空间陈述。而以另一种方式来解读，感知到的形状和空间位置就发生了变化。通过有效地运用连续的线条，构图呈现出多种多样的意义；它也就具有了刺激思维并保持视觉兴趣的力量。

从文艺复兴时期开始，艺术家在二维表面表现深度的方法之一就是通过被称为"线性透视"的线条力学系统（6.4.1）。线性透视假定了一个固定的视点，并严格地将元素固定在空间位置上。这种透视把对象和空间表现为不变的物理实体，而不是实体与精神之间的对话。而在吸引思维或探索动态空间关系方面，透视则会适得其反。

为了从空间和时间上固定的一点来表达三维形态，线性透视或许是我们的最佳视觉工具。另一方面，它作为一种探索空间构图的工具却通常不如作为图像与眼睛之间的对话那么有效。除了空间透视矛盾的情况——例如莫里茨·柯奈利斯·埃舍尔（Maurits Cornelis Escher）的作品，线性透视作品的效果与图—底关系构图对话的效果是相反的。

尺寸差异（Differences in Size）：图的相对尺寸表现了空间中的位置（图 8-16）和深度的分离。当相对尺寸支持了其他变量——例如线条和色彩的时候，尺寸就承担了它们的信息。当它抵消了其他变量的时候，模棱两可的程度提高了。

三维形式｜3-D Form

我们的景观体验是空间性的。我们从空间中经

图 8-14：图 / 底颠倒

图 8-16：尺寸作为空间作用力

过；在任意时间上的环境感知都来自我们占据的空间。随着我们从一个场所向另一个场所移动，景观感知变成了一系列的空间体验。富有意义的是，令人兴奋的系列体验为景观带来了强烈的感觉。拥有意义的序列其特征通常是具有清晰设计语汇的个体空间以及一种设计语汇向另一种设计语汇的有效转换。

设计转化 | **Design Transitions**

　　当设计语汇之间必须做出转变时——例如从建筑化的形式转化为自然的形式，最有效地实施转换的场所就是在体量当中（图 8-17）。例如，一座建筑把高密度的住宅区和高速公路隔离开，这座建筑就可以呈现两种不同的表情。在沿高速公路一侧，建筑会与机动车的特性、高速公路的尺度以及车流速度进行对话；而面对高密度居住区一侧，建筑将会表达出邻里特征与尺度。建筑师阿尔瓦·阿尔托的作品通常表达了这种对背景异常敏感的情况。

　　设计转化也可以通过大量种植的植物实现。当从正式空间的一侧来看，大片种植可以是规则间距的灌木丛或行道树；而在不太正式的一侧看，则是一种多变的、富有自然感觉的边界（图 8-18）。

8.1.4　色彩 | Color

　　色彩理论是一门复杂的科学，其内容已经超过了本文的范围。然而，对于景观设计师来说，时刻牢记色彩是光的性质而不是物体的性质是非常重要

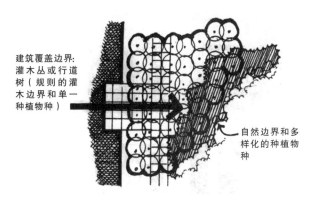

建筑覆盖边界：灌木丛或行道树（规则的灌木边界和单一种植物种）

自然边界和多样化的种植物种

图 8-18：大片种植作为转化

的。物体表面并不具备它们反射和吸收的光线所具有波长的色彩。它们展现出色彩的三种主要性质：色调（hue，与反射光线的波长有关，例如红色或橙色）、明度（value，相对的色彩深浅）以及强度（intensity，亮度）。色彩感知随着物体表面的反射与吸收特性、落在表面的光线色彩以及表面色彩和环境色彩的关系等而变化。

色彩对比 | **Color Contrast**

　　色彩对比可以加强一个二维构图的空间知觉。色彩对比可以通过不同的方式产生，包括明度对比、色温对比、色调对比及补色对比。

　　明度对比（Value Contrast）：每种色彩都展示出一种相对的深浅程度。相邻色彩之间的明度对比越强，它们产生出的在空间中互相分离的效果就越强。明度越相近，它们在空间中看起来就更加接近。在二维构图中，明度对比可以加强或缓和其他的空间作用力。如果要加强其他的空间作用力，明度对比就会强化空间主题；如果与其他作用力产生反作用，则会提升模棱两可的状态（图 8-19）。

　　色温对比（Temperature Contrast）：每种色彩具有从视觉上可感知的冷暖感觉，这种感觉的范围从炽热的橙红色到冰冷的蓝色。因为眼睛在注视不同色彩时的轻微肌肉动作，暖色——红、橙、黄，看起来是向外扩张，而冷色——蓝、绿则看起来向内收缩。对空间距离认知倾向于以大气透视有关的眼睛活动为基础，这是因为大气中的粉尘颗粒扩散出色光，这种色光是从远处物体反射而来并使这些物体看起来具有一种偏冷的灰蓝色。

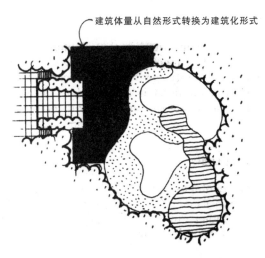

建筑体量从自然形式转换为建筑化形式

图 8-17：建筑体量作为设计语汇之间的转化

明度用来表达透明度，并创造出
模棱两可的感觉

明度用来表示重叠的部分和明显
的深度

图 8-19：作为空间影响力的明度

当一种色彩被其他色彩包围时，它的感知色温
会产生变化。当被色温相似的色彩包围时，它变得
更加中性：冷色变得不那么冷；暖色变得不那么热。
相似色温的色彩还具有相同的空间深度。如果一种
色彩被对比色温的色彩包围时，设计师加强了这种
色彩的感知色温，并从空间上将邻近区域分隔开。

色调对比（Hue Contrast）：各种纯色调产生于
不同的色调明度值。在明度值从 1（白色）到 9（黑
色）的范围内，纯黄色的明度为 3；橙色的明度为 5；
绿色和红色的明度为 6；蓝色的明度为 7；而纯紫色
的明度为 8。邻近的纯色调可以产生明度对比和色
温对比。

补色对比（Complementary Contrast）：每种颜
色都有一种互补的色调。当补色混合起来时，就会
产生一种中性的灰黑色。将补色并列起来会使每种
色彩的视觉活力以及色彩之间的空间分隔感最大化。

对比类型的关系（Relation of Types of Con-
trast）：以上每种类型的色彩对比都与其他的色彩
空间作用力具有相互作用。这些色彩对比还与其他
变量产生相互作用，这些变量包括图—底关系、线
条特性、尺寸、形状和肌理，它们的相互作用对于
我们感知空间关系产生影响。

8.1.5 肌理｜Texture

一个形状或物体的肌理或感知平面特性会把我
们对于视觉和触觉的感受统一起来。即使我们并不
触摸表面，视觉刺激也会引起思维对于触摸后产生

感觉的回想。我们可以想象这种感觉。

肌理主要有两类：触觉肌理和视觉肌理。触觉
肌理可以通过触摸感知。在绘画中，颜料里混入沙
子可产生这种感觉。拼贴画是通过把小片的色彩和
具有肌理的织物、纸或其他材料粘贴起来的设计作
品，它是一种在二维表面上表现触觉肌理的技术。
这种肌理是将二维表达通过浅浮雕转化为三维体量
和空间的开端。

视觉肌理是巧妙地运用色彩和明度模式，从而
在一个光滑的表面上表现肌理。这种感觉是一种视
觉感觉；所产生的肌理不可通过触摸被感知。视觉
肌理捕获了在一个具有肌理的表面上光之舞的效果。

在一个二维构图中，视觉肌理可以表现深度。
粗糙或高低不同的视觉肌理向外扩张，而光滑的部
分向内收缩。作为一种空间影响力，肌理可以与其
他空间影响力共同作用，例如图—底关系，尺寸、
明度或色彩的差异以及线条的关系。

8.2 视觉形式的原则｜
PRINCIPLES OF VISUAL FORM

在设计师之间存在数个层级的协议，这些协议
作为设计的特定原则。设计师倾向于认同存在组织
原则，这些原则影响了我们感知二维和三维构图的
方式。设计师还普遍倾向于认同原则的涉及范围，
但有时并不认同特定的原则及这些原则的名称。脑
海中有了这种警示，我们在此讨论：统一、强调或
聚焦、平衡、尺度和比例、韵律以及简单等设计原则。

8.2.1 统一｜Unity

统一或和谐表现了一个构图中的元素合成整
体；即它们具有视觉关联性。统一带来了连贯性；
它使得构图能够被理解。缺乏统一性的设计呈现出
混乱的状态，并通常会被感知为碎片。

提供统一性｜Providing Unity

构图统一性的一个基本方面就是构图整体的地
位先于各组成部分。另一个基本方面就是构图要表
达它潜在的主题。每个部分都有其意义，并且这些
部分可能在层级上明显不同，它们组合到一起成为
一个完整的、有意义的形式。统一帮助构图将自身

建立为一个整体并表达它的潜在主题。统一性可以通过连续性、重复性及彼此接近性得到提升。

连续性（Continuity）：连续性指的是设计中的一些元素的连续。构图中的点、线、形式、色彩或肌理都可以从一部分延续到另一部分，从而提高统一性。例如，在图 8-3b 中，点为并不相连的线提供了可以感知的连续性；即特定的点成为几组线条共同的生成性作用力。在图 8-15 中，线在构图的各组成部分之间提供了连续性。

重复性（Repetition）：当某一元素在构图的不同部分中反复出现时，视觉的统一性可以获得增强。图 8-19 中，重复了水平与竖直线条以及 90°角；图 8-14 和 8-16 中重复了形状。色彩的重复是一种在构图中提高统一性的普遍方式。重复设计元素，如点、线、形式、色彩或肌理通常是成功的艺术作品构图中的潜在秩序。

接近性（Proximity）：在一个以接近性为基础的构图中，诸多元素可组织在一起构成组团。接触在一起的元素或重叠的元素具有增强型的组成群集的能力，与构图中其他元素明细分隔的组群也具有这种能力（图 8-20）。

提供多样性 | Providing Variety

当设计师寻求统一的时候，一个完全统一的构图却是缺乏视觉趣味的（图 8-21）。那么，设计意图通常在相关连续性的相反两端之间建立起一种对话——即统一性和多样性共存，主题中需要变化，秩序中也需要某种程度上健康的自发性。

建筑上的议题 | Architectural Issues

风土建筑（vernacular architecture）主题的特征是变化。潜在的主题是材料、技术以及场所赋予的秩序。这种主题将自身表达为一种文化习语。然而，

除了色彩明度和形状上的差别，中央的四种形状由接近性、重叠性并与其他元素相隔离而产生了统一性

图 8-20：发挥统一影响的接近性

全部统一 / 缺乏变化

统一而有变化
具有变化的主题

图 8-21：统一和变化的相互影响

这种文化习语为变化留有余地。每个单元都体现主题并表达自己的特征。由此产生了一种丰富的建筑：风土建筑。在体验过程中我们自发地对不断变化的主题品质加以回应，例如，我们对一座希腊村庄的体验（图 8-22）。

具有现代建筑传统的建筑因为缺乏变化而遭批判：它们过于统一。另一方面，从这种建筑传统中演进而来的城市也会缺乏统一性。每座建筑物把自身作为一个元素进行表达，但是元素却没有整合或统一在一个有意义的整体之中。因为这些失败的串联，当今西方城市缺乏作为一个整体的统一性，也缺乏元素间的变化。当前，后现代主义正在应对碎片式的平淡，但并没有应对将整体成为一个有意义城市结构的需求。这一主题将在 12.2 中详细探讨。

8.2.2 强调或聚焦 | Emphasis or Focalization

艺术家可以将注意力集中在作品的某一部分或

图 8-22：风土设计

多个不同部分。集中焦点,尤其是通过一系列不同层级的焦点,具有吸引注意力并增加兴奋性的能力。

当一个作品中的某一元素与其他元素之间出现可察觉的差别时,于是就产生了关注焦点(图8-23)。这种差别可以产生在尺寸、尺度、形状、方向、明度、肌理、色彩或其他可变因素。任何与设计语汇或者构图连续性产生反差的元素都将呈现关注焦点的特征。

交汇的线条也在一个构图中强调了焦点,放射状的设计在景观建筑学中普遍可见(图8-24)。

需要注意的一点是秩序。当与约束协同应用时,多重关注焦点可以在一个统一的构图中提供多样性。如果缺少这种约束,它们会紊乱,无法建立对话,并破坏构图的统一性。

8.2.3 平衡 | Balance

绘画的平衡包括了影响力的视觉分辨率。当我们观察一个构图时,我们在直觉上(从视觉角度)衡量构图的中央垂直轴。这种衡量过程是对构图中的所有视觉元素做出的一种完形心理学上的反应。

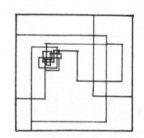

图 8-23:关注焦点

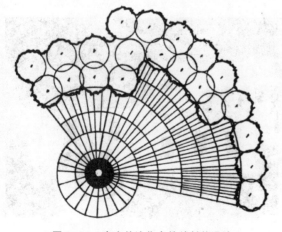

图 8-24:产生关注焦点的放射状设计

不平衡或悬而未决的影响力,是一种刺激条件,而有时也是干扰条件。当存在不平衡时,一种不安的感觉在构图中蔓延。平衡有两种主要类型:对称和不对称。

对称的平衡 | Symmetrical Balance

我们的身体基本上是对称的。或许这就是为什么刚从业的设计师努力使设计构图通过按中央轴线对称的镜像图像达到平衡。很容易建立对称的平衡,也容易识别。它是一种绝对的或完美的平衡。它是"相同一致的平衡"——形状与形状平衡,色彩与色彩平衡,等等(图8-25)。

对称的平衡是静态的;它建立了一种被动形式的感觉。在某些情况下,对称的平衡是理想的,正如政府建筑表现出一种永久性的感觉,大厦呈现一种庄严的优雅之感。另一方面,对称的构图可能索然无味并具有过分的可预见性。在辩证交流中,它们通常缺乏唤起注意力的能力。

不对称的平衡 | Asymmetrical Balance

不对称的平衡是通过巧妙运用不同的可变因素建立相等的视觉权重而产生的(图8-26)。色彩对比可以用来平衡尺寸大小,明度可以平衡色彩,等等。多种可变因素的格式塔完形决定了平衡的程度。这种通常被称为"**非正式的平衡**"(informal balance)或"**隐藏的平衡**"(occult balance),比对称的平衡更加随意,具有活力。

虽然不对称的平衡比起对称均衡显得未经精心设计,缺少规划,但是它需要更高的控制水平,需要对设计更加精通。它将设计作为一种适应,这种适应是基于对环境的解读和精炼。它比起用镜像手

图 8-25:对称的平衡

段产生平衡的对称更为复杂。

8.2.4 尺度和比例 | Scale and Proportion

尺度和比例是两种说明相对规模大小的方式。**尺度**（scale）指的是与人或其他一些度量单位有关的尺寸。**比例**（proportion）指的是片段与整体之间或片段与片段之间的尺寸关系。沙漠中的景象可以被称为"具有超人的尺度"，而一个正方形具有一种（边与边）1:1 的比例关系。

二维构图中的尺度 | Scale in 2-D Compositions

尺度指的是一个构图中的元素尺寸，元素之间相互关联并与整体布局相关。可以操控尺度，以强调构图中的某一个元素（图 8-27）。尺度可以表达出视野的广阔（图 8-28）或实现一系列其他效果。

场所营造中的尺度 | Scale in the Making of Place

在自然环境中，相对人的尺寸从直觉上估量一个物体的大小对于确定实体环境的感知尺度是很重要的。汉斯·布鲁门菲尔德（Hans Blumenfeld，1953）界定了五种感知尺度。**亲密的人体尺度空间**（intimate human-scale spaces），在其中可识别出个人的面部表情，这种空间的感知尺度范围水平方向在 48 英尺以内、竖直方向在 21 英尺以内。**人体尺度空间**（human-scale spaces）的范围在水平方向上为 72 英尺、竖直方向为 30 英尺以内。**公共人体尺度空间**（public human-scale spaces）包括为大型群体所用的公共空间。这种空间的尺寸很少会超过 500 英尺。**超人体尺度的空间**（superhuman-scale spaces）指的是纪念性空间。**极大人体尺度空间**（extra-human-scale spaces）与人已经无关，而是与自然相关。极大人体尺度是山川、平原和金字塔的尺度。它也是环境雕塑的尺度，例如克里斯

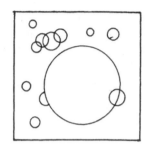

图 8-27：强调尺度

图 8-28：超人体尺度

托·弗拉基米洛夫·加瓦歇夫（Christo Vladimirov Javachef）的作品"奔跑的栏栅（Running Fence）"以及"水帘谷（Valley Curtain）"（图 8-29）或罗伯特·史密森（Robert Smithson）的作品"螺旋形防波堤（Spiral Jetty）"。一件艺术作品的尺度，或者一个场所的尺度，从整体上与它的主题或创作意图相关。夸张的尺度，例如"水帘谷"，让我们以一种独特的方式观察世界。超人体的尺度让我们重新评价人类在大规模设计方案中的角色；亲密尺度，让我们对人与人之间或个体与自身之间的关系进行评估（图 8-30）。

比例 | Proportion

比例指的是一个元素的相对尺寸（长度、宽度、深度之比），或与整体相关的一个片段的尺寸。

图 8-26：不对称的平衡

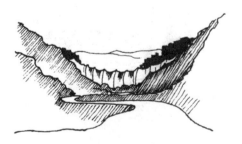

图 8-29：克里斯托设计的水帘谷

不论何时，当一个版面中引入一个点的时候，这个点就对版面进行了划分。由此产生的形状比例影响了感知。动感最弱的划分方式是均等划分。除非特意创造出一种静态的感觉，设计师应该避免将一个版面划分为相等的片段（图8-31）。当给一条线分段的时候，情况也是如此。均等划分缺乏活力，这是绝大多数人都会认同的。在这一共识的基础上，一些人声称特定的比例关系尤其令人感到满意。

比例体系 | Proportional Systems

纵观历史，设计师们都在寻求既不会过于明显以致乏味，也不会太不稳定以致令人烦躁的比例关系。毕达哥拉斯（Pythagoras）认为，理想的比例是宇宙中的潜在秩序与和谐结构，并且这些比例可以通过各部分之间保持一致的整数关系加以解释。他根据长度关系比为6∶4∶3的三根弦弹能奏出和谐、优美的音乐，提出了音阶体系。后来在文艺复兴期间，这些和谐的区间间隔应用于建筑设计。

黄金分割（the golden section）也被称为"黄金比例"或"黄金数字"，被古希腊人认为是最完美的比例关系。古希腊人相信，黄金分割在人体比例中扮演着重要角色，于是他们依照黄金比例划分神庙的比例。黄金分割说明了整体中的较小部分与较大部分之比，等于较大部分与两部分总和之比（图8-32）。尽管现在很多设计师会说，这种比例系统对于设计来说太过刻板了，但是它确实历经了长久的岁月。帕提农神庙（the Parthenon）就采用了黄金分割作为秩序机制，它被很多人认为是有史以来视觉上最舒适的建筑。这种比例系统还在文艺复兴时期得到应用，同时也是勒·柯布西耶（Le

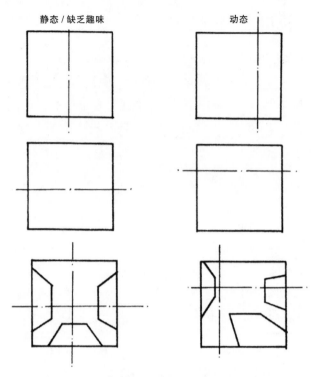

图8-31：场地比例划分

Corbusier）提出的**模数概念**（modular）（1955）的基础。

以一组黄金分割的短边生成一个正方形，余下的长方形仍然是一组黄金分割，这个黄金分割的长方形统一可以被另一个由短边生成的正方形如此分解（图8-33）；渐进的几何级数可以用来扩展或细分空间（图8-34和图8-35）。黄金分割或黄金螺旋可以通过扩展或细分而建立起来。

13世纪提出的**斐波纳契数列**（Fibonacci Series）是一系列的整数，随着数列不断推进，比例值越接近黄金分割（图8-36）。斐波纳契数列在植物

图8-30：亲密尺度

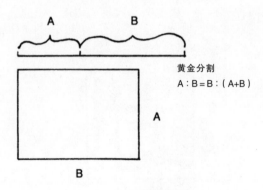

黄金分割
A∶B=B∶（A+B）

图8-32：黄金分割

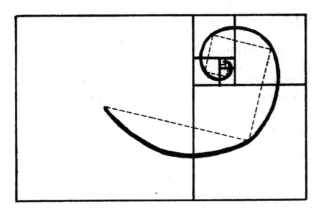

图 8-33：黄金螺旋（比例为 0.618034:1。当左边划分出一个正方形时，就建立了另一个黄金分割。每一个随后得到的黄金分割被一个正方形划分从而产生一个更小的黄金分割。这种形式在自然界中重复发生，随处可见。）

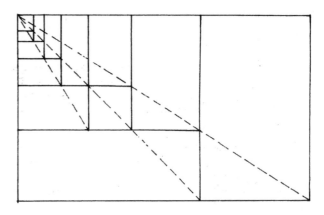

图 8-35：黄金分割、被细分的正方形以及秩序空间（一个长方形，它的边长按照黄金分割比例。当划分出一个正方形后，将留下一个黄金分割比例的长方形。这一过程可以无数次重复，将空间细分成逐渐缩小的黄金比例长方形和正方形，各部分比例保持一致。）

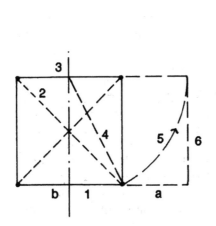

$$a/b : \frac{b}{a+b}$$

1. 通过扩展获得

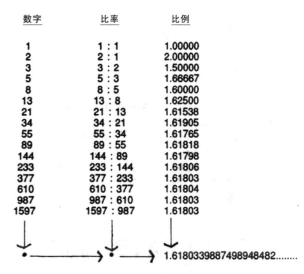

数字	比率	比例
1	1 : 1	1.00000
2	2 : 1	2.00000
3	3 : 2	1.50000
5	5 : 3	1.66667
8	8 : 5	1.60000
13	13 : 8	1.62500
21	21 : 13	1.61538
34	34 : 21	1.61905
55	55 : 34	1.61765
89	89 : 55	1.61818
144	144 : 89	1.61798
233	233 : 144	1.61806
377	377 : 233	1.61803
610	610 : 377	1.61804
987	987 : 610	1.61803
1597	1597 : 987	1.61803

1.6180339887498948482……

图 8-36：斐波纳契数列

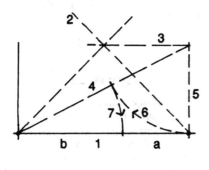

$$a/b : \frac{b}{a+b}$$

2. 通过细分获得

图 8-34：通过扩展和细分获得的黄金分割

和动物形态中以及自然界各处重复出现。这个数列预示了雏菊小花生长的螺旋线、海洋贝类的曲线、松果的螺旋形以及空间曲线。它在多种尺度和自然环境中的重复出现暗示了这种数学关系或许表达了某些潜在的宇宙秩序。这为斐波纳契数列作为一种设计中的秩序机制加以应用提供了可行性，因为个体可能从直觉上感受到这种普遍存在的自然关系。

在 20 世纪早期，立体主义探索将几何和比例作为秩序机制。勒·柯布西耶根据立体主义盛行的趋势，在人体以及数学的基础上发展了他的"模数"。

究竟是否存在一种完美的比例，究竟理想的比例关系是否在主导宇宙的秩序，这些都未得到证明。然而，对于这种比例关系的设计研究仍然在继续。

8.2.5 韵律 | Rhythm

韵律，包括了重复，通过对相似体的复现关系使得作品统一。我们将空间中的韵律与时间的韵律结合起来，由此，韵律把视觉和听觉联系起来，或者更加具体地说联系了节奏和音乐。在音乐中，韵律可以是流动而连续的；我们将这种情况称为"**连奏**"（legato，图 8-37），颤抖的韵律称为"**断奏**"（staccato，图 8-38）。

视觉艺术中的韵律与眼睛的运动有关。目光扫过重复的形状时产生了一种富有韵律的感觉。韵律的暗示可以通过线条、外形、颜色、明度或肌理产生。

8.2.6 简单 | Simplicity

此处最后列举的原则是简单，它包括了一种经济实用的视觉手段。它的目标是通过最少量的片段表达出最丰富的含义。设计师为了达到这一目标，作品中的每个元素都必须具有意义，并且都必须有效地操控每种关系。

虽然看上去非常简易，但是简单或许是最难以达到的原则。为了在对话沟通中将注意力吸引到设计上，并以经济实用的方式保持兴趣，设计必须具有理想的关系。这一原则向不断探索最理想的设计

提供了动力，例如之前讨论过的完美比例关系。

8.3 设计意图 | DESIGN INTENT

很多人认为，艺术最主要的意图是维持兴趣。他们通过艺术作品吸引注意力并引起情感回应的能力衡量艺术作品是否成功。

成功的艺术作品与思维建立了一种沟通对话。实现这种对话通常是通过一种对影响力不完整的或不明显的分辨解析。完全统一的作品经常看起来很乏味；维持兴趣至少需要对于自发性的暗示。这种混沌的体现存在于直觉的内心。这正是艺术的生命力，与神秘和力量共同吸引了人的注意力。成功的设计师喜欢针对秩序或关联性产生自发和同步的感觉。

参考文献

Blumenfeld, H. Scale in Civic Design: Town Planning Review, 14 (1), 1953.

Doczi, G. The Power of Limits: Proportional Harmonies in Nature, Art and Architecture. Boulder. CO: Shambhala, 1981.

De Sausmarez, M. Basic Design: The Dynamics of Visual Form. New York: Van Nostrand Reinhold, 1964.

Le Corbusier. The Modular (Second edition). London: Faber and Faber Ltd., 1955.

推荐读物

Ching, F. D. K. Architecture: Form, Space and Order. New York: Van Nostrand Reinhold, 1979.

Harlan, C. Vision and Invention: A Course in Art Fundamentals. Englewood Cliffs, NJ: Prentice–Hall, 1970.

Hesselgren, S. Man's Perception of Man–Made Environment: An Architectural Theory. Stroudsburg, PA: Dowden, Hutchinson & Ross, 1975.

Lauer, D. Design Basics. New York: Holt. Rinehart, and Winston, 1979.

Pearce, P. Structure in Nature As a Strategy for Design. Cambridge, MA: The MIT Press, 1978.

Wong, W. Principles of 2–D Form. New York: Van Nostrand Reinhold, 1988.

图 8-37：连奏韵律

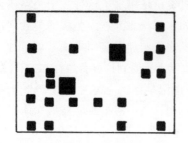

图 8-38：断奏韵律

第九章

作为秩序机制的几何学
Geometry as Ordering Mechanism

感知是体验性刺激、思维中存储的图像以及解读的基本人类动机的结果。大脑各部分组合起来以不同方式促进理解并界定意义。大脑边缘系统中天生的情绪反应来自于自然界中的各种形式。另一方面，历经了7000余年，西方文化已经接纳了欧几里得几何学，并且我们的大脑皮层已经进化出了一种对理性几何的文化偏见。我们用不同的方式，以不同的情感水平对自然和人工界定的两种不同类型的几何学进行解读和响应。为了理解这两种情况，我们将以更简单的欧几里得几何学为开端，欧氏几何作为一种秩序机制主导着西方文学。然后我们将探讨自然界中的几何原则，包括无机和有机几何两种表现形式。

9.1 欧几里得几何学
EUCLIDEAN GEOMETRY

欧几里得几何学共有四种类型：直线几何、角几何、圆形几何以及以上几种的组合。四种中的任何一种都具有潜在的影响力，可以把其中的元素整合在一个完整的形式语汇之中。熟练的景观设计师理解并应用这些潜在的影响力，使元素紧密联系在一个统一的构图之中。运用这些影响力的能力以及设计师应用前文讨论的视觉艺术元素、原则能力的结合，将使场地设计师创造出富有趣味和含义丰富的场所。

本节中，我们将讨论产生欧几里得几何形式并使其相互关联的影响力。我们将探索设计师如何才能应用这些影响力，从而使几何形态各个部分产生相互联系的感觉，并为四种欧几里得几何学类型中的每一种建立设计语汇：直线几何、角几何、圆形

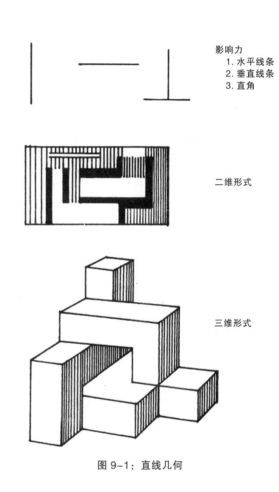

影响力
1. 水平线条
2. 垂直线条
3. 直角

二维形式

三维形式

图 9-1：直线几何

几何及组合形式。

9.1.1 直线几何 | Rectilinear Geometry

生成直线几何的影响力是水平和垂直方向的线条及90°角（图9-1）。所涉及的这些静态影响力包括分解的重力、静止的图像、地平线以及从直觉上处于平衡状态的影响力所产生的分解的角度。

由于直线几何构图的潜在影响力，所以它们看

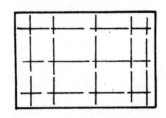

平面布局的边缘产生了能量场

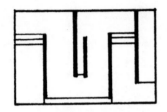

当设计影响力与这些平面布局的能量方向一致时，直线的特征得到了加强

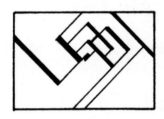

当设计影响力与平面布局的能量方向不一致时，某些有棱角的特征被引入到构图中

图 9-2：直线构图中影响布局的作用力

上去是静态的；它们同时也承担着乏味的风险。这些构图在保持连续感觉的同时可以容纳高度的随意性。在它们显而易见的秩序中，直线几何构图也为操控个体元素实现多样性、动态平衡、韵律及强调重点提供了空间。在追求这些意图和其他一些意图的时候，设计师仅需要承担丧失构图统一性的少量风险——只要线条保持平行和垂直即可。

设计的二维形式或三维背景在直线几何构图中非常重要。这些布局或空间背景的边缘通常是正交的。当设计构图的直线影响力与布局或空间的边缘方向一致时，直线形式的静止感觉得到加强（图9-2）。当元素与平面布局或空间的边缘方向不一致时，就产生了一种受到控制的活力感。当构图保留了它的直线特征时，直线构图与平面布局或空间边缘之间的角度关系就对设计赋予了受到一定控制的有棱角的形状。

9.1.2　角几何｜Angular Geometry

生成角形式的影响力来自于点、放射状的直线及角度（除了90°角）。角从一个点扩展开去，这种有角形式的构图表达了动态、富有能量的感觉。锐角增加能量，强化了有棱角的形态（图9-3）。钝角表达出一种受到控制的、抑制的或精制的能量。直角（90°角）消除能量，取而代之的是表现出稳定的直线形式。

放射状线条表现出趋向或远离放射点的能量。近乎平行而实际并不平行的线条意味着极度锐利的

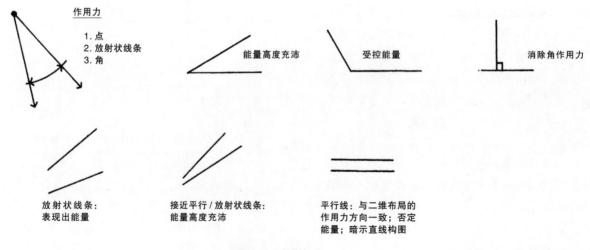

图 9-3：角作用力

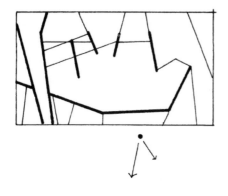

缺少统一性的
角几何

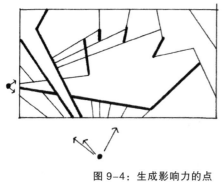

由有限数量的
点产生的高度
完整的角几何
形式

图 9-4：生成影响力的点

图 9-5：受控的角几何

一个点以固定距离绕着另一个静止点进行运动就形成了一个圆

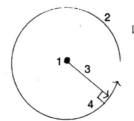

圆形中固有的影响力
1）产生影响力的圆心点
2）弧线
3）放射状影响力
4）放射状影响力和弧形影响力相
  汇处的直角

图 9-6：圆形几何中的影响力

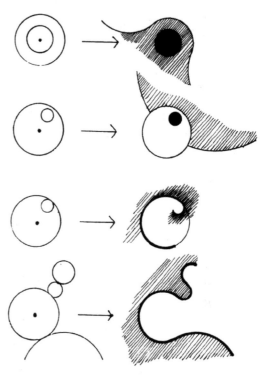

图 9-7：圆形之间特殊的关系

角度。这种线条使张力最大化，强化了有棱角的形态。另一方面，平行线消解了张力。它们不代表放射状的能量，而是消解互动关系及直线形式。与二维布局的边缘方向一致的线条表达出一种静态的感觉，并隐含着直线形式。与二维布局或空间边缘方向不一致的线条加强了棱角形态。

角状的构图与生俱来便拥有充沛的能量。它们令人兴奋，但也会缺乏统一性。在角几何构图中，可以通过减少生成线条的起始点的数量来提高统一

性。这让人们不再觉得能量是随意和杂乱的，他们会感受到能量是从关键点源源不断地散发出来，同时，本来单个独立的线条通过这些关键点彼此关联起来（图9-4）。人们直观上会觉得这种彼此关联的图形是统一且有序的。

带有钝角或一些非 90° 角的平行线条的角几何构图表现出高度受控或具有极高秩序能量的感觉（图9-5）。

9.1.3 圆形几何 │ Circular Geometry

一个点以固定的间隔距离绕着另一个静止的点

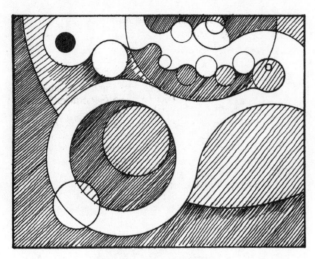

图 9-8：圆形形状的构图

运动的轨迹形成了一个圆。一个圆固有的影响力在于它的圆心、运动的点经过的圆弧（及同心的圆弧）、连接运动轨迹和固定点之间的半径以及半径与圆弧上切点处的 90° 角（图 9-6）。

在圆形几何中存在许多固有的特定关系（图 9-7 和图 9-8）。相切或平行的关系倾向于促进被动状态和稳定性。另一些缺乏稳定性的关系，包括不相切和不平行的关系，可以表现出能量（图 9-9）。例如，细长条状的形式可以打破圆形几何构图中的被动状态，可以有效地为这些构图增加能量。

9.1.4 组合几何 │ Composite Geometry

组合几何将直线、角或圆形的元素或结构整合在一起。正如我们所见，这三种纯粹几何形式的每一种都具有固有的影响力。将这些影响力与不同的几何形式进行整合应该包含可以容纳纯粹几何形式影响力的元素和结构。当元素和结构能够自动接纳

两种或更多纯粹几何形式的影响力时，外形将与这些几何形式融洽共处并实现整合。为了探索这一概念，我们先来研究直线和角几何形式的组合，接下来探讨直线与圆之间的相互组合，接下来是圆形和角几何形式的组合，最后探讨三种纯粹几何形式的共同组合。本小节结尾评论了可选择的共同发挥作用的方式以及这些共同作用的影响。

直线—角的组合 │ Rectilinear–Angular Composites

直线几何表现了水平和垂直线条、平行线条以及直角（90° 角）的影响力。角几何表现了生成点、直线及角度。整合这两种几何形式的组合可以采用放射状和平行线条、90° 角和非 90° 角并在关键位置整合元素（生成点、连续的线条、平行线条以及90° 角），从而在视觉上统一直线几何和角几何（图9-10）。

直线—圆的组合 │ Rectilinear–Circular Composites

直线和圆形几何都包含关键点。在直线形式中，转角处是特殊的点；在圆形中，曲率的中心具有特殊的生成力量。这两种几何形式都具有 90° 角，直线形式中是在轴线相交处，在圆形中是半径—弧的连接点位置。圆形几何的放射状影响力是直线条的，而直线条也属于直线形式语汇中的一部分。在相切的情况下，弧线变成了直线（图 9-11）。

直线和圆形几何的组合所具有的优势在于影响力与环境之间的一致。图 9-12 展示了一个大型建筑形式的俯视图，这个构图布局通过将一个立方体雕塑放置于直线—圆组合布局的支配位置确定了这件艺术品的统御地位：圆形的中心以及长方形的转角。图 9-13 也使用了直线—圆的组合几何。

图 9-9：圆形形状之间的角关系

图 9-10：直线—角的组合形式

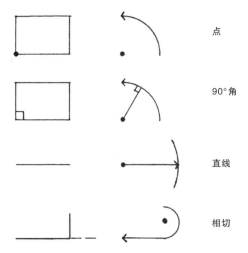

图 9-11：直线和圆形组合中的整合影响力

点

90°角

直线

相切

图 9-12：直线—圆形组合形式

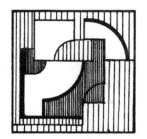

图 9-13：直线—圆形组合形式

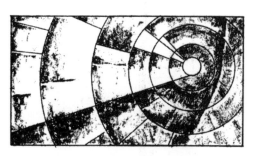

图 9-14：角—圆形组合形式

角—圆的组合 | **Angular–Circular Composites**

角几何和圆形几何共用特殊点和放射状线条作为生成性影响力。这些特殊点和放射状线条可应用于整合这两种几何形式（图 9-14）。

直线—角—圆的组合 | **Rectilinear–Angular–Circular Composites**

将直线、角和圆形几何进行整合涉及将以上提到的三组影响力融为一体。三种几何形式都具有由点产生的影响力，并且三种几何形式都具有直线影响力。这些共有的影响力可用于整合这三种几何形式（图 9-15）。

整合策略 | **Integration Strategies**

从概念上讲，不同的几何形式语汇可以通过许多种方式进行整合。方式包括完形心理学整合、区域强调、尺度交互作用以及不相关语汇之间的辩证互动。

完形心理学整合（Gestaltic integration）包括动态地对元素整合。每种被感知到的形状都是对个体几何形式的一种整合。每个片段以及构图整体都表现了整合，并通过这种表现提供构图的统一性（图 9-16）。

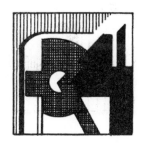

图 9-15：直线—角—圆形组合形式

图 9-16：完形心理学整合

图 9-17：区域强调

区域强调（zoned emphasis）将表达独立与相关的纯粹语汇的重点强调区域加以组织、构图，并将组合几何作为这些区域之间的形态转换（图 9-17）。例如，在景观设计中，这种方法可以建立独特的空间。每种空间都将呈现出对一种纯粹几何形式的统一表现，每种纯粹几何形式都是一种单一形式语汇以及一种对场所的独特感觉。分隔空间的体块可以成为组合几何形式的过渡区域。

尺度交互作用（scale interactions）可使一种形式语汇将自身确立为构图的发源地或普遍语汇（图 9-18），并使另一种通常在完全不同尺度上的语汇

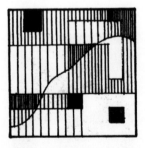

图 9-18：尺度交互作用

图 9-19：稳定的相互作用

打破已确立的语汇形式的模式。尺度交互作用中存在着超自然的神秘平衡，在这种平衡中，通过打破发源地的普遍性平衡模式产生视觉主导。沿干扰途径产生的偶发形式构成了对构图的动态感受。

辨证互动（dialectic interplays）通过不相关联的几何形式语汇组合在一起而产生。当这些不相关联的语汇相遇，并且人为制造出它们的交点使共存关系同时满足两种几何形式，这时就产生了一种稳定的感觉（图 9-19）。当它们偶然相遇时，一种几何形式会成为主导，而另一种则为隐性。隐性的几何形式呈现出一种隐埋于下的假象，从主导性几何形式中脱颖浮现，同时在这两种集合之间建立了相互影响（图 9-20）。

还有无数的策略可用于整合不同的欧几里得几何形式语汇。

9.2 自然中的几何 | GEOMETRY IN NATURE

有些人——包括理查德·布克敏斯特·福勒（1965）、康拉德·瓦克斯曼（Konrad Wachsmann，1961）、乔治·多柯茨（Georgy Doczi，1981）以及彼得·皮尔斯（Peter Pearce，1978）都对自然中的三维空间和几何关系以及自然几何作为一种设计形式的策略进行了研究。有些人研究了通过重复使用模数元素实现自然界的效率以及不断演进的能够加速多样性和变化的自然作用力几何学。为了更好地理解自然界中的几何学，我们将探讨以下两个问题。首先关注自然界中的效率网络，然后探讨自然界中演进的几何形式。最后，为了提高对自然形式和秩序的理解以及自然协同人类和环境的潜力，我们将讨论独立于自然的尺度、碎片分形几何的潜力以及

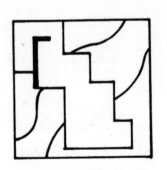

图 9-20：动态的相互作用

混沌科学。

9.2.1 效率网络 │ Efficiency Networks

正如彼得·皮尔斯在《自然中的结构是一种设计策略》（*Structure in Nature Is a Strategy for Design*）中所提到的那样，很多设计师都将自然形式作为自然系统特有的效率、多样性以及变化的表达进行考察。这些设计师研究了由物理和生物过程产生的几何形式，并探寻理解宇宙的形式、人类在秩序中的角色以及从自然形式中学到的设计经验。很多设计师发现，仅以数种影响力以及有限的元素组件，自然就建立起了深刻的多样性，正如大量的化学制品都来自于少数几种基本的元素。他们还注意到，自然系统行为通常是由几种物理的、几何的或化学的限制条件（称为"规则"）构建的，那些规则会影响到特定形式发生的可能性。这些设计师已经看到了在这些系统中演进的多样性和效率，它们作为形式影响力在环境可变因素（如温度、湿度、气流或水流以及压力）的背景中运作。设计师们逐渐学会读懂这些规则，并将它们作为理解系统影响力的线索。例如，在《生长与形式》（*On Growth and Form*）中，达西·温特沃斯·汤普森（D'Arcy Wentworth Thompson，1963）以示意图形式描述了自然表达，从图解中我们可以推导出根据规则运作，能够生成我们所看到形式的影响力。

这些设计师注意到非有机的自然表达和有机的自然表达一样，都包括以最少量元素开发出对资源最大效率的保存。这些表达将组织系统的内部特征与外部影响进行整合，并在这一过程中使效率最大化。例如，雪花是一种使用最少的能量产生最大效率的几何表达，并且因为雪花形成时的环境温度、湿度、空气流动以及大气压强状况的不同在形式上千变万化。又如，一条干涸河床的破碎形式表达了最大的效率，因为通过泄压裂缝可以到达河床表面的各个部分，同时还使裂缝的数量最少。成为非有机（小河）和有机（树杈）共同特征的树枝状模式表达了自然界以最低能量、实现最大效率的特性。

正如可证明的那样，设计师将规则和自然形式作为一种设计工具进行研究的最佳例证就是理查德·布克敏斯特·福勒对于多角细胞在化学结构中

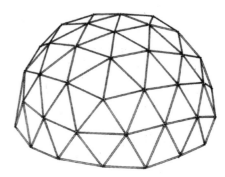

图 9-21：网格状球顶是建筑上的一种自然结构表达

的三维排列方式的研究，这项研究引领他发明了具有节约资源效率的网格状球顶，这是一种自然结构的建筑工程应用（图 9-21）。

任何将空间分隔为两个区域的表面或体量都可以通过多边形的组合建立起来。然而，对于网络来说，我们应该意识到网络可达到的效率和多样性是受到它的几何结构形状的影响的。例如，立方体对

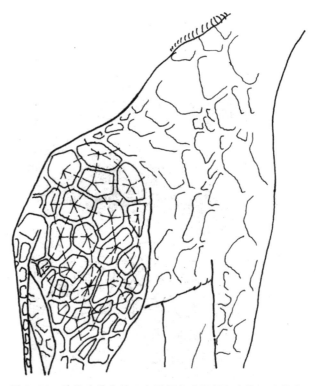

图 9-22：动物皮肤上的三角形网络（经授权允许，改编自 Pearce，P.*Structure in Nature Is a Strategy for Design*，Photograph 2.30，Copyright © 1978 by Peter Pearce.Published by MIT Press and reprinted by permission）

于建筑来说是至关重要的，但由于强度—重量比低、可提供的多样性非常有限，所以立方体构成的表面效率较低。通常而言，同样的情况也适于直线几何。虽然直线几何在西方建筑中非常普遍，但在自然网络中不太常见，因为它是一种低效率且灵活性差的几何形式。

另一方面，三角形是一种本身具有稳定性并且在结构上高效率的形状。正如我们所预料的那样，它在自然界中频繁出现。"三角形网络"是一种在整个自然界中随处可见的组织模式（图9-22）。

可以被组织为三角形网络的最有效率的形状是六边形。因此，正如我们预期的那样，六边形作为一种高效的结构模式在自然界的客观环境中不断出现。它构建了有机的结晶性状。随着泥浆逐渐干燥，表面张力建立了高效率的破缝模式时，因为不同的干燥程度而引起变化，这一过程也以六边形作为结构。非常有趣的是，无生命的自然系统倾向于形成六边形的模式，生命系统则倾向于表现出五边形模式（即使生命形式并不像结晶形状或表面张力结构是六边形那样总是呈现为五边形）。

三角形网络加速形成高效率所需的最密汇集。我们可以在自然界各处发现它们：六边形的蜂巢小室、肥皂泡以及细胞结构。例如，当通过二维视角观看时，肥皂泡总是在围绕顶点处同时有三个泡泡。肥皂泡泡的排列形成了一种不规则的三角形网络（图9-23）。当从三维视角进行观看时，这种三角形网络由四面体组成。三角形和四面体网络还由于它们高度的强度—重量比在建筑工程中得到应用。例如，

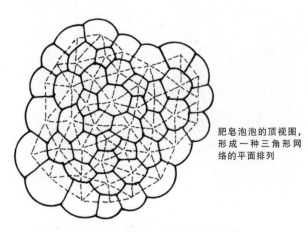

肥皂泡泡的顶视图，形成一种三角形网络的平面排列

图9-23：肥皂泡泡中的三角形网络

它们是桁架、折板、空间网架以及网格状球顶的原型。

球体是另一种高效的二维空间形状，但进行三维堆积时，每个球体都被另外12个球体包围，这种结构产生了大量高比表面积的虚空，降低了结构效率。将这些球体拉伸，填满虚空，可以消除过多表面空间，形成一个高效的具有12个相等菱形面的多面体，即菱形多面体。这种效率极高的三维形式已经转化为人工几何结构系统，以高效围合空间。这些设计出的结构包括从空间框架到模块化游乐设备的诸多类型。在自然界中，在呼应环境状况的变化时为了达到高效率产生的形式变化通常可以通过组合不规则的12、14、15以及16面多面体来产生，这些多面体近似于不规则尺寸的密布的半球结构。当转化为人工几何结构系统时，如果增加足够的结构节点，这些形式可以创造不规则形状的建筑薄膜及空间网架。

通过对自然界中的紧密结构、三角剖分结构以及表面张力结构的探索而选取的结构形式数量过多，此处无法一一列举。读者可以阅读《自然中的结构是一种设计策略》一书继续探索这些结构形式以及它们在建造结构中的应用。

9.2.2 进化的几何形式 | Evolving Geometries

自然界中几何结构的特征不是固定不变的，而是发展变化的：这种几何具有数学加速特性或数学减速特性。一只海贝的螺形、一条河流的蜿蜒以及星系的螺旋仅是无数具体表达中的三种，它们在范围广泛的尺度中不断出现，它们是自然形式中不断进化的几何形式。自然界的几何形式倾向于以可预知的，而且惊人连续的数学方式进行演进。很多过程的发生都遵循黄金分割定律。自然几何遵循黄金分割定律的趋势以及大脑边缘系统思维与自然形式（6.5）相联系的直觉能力或许是一种行为学基础，这种基础可以解释为什么过去一百年间，人们在做诸多科学试验时将黄金分割定律应用得如此得心应手。这种倾向或许也可以开始解释为什么很多关于"理想"关系的数学模型——例如黄金分割、斐波纳契数列以及模数都与潜在的1.618：1比例（或相反的1：0.618）关系如此紧密。

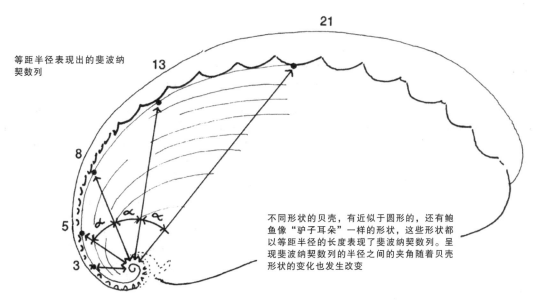

等距半径表现出的斐波纳契数列

不同形状的贝壳，有近似于圆形的，还有鲍鱼像"驴子耳朵"一样的形状，这些形状都以等距半径的长度表现了斐波纳契数列。呈现斐波纳契数列的半径之间的夹角随着贝壳形状的变化也发生改变

图 9-24：贝壳表现出的斐波纳契数列（摘自乔治·多柯茨的著作《力量极限》（*The Power of Limits*），© 1981. Reprinted by arrangement with Shambhala Publications, Inc.）

我们发现，斐波纳契数列在自然界出现的频率是很有趣的：形成一朵向日葵的螺旋数量或贝壳螺纹（图 9-24）成比例的半径长度（以固定不变的旋转角）。贝壳的多种形状表现了不同的斐波纳契数列，差别在于不同弧线形状其紧密程度的差异；即几何形状的加速度来自于半径之间的实际旋转角度。

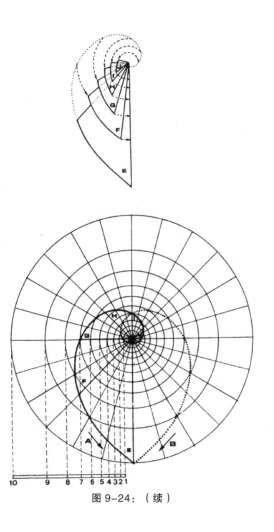

图 9-24：（续）

图 9-25：自然形式的斐波纳契数列（摘自乔治·多柯茨的著作《力量极限》，© 1981. Reprinted by arrangement with Shambhala Publications, Inc.）

根据多柯茨的观点，自然界将其自身作为一种秩序进行表达，这种秩序"可以在重复出现的特定的比例中看到，还可以在所有生物生长或被互补对立因素共同塑造的相似动态方式中见到"。多柯茨展示了一个例证，即一朵雏菊花如何在两条螺旋线的交叉点处进行生长，这两条螺旋线一条按顺时针方向旋转；另一条按逆时针方向（图 9–25）。他指出，这些螺旋线呈对数关系，其半径保持一个固定的角度，并在形式上为抛物线形。这种旋转方向相反的螺旋线模式在自然界中经常出现。当相反的影响力处于平衡并带来自然的对称时，这种动态的对称就可以视作互补对立因素集合的一种特定情况：阴和阳。

西奥多·安德烈·库克（Theodore Andrea Cook）的著作《生命的曲线》（*The Curves of Life*）以及赛缪尔·科尔曼（Samuel Colman）和亚瑟·科恩（Arthur Coan）的著作《自然的和谐统一》（*Nature's Harmonic Unity*，1912）中研究了自然界与艺术中的黄金分割。库克的研究关注于多样性，而科尔曼和科恩强调统一。多柯茨的著作《力量极限》（*The Power of Limits*）研究了黄金分割和其他比例方法以及自然形式中不断进化的几何形式，把它们作为自然界特点的统一性与多样性加以表达。在 13.1.7 中，我们将探讨在统一和多样性之间相互自然影响的另一种表达。在讨论场所营造的秩序和自发性时，我们将摸索传说中人类的先天需要来感知这种统一性和多样性或者相似性和相异性。

9.2.3 尺度等级和碎片分形几何 | Scale Hierarchies and Fractal Geometry

紧密堆积结构的概念与尺寸大小无关，因此我们可以预计自然形式与尺度无关，这一点已经证明。例如，当一个人看到河水的树枝状支流时，始终有一种等级化的分支模式存在于与尺度无关的形式、频率以及分布中。

碎片分形几何来自于对科学方法和欧几里得几何的认识，在它们对分级和简化所做出的努力中，它们否定了尺度独立存在，也否定了自然形式和系统的复杂性。随着尺度的增大，表现不再足以描述现实。欧几里得几何对尺度的依存是不现实的：形

式上鲜明的肌理质地随尺度的改变而改变。

贝努瓦·曼德布罗特（Benoit Mandelbrot）论述了碎片分形理论（1982）中的复杂性。例如，地理学者发现随着他们把绘制的海岸线的观察比例扩大，绘制线条逐渐无法充分表达出自然形态。地理学者增加了算法以增加额外的节点，使线条的特征更为复杂，并且使这些线条变得更加自然化。为了使线条在尺度扩大时仍然保持恰当的感觉，复杂程度也需要相应增加，因此在尺度变化时表面复杂性需要维持一致。就如自然形式一样，碎片分形表达了一种与尺度无关的行为或形式。随着尺度的扩大，它们的细节也需要更加丰富，从而表面肌理质地才会维持一致。碎片分形，与自然一样，总是有更多的细节映入眼帘。

在基本常识层面上来说，这些算法可以视作对日趋更新的自然趋势的数学反映。伴随观察尺度的改变，这些算法更新了适合观察尺度的视觉细节，因而形式看起来仍然是自然的。从行为学角度来说，一个人可以领会产生视觉复杂性的数学算法如何破坏与大脑边缘思维的默契并使形式看起来是自然的，其中的视觉复杂性与自然的重建行为是相匹配的。作者认为，比起意识到大脑边缘思维对于自然几何和自然形式的敏感性具有使人和自然世界重建联系的潜力，以上这些只是迈出了一小步（6.5.1）。这个问题以及它对于一个可持续的、健康的未来世界的重要性将在 16.4.3 进行讨论。

欧几里得几何学坚信，距离不随尺度变化而保持恒定，而相关细节的数量则会随尺度变化。而在碎片分形几何学中，距离会随尺度变化而变化，从而使得表面肌理保持一致性。或许电影《力量极限》及其同名书籍是描述体量和空间的尺度独立性的最佳图形化案例。

9.2.4 混沌理论 | Chaos Theory

欧几里得几何学以及形式过于简化的数学模型植基于这样一种理念：在决定论思维方式的影响下，人们认为现实世界是有序的。一旦获取了足够的信息，因果关系就以一种决定论的方式解释现象。根据这一假设，欧几里得几何以一种纯粹的方式把线条、平面和体量组织在圆形和球体、正方形、立方

体和三角形以及金字塔中。但是正如我们在之前章节中所看到的那样，确定的、过于简化的和纯粹的形状、形式同复杂性、背景的反馈以及独立于自然形式的尺度迥异。虽然高效率的网络和不断演化的几何结构没有考虑到自然界的自发行为，也没有考虑到因果关系无法完全解释自然现象或随时间变化这些自然现象的行为，但是它们仍然对自然界中的各种形式做出了更佳的解读。

当前，人们正愈发意识到对于一种全新科学的需求，这种科学可以更好地解释闪电曲折形状的分布、随着尺度量测值的增加看起来延伸了的海岸线长度以及天气的不可预测性。这种全新的科学对于推进设计中过程、方法和知识以及人类与自然系统动力学的重新连接非常重要。

碎片分形是一种全新并且令人兴奋的混沌科学的一部分，混沌科学为展开这种视角提供了希望。这门科学呈现了一种新的数学秩序类型。正如道格拉斯·理查德·霍夫斯塔特（Douglas Richard Hofstadter，1985）所说："事实证明，有一种诡异类型的混沌潜藏在秩序的表面之后——然而，深藏在混沌之中的是一种更加诡异的秩序类型。"根据**混沌理论**，几种可变因素可以生成基本的随机性。正如理性科学所预言的：相比之下，更多数的信息是不会排除随机性的。

或许理性科学和混沌之间差异以及可预计行为与混沌行为之间差异的最佳例证就是滞留流体的流动（平稳并且规律）和产生湍流（不平稳并不规则）之间的差异，例如，香烟的柱形烟雾自动破裂成扰动的气流。

混沌科学并不是通过绝对准则和因果关系来决定现实，而是通过潜在的过程以及在所有尺度和时间上表达自身的行为趋势。它谈及的不是决定论的秩序，而是詹姆斯·格雷伊克（James Gleick）所称"有秩序的无序"（orderly disorder）的概率论秩序。它打破了对于准则的传统藩篱，并根据多种系统对行为进行解释：气候的扰动、人类心脏的跳动及沙丘的三维形式。混沌科学是高度数学化的，但同时又

提供了一种对于复杂形式及日常世界中行为的解释说明。它是一种科学，可以让我们更加趋于理解自然二重性中产生的形式以及事物的相对互补性，例如秩序和自发性。这种科学提供了一种潜力，让设计师认识到自己并不是创造者，而是有机能量动力学相关活动中的参与者。混沌科学是一种让许多设计师兴奋的资源。这种全新的科学以及由它所提供的使景观设计师与有机能量共舞的机会将在16.2中进行探讨。

参考文献

Colman, S., and Coan, C. Arthur. Nature's Harmonic Unity. NewYork: G. P. Putnam and Sons, 1912.

Cook, Theodore A. The Curves of Life. New York: Dover, 1979.

Doczi, G. The Power of Limits: Proportional Harmonies in Nature, Art and Architecture. Boulder, CO: Shambhala, 1981.

Fuller, R. B. Conceptuality of Fundamental Structures. In Structure in Art and in Science. Gyorgy Kepes, editor. New York: Braziller, 1965.

Gleick, J. Chaos: Making a New Science. New York: Viking Press, 1987.

Hofstadter, D. Metamagical Themas: Questing for the Essence of Mind and Pattern. New York: Basic Books, 1985.

Mendelbrot, B. The Fractal Geometry of Nature. New York: W.H. Freeman, 1982.

Morris, P., and Morris, P. Powers of Ten. New York: Scientific American Books, 1982.

Pearce, P. Structure in Nature Is a Strategy for Design. Cambridge, MA: MIT Press, 1978.

Thompson, D. On Growth and Form. Volumes I and II. London: Cambridge University Press, 1963.

Wachsmann, K. The Turning Point of Building. New York: Rein hold, 1961.

推荐读物

Ching, F. Architecture: Form, Space, and Order. New York: Van Nostrand Reinhold, 1979.

Lauer, D. Design Basics. New York: Holt, Rinehart and Winston, 1979.

第十章

作为秩序机制的流线
Circulation as Ordering Mechanism

我们对于建筑环境的体验是一种时间—空间体验。我们通过随时间变化的一系列感知过程体验空间，在这一过程中形成我们对环境空间的理解。

本章将研究流线作为一种建造体验方式和生成形式的来源。这一问题将开始于人类的活动，将步行流线作为运动、材料、设计、联系、视觉系统、空间体验以及时间体验。接下来本章将研究其他类型的流线系统，深入考察不具有固定路线和日程表的地面车辆运动系统（汽车和卡车），继而简要讨论公交车、铁路、航空以及水运系统。

10.1 步行流线
PEDESTRIAN CIRCULATION

步行流线系统的设计包括同时考虑很多问题：步行者运动的方式、步行者运动的表面以及视觉、空间和时间问题。

10.1.1 作为运动的流线
Circulation as Movement

我们在场所间迁徙流转的过程中，形成了对世界的感知。这种感知并不是独立的。它受性格、自然以及我们运动速度的影响，而速度又反过来受流线路径的影响。景观设计师必须理解景观在人们运动时的展现方式；我们的运动方式如何影响感知；随着我们运动，影响力如何作用于感知。

移动的特征 | Character of Flow

运动的线性特征影响了我们在穿越景观时的心情和我们接收到的图像。如图 10-1 所示，当我们以不同的流线穿越景观时，由于流线的特点各异，使得我们观察到的景观截然不同。

直线运动产生了一种刻不容缓的感觉与明显的意图；间接运动则产生出充满张力与神秘莫测的感觉。流畅的运动会产生高效率的移动，并提升了悠闲的感觉。蜿蜒的运动产生了一种沉思或忧郁的感觉。一条迂回的路径或许会在有充足时间的条件下

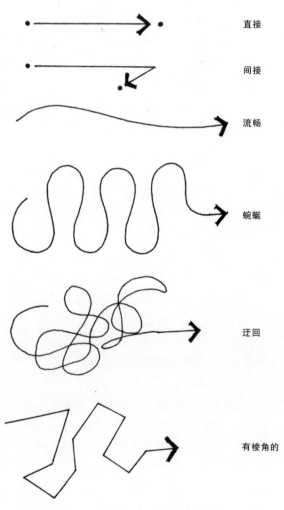

直接

间接

流畅

蜿蜒

迂回

有棱角的

图 10-1：移动的特征

使人停下来漫步徘徊，但是在时间有限的时候或许会令人烦恼。充满活力、带尖角的运动流线会产生能量感和一种狂躁的、甚至精神分裂的感觉。

移动的性质 | Nature of Flow

除了线性因素，还有另一些移动的特性影响场所感知。如果以上升的方式进入一个场所，我们会在抬头向天空观看的时候关注头顶上方的位置（图10-2）。我们慢慢爬升到顶点，会产生一种到达目的地时的成就感。

另一方面，当下行到一个场所时，我们的注意力会集中在向下的方向。我们对于地面、铺地细节等方面更加在意。我们悠闲地移动，但是有时候却以一种令人不适的快速步伐行进，由此产生一种消极退缩的感觉，并且意识到现在往下走意味着将来还得爬回顶部。

分枝状的运动能在一种松弛节奏的样式中虑及交叉点，同时伴有微少的冲突与湍流。合并的移动产生充满能量及汇合的感觉；分叉的运动分散了能量并产生一种放任的感觉。

大多数步行体验都具有韵律性特征。当被要求描述一次穿越校园的行程时，大多数学生都会描述向着沿路地标行进的一系列运动。因此，预期的运动和脑海中存储的图像成为地标之间一种韵律的移动，而地标之间的背景却显得不那么令人难忘。

交叉路口在改变运动速度时产生了一种韵律特性，它造成拥堵，使人停下来改变路线或是观察一下其他人的运动情况。交叉路口通常作为沿运动路径上的事件出现。

移动的速度 | Rate of Flow

我们对于场所的感知随着移动的速度而改变。运动得快，则我们对于细节就相对迟钝。当运动变缓时，我们变得对周遭的世界更加敏感。同样，随着运动路径逐渐变窄，我们本能地加快速度，运动目标更加明确，并从认知上与我们所处的背景脱离。而当路径拓宽时，我们放松下来并变得协调；我们的感知被重新唤醒（图10-3）。

影响移动的影响力 | Forces That Affect Flow

恰当的特点、属性以及步行道路上移动的速度受到很多因素共同作用的影响。行程距离、可用时间以及感官刺激（丰富）的需要都影响到感知和移动速度。这些可变因素应该在规划和设计步行流线系统时有效地加以操控。

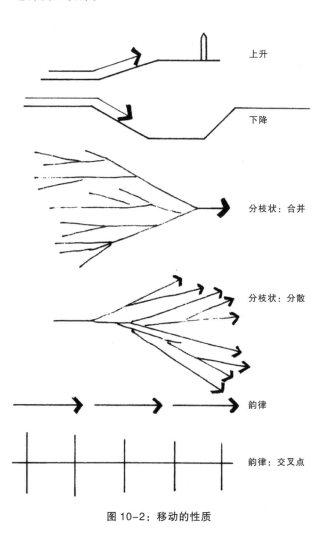

图 10-2：移动的性质

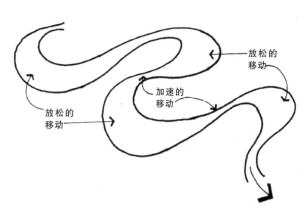

图 10-3：移动的速率（速度）

如果以运动的快捷经济为目标，那么运动路径应该直接简洁、具有合理的宽度并且地势平坦。移动的障碍——例如交叉点，应该最少。相反地，如果设计意图是丰富感官，一条间接、迂回或蜿蜒的路径则更加适合。在这种情况下，移动的路线可以通过具有感官刺激的环境提供一种进化的、令人兴奋且趣味丰富的行程。（如果）设计能够有效地与灯光、材料、肌理、形式及尺度相互影响是非常理想的，设计还应在人们通过流线时提供与流线形式相关的多种选择。步行流线系统的设计通常包括运动时选择的路径，因而步行者可以选择合适的道路以及可用时间和具有理想丰富性的参与体验。

人类的倾向 | Human Tendencies

在设计流线系统和它们的组成部分时，我们应该时刻意识到特定人类倾向的存在。人们倾向于向着目标运动，即感知的地标。较长的路程在感知上构建为一系列向中间目标的运动（图10-4）。在向着这些目标运动的过程中，我们通常会选择沿一条路线行进，直到被迫才会偏离它。如果时间并不紧张，我们就会寻求在生理上和心理上愉悦的体验。在炎热的天气，我们寻找树阴；在寒冷的天气，我们寻找阳光。我们有多种目标选择。我们根据路线宽度或坡度的改变以及环境的丰富性和刺激负荷的变化来调整速度。我们受到运动、视线高度的物体、未来体验的线索以及感知模式的中断所诱导。

就如在群落交错区进化的物种那样，我们本能地在空间边缘感到更加安全。我们喜欢在边缘中行走，而不是穿过宽敞、开阔的空间（图10-5）。在超人体尺度空间内，我们渴望围合感，然而在过分受限的空间内，我们又渴望获得自由。我们寻求对环境的理解以及新的感官信息。

移动的时候，我们倾向于回避让自己感觉不安全、无序、丑陋或不舒适的场所。我们回避陡峭的斜坡；尤其当进入老龄的时候，会避免向上的阶梯；我们会回避需要过多体力的路线，例如人行天桥，即使它们增加了安全性；我们还会回避垂直标高不一致的交叉口（图10-6）。

当我们抵达阶段目标的时候会暂停下来，并根据环境刺激或坡度变化调整我们的运动速度。当运

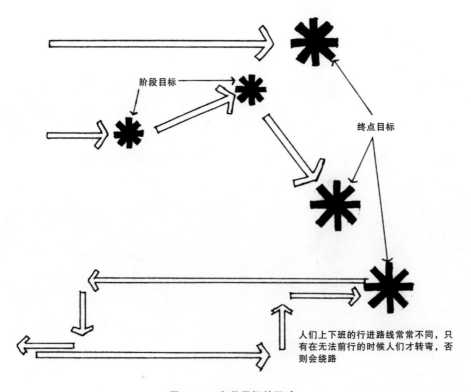

阶段目标

终点目标

人们上下班的行进路线常常不同，只有在无法前行的时候人们才转弯，否则会绕路

图10-4：向着目标的运动

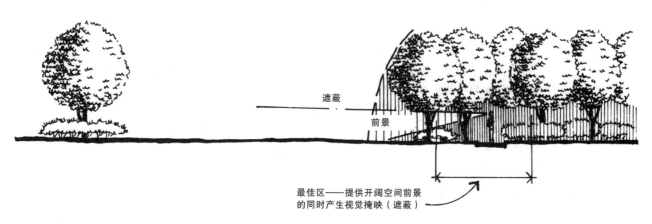

遮蔽

前景

最佳区——提供开阔空间前景
的同时产生视觉掩映（遮蔽）

图 10-5：有植被生长的边缘以及可感知的安全感

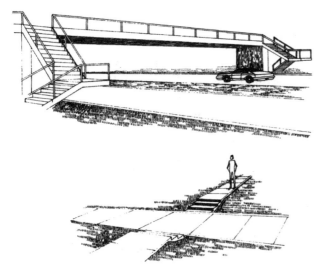

图 10-6：额外的努力

图 10-7：方向特征

动受到限制，或当我们来到一个抉择点，又或者来到一个具有强烈识别性、个性、物理或感官愉悦性的场所时，我们会有一种停下脚步的冲动，这些物理或感官愉悦包括：一片景色、长凳、炎热天气里的树阴、寒冷天气里的阳光。我们的运动速度还被一个场所的方向因素、流线路径本身的性质以及视觉序列所影响（图 10-7）。

10.1.2 作为原材料的流线
Circulation as Material

步行道路的材料范围很广泛。在特定情况下，所有材料是否得到恰当使用是由功能、感官以及其他需要考虑到的问题共同决定的。每种材料都有各

自的特点、回应设计思考的潜力以及它对设计的限制。敏感的设计师可以熟练地将流线需求和材料性能进行匹配。

功能和感官问题 | **Functional and Sensual Issues**

实用主义考虑在一种特定的步行道路情况下对一种材料的恰当使用所产生的影响。交通类型和流量、使用中的天气情况、地面温度及维护方面的考虑仅是这些实用主义考虑中的几项。

交通类型（Type of Traffic）：行人的运动相对较慢并且与环境产生直接接触。视觉景观特征，例如线条、形式、颜色、肌理、韵律、比例、平衡、尺度及方向性都是很重要的考虑因素。

步行是一种相对没有约束的运动，因而对于设计的限制也很少。在实体上，人类可以顺利通过陡峭的斜坡并适应方向上出现的突变。在结构上，体重通过相当大的地面接触分散开来。步行系统的设计通常不受到结构限制的影响，而是受舒适性和心理因素影响，包括一个人运动时的感官体验。选择或放弃一种材料在一定程度上是因为它们所呈现的感觉，或者它们唤起某种感情或联想的能力。例如，草地有一种有弹性的触觉，从心理上让人感受到放松，在夏天让人觉得凉爽，但是在雨天变得潮湿。混凝土表面具有很好的耐候性，但是在视觉上和物理角度上让人感到坚硬、炎热，不受欢迎。卵石铺砌的肌理产生丰富的感觉，但是会使人不舒适地绷紧脚踝关节和腿部肌肉。

当行人改骑自行车时，在提高速度的同时，环境意识和尺度变化的感知力都提升了。表面肌理变得更为重要；粗糙的肌理更加棘手。接合处、裂缝以及错位显然十分危险。骑乘者和自行车的重量只通过非常狭小的区域承担，尤其是标准的窄胎十速自行车。因此，自行车道的表面必须铺有紧固接合的高强度、坚实一致的材质。

设计环境给乘坐轮椅以及听觉、视觉受损的人士带来很大挑战。每位景观设计师都应该花费大量的时间研究景观设计，设计师可以亲自乘坐轮椅、蒙住眼睛或隔断听力来体验设计中特殊人群存在的问题。同时，景观必须是无障碍的，当然无障碍设计已经超出了本文的视野范围。读者可以阅读有关无障碍设计的案头参考书。

交通流量（Amount of Traffic）：流量会影响到人行道材料的选择是否恰当。当行人可以舒适地在草地上行走时，通常有一种清新宜人的体验，但是草坪只能承受有限的使用次数。交通流量过大，草坪会变得荒芜，土壤也会遭到损害。比起草地或地表植物区域，铺砌表面可以承受大量的使用；因此交通流量大的流线要素需要进行铺装。

天气情况（Weather Conditions）：未铺砌的地面通常只适合好天气，当潮湿的时候就会变得泥泞不堪，无法通行。另一方面，铺砌地面在多种天气情况下仍然可以保持坚实，这使它们成为适应所有天气的通道。它们还可以抵抗风力和水的侵蚀。光滑的表面在潮湿或结冰的天气将会因打滑而变得危险。

地面温度（Surface Temperature）：草地和地表植物吸收太阳能并通过光合作用将太阳能转化成生命过程中需要的能量。它们通过植物的蒸腾作用进行蒸发降温。这些表面及其周围的空气会保持相对凉爽。

木材的导热能力较低。它吸收和散发热量都较为缓慢。正因如此，人们感觉它与肌肤温度一致或接近，多数温度条件下在其上行走都会令人愉悦。另一方面，砖、石材、混凝土、沥青混凝土以及金属吸热和放热都较快。这些材料在夏天温度很高，在冬天温度很低。这些材料周围的空气温度通常极寒或极热，会令人感到不快。

维护保养（Maintenance）：虽然铺砌表面在最初时较为昂贵，但它们通常比未铺砌的地面更容易养护。土壤需要耙松。地表植物需要施肥、浇水和除草。草坪需要以上这些维护和经常性地割草。

边缘特征（Edge Character）：铺砌地面比未铺砌地面更能保持整洁、鲜明的边界以及一种更加确定的线性特征。未铺砌地面和铺砌地面一样，都会在材质交界处产生侵蚀，由此产生一种柔软的和自然的感觉。

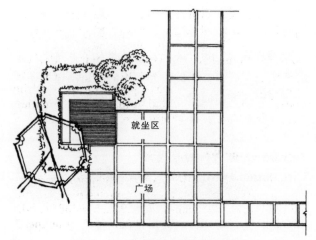

图 10-8：材质变化加强了用途变化

10.1.3 作为设计思考的流线
Circulation as Design Consideration

人行道表面可以对设计思考进行回应与沟通，这些设计思考包括对于使用、形式、安全性、尺度和方向性的考虑。

使用 │ Use

当一处表面的使用意图发生改变时，用途差异可以通过更换材质进行表达（图10-8）。材质的变化可以回应不同的物理需求或传达重要信息，例如从视觉上强调安全等级的变化。材质变化还可以成为潜意识上的线索，促进一个区域到另一区域行为的预计转变。

形式 │ Form

表面、材质、色彩或肌理可以通过变化与形式

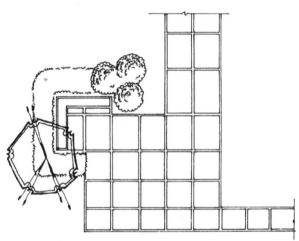

图10-9：材质一致性和用途的变化

进行交流。例如，图10-8中的砖和混凝土广场展示了可识别的形式、视觉重要性以及在砖质就坐区的独特场所感觉。而另一方面，如图10-9所示，只是表现了广场形式的区域延伸。

安全性 │ Safety

人行道材质或表面条件的改变可以引起对物理危险因素的注意。如图10-10所示，一个人沿着砖路行进，路面突然变成了沥青路面，这就会警示他即将面对危险境况。

通过将步行道铺装材质延伸并穿越街道，设计暗示了步行在道路上的优先权，并警示司机格外谨慎并时刻紧密观察行人（图10-11）。然而，设计师必须注意不要让行人产生安全错觉，并且必须确认司机可以看到逐渐走近的行人，还应看到并理解材质变化的意义所在。

尺度 │ Scale

步行道路设计影响了对于一处场所的感知尺度。步行道路的宽度暗示了尺度，正如交叉口对于空间尺度的暗示作用一样（图10-12）。3~6英尺宽的小路和最大48英尺宽的空间代表一种亲密私人的人体尺度；6~15英尺宽的人行道和最大500英尺宽的空间则是一种公共人体尺度。

除了草以外的地面材质，如地表植物、混合砂质铺装单元以及沥青混凝土，通常需要伸缩接缝以适应材质的温度变化。刚性铺面需要这些接缝适应土壤膨胀避免结构破裂。在设计感觉上，这些接缝可以作为地面组成中相关片段的连续线条，或者地面材质与邻近建筑物之间的持续线条。这些关系以

图10-10：材质作为步行提示

图10-11：材质作为驾驶提示

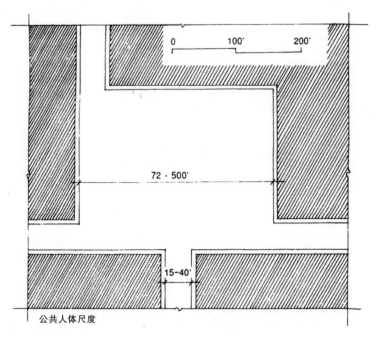

图 10-12：流线元素和尺度

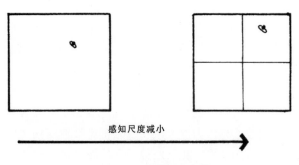

图 10-13：接缝和尺度感知

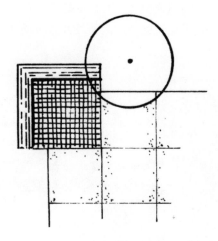

图 10-14：用于尺度调整的材质变化和接缝

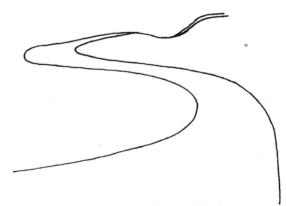

图 10-15：流线元素的线性特征

及其他关系将在 12.3 中论述。

　　伸缩接缝也可以影响感知尺寸和尺度。当不存在伸缩接缝时或伸缩接缝被弱化时，观察者将整个表面感知为一个独立单元。当强调接缝时，被伸缩接缝限定出的地面单元成为可感知的视觉尺寸，铺地尺度看起来也更小了（图 10-13 和图 10-14）。

方向性 │ Directionality

　　流线元素通常具有一种线性及方向性的特征（图

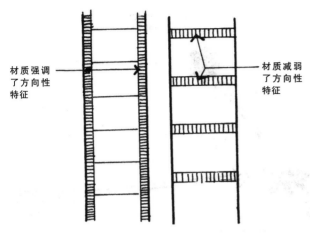

图 10-16：影响方向性的材质变化

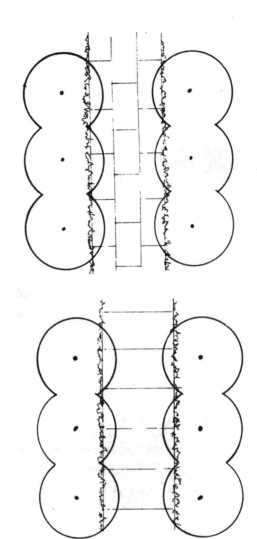

10-15）。这些特征可以通过材质的变化及接缝图案进行塑造。

材质（Materials）：沿路径长度方向的材质变化可以加强流线元素的线性特征并使路径看起来更窄、更长。相反地，材质变化表达为与路径方向呈带状交叉时可以削弱方向特征并使路径看起来更宽、更短（图 10-16）。

接缝（Joints）：铺地表面上的接缝也可以对方向性特征产生影响。很多材质，例如石材或砖石，都是模数化单元：地面由大量的小型单元铺成。模块铺装的方式以及它们产生的接缝图案都影响到方向性特征（图 10-17）。如同材质的变化一样，沿着纵长方向的接缝图案使人行道看起来更长、更狭窄；采用横向图案时路径看起来更宽、更短。

图 10-18：弱化接缝和方向性

在铺装中弱化接缝和延伸接缝也可以应用在增强或削弱流线元素的方向性因素上（图 10-18）。

10.1.4 作为联系和视觉系统的流线 Circulation as Linkage and Visual System

在最基本意义上来说，流线系统具有三个组成部分：交通发生源、线性连接道路以及沿这些连接道路的事件（图 10-19）。交通发生源作为目标并由于它们的存在产生沿着连接道路的行程。行程的数量以及它们产生作用的条件将影响到连接道路的尺寸、材质及设计。沿着连接道路产生的事件通常大多数接近交通发生源或连接道路交叉口。

交通发生源以及连接道路通常是特殊场所。

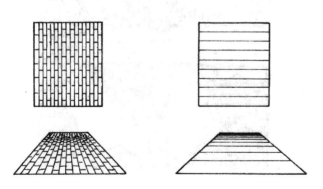

图 10-17：材质接缝和方向性

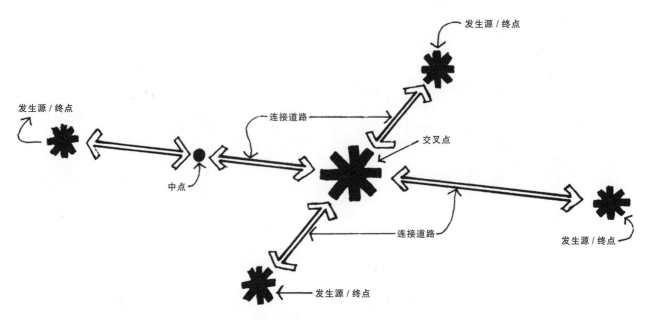

图 10-19： 作为交通发生源、连接道路和事件的流线

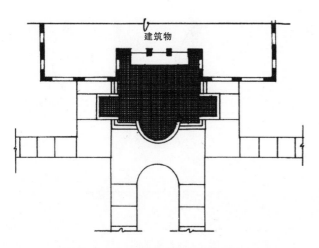

图 10-20：作为场所的交通发生源

连接线路为了回应这一场所可以进行扩展：教堂入口的广场，或者高度使用的建筑物底层（图10-20）。

连接道路的交叉口是特殊的场所，这种场所会产生人流的交叉，人们也在此处做出决策。拥挤的交叉口通常需要较大的尺寸，巧遇也让交叉口成为停留和交谈的场所。路径通常在它向广场开放的时候对这些影响力进行回应，休息座椅和其他舒适便利的设施鼓励人们驻足逗留（图10-21）。

联系 | Linkage

从一种纯粹功能化的感觉上说，流线路径连接了交通发生源。设计路径的第一步通常是识别并将交通发生源联系起来。

在流线系统设计的最初阶段，功能关系，包括交通发生源和预计的联系，通常通过流线示意图进行表达。这些示意图又是通过绘制出来的线条宽度或数量来表达相对移动或绝对移动（图10-22）。

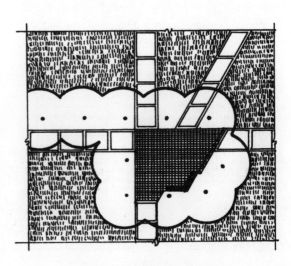

图 10-21：作为场所的交叉口

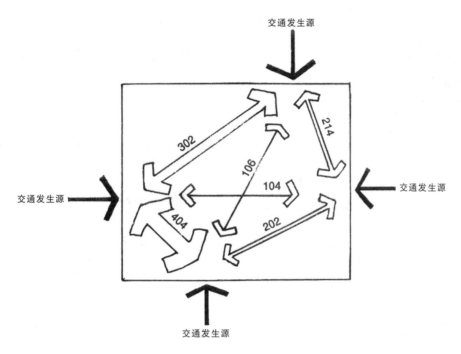

图 10-22: 作为联系的流线

视觉系统 | Visual System

　　除了功能因素,流线元素和它们组成的系统具有重要的形式意义。通常路径被解读为形式的综合系统(图 10-23)。尽管图 10-22 是一幅关于预计联系的功能示意图,图 10-23 则提供了这些联系形式,只需对行走路线稍加微调,就可以描绘出整体形式。缺乏经验的设计师通常能够在流线示意图中获得成功,但若将这种肤浅的示意图应用在场地中,则会缺少视觉含义或体验上的成功。有经验的设计

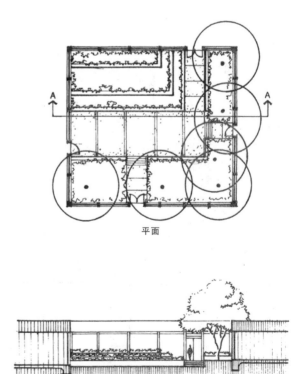

平面

A-A 剖面

图 10-24：流线和空间陈述

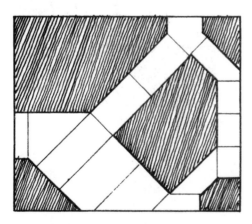

图 10-23: 作为形式系统的流线

师会将示意图进行诠释，应用设计元素和准则创造出一种整体形式，在提升场所的预计特征的同时促进联系。

10.1.5 作为空间体验的流线 | Circulation as Spatial Experience

流线系统不会产生视觉上的真空。我们对于场所的视觉感知首先是一种空间体验。如果流线形式会产生关联性，并且经过设计流线系统使视觉体验实现最大化，那么它们必须与空间构图以及基地特征相关联。为了达到这个目的，流线形式必须采用与空间形式交互的设计，将观察者置于场地空间的恰当关系之中。流线特征和空间特征必须进行交互设计。设计必须精心编排伴随人们运动的时间体验。本节中将就首要的两个问题进行探讨；第三个问题将在下一节进行论述。

流线形式与空间形式 | Circulation Form and Spatial Form

如果图 10-23 是一个围合庭院，四周是玻璃墙，

门的作用是交通发生源，那么其所表现的流线系统将联系并满足门到门之间的运动。它将呈现一种统一的形式陈述。然而，这对于加强庭院作为长方形空间的特征效果甚微。另一方面，图 10-24 在支持场所固有特征的同时提供了必要的联系并建立了统一的形式。运动仅仅变得有些迂回，流线形式是构成庭院体验的整体组成部分之一。

场所感知主要是视觉上的，更是空间上的，空间的体验通常正如从流线路径所示的那样。路径决定了我们的运动方向、我们的参照点、我们与场所的关系、空间尺寸、特征感知以及安全感。

正如图 10-25 所示，当通过一个宽阔开敞的空间时，我们会感觉到相形见绌并缺乏安全感。史前人类在生长有植物的边界处找到了安全感，并发现在开敞的空间中进行摸索毫无疑问是不安全的。大脑边缘系统中的爬虫类凹陷仍然发挥本能行为的作用。我们在宽敞开阔的空间中感到不安，而如果流线出现在空间边缘附近或空间边缘以内的话，我们会觉得更加舒适（图 10-26）。

牢记上述内容，那么空间形式与流线系统设计

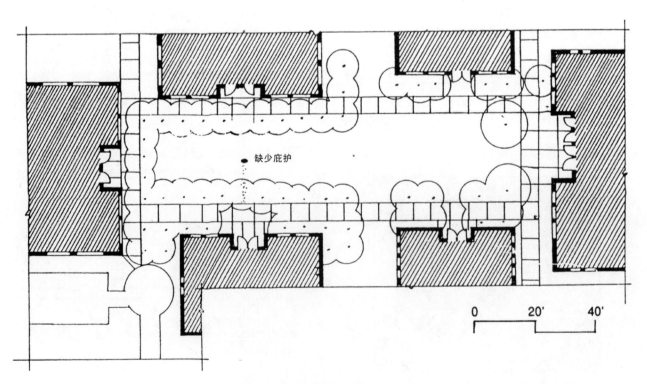

缺少庇护

0　　20'　　40'

图 10-25：宽阔开敞空间中的不安全感

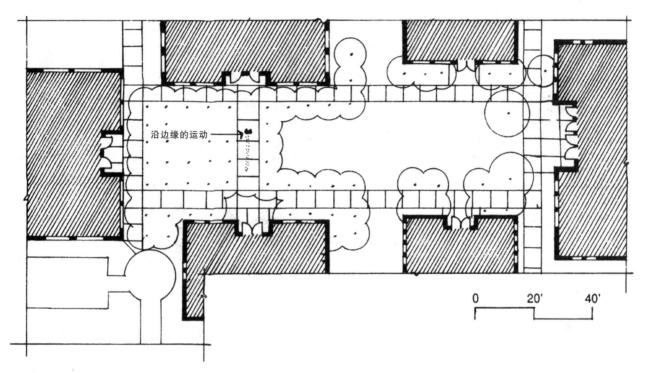

图 10-26：宽阔、开敞空间中的边缘安全感

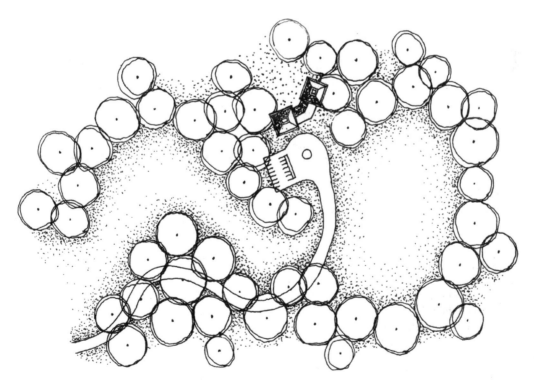

图 10-27：随意的叙事情节

之间的关系就变得非常重要。设计师可以通过隐藏空间而赋予神秘感；通过暗示庇护诱导出安全感；或是让观察者暴露在不舒适的宽敞空间中产生悬念。

流线与空间特征｜Circulation and Spatial Character

空间和流线系统的特征应该承载一种共同的设计主题。为了实现这个目的，它们必须具有兼容的形式，而且流线形式必须将观察者放置在恰当的位置，以对空间特征和构图产生最理想的感知。

进入一个空间的路径入口是很重要的。正式的空间构图暗示了依轴线进入；非正式空间采用不对称方式进入。大尺度空间如果采用一个设计限制的小尺度入口方式会产生更加开阔的感觉；小尺度空间如果采用宽敞的入口方式则会产生更加拘束的感觉。

10.1.6 作为时间体验的流线｜
Circulation as Temporal Experience

在观察者穿过时空的运动中出现了场所感知，同时个体对一系列刺激进行回应。路径影响了空间的位置、个体运动的速度以及个体感知到的时间序列。沿步行道路的运动体验应该精心编排空间序列并以一种有意义的方式表达演进的叙事情节。为了达到这些目标，设计师创造了流线和空间形式以及建立感知的叙事情节。叙事应该包括恰当的提示、诱因、心理筛选、担保以及丰富景观体验品质的场所性。

叙事情节可以包含不同的运输模式：从公司办公楼出发的步行、市区与市郊道路系统的机动车运行以及住宅小区内的机非混行，最后到达了住宅内部。在一种经过高效设计的叙事线条中，运输模式、路径特征、场所的设计情绪及使用者的行为都应该精心编排在一种有意义的设计体验之中。

大多数叙事情节线索是渐进的：它们向着某些事物目标移动。在这种运动中，它们或许是偶然的，看上去是未经规划的、不正式的（图 10-27）。相反地，前进可以是正式的、高度规则的、强力有序的并且明显是经过了规划（图 10-28）。在这两种情况下，演进的叙事情节线索、叙事的相互关联性以及对它的体验方式对于场所感知都是必不可少的。

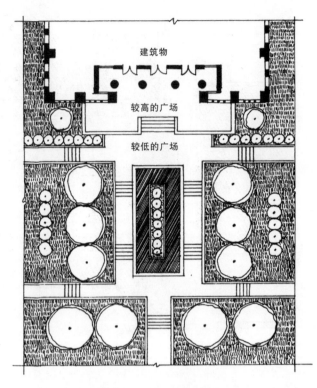

图 10-28：正式叙事情节

有效的流线叙事情节线索倾向于富有韵律感。它们向着目标前进，但是随着接近或到达目标，新的目标也产生了。正如之前所述，当被要求回忆一条经常行进的路线时，大多数人将这条路线描述为一个围绕地标建立的叙事，即沿着路径的场所或事件进行。

富有创造力的设计师将有意识地通过空间的和循环的形式建立并履行丰富的叙事线索。目标和中间事件就如它们的序列、周期和强度一样被确定下来。流线路径将提供通路、特征、悬念及过渡；事件将提供高潮和满足感，也作为富有集中意义的特殊场所。

进入感、恰当的入口序列以及当一个人接近并进入建筑时经过设计的叙事线索对于大多数场地设计方案来说是普遍性问题。入口叙事通常是一个主要设计体验，使观察者在情绪上和心理上为场所和被预期的行为做好准备。建设基地的入口叙事是一个重要的设计主题，有效的入口序列将在 12.3.5 进行细致探讨。

10.2 卡车和汽车流线
TRUCK AND AUTOMOBILE CIRCULATION

就如任何房地产经纪人会告诉你的那样，汽车入口对于土地使用方式是一个重要的决定因素。与铁路网络相关的土地位置，即它的入口通常显著地影响到房屋所在位置的市场潜力。

服务卡车和汽车的道路系统也是一个主要的城市形式决定因素。道路系统必须处理很多问题，

同时它也为数量庞大的接点（每个居住区、办公建筑以及交通发生源）提供了入口。它必须加快运动速度使行驶时间最少，并同时保证安全性。道路系统通常作为邻里间社会联系的主要系统，并提供汽车存放及步行系统的入口。为了承担这些经常产生冲突的职责，城市道路系统按照层级进行组织（图10-29 和图 10-30）。

如图 10-30 所示，街道等级将交通类型和数量、设计速度和流动效率及设计功能进行划分。每个层

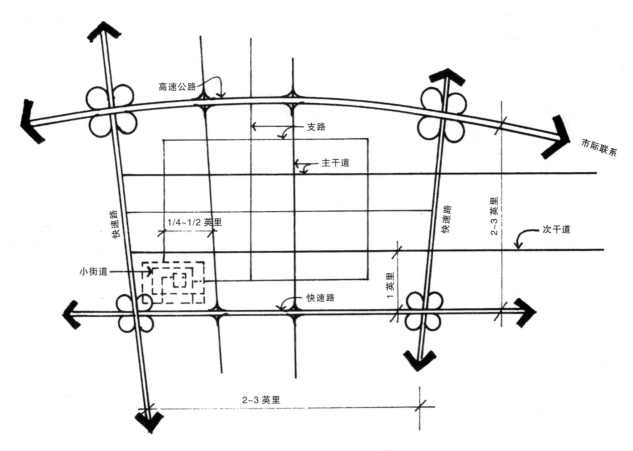

图 10-29：街道 / 道路网络等级

图 10-30：道路等级

表 10-1 道路等级

道路	规划间距	设计功能	设计时速	设计特点	规划通行宽度	规划铺面宽度	规划最大坡度	备注说明
高速公路	伴随区域性住宅区模式变化	提供了区域连续性以及城市内部的联系	每小时60英里	交汇入口有限；保持稳定的车流；路口立体交叉	200~400英尺	可变；中间隔离带宽8~60英尺；12车道；路肩宽8~10英尺，见图10.31	3%	穿越城区时最好为堑式道路；服务性公路，进出高速公路需要加速和减速
快速路	通常从城市中心呈放射状或环形，规划道路的间距为2~3英里	提供了城市连续性	每小时50英里	只允许轿车与行人通行的互通式立体交叉；禁止停车	200~300英尺	可变；中间隔离带宽8~30英尺；12车道；路肩宽8~10英尺，见图10.31	4%	通常控制斜坡上的交汇入口数量；服务性公路，进出高速公路需要加速和减速
主干道	1.5~2英里	将城区内的各部分联系起来，通常构成了附近各街区的边界	每小时35~45英里	渠化交叉路口；禁止停车；通常入口数量有限，入口中心间距不超过600英尺	120~150英尺（150~300英尺则包含现有植栽隔离带或是公共汽车道或公交路线）	隔离带两侧宽为24英尺；通常铺地外围轮廓宽为72~84英尺，包括现有植栽隔离带，公共汽车道或公交路线；见图10.33，图10.34	4%	在城区要求5~10英尺宽的植被以及5英尺宽的独立人行道；遇到建筑物时，道路需要退后30英尺；当建筑物背临街道时，道路需要与建筑物保持60英尺的距离
次干道（二级公路）	0.75~1英里	快速连接了支路与主干道	每小时35~40英里	在主要交叉口有信号灯；在小交叉路口有停车标志；通常入口数量有限；禁止停车	80英尺	通常宽为60英尺，包括两条24英尺宽的道路（2条12英尺宽的车道，中间由12英尺宽的隔离带分隔开），见图10.35	5%	要求5~10英尺宽的植被以及5英尺宽的独立人行道；规划上建筑不要临街而建，遇到建筑物时，道路需要退后30英尺；当建筑物背临街道时，道路需要与建筑物保持60英尺的距离
支路	0.25~0.5英里	将住宅区的街道与城区干道联系起来；汇集附近街区的交通，决定了附近街区的主要形式	每小时30英里	在主要交叉口有信号灯；交叉路口中心间距不少于660英尺	64英尺	44英尺（2条12英尺宽的行车道及2条10英尺宽的停车道），见图10.36	5%	要求4英尺宽的独立人行道，最好有绿化带；所有面对支线道路的住宅必须从后门进入，避免阻塞交通
次级支路	在街区间	是进入死胡同及停车场的入口通路	每小时30英里	不与穿行交通相连	60英尺	36英尺，见图10.37	6%	避免规划促进支路间的交通；要求最好有带植被的4英尺宽的人行步道
小街道	在街区间	是进入住宅区和死胡同的入口通路	每小时25英里	不与穿行交通相连	60英尺	允许停车的地方宽36英尺；禁止停车的地方宽27英尺（最大为20个车辆长度），见图10.38	6%	避免规划促进支路间的交通
死胡同	在街区间	进入住宅区的入口通路；禁止所有穿行交通；为行人提供了最大程度的保护	每小时20英里	此类街道一端开敞，另一端调头转弯	50英尺（转弯处直径90英尺）	24~30英尺（转弯处直径75英尺），见图10.39	5%	最大宽度由消防部门决定（通常为500~600英尺）

资料来源：摘自 George Nez, *Standards for New Urban Development—the Denver Background*. Adapted by permission of Urban Land Institute, 625 Indiana Avenue, N.W., Washington, D.C.20004.

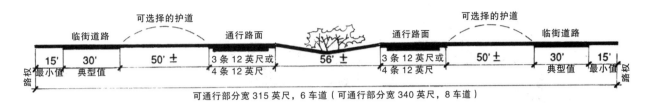

图10-31：乡村高速公路剖面（可调整）（摘自《高速公路和街道规划设计策略》（*A Policy on Geometric Design of Highways and Streets*），by the American Association of State Highway and Transportation Officials）

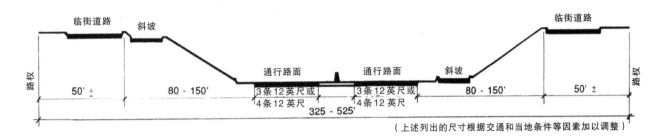

图10-32："通行市区"的堑式快速路（可大幅调整）（摘自《高速公路和街道规划设计策略》，by the American Association of State Highway and Transportation Officials）

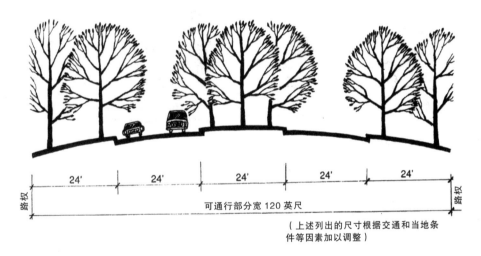

图10-33：主干道

级中的道路类型都通过设计来满足道路系统的特定功能。每个类型都有独特的设计，如表10-1和图10-31到10-39所示。

本节的其他部分回顾了街道系统和它的构成元素，考察了设计虑及的问题、社会功能、安全性以及效率。接下来将生态关系作为一个设计问题加以探讨，并在最后探讨了机动车存放和车辆服务。

10.2.1 设计思考 | Design Considerations

汽车、卡车和公交车自重很大，并会施加集中荷载。为了承载这些荷载，铺装地面必须坚实并在所有可预计的天气条件下在结构上足够牢固。

为数众多的考虑必须在设计道路系统元素或其他接近的元素时进行处理。这些考虑因素包括使水平和垂直道路组合适合于各种路面情况和预计行驶

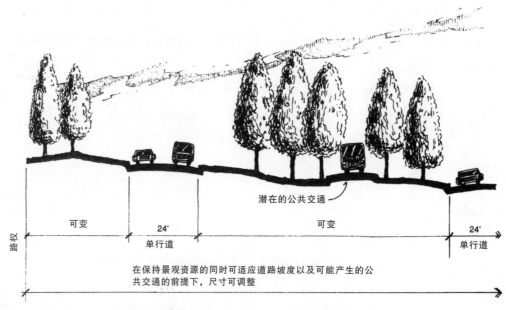

潜在的公共交通

路权　可变　　24'　　　　可变　　　　24'
　　　　　　单行道　　　　　　　　　单行道

在保持景观资源的同时可适应道路坡度以及可能产生的公
共交通的前提下，尺寸可调整

图 10-34：典型的具有景观特征以及 / 或公共交通的主干道

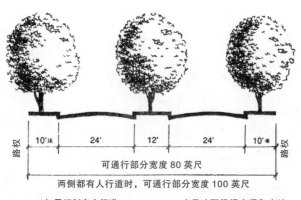

路权　10'*　24'　12'　24'　10'*　路权
　　　　可通行部分宽度 80 英尺

两侧都有人行道时，可通行部分宽度 100 英尺

*如果规划有人行道，　　（尺寸可根据交通和当地
宽度为 20 英尺　　　　　条件等因素加以调整）

图 10-35：次干道

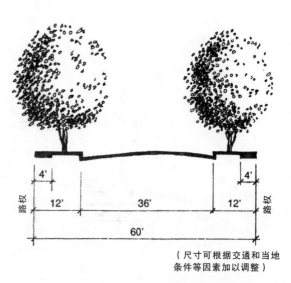

路权　4'　　　　　　　　4'　路权
　　　12'　　36'　　12'
　　　　　　60'

（尺寸可根据交通和当地
条件等因素加以调整）

图 10-37：次级支路

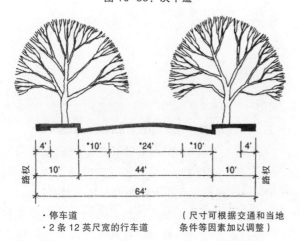

路权　4'　*10'　*24'　*10'　4'　路权
　　　10'　　44'　　10'
　　　　　　64'

·停车道
·2 条 12 英尺宽的行车道

（尺寸可根据交通和当地
条件等因素加以调整）

图 10-36：支路

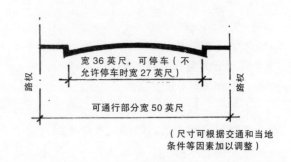

路权　宽 36 英尺，可停车（不　路权
　　　允许停车时宽 27 英尺）

可通行部分宽 50 英尺

（尺寸可根据交通和当地
条件等因素加以调整）

图 10-38：小街道

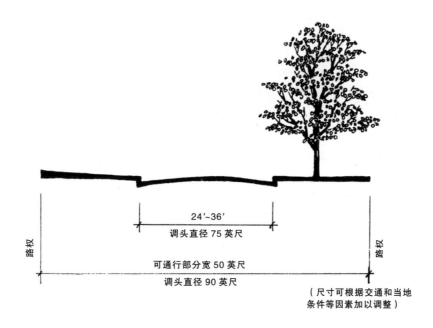

图 10-39：死胡同

表 10-2 设计时速和标准

设计速度 （英里/每小时）	距前方目标最 小距离	曲线半径 （英尺）	曲度	最大坡度 （%）	坡度每 1% 的变化对应的 最小垂直曲线长（英尺）
20	150			12	10
30	200	260	22	10	20
40	275	477	12	8	35
50	350	819	7	7	70
60	475	1146	5	5	150
70	600	1910	3	4	

资料来源：摘自凯文·林奇和加里·海克，《总体规划》（*Site Planning*），©1984 by the Massachusetts Institute of Technology. Published by MIT Press and reprinted by permission.

速度；设计恰当的路权宽度以适应行驶路面、人行道路、自行车道、基础设施、遮挡及其他考虑因素；在高速公路或坡度陡峭条件下的道路分隔（林荫大道剖面）；视觉一致性和视线；信息系统（标识系统）地形和必要的坡度平整以及从道路上体验到的恰当感官叙事线索的设计。

10.2.2 社交功能│Social Function

城市道路系统对于我们的社交模式起到很大的作用。在郊区，它影响了我们与邻里的社交互动程度。大多数邻里之间熟人的出现并不是实际距离的作用，而是基于汽车路线和行驶距离。我们倾向于了解居住在我们经常使用道路附近的住户，但是我们对于毗连我们建筑红线背面的住户所知甚少。街道提供了在我们到达和离开居住区时的接触机会以及这种互动交流产生的场所。

街道具有两种截然不同的社交功能。仅有少量慢速机动车为主的死胡同和居住区内道路的作用是邻里中心和社交接触的场所。另一方面，交通流量繁重、快速且分布不均的道路将邻里分隔，并作为邻里之间的界限。这些街道界定了城市社交单元的边界。

10.2.3 安全性 | Safety

危险随着速度、交通类型的多样化以及道路交叉的增加而提高。例如，行人和高速行驶的卡车或汽车相遇的十字路口本身就非常危险。道路系统中的街道等级结构使街道的专门化随设计速度、交通流量或交通类型多样化的增加而提高。街道等级结构将汇并入高速度、高流量或多样性道路的入口控制在有限的数量内。这样一来，危险地点或危险界面的数量被控制在最小范围内，同时没有不恰当地牺牲便利性。

在处理道路设计中的安全性问题时，我们应该意识到设计速度、反应时间以及刹车距离共同作用，决定最小向前视距、转弯半径以及道路弯曲程度。它们还共同决定了最大坡度和坡度每1%的变化对应的最小垂直曲线长度（表10-2）。

安全性要求所有可居住结构在紧急情况下都是可以进入的，即使当一处路径被阻塞的时候。因此，在只有独一道路入口时，可居住结构的最大距离是由消防系统的极限所决定的。在很多城市中，死胡同的长度限定在500~600英尺，所以市政消防车辆标准长度的水管可以达到建筑物的所有部分。

10.2.4 效率 | Efficiency

车辆流线系统由交通发生源和目的地组成，二者通过发挥支路作用的道路系统连接起来。优秀的设计会使效率和安全性能最大化，同时也会使阻塞和行驶时间最少。

随着区域交通从过境交通中分离出来，主要的高速道路承载了绝大部分的过境交通车辆，同时把交叉口的数量降到最低，随之效率得到提高。

10.2.5 生态关系 | Ecological Relationships

道路应该回应现有地形及土地适宜性。当地形陡峭时，道路通常被建成林荫大道从而使挖方和填方的面积最小（图10-40）。在特别平坦的区域，排水需求和可能产生的洪水通常需要扩大路权。当我们希望保持本地植物群落时这是非常麻烦的（图10-41）。

道路规划、设计以及建设的开发规程通常包括与土地坡度相关的指导方针和标准以及应对本地生态条件的指导方针和标准。

10.2.6 机动车存放 | Automobile Storage

机动车存放包括存放区域和道路之间过渡区域的设计、到达停车区域的路线设计（通常包括到达路线和下客区的设计）、停车位的设计（通常为18英尺长、9英尺宽）以及通往步行道的路径设计。

从道路的过渡 | Transition from the Roadway

从道路到停车区域的过渡包括恰当的视线、预

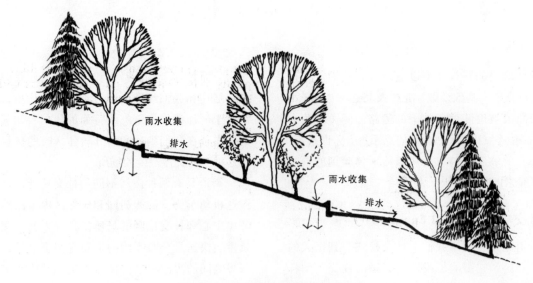

图10-40：陡峭地形上修建的林荫道路

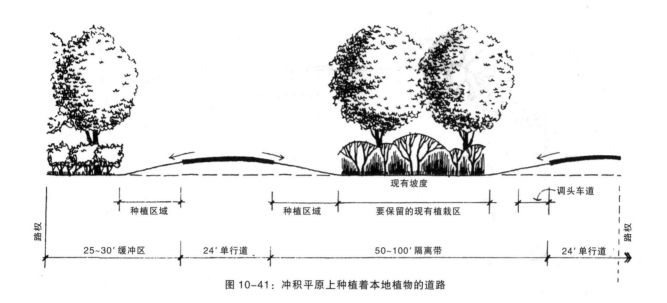

图 10-41：冲积平原上种植着本地植物的道路

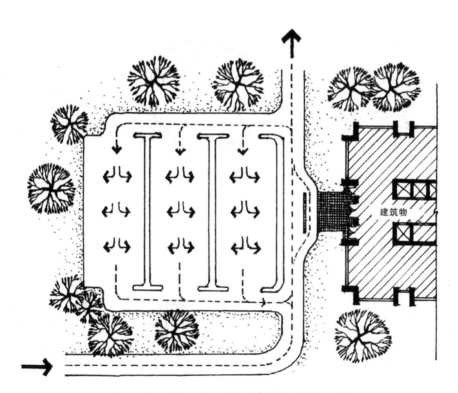

图 10-42：建筑入口，乘客下车区域以及停车动线

计的转弯半径，并且如果是在主要的高速道路上，加速和减速车道需要较大的入口转弯半径。大多数驾车的特定过渡要求取决于道路的设计速度。在支路街道上，本地条令通常限制了入口数量并常常排除了交叉路口 250 英尺范围内的并道入口。

停车区域入口 | Approach to Parking Area

进入停车区域的入口通常包括主要基地入口以及有遮蔽（雨棚）或无遮蔽的行人下车区域。在很大程度上，这些入口的效率决定了我们对于方案的感觉以及我们进入建筑物时的心境。

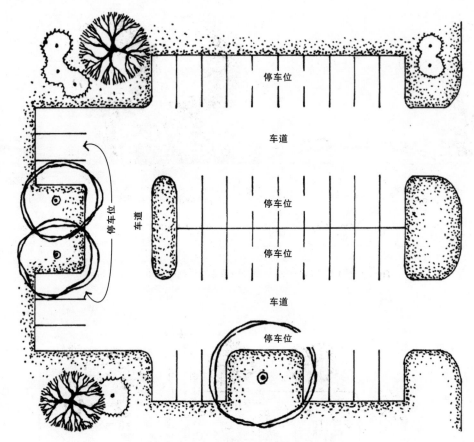

图 10-43：车道和停车位组成的停车区域

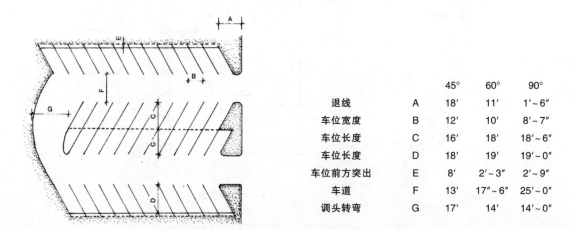

		45°	60°	90°
退线	A	18′	11′	1′~6″
车位宽度	B	12′	10′	8′~7″
车位长度	C	16′	18′	18′~6″
车位长度	D	18′	19′	19′~0″
车位前方突出	E	8′	2′~3″	2′~9″
车道	F	13′	17′~6″	25′~0″
调头转弯	G	17′	14′	14′~0″

图 10-44：停车车道和车位尺寸

在美国，人们在道路的右侧驾驶，乘客的座位在机动车的右侧。非常理想的是机动车靠右侧行驶接近建筑物，乘客在建筑物前面的路缘下车，不需要他们穿过机动车道路交通再进入建筑物。当离开时，机动车最好再次行驶到建筑物右侧，使乘客从建筑物前方的路缘直接上车，不需要穿越道路交通（图10-42）。乘客下车区域应该与直接通行的交通流动分开。

机动车停车｜Automobile Parking

　　机动车存放区域由两部分组成：存放区域中的行驶车道以及驶入的停车车位（图 10-43）。在设计时将这些内容铭记于心，就可以避免浪费路面铺装和不必要的场地影响。

　　停车位的车道宽度取决于车流方向的数量（单行或双行交通）以及车位与驶入车道形成的角度（图 10-44）。

　　如果可能的话，停车区域应该作为可形成环线流动的区域加以设计（图 10-45）。还有一种常见做法（虽然存在严重不足），"尽端式"停车位在提供停车空间的时候使机动车必须后退并持续倒车才能驶出停车场（图 10-46）。一种稍有改进的"尽端式"停车位，但它仍是难以令人满意的解决方式，这种方式能够允许确保从每个停车位上退出，但在所有位置都被占用时仍然需要倒车（图 10-47）。

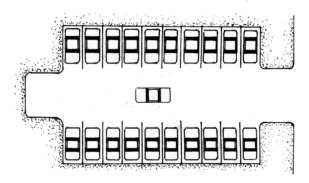

图 10-47："尽端式"停车

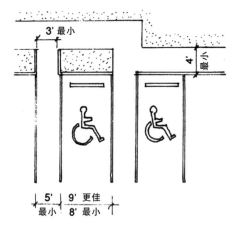

图 10-48：身体障碍人士的停车位

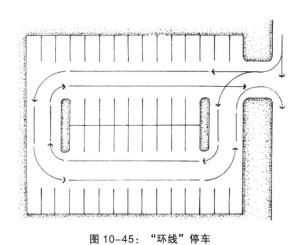

图 10-45："环线"停车

从这种尽端空间驶出时需要从场地倒车

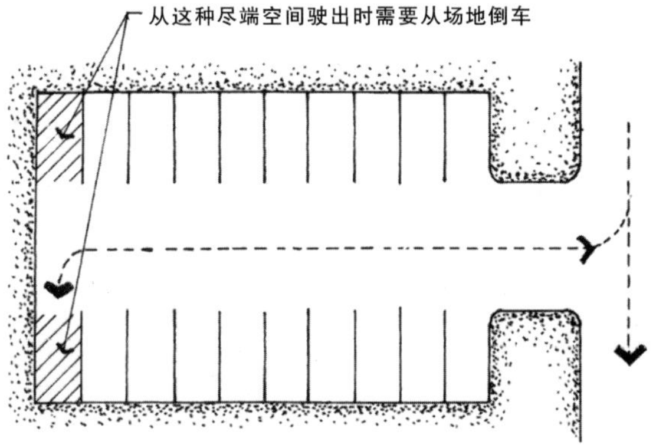

图 10-46："尽端式"停车

　　供身体障碍人士的停车场选址应该最便于接近人行道。机动车存放单元必须扩大到 13 英尺宽，以方便下车和轮椅的行动（图 10-48）。停车位必须包括设计一个安全实用的坡道连接到人行道系统。

人行道路口｜Access to the Pedestrian Way

　　机动车存放区域通常提供了到场地人行道路的入口。停车区域应该将来客引向适应所有天气的人行道路。但是这些通常只有在沿着建筑物入口动线的时候才能得到应用（图 10-49）。

10.2.7 车辆服务｜Vehicular Service

　　大多数建筑基地需要体积大于轿车的大型车辆提供的周期性服务。这种服务包括运送设备和装饰材料、收集固体垃圾和应对突发紧急状况，包括火灾。

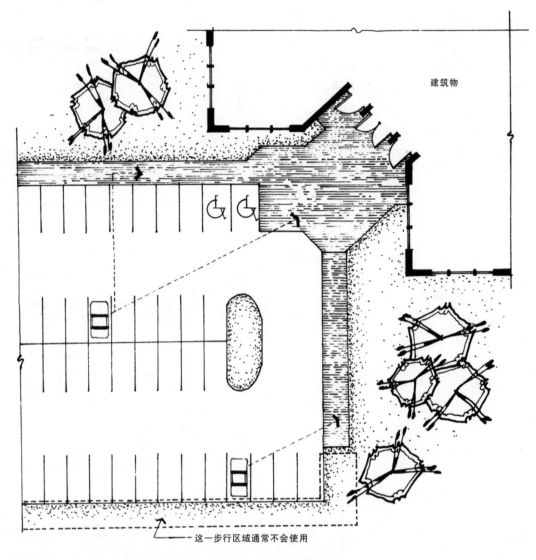

建筑物

——这一步行区域通常不会使用

图 10-49：停车 / 步行交界

通常服务车辆与普通轿车的目的地不同。轿车通常会到有突出视觉形象的区域，而服务车辆则驶抵有屏障的服务场地。服务车辆通常比普通轿车需要更大的转弯半径、更大的机动空间，这类需求根据特定服务车辆的用途而不同。车道进行必须针对场地预计接纳服务车辆的最大限制条件的指标进行。

商业 / 公共区域 │ Commercial/Public Areas

在多户型、商业、机构以及工业项目场地上，服务功能，除了消防，通常需要在建筑物毗邻处设置一条服务车道以及流线场地。流线场地应该按照预计服务车辆的最大限制条件要求设定尺寸。流线场地通常由两部分组成：一块铺装区域用于装货、卸货、储存垃圾，另一块铺地是为了转向调头。主要运动通常包括向前进入服务区，向后到建筑物或垃圾储存区，向前离开流线场地（图 10-50）。所有不适合上述车辆运动的铺地、不能存放卡车或满足其他设备需要的铺地——例如住宅区垃圾箱，都应该去掉。

单一家庭居住区域 │ Single-Family Residential Areas

在单一家庭居住区域，服务功能通常在路缘处

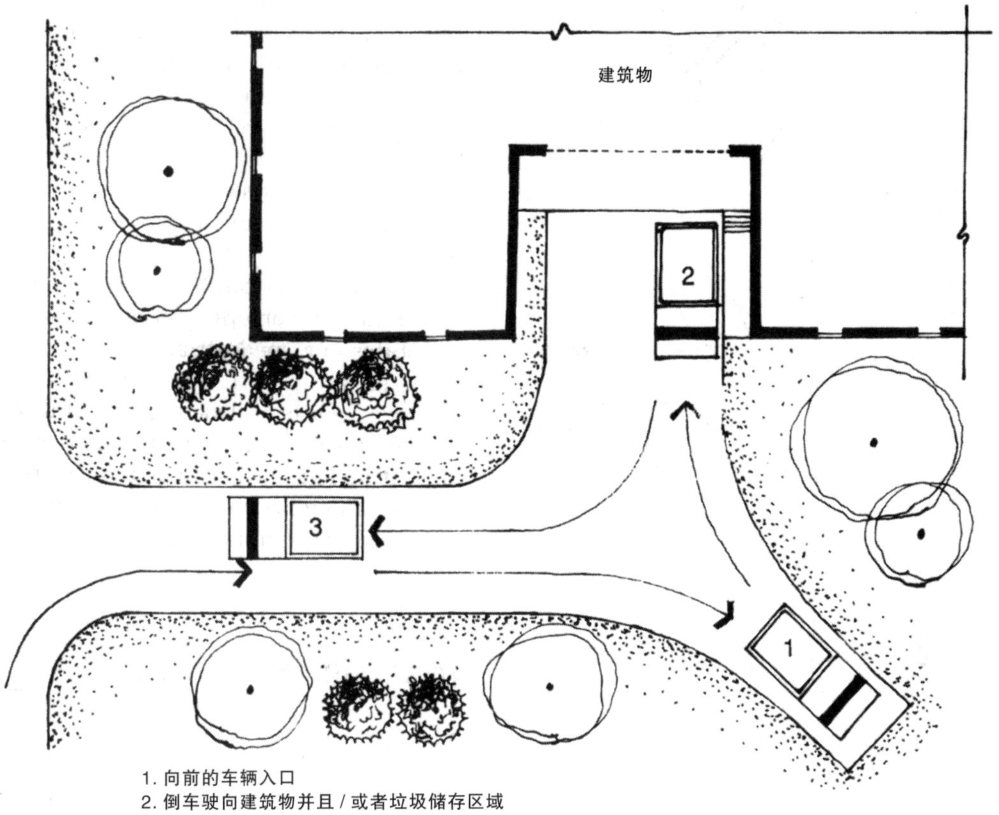

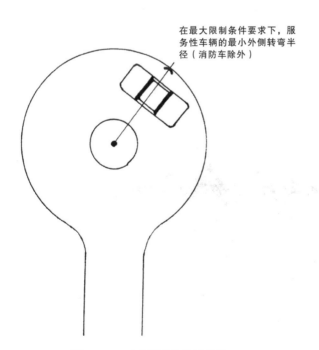

建筑物

2

3

1

1. 向前的车辆入口
2. 倒车驶向建筑物并且 / 或者垃圾储存区域
3. 向前驶出场地

图 10-50：服务性车辆的运动

在最大限制条件要求下，服务性车辆的最小外侧转弯半径（消防车除外）

图 10-51：车辆服务和转弯半径

完成，并且所有服务车辆——除了消防车，都必须可以方便地行驶到每户住宅的路缘边。道路设计必须使服务性车辆的行动便利，包括满足这些车辆的转弯半径（图 10-51）。

消防设施必须能够与住宅消防栓衔接，消防栓的灭火距离必须覆盖房屋的各个部分，而且水压充足（图 10-52）；并且水管要足够长，防止当唯一出水口堵塞时，可以从另一消防栓或消防车上取水。

10.3 公交换乘 │ BUS TRANSIT

公交车和轿车、卡车在相同的街道上行驶，它们沿着经合理安排的固定路线行进，并且有固定地点供行人上、下车（换乘车站）。这些地点可以作为主要的步行交通发生源，并应该视作步行流线系统中的节点。另外，这些作为公交车、轿车以及行人的混合活动地点的场地也因此变得不够安全了。在设计这些区域的步行和道路系统时以及在保持、

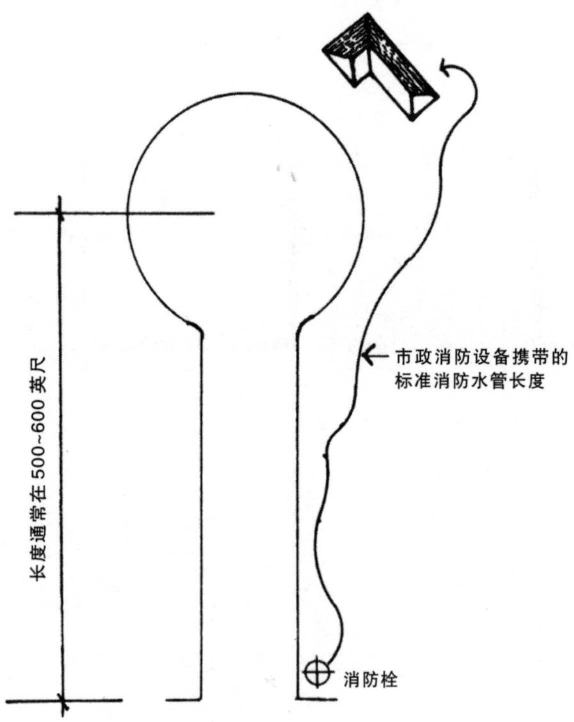

长度通常在 500~600 英尺

← 市政消防设备携带的
标准消防水管长度

⊕ 消防栓

图 10-52：消防设备与死胡同长度

提升安全的视觉和空间关系方面都应给予高度关注。

公交车与轿车和卡车在相同的街道上行驶，它们需要更大的转弯半径。它们即将行驶的道路必须能够应对这些交通工具的行驶限制条件。

10.4　铁路换乘 │ RAIL TRANSPORT

铁路运输系统包括与其他流线系统交汇连接的主要终点站，这些流线系统包括卡车、公交车、轿车以及步行系统。它们还包括对城市形态有重要影响的固定地面路线。

铁路范围内的运输交通工具，包括客车和货车，它们都是重要的城市形态决定因素。它们受坡度和转弯半径的严重约束限制，因此铁路系统在整体上要与地形相关联。它们通常沿着最平坦的地形线铺设，因此可以在转弯半径限制的范围之内施建。因此，在侵蚀地貌中，它们倾向于沿着山脊线铺设（或其次，在宽阔的谷地铺设）；在地势抬升的风景中，它们通常在连续的山谷或梯状斜坡的边缘铺建。

铁轨在与其他运动系统交汇时可能产生危险，例如轿车或人行系统。因此，铁路交叉口在数量上很少，并且受到高度监控管理。这样一来，一旦铁轨与铁路终点站相连，它们在市区内便成为城市隔离带，有力地划分了土地使用功能，并广泛破坏了社区连续性以及其他运输网络的次级元素间的连续（图 10-53）。

10.5　航空和水运换乘 │ AIR AND WATER TRANSPORT

航空和水运换乘系统在几方面非常相似。两者

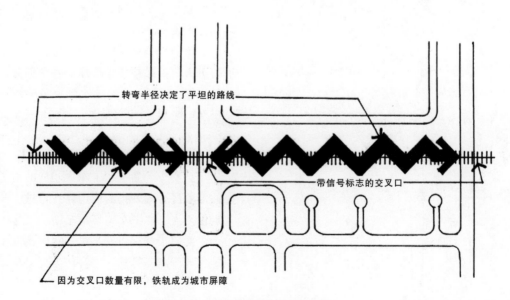

转弯半径决定了平坦的路线

带信号标志的交叉口

因为交叉口数量有限，铁轨成为城市屏障

图 10-53：作为实体和社交屏障的铁路

都包括陆地运输的交通发生源（机场和港口）以及从陆地表面离开的流线路径。作为城市形态的塑造者，两者都有可以成为主要交通发生源的终点站。在两者之中，这些终点站还必须与其他运输系统交汇，包括火车、卡车、轿车以及步行。

　　航空和水路运输系统的尺度和实体特性还影响到它们终点站区域的活动类型。因此，这些系统是主要城市土地用途和土地形式的创建者。

参考文献

DeChiara, J., and Koppelman L. Urban Planning and Design Criteria (Third edition). New York: Van Nostrand Reinhold, 1982.

Jones, J. H. The Geometric Design of Modern Highways. New York: John Wiley & Sons, 1961.

Lynch, K., and Hack, G. Site Planning (Third edition). Cambridge,MA: MIT Press, 1984.

A Policy on Geometric Design of Highways and Streets. Washington, DC: American Association of State High-way and Transportation Officials, 1984.

Woods, K. B. Highway Engineering Handbook. New York: McGraw-Hill, 1960.

推荐读物

Appleyard, D., Lynch. K., and Myer, J. The View from the Boad. Cambridge, MA: MIT Press, 1964.

Brewer, W. E., and Alter, C. P. The Complete Manual of Land Planning and Development. Englewood Cliffs, NJ: Prentice-Hall, 1988.

Brooks, R. G. Site Planning: Environment, Process, and Development. Englewood Clifffs, NJ: Prentice-Hall, 1988.

DeChiara, J., and Koppelman, L. Site Design Standards. New York: McGraw-Hill, 1978.

McHarg, I. L. Design With Nature (First edition). Garden City, NY: Published for the American Museum of Natural History by the Natural History Press, 1969.

Tunnard, C. Man-Made America: Chaos or Control. New Haven: Yale University Press, 1963.

第十一章

空间开发
Spatial Development

感知主要是视觉上的，而视觉感知主要是空间方面的。当经过空间时，我们将周围的世界作为一个视觉刺激的序列进行体验。我们在任何特定空间内感受到的不同刺激程度是相关的，我们感知连续性以及一种特定的场所感知。我们理解场所。如果刺激因素相关程度很弱，那么我们在感知场所时将感到迷惑和不够连贯。我们将无法理解场所，并感觉不适或分不清方向。

空间开发是对空间、体量以及人工设计环境特征进行操作的过程，以强化场所性。这一过程包括对视觉感知、空间关系及设计元素和设计准则的管理，运用了地形、水体、绿植、构建材料和建筑物等外部设计手段的设计元素与设计原则。

11.1 空间感知 | SPATIAL PERCEPTION

对于建成环境的设计呈现出一种悖论。一方面，我们的文化是实体对象为导向的，设计任务通常包括对于实体的设计：家具、雕塑、广场和建筑物。另一方面，我们的体验是空间性的。在任何时候，我们对于世界的影像都受到即时空间感知、围合元素以及空间边缘特征等方面的直接影响。超出这一边缘对现实的感知只包括来源于过去的经历及想象的头脑中的影像。

11.1.1 空间和体量的关系 |
Relation of Space and Mass

我们的文化鼓励我们去感知物体对象。因此，在基础设计课程中，刚入行的设计师本能上会去设计正形（图11-1），而对这些形状之间的关系则关注较少（图11-2）。在设计三维外形时，设计师通

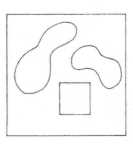

图 11-1：可识别的正形

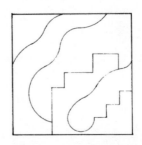

图 11-2：相互关联的形状

常关注于体量，包括在建筑立面上表现的统一性和连续性。缺乏经验的设计师通常对观察到的此体量、此立面和同时看到的彼体量、彼立面之间的统一和整合关注不足，对于空间传达出的场所统一感也不甚关心。

即使刚入行的设计师关注到了所设计建筑的体量的统一性，他们也很少去关注体量的整体性。例如我们不能同时看到同一建筑物的正反两个面。虽然缺乏经验的设计师对于设计实体与环境之间的关系缺乏关注，但是我们通常感知设计体量的不同立面，例如与其他体量、其他建筑立面以及环境背景相关的建筑立面（图11-3）。当立面之间以及立面与环境间建立起联系时，空间是连贯的、整体的、

184

图 11-3：建筑物立面与空间感知

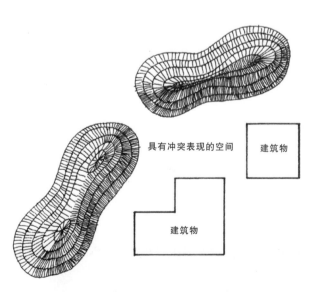

具有冲突表现的空间

建筑物

建筑物

图 11-4：在空间中相互冲突的形式表现

和谐的。如果它们不能协调一致，空间就缺乏连贯性。

　　然而，缺乏经验的设计师会希望设计有意义的实体，艺术家希望创造有意义的场所。刚入行的设计师根据某些设计态度或形式语汇设计实体；有经验的设计师从整体上发掘实体和空间，并强调空间开发。刚入行的设计师会让不同的设计语汇在同一空间中交流碰撞（图 11-4）。有经验的设计师在体量中设计过渡空间，让每一个空间都以一种统一的形式语汇表现自己（图 11-5）。

11.1.2 围合与空间感知
Enclosure and Spatial Perception

　　人具有领地性：他们辨识感知安全性不尽相同的空间外壳或区域。这些区域已被界定为亲

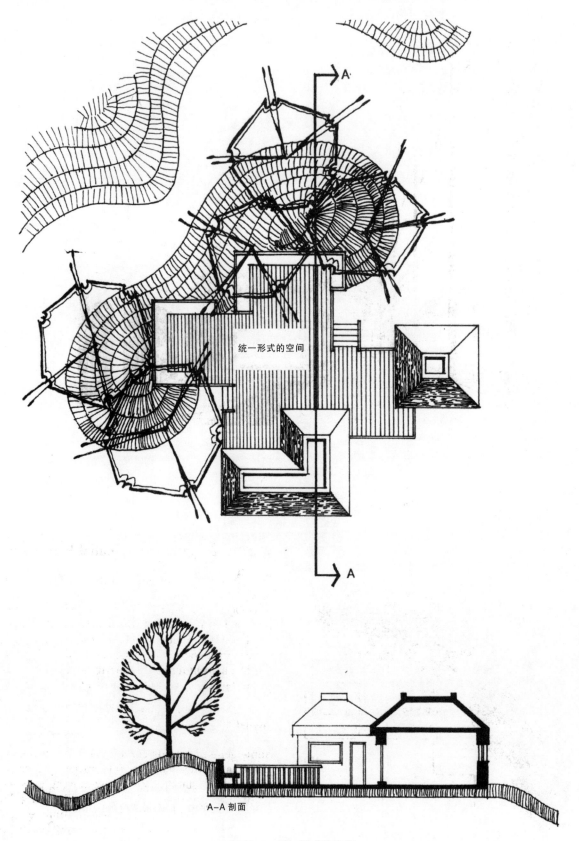

统一形式的空间

A-A 剖面

图 11-5：统一形式的空间

密空间（0~18 英寸）、个人空间（18~48 英寸）、社交空间（4~12 英尺）以及公共空间（12 英尺以上）。这些区域影响到社交互动，例如，一个人具有环境造就的个性，举止恰当，遵守社会规则。

空间尺寸｜Spatial Size

当人们以静止或漫步的视角观察空间时，可以归纳出对空间尺寸及空间所触发情感的一些一般规律。根据林奇和海克在《总体规划》（1984）一书中所述，尺寸在 10 英尺以内的外部空间看上去小得令人失望。尺寸在 10~40 英尺的户外空间产生私人亲密的感觉；40~80 英尺空间是人体尺度的。80~500 英尺的外部空间具有一种公共人体尺度，而 500 英尺以上的空间则是超人体尺度的。

空间尺寸和感知领域也是相互关联的。小空间提供了极大的安全感，空间中的个体倾向于进行社交互动。大型空间中的安全感下降，其中的人际互动倾向减少。在超人体尺度空间中，个体通常觉得不受保护，有时感到不安全。人们的注意力被这类空间中的人体尺度物体所吸引，尤其是视线高度上的物体。这些物体使包含它们的空间在尺度上更加人性化，也感觉更加有人情味儿。

围合程度｜Degree of Enclosure

空间感知也受到边缘特征、边缘围合程度以及围合高度产生的视线角度等因素的影响。根据林奇和海克的观点，当一个连续、不透明的围合物的高度等于它与观察者之间的距离时，这个空间就被感知为完全围合（图 11-6）。如果宽度—高度的比值是 2∶1，那么这个空间就不会产生完全围合感。如果比值为 3∶1，那么这个空间仅仅是在最小限度上被围合，而当比值为 4∶1 时，围合的感觉就几乎消失了。

由此，围合感引起了我们对于领域以及安全的本能感觉。随着围合程度的增加，我们感觉到暴露在外的程度降低，受到保护、可靠及安全的感觉获得提高。

当物体接近或处于视线位置之上时，我们感受

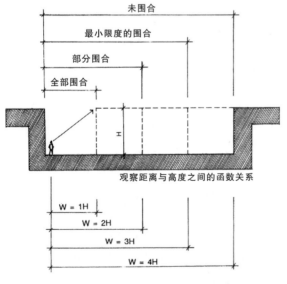

图 11-6：基于宽—高比的围合程度

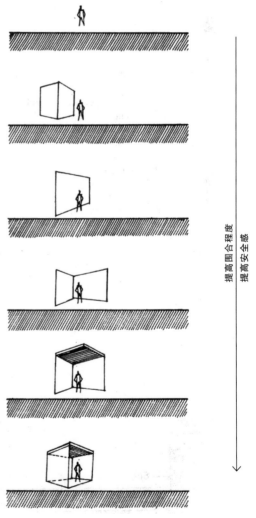

图 11-7：围合程度

到了物体附近的庇护,并觉得空间在尺度上变小了。当物体阻挡视线时,我们更明显地感受到保护和人体尺度(图 11-7)。在视线高度上方延伸的平面建立了空间边缘并提供了围合感。相交的平面或室内的墙角建立了两个平面的边缘,彻底地改变了感知尺寸和围合感。如果头上方有一片天空,空间就显得十分广袤。如果引入一个头顶上的平面,则空间感知将完全改变。头上方以及周遭的围合产生了一种存在其中的感觉,感觉是从一个庇护的处所观察景观。

11.1.3 层级与空间围合
Strata and Spatial Enclosure

与围合元素的位置(尤其是垂直位置)相同,空间界定和空间特征在围合的感知中具有重要作用。垂直位置的含义可以通过单独研究底平面(以及它在附近地面上的垂直延伸)、头顶上方的平面以及空间边缘得到最佳的理解,如图 11-8 所示。

底平面 | Base Plane

底平面是景观作品的功能地面和空间地面。它是我们行走和驾车行驶其上的表面;它构成了最低的空间界限。它也在结构上和生物学上支持了空间中位于头顶上方和空间边缘的那些元素表现自身。

自然中的底平面,最初是由环境过程(抬升、侵蚀、沉积)形成的,它通常由人类进行重塑。它的形式经常表现了生成力、地区条件、历史上的活动以及材质。底平面和它的材质还常常传达出关于土地用途的信息。因此,对于场所的感觉会在很大程度上受到底平面的影响。

当行走在地面时,底平面也影响到我们体验景观的路线。它构建了我们的运动路线,编排了空间叙事线索,并影响了我们对于场所的感知。

底平面是空间叙事线索的决定因素,它还从结构上和生物学角度支撑了位于头顶上方和空间边缘处表现自身的各个元素,它应该承担与其他空间层级之间强烈的空间和模式关系(图 11-9)。

远离视线高度的底平面可暗示空间或对空间进行明确地表现,但是它们并不从实体上对空间产生围合。另一方面,在视线高度以上的地形在地平面上表现自身,并作为空间边缘产生围合感(图 11-10)。

材质(Materials):底平面的材质变化范围很大。每种材质的性能都很独特,具有特定的用途和物理状态。每种材质都以自身无可比拟的方式影响到场所的直觉感受。

地平面材质的选择范围包括不同类型的土壤(每种土壤都具有自身特有的肌理、坡面稳定性以及性能)、种植材质(草、地被植物以及具有不同尺寸、肌理和颜色的灌木等)、水(具有表达情感的作用)、人造材质(煤渣、砖、混凝土、木材等)。

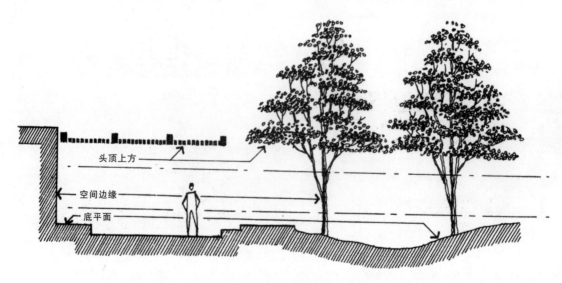

头顶上方

空间边缘

底平面

图 11-8:空间层级

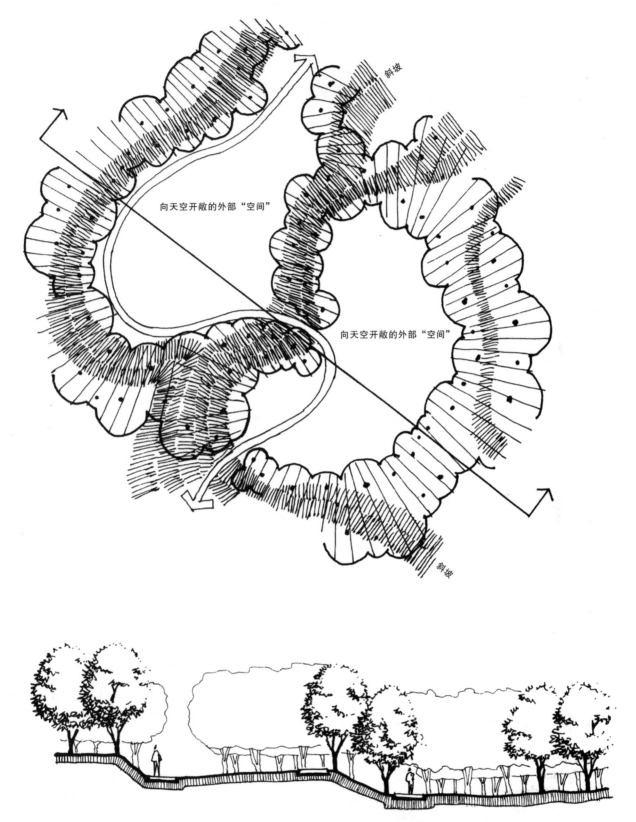

斜坡

向天空开敞的外部"空间"

向天空开敞的外部"空间"

斜坡

图 11-9：底平面模式：与头顶和边缘的关系

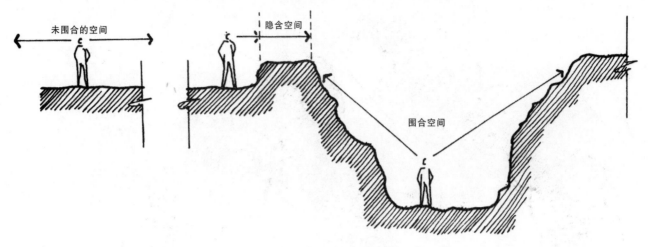

图 11-10：作为底平面和空间边缘的地形

头顶上方的平面 ｜ Overhead Plane

头顶上方是空间的上限。它的范围包括无所不在的天空——白天，蔚蓝色无边延伸；夜晚，星光闪烁，也包括硬质的建筑物外部屋顶。它可以是沉重的混凝土板，令人感到压抑地悬在我们的头上，或者是轻盈明快的刺槐叶状花窗格，在微风中摇曳。

从功能上和生理上，头顶上方的平面保护我们免受下面因素的影响：太阳辐射、雨、冰雹、雨雪交加以及某一程度范围内的雪。从生理上来说，它可以提供一种遮蔽、保护的感觉，并通过色彩、它赋予阳光的特性以及它在墙壁和地面上产生的阴影纹样来表现独特的场所性。

"身处其下"的感觉在直觉上非常独特。它激发我们像孩子一样探索床下和桌下的空间，并进入洞穴冒险。头顶上方的平面增加了这种感觉，并产生一种戏剧性的围合感觉。随着天花板逐渐向视线高度推进，戏剧性得到了加强。

头顶上方平面的特性（Character of Overhead）：正如藏身树洞中的人所说的那样，头顶位置的感知强过所见。我们很少关注头顶。头顶位置主要通过运动、投射在其他表面的阴影以及它所产生的光线特征、性质及色彩等方面的变化而被感知。虽然对它的感知强过所见，但是头顶位置产生的特征在场所的知觉感受中是非常重要的（13.1）。

实体的、不透明的以及静态的头顶上方平面可以提供对其他因素的遮蔽，同时产生保护和安定的感觉。它们可以降低光线等级，如果将头顶上方平面的进深加大，这种效果将非常明显。它们还可以作为安装人工光源的表面。半透明表面可以提供保护并产生光线的特征、性质及色彩的变化。

多孔的头顶上方平面——尤其是随时间产生移动或变化的平面，可以随着光线穿过头顶平面并投射在下方平面上产生富有戏剧性的效果。穿过覆有板条凉亭的光线可以把空间条状地划分为一种有角度的、有韵律的式样。随着光线反射、扩散并穿透摆动的树叶产生细腻肌理的花边状林荫，空间中充满了舞动的图案或运动的斑驳图案。光线特征和阴影图案还可以随着季节、太阳角度和树叶情况变化。夏天浓密的阴影图案会随着冬天树冠上面叶子落去变为一种仅剩树枝的图案。

空间边缘 ｜ Spatial Edge

虽然空间边缘只在我们的视锥中占据相对很小的一部分，但是接近视线高度的空间边缘在视觉感知上是很重要的。尽管头顶上方和底平面会影响到空间组织、用途和特征并可能对空间进行暗示，但是视线高度上的终止通常需要提供一种围合的感觉（图 11-11）。

当我们需要隐私、悬念、神秘、遮蔽令人不悦的景色或强调（通过框景或类似的方法）合人心意的景色、限定空间单元或其他空间效果的时候，空间边缘是非常理想的。成功塑造的空间通常具有边缘来遮掩外部元素，以免这些元素破坏规划的场所

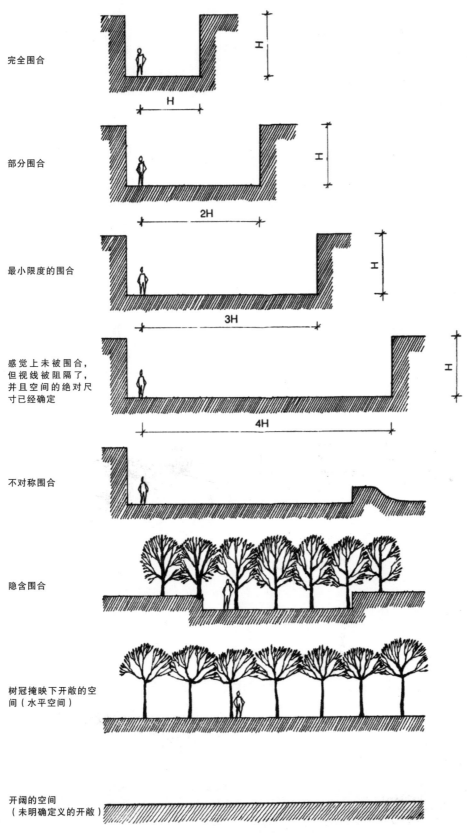

完全围合

部分围合

最小限度的围合

感觉上未被围合，
但视线被阻隔了，
并且空间的绝对尺
寸已经确定

不对称围合

隐含围合

树冠掩映下开敞的空
间（水平空间）

开阔的空间
（未明确定义的开敞）

图 11-11：围合的程度与性质

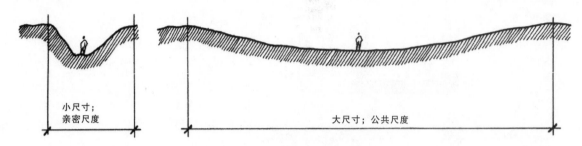

图 11-12：空间边缘、尺寸和感知尺度

感觉，并且边缘可以界定景色、提升场所感觉。空间边缘对于帮助人们以恰当的方式发现空间是非常重要的。

空间边缘围合了空间，终止了视线，界定了视域。从边缘到另一边缘的距离决定了空间的绝对尺寸并在很大程度上推进了感知尺度（图 11-12）。边缘高度与距离的比值决定了一条实体边缘产生的围合程度。

视线考虑因素（Sightline Considerations）：视线高度是具有最大视觉注意力的水平线。设计壁画或景观细节时都要根据与视线的关系加以组织，它们可以吸引人们的注意力，使人们产生欢愉的感觉。随着自然地形抬升到视线高度，风景的"自然性"从本质上得到提高。

在视线高度上不稳定的关系十分令人厌烦。在视线以上 12 英寸范围内结束的空间边缘尤其使人沮丧，因为空间界定是不明确的，观者会竭力试图越过空间边缘进行观看（图 11-13）。

边缘功能（Edge Function）：空间边缘通常具有三种不同的功能。首先正如以上所述，它包围了空间。其次，它作为一个背景，加强了空间中雕塑元素的感知。在这种情况下，边缘应强化视觉元素，这通常是通过对比雕塑元素的线条、形式、色彩以及肌理实现的。一个光滑、弯曲、表面有细微凹凸的洁白雕塑可以和一个富有肌理的、深绿色带叶片的体量产生对比。一个带花边的熟铁雕塑可以放置在一面平滑的白墙背景上。粗糙的白色桦树皮或白杨树皮可以放到一个光滑的或细腻肌理的深暗背景下做衬托。

第三种空间边缘功能是框景。一条边缘可以做成逐渐增强的效果，从而把人们的注意力引导到开

图 11-14：框景和场所感觉

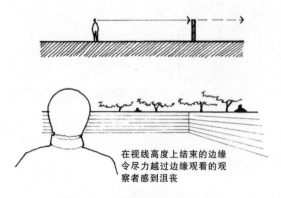

图 11-13：在视线高度结束的边缘

在视线高度上结束的边缘令尽力越过边缘观看的观察者感到沮丧

图 11-15：不理想的框景

口处。空间以外的元素可以作为边缘的一部分进行框景，因而也成为空间的一部分。有效的框景可以极大地加强场所感（图11-14）。相反地，不理想的框景会将注意力吸引到破坏场所感的元素上（图11-15）。

作为方向的边界（Edge as Direction）：作为视觉上最突出的空间层，边缘可以有效地将视线导向特定属性和重要元素，比如那些没有边缘就会被隐藏的建筑物入口。它还可以将视线导向重要的视觉背景（图11-16）。

图11-16：作为指向的边缘

图11-17：建筑化的边界

图11-18：疏松的绿化边缘

边缘特征 | **Edge Character**

作为具有主导性的视觉层级，边缘在确定空间特征时极其重要。如果边缘特征与预期用途和场所感觉有关，并且其他空间层级共同支持这种特征，那么场所将显得更加统一，使用者将感知到一种稳定的品质。这种稳定的感觉将在使用者内心产生一种融洽感，而且空间将更加令人觉得舒适。

空间边缘可以是一条崎岖的崖壁表面，也可以是一个平整光滑的铝制或反射表面。边缘可以是致密、坚硬的墙壁，传达出建筑化的感觉（图11-17），或一个疏松多孔的绿化边缘（在远处产生昏暗的阴影），暗示深沉、连续与神秘的特性（图11-18）。一个绿化边缘可以像垂直墙体一样具有围合性（图11-19）；也可以具有阳光照射的树林边缘一样的层次划分，同时每个植物层级都延伸到其上的植物层级范围之外，以获取阳光照射（图11-20）；或多孔而开敞（图11-21），就像林地树冠北侧的阴影区一样，仅能获得有限的光照，供植物进行光合作用，叶片进行生长。

边缘可以具有很多层次，在不同的观察距离上能够看到各种不同的元素；或者减少到在一个固定距离上看到单一一种材料或一种纯粹的几何形式。每种边缘条件都传达出空间独一无二的特征。

11.2 场所感觉 | SENSE OF PLACE

空间的构成要素——包括底平面、头顶上方的平面、空间边缘以及围合和框景元素都是视觉场景的组成部分，因此也是场所的组成部分。

如果不同的刺激因素相互联系并支持一个共同的主题，那么空间就产生一种具有强烈意义的感觉。空间令人感觉非常完整；它的元素会感觉合为一体。因此可以说这个空间的场所性很高。

如果元素之间未能相互联系，那么场所将使人感到无序、混乱、不连贯，令人困惑。这样的场所可以说是缺乏场所性的，或者说呈现出无场所性。

常见失误 | **Common Failures**

当我们设计外部空间时，一个典型的缺点就是不能使空间边缘与其他层级和其他封闭形式相调和。例如，有些设计师希望在城市的社会环境中建立一

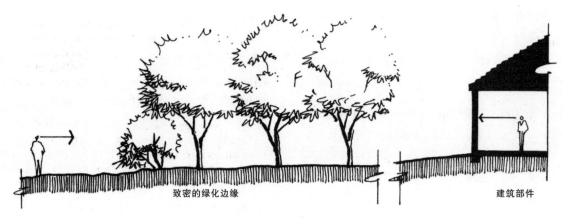

致密的绿化边缘 建筑部件

图 11-19：封闭、密实的空间边缘

阳光

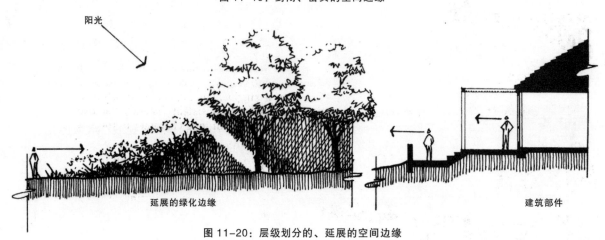

延展的绿化边缘 建筑部件

图 11-20：层级划分的、延展的空间边缘

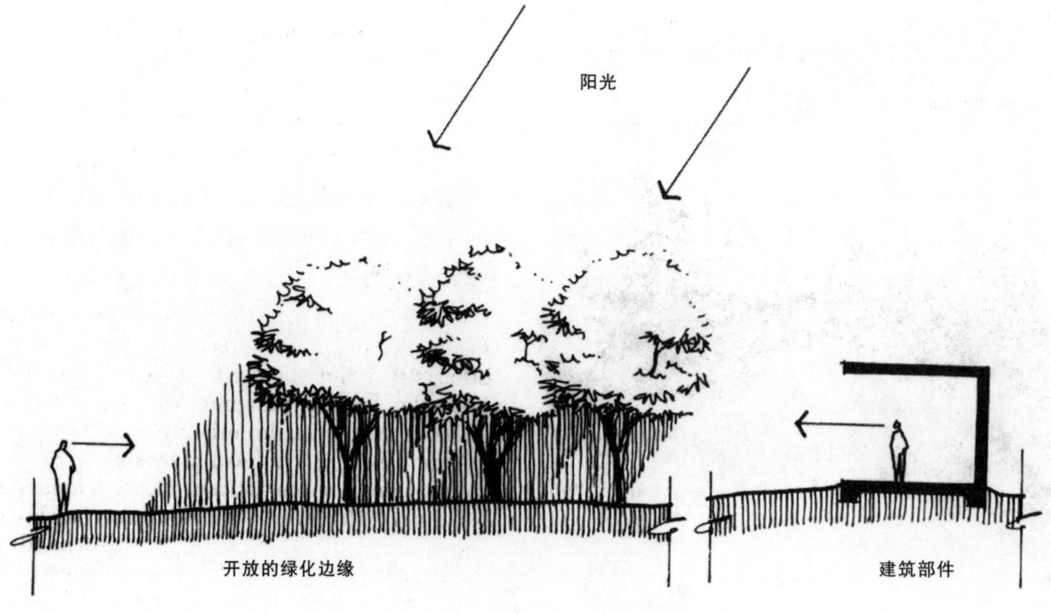

阳光

开放的绿化边缘 建筑部件

图 11-21：疏松的、开敞的边缘

种自然感，设计师将自然主义的基底和头顶上方的平面以及围合元素放置在边界由建筑物支配的空间中是很常见的做法。然而，具有支配性的建筑边缘会导致相互冲突的刺激因素和无意间造就的矛盾产生，并且无法唤起理想中的感觉。当我们设计由建筑化边缘支配的空间时，采用一种"通过对比完善"的设计理念显然是更加适宜和现实的，这个设计理念就是——"阴—阳理念"。

当前美国城市空间中混乱的视觉特性表明，人们无法应对建筑边缘在感知上的支配作用，在视线高度水平植被应用不足以及空间边界、其他层级和围合元素之间缺失设计关系。

场所性议题 │ Issues of Placeness

虽然场所性这一概念看起来很简单，但它其实是一个在很多层面上操作复杂的、直觉心理反应。在某种意义上，它是直接而感性的：当我们看到穿过一个空间的人行道时，我们会推论这个空间可以供人行流线使用，并相应地对空间特征和场所性进行解释。

对于场所的感受也具有联想性。场所与我们过去的体验产生联系。它使我们兴奋，并产生思维模式。这些思维模式复杂且各不相同。联想和场所感知受到每个人对于环境感知、文化价值观、对个人和社会角色的认识、过去的物质和文化体验、教育等方面的影响。能否产生一种强烈的场所感取决于不同的内心联想支持一个共同观念的程度。

联想具有三个层次：怀古的、文化性的及个人的。很多联想属于**怀古的**（atavistic）：这种联想被普遍感受，或在大多数文化中由多数人持有（阿尔普顿，1985）。对场所怀古的或本能的构想被我们大脑边缘系统的原始凹陷进行预先处理。生存的基本概念、战或逃的反应以及类似的反应会从根本上影响场所感知。我们认为自身社会领域范围内的空间与那些位于我们不熟悉区域内的空间迥然不同。一个场所的连贯性越弱，我们越会感到不舒适。而我们越感到易受伤害，即使这种易受攻击的感受是基于场所以外的推论，我们就越会以消极的态度来观察场所。

在另一层面上，联想是具有**文化性的**（cultural）。每种文化都具有影响人们审视世界、信息编码和解码以及产生联想等方面的观点（霍尔，1966）。因此，场所感知具有一种文化维度，并且在文化上和亚文化上产生多种变化。模因论科学是在对文化影响感知的程度和方式进行理解的过程中发展出来的，这种理解包括场所感知。

在第三层面上，空间与心理联想在**个体**（individual）层面上相联系。个体具有不同的体验、伦理、态度、特征等级以及生活经历（米哈利·契克森米哈依（Mihaly Csikszentmihalyi），1981）。因此，我们每个人都对场所有独特的理解。虽然我们的联想通常是相关的，但是每个人都会对一处场所产生有略微不同的联想。

空间感受 │ Spatial Feeling

虽然个体对空间的理解各不相同，但对空间的情感反馈或感受以及产生这些因素的空间特征等方面可以总结出一些共性。

满足感（Satisfaction）：当空间层级和空间元素之间相互关联时，空间会产生统一或稳定的感觉。当空间特征与预期用途和环境相适合的时候，我们就产生了一种满足的感觉。

愉悦感（Pleasure）：当一个空间令人满足并提供丰富信息，那么它看起来将令人愉快。一个统一的空间是令人满足的，而一个具有统一性并有令人感兴趣的多样性空间则是令人愉悦的。

松弛感（Relaxation）：身体和心理上的舒适、柔软流动的形式、冷色调、柔和的灯光和声音、亲切感以及影响力的稳定性可以促进松弛感的产生。

沮丧感（Frustration）：当一个空间无法建立有意义的关系——元素和元素之间、元素和背景之间、元素和使用者之间、空间和条件之间、材质和用途之间——并且观察者无法整合从空间中获得的数据时，这个空间就成为沮丧感的来源。

神圣感（Spirituality）：超出人类体验的元素——夸张的比例、直冲云天、基本几何形状、纯净的白色及光滑的材质、线性的光芒等——可以产生一种神圣的感觉。

规整的形式感（Formality）：由一种简单明了的秩序产生的稳定关系传达出形式感。严格遵守两侧对称的规则和放大尺度可以传达出这种感受。但规整的场所存在着令人乏味的风险。

不规整感（Informality）：具有不稳定的秩序或者复杂的整合秩序的场所——例如神秘的平衡感，这种场所可能非常令人兴奋并传达出自由和不规整的感觉。

庄严感（Solemnity）：完全稳定的关系以及深沉、内敛的低饱和度色彩会使人感到庄严肃穆、令人内省并促使人们进行深思。

沉思感（Contemplation）：简单；没有令人分心的元素；私密；隔绝外部影响；鲜明的安全性；柔和、漫射的光线以及品质优良的材质会引起沉思感。

活力感（Dynamism）：醒目、有棱角的形式；粗糙的肌理；明亮的色彩；线条、形式、色彩和肌理上的强烈对比可以传达出一种富有活力的感觉。复杂的组织、多重焦点、运动以及繁复且变化的光线图案和阴影也可以产生活力。

华丽和轻浮感（Gaiety and Frivolity）：松弛、自由流动的臆想形式；复杂的或演进的韵律和序列；光线、水体和声音的趣味表达会产生华丽感。

张力（Tension）：不稳定的影响力，包括重力、视觉平衡和声音可以产生张力。因此，在不同的强调重点之间产生的竞争，不舒适或不安全的环境——例如微气候、眩光或者闪光灯也可以产生张力。

恐怖感（Fright）：生理或心理的不适、迷惑、冲突以及过多的限制或广阔无垠会表达出一种危险感并引起恐怖感。这种感觉还可能来自形式或灯光的刺激、夸张的颜色、过分复杂、粗俗的简陋、刺耳的声音或者不稳定和不安全的环境条件。

炫耀（Pretense）：对财富的展示、夸大其词、过度的秩序、对尺寸的夸张以及高饱和度的冷色调会传达出一种炫耀的感觉。

对空间意识的操控几乎可以营造出任何感觉，

在这一过程中也需要保持对设计元素、设计准则以及它们将引起何种感受的敏感性。可唤起强烈感觉的空间可以说具有一种强烈的场所感。

设计的适宜性｜Design Appropriateness

场所应该是连贯的，同时可产生与使用意图相关的感觉。一种成功设计的背景促进实现设计用途与设计行为。如果做不到，空间设计不合理，不成功。

一个成功的场所是与它的物质和文化背景相关联的。如果这个场所无法与它的环境融合，人们会觉得这个场所是不适宜的、随意的而且反复无常的。

11.3 空间设计｜SPATIAL DESIGN

设计师通过对空间的驾驭来创造场所，他们必须处理感官刺激、操控空间层级以实现设计意图、设计空间及空间里的元素并解决临时出现的问题，而且有效地利用各种土地设计方法。

11.3.1 感官刺激的管理｜Management of Sensory Stimuli

景观设计师必须处理感官刺激，使场所产生预期的感受。这一过程包括对视觉和其他感官信息的处理。视觉设计元素——包括点、线、形式、色彩以及肌理必须单独加以处理，协调一致，按计划开发空间。

点｜Point

景观中的特定场所在汇集意义上具有独特的潜能。空间开发可以表达这些特定点的重要性，并给它们特别的关注。随着汇集在这些特定点的空间意义在空间中得到表达，整个空间的场所性将获得提升。

这些特定点是场所感觉或场所精神集中的地方，可以位于空间之中（图11-22）；也可以是空间的外部点，通过框景引入而成为空间的一部分，并加强了空间意义（图11-23）。

线｜Line

线条可以引领视线，为汇集了空间意义的景观元素赋予主导地位（图11-22和图11-23）。

设计师可以通过表达形式的边缘、深度的主要

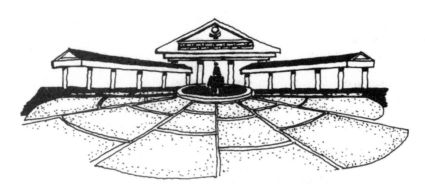

图 11-22：空间含义汇集的中心点

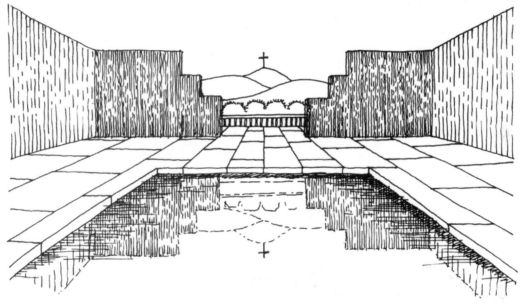

图 11-23：空间含义汇集的框景点

变化、强烈对比表面（色调、肌理、色彩等）的交界以及主导地位的线条（图 11-24），从而增强场所感。这些线条可以引导视线获悉空间构图并发现具有特殊含义的特定点。线条引导视线的特征会唤起思维中的图像并使人们产生空间感。成组的线条可以应用于塑造表面，帮助观察者感知表面和空间形式，从而使观察者更好地了解场所。

当多个线条，尤其是在作品中居主导地位的线条，共同作用并与其他视觉元素共同表现同一主题时，设计特征和场所感觉获得加强。

形式 ｜ Form

在对三维形式进行操作的过程中，景观设计师应该抵制体量主导的文化偏见。意识到视觉体验主

图 11-24：主导线条与空间感知

要是空间上的，在我们对场所感受进行操控管理时应该关注空间开发。我们应该有意识地操控空间组织、空间层级、空间中的形式及框景形式，以支持共同的主题并唤起预期的感受。

我们应该将景观视作一种连续体，它随着时间的推演被探索，我们还应该在连续体中设计每处空间，在产生理想的空间品质和特征的同时使空间形式支持整体设计主题。

形式的过渡应该主要出现在分隔空间的体量内。接下来，当我们在空间之间进行移动时，对于场所的感受就发生了变化；然而，在任何场所中，形式都共同作用以支持空间主题（图 11-25）。

色彩 | Color

色彩是光的性质。正如以上所论述，头顶上方的平面会在相当大的程度上影响光线的色彩；底平面、空间边缘以及封闭和围合的形式对光线色彩的影响程度较低。

光线的感知色彩会受到入射光线的影响；入射光线的调整，光照面的吸收、反射及投射特性，与周围色彩的关系以及眼睛的特性都会产生相应的影响。材料通过它们所吸收的光线选择光的频率——即它们的表面色彩。

色彩理论与空间开发（Color Theory and Spatial Development）：成功的景观设计师会根据设计意图应用色彩。他们对光线在白天的特征很敏感，同时对于早晨、中午和夜晚的色彩也很敏感。他们看到了人工照明以及彩色灯光塑造夜景的潜能。他们通过对季节性光线色彩（太阳高度角的变化、湿度，等等）和植物色彩（萧瑟冬季里枯寂的草地，叶片凋零；秋天奔放的色彩；春天新生的色彩）的敏感强化场所性。

在空间开发中存在很多色彩处理方法。例如，很多建筑师认为建筑空间中不宜采用过多色彩。空间是中性的：人、家具、绘画以及包含其中的元素都具有色彩并使空间变得生动。相似的方法可以在景观中进行应用，同时中性的背景还可以作为展示

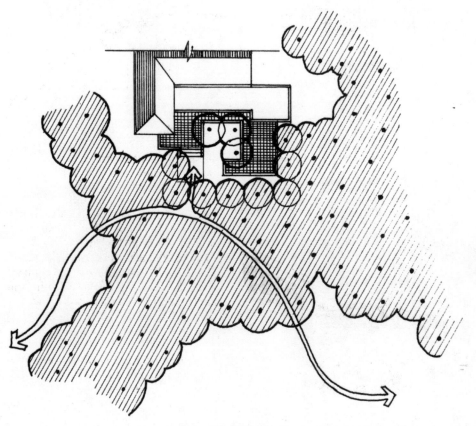

图 11-25：空间统一性

日间色彩和季节色彩的舞台场景。

第二种稍有关联的理论提倡在空间中充满一种主导色彩。其他色彩促使这种主导色彩更加突出，创造情绪和特征。基于它们与主导色彩对比的程度，色彩成为了调节物或对比物；它们加强了空间统一性，解读为空间焦点或着重强调的重点。

第三种方法是小心处理空间中色彩间的关系，以达到一种令人满意的心理完形。这种技巧可以使景观特征和背景之间的关系最大化，例如当雕塑与空间边缘形成色彩对比进行展示的时候。

在第四种方法中，色彩用来加强空间意识，甚至还可以创造空间幻觉。特定的色彩在空间中有膨胀突出的效果，另一些色彩则会产生后退缩进的感觉。空气透视会使色彩强度随着距离增大而下降。明亮、热烈的鲜红色向观察者飞跃而来，而亮黄色的冲击程度稍弱，黄绿色则更弱。灰色和暗沉的薰衣草色产生向后退缩的感觉。色调、饱和度及色温可以通过在前景、中景和背景中使用相似色温的颜色来表达一个空间的实际比例。当设计师在接近观察者的位置使用前进色并在背景处使用后退色时，空间的进深感被增强。而如果采用相反的设计策略——前景采用后退色、背景采用前进色，那么空间就会从视觉上被压缩。当设计师在各种不同的距离位置都采用相似的颜色时，则空间感会消失；而当采用互补色相互重叠时，空间会得到延伸。

第五种方法中，色彩用来将观察者和每个景观空间层级的自然色彩联系起来。很多人感到，在自然景观中演进的人类具有一种对自然景观色彩的本能直觉。在这种方法中，建筑可以通过将地面色调垂直延伸与大地联系起来；通过使用浅淡的冷色与天空联系起来；使用特定的边缘色彩与空间边缘联系起来。在房间中，使用大地色系的地板与地面联系；浅色的天花板与天空联系，等等。这种方法可能导致在色彩使用范围内出现地域偏见，因为光线特征和自然色彩具有地域性差异。

情绪（Mood）：色彩具有一种令人兴奋、预知和安慰的强大能力。仅仅通过它的存在，就可以产生悬念、紧张或兴高采烈的感觉。对操控色彩唤起恰当的思维反响、感受以及行为的能力，这对于有效开发外部空间是非常重要的。

空间意识（Spatial Awareness）：空间和其中的元素具有内在含义。其内在含义表达的程度与观察者对于空间和元素的意识有关。颜色可以呈现、修饰或掩盖这些元素和含义。

肌理 │ Texture

肌理指的是视觉上的粗糙度或光滑度。肌理感知是表面变化、感知片段的尺寸、光照条件（包括太阳角度）以及视觉环境和距离的共同作用。当近距离观看时，感知肌理指的就是表面变化。当从较远处观看时，我们不再感知到表面肌理，取而代之的是将组成部分视作肌理。当从很远的地方观看时，肌理感知被局限于重叠体量产生的效果（图 11-26）。

在开发外部空间时，景观设计师可以通过对肌理的操作来产生构图的统一和变化、视觉趣味、进

前景：表面情况是我们感知到的肌理

中景：组成部分是我们感知到的肌理

背景：重叠是我们感知到的肌理

图 11-26：观察距离与感知肌理

深感以及空间情绪。肌理可以为设计意图和场所感知服务。

肌理等级（Textural Classes）：肌理通常被分类为粗糙、适中和细腻三种（图 11-27）。在对肌理进行分类时，我们应该牢记如下内容。

粗糙肌理（Coarse Texture）：粗糙的肌理非常显而易见，并会让人感觉到粗犷、确定、有进攻性，有时是粗野的或简陋的。具有粗糙肌理的物体以及会随着光线明暗产生变化的实物可以吸引注意力。它们是我们最先注意到的元素；我们的眼睛先看到粗糙的肌理，然后再转向其他二维或三维构图。

粗糙肌理的元素可以产生不规则的、充满活力的轮廓线，并在空间中产生向前膨胀的感觉。它们让空间看起来更小，并使自身具有压倒性的强势感觉。

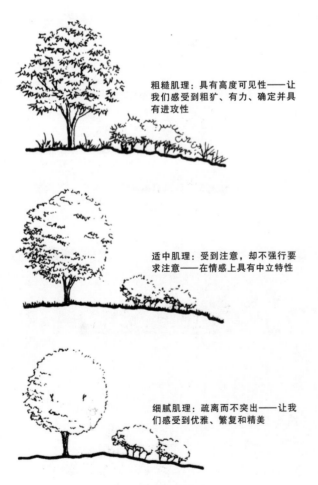

粗糙肌理：具有高度可见性——让我们感受到粗犷、有力、确定并具有进攻性

适中肌理：受到注意，却不强行要求注意——在情感上具有中立特性

细腻肌理：疏离而不突出——让我们感受到优雅、繁复和精美

图 11-27：肌理分类

适中肌理（Medium Texture）：适中的肌理在情绪上保持中性，并产生相对平滑的轮廓。具有适中肌理的物体随着光线明暗，产生既不具有进攻性也非弱不可见的适度变化；它们受到注意，却不强求注意力，也不产生压倒性的感觉。它们在细腻肌理的环境中看起来有些向前膨胀，而在粗糙肌理的群体中显得后退收缩。

细腻肌理（Fine Texture）：细腻肌理的元素由细小的部分组成并具有细腻的表面变化或整体形式和表面。这些元素通常看起来是细致、精密甚至是纤弱的。它们在一个作品中通常最后受到关注，看起来与整体不甚相关。通过纤弱、细致和微妙的感觉，它们可以产生趣味，尤其是放在视觉高度上近距离展示的时候。

细腻的肌理会产生光滑的轮廓线，并通常呈现一种简洁、正式的外观。在与适中的肌理和粗糙肌理共同使用时，它们产生后退收缩的感觉。

肌理与空间开发（Texture and Spatial Development）：在设计外部空间时，我们应该利用每种肌理类型特征的长处，并采用肌理设计策略弥补场所的缺陷，进而表达和强化肌理的优势。

肌理分类的特征（Characteristics of Textural Classes）：粗糙的肌理会吸引注意力，在空间中向前膨胀，并产生压倒性的强势感觉。在空间开发中，它们可以用来使一个大空间看起来更小，或与其他肌理共同影响感知深度。

如果广泛应用相对中性的适中肌理，可以营造出既不具有过度进攻性，也不过分内敛的空间。适中的肌理可以统一空间、联系各组成部分，并作为观察其他肌理的中性环境。当以其他类型之一的肌理为背景观察时，具有适中肌理的物体会产生微妙的特征。

细腻的肌理可以在戏剧化展示粗糙肌理元素时作为背景使用，也可以在微妙呈现适中肌理元素时起到衬托作用。它们可以让小空间显得更大。在小空间中，大部分材质都应该是细腻肌理的。

肌理设计策略（Textural Strategies）：当设计师处理外部空间时，最好可以合理安排细腻、适中

图 11-28：用变化范围狭小的肌理统一复杂的空间

图 11-29：肌理变化可以在乏味的空间中产生视觉趣味

和粗糙肌理元素的组合。经过这样设计的空间将同时具有统一性和多样性，却不会让人感到乏味和混乱。

在某个给定空间中，不同肌理分类在实际上的组合可以反映设计意图、理想的场所感知、空间尺寸以及所需要的统一和变化程度。变化范围相对小的肌理可以有助于统一一个复杂空间（图 11-28）；肌理变化可以为一个乏味的空间带来生机（图 11-29）。

特定肌理的组合在亲密尺度的空间中至关重要；随着空间尺寸和观察距离的增加，肌理组合的重要性变得更低。在小型场所中，我们关注表面和形式肌理。在较大的空间中，我们不那么关心表面肌理，而更关注由元素、体量和重叠产生的肌理。

肌理操控可以影响感知空间深度和尺寸。为了表现实际的进深和尺寸，可以在前景、中景和背景中采用相对一致的肌理组合。细腻的前景肌理和相对粗糙的背景肌理会压缩空间或使空间进深缩短（图 11-30）。粗糙肌理的前景材质和依次排列的细腻肌理的材质随着观察距离的增加会延伸或使空间变得更长（图 11-31）。

第三种操控肌理的策略可以实现过渡的效果。如果设计意图是从一个场所流畅地转移到另一场所，那么可以在粗糙肌理空间到细腻肌理空间的过渡中使用适中肌理的材质，或反之亦然。相反地，当设计意图中的过渡具有强有力的感觉，或当设计意图是形成对比、令人惊讶或有所发现的情况下，肌理对比在临近空间的交界处可以达到最大化。

肌理设计策略应该与色彩、形式、线条相协调，在支撑场所感知的同时建立一种共同的主题。

图 11-30：肌理和空间缩短

图 11-31：肌理和空间延伸

11.3.2　层级和空间开发
Strata and Spatial Development

在设计师为视线设计意图和场所感知进行层级操作时，所出现的一些问题同时为设计带来了机会和限制。

底平面│Base Plane

在设计底平面时，设计是应该考虑到设计意图、计划用途以及它们的关系，还应考虑感官/时间体验、适宜性、底平面和建筑间的关系以及材质和维护保养问题。

设计意图（Design Intent）：底平面设计通常具有三重意图：建立一个响应物质和功能需求的表面，

使场所体验最大化，并且使所需的维护保养问题最小化。

计划用途和它们的关系（Planned Uses and Their Relationships）：应该在充分了解预期用途和这些用途之间的理想关系之后进行底平面设计。设计过程的组织应该可以支持预期实体关系和用途模式。

场所体验（Experience of Place）：底平面应该用于设计处理感官体验、设计适宜性及底平面形式和建筑形式之间的关系。

感官/时间体验（Sensual/Temporal Experience）：底平面设计应该处理功能问题——例如土地用途和连接，并同时使空间体验与我们在场所间移动时不断演进的视觉叙事最大化。

适宜性（Appropriateness）：底平面形式应该在数个层次上具有适宜性。首先，它们应该与区域形式相关联。每个地形学上的区域都具有特定的地形地貌语汇，这些地貌语汇对区域材质和气候作用力做出响应并与这些因素相协调。地貌语汇中的变化可能让人感到不恰当，并引起消极改变。底平面的设计通常应该与地域形式相联系。在侵蚀地貌景观中，应避免沙土掩埋下沙丘崖径的庞大外观（正形式），而应该采用更加适宜（负形式）的地形（图11-32）。

在第二层级上，底平面形式应该与周围环境相联系。将基地和文脉形式进行整合，通常具有美学、功能以及维护保养等方面的裨益。

在第三层级上，底平面形式必须有力地支持设计意图。它必须激发观察者的响应，以达到底平面形式的潜在意图或设计概念（15.2.2）。底平面是

否作为浅浮雕或体量、空间进行表达；它的形式是平坦的、坡度的、弯曲的或阶梯状的，是"自然主义的"还是建筑化的，这些在很大程度上取决于潜在的设计概念。

底平面与建筑（Base Plane and Architecture）：底平面是建筑与基地相接的地层。随着两者产生功能上的连接，基地和建筑流线系统必须连接起来，建筑和基地用途也必须相关。在建筑流线直接通往基地以及基地上的运动与建筑内部空间相联系的情况下表现得尤为真切（12.3）。

建筑和外部空间设计中存在着其他的功能关系。建筑的支撑系统（结构和基础设施）通常位于地下。其中一些必须通过不能暴露在地面的管道实现重力流动，这些管道同时也不能被埋得过深。重力流动系统通常为地形设计、建筑形式以及建筑在基地上的分布带来了最主要的制约。

底平面设计还必须成功地使建筑与基地的体验叙事线索相互关联（12.3）。底平面和建筑交界面通常是主要的形式过渡，并因此成为这些叙事中的关键事件。在很大程度上，建筑和场地交界处成功的形式关系对于项目的成败有决定作用。精心设计这些关系是十分重要的。.

材质和保养维护问题（Material and Maintenance Issues）：在设计底平面时需要考虑大量的材质和保养维护方面的问题。

材质（Materials）：材质应该适于预期用途和气候条件。材料选择与所需及可行的保养维护措施相关。

底平面包括流线元素以及不会造成人或货物移动的元素。为了实现预期用途，流线元素需要合适的强度、肌理及耐候性，这些预期用途包括：人行、自行车行驶、机动车行驶，等等。对于不向流线提供服务功能的各种表面，感官特征和维护保养是最主要的考虑因素。

特定材料在底平面上具有良好的适宜性。土地的天然地毯是草坪或地被植物，水、岩石、混凝土和砖也较为舒适。尽管木材用来作为底平面显得不够自然，并且还会带来维护问题，因为腐烂造成生命周期短暂，但是木头仍可以使用。在与地面的接

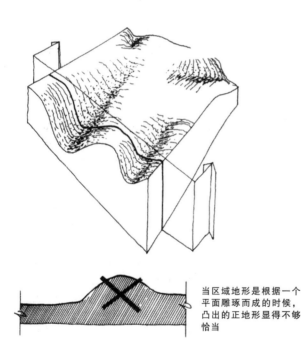

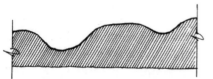

当区域地形是根据一个平面雕琢而成的时候，凸出的正地形显得不够恰当

在自然侵蚀的景观中，凹陷的负地形显得较为适宜

图11-32：地形的区域适宜性

触中，金属会出现舒适性和安全性的问题，并且通常生命周期较短。它们很少作为底平面材质使用。

维护保养（Maintenance）：不应该使用需要不合理的高额维护成本的材质。否则，场所感会随着材质品质的降低被破坏。所有表面的设计都应该可以承受预期的交通类型和交通流量。

底平面设计还应遵循无须过度保护的原则。底平面需要承受重力。在自然条件下，地形将在与重力作用（风和水产生的侵蚀）的平衡中演进。自然形式的改变通常增加了所需的维护保养，因此应该尽量保持在最少限度。

底平面的动态特性也不容忽视。在大多数地理区域中，地面是处于运动之中的（土壤的热胀冷缩、土壤湿度的变化以及火山活动）。底平面材质、形式以及细节设计应该适应土壤活动，同时也需要最少量的维护保养。我们应该应用仅需最基本保养的材质和方法，材质应该与土壤活动隔离，避免结构和维护问题，或者保持土壤的稳定性。

底平面设计应该便于（来自场地所有区域的）雨水和污水的排放。这就需要通晓地形操控、土地平整以及排水措施。即使在地下排水系统不起作用的情况下，我们也必须防止径流进入结构之中。过大的坡度会加速侵蚀和沉积，因此也应避免。

最后，场地设计师必须处理底平面的维护问题以及在这一层级上的资源问题。底平面塑形与材质选择必须适合作为底平面组成部分的植物生长和维护，还必须适合虽然处于其他层级但也需要从土壤中获取水分和营养成分的植物生长和维护需求。

底平面在管理我们有限的水资源过程中非常重要，因为水必须渗透进地面才能达到地下储水层。进入土壤的水分可通过毛细管作用被植物利用，或通过蒸发为地表附近的微气候降温。这些水分的剩余部分在重力作用下向下渗透，补充地下蓄水层，我们正是从这些蓄水层中提取水满足饮用、娱乐和工业用途以及其他人类的需求。

为了保持地下水资源，底平面的开发方式必须低于水体补充的速率。底平面材质（土壤、草皮、地被植物以及多孔铺地材质）应该促进水分的渗透。地形塑造应该利于水分排入蓄水层，使水分保留、储存其中并使水分可以渗透。陡峭的坡度、过度的

铺装以及迫使水体在线性水道或管线中流动会极大地降低渗透，因此应该加以避免。

头顶上方的平面 | Overhead Plane

在设计场地空间时，设计师应该考虑到设计意图、用途、形式、材质以及对于头顶平面的维护保养。

设计意图和用途（Intent and Use）：我们通常可以感受到比视野所及更加丰富的头顶上方的空间。从功能上来说，它可以遮风避雨。通过遮蔽，可以减少太阳辐射、将气温降低10度或10度以上，并有效降低建筑的热能负荷。

除了功能问题，头顶上方平面可发挥的潜力还有：改变光线的入射量、品质、特征及色彩；引入运动；建立动态的阴影；并赋予场地多种特征和情绪。

头顶上方平面的设计可以增添场地的戏剧性、悬念和特征。密集或实体的头顶上方平面可以产生凉爽、昏暗、阴凉的区块（图11-33），进而增强受阳光照射空间的感官影响。当一个人穿越基地进行体验时，头顶上方平面还可以借由多变的光线特征产生丰富的空间序列。

头顶上方平面的设计可以使强烈的光线从浓密树冠的缝隙中射入，由此在空间中产生富有戏剧性的光照元素。它可以打破阴影，呈现丰富的、带有花边一样的阴影边界（图11-34）。顶平面设计可以引入修长的树木、花边状的树叶及其他随风摇曳的元素为静态的空间带来活力。

阴影模式——包括有斑点的、格栅状的以及条纹状的，都可以由带有图案的、多孔的头顶平面产生。头顶平面的形状和方向设计可针对太阳高度角以及太阳在一天或一年的不同位置做出回应。进行头顶平面设计时，设计师应该对头顶平面在建筑元素上各种图案的投影以及这些投影赋予场所的戏剧感和兴奋感保持高度的敏锐。

对形式的考量（Form Considerations）：头顶平面形式以及它通过光线和阴影赋予场地的形式都非常重要。另外，随着植物成熟和季节变迁不断变化的阴影形状（在夏季时的大片阴影，到了冬季落叶植物的叶片掉落造成了细长的枝状阴影）也是重要的考虑因素。

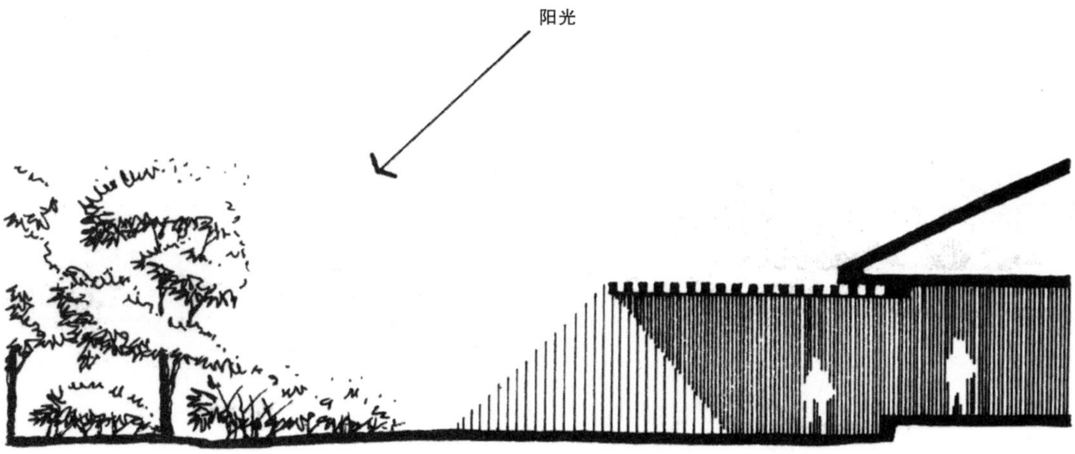

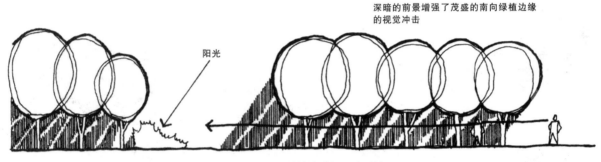

图 11-33：头顶平面和遮蔽

图 11-34：树冠的缝隙增加了戏剧性

头顶平面应经过精心塑造以改善小气候（提高场地舒适性，降低在建筑中营造舒适环境的成本），并在引入上方遮盖形式时产生空间暗示。在某些地区，头顶平面应该处于较高的位置，使微风从下方吹过；而在另一些地区，头顶平面则应靠近地面。

头顶平面的高度设计应当可以营造预期的气氛，可以为了营造亲密感将高度降低到 8~10 英尺；为了适宜人体尺度抬高到 14~20 英尺；为了产生纪念性的感觉抬升到 20 英尺以上。

材质和维护保养问题（Material and Maintenance Issues）：从明亮轻快的质感（绷紧的金属丝、帆布以及随微风摇曳的修长树木）到刚性多孔或实体的板状平面（木质、塑料、金属、混凝土以及这些材质的组合）都可以作为头顶平面的可用材质范围。

应该根据预期的行动、色彩，对光线、阴影效果、白天和夜晚特征（包括人工照明）的预期变化、所需的维护保养（植物材料养护以及抵抗风化和材料腐朽的维护）进行材质选择。

垂直边缘 | Vertical Edge

正如前文所述，垂直边缘在空间层级中具有最强的视觉主导性。它通常决定了空间的尺寸和特征。它可以将不理想的元素排除在外，并将注意力吸引到独具特色之处。在进行外部空间设计时，对空间边缘的有效管理是至关重要的。这些管理包括对设计意图和目标、形式考量以及材质和维护保养问题做出回应。

设计意图和目标（Intent and Purpose）：空间边缘设计应该有助于预期用途的实现，强化围合和私密性、产生理想的空间气氛和特征，并加强空间和其他层级的积极特征。它还应该排除不理想的视

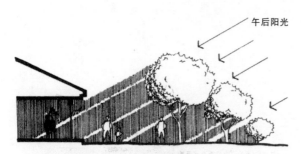

图 11-35：遮挡午后阳光的边缘

图 11-36：作为挡风屏障的边缘

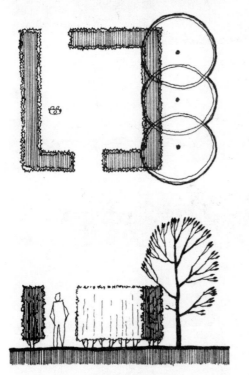

图 11-37：建筑化的边缘

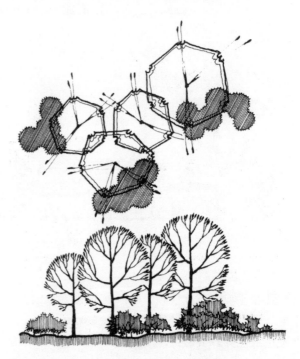

图 11-38：自然主义的边缘

觉元素，将现有特征整合到空间之中，并将内部元素、空间与远处的理想元素联系起来。

边缘可以是具有主导性的线条，这些线条将在整个构图中吸引视线关注，并强调特定的元素。边缘可以带来色彩，或者为展示内部元素充当一种中性的背景。它可以加强趣味性或缓解涣散的感觉。

逐渐向地平线降低的边缘可以阻挡炎热夏季的午后阳光（图 11-35）以及冬季令人不适的寒风（图 11-36）。

形式（Form）：边缘的位置将影响到空间的感知尺寸、尺度和比例。它的特征将影响空间的氛围。

垂直的、有棱角的或直线的边缘可以在景观中产生建筑化的特征（图 11-37）；蜿蜒的平面形式以及层叠的边缘将产生树林边缘的感觉（图 11-38）。

仅需几英寸厚度的混凝土砌筑墙面就可以提供私密性。而灌木形成的视觉遮挡通常需要至少 20 英尺的宽度（图 11-39）。浓密树冠下的透气边缘不仅可以从视觉上围合空间，也可以降低光线等级（图 11-40）。一排有韵律感的树干也可以形成边缘（图 11-41）。

底平面和边缘或头顶平面和边缘相接处的最强烈对比可以产生主导性的线条。这一线条将吸引视

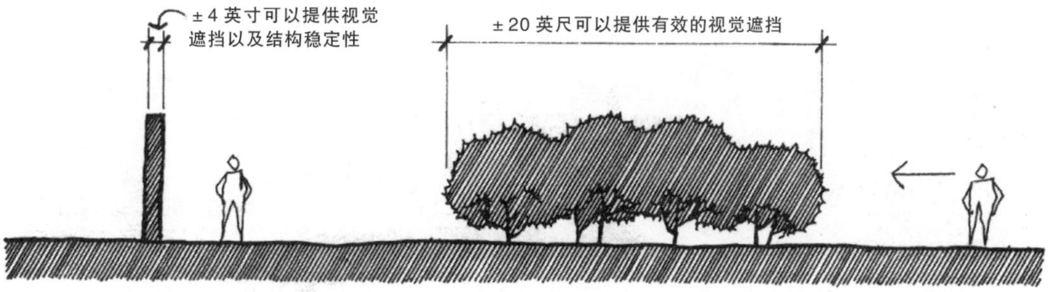

±4 英寸可以提供视觉遮挡以及结构稳定性

±20 英尺可以提供有效的视觉遮挡

图 11-39: 边缘的进深

图 11-40: 作为围合的阴影边缘

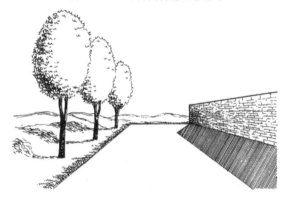

图 11-41: 暗示空间边缘的树干

线突破围合，帮助观察者发现远处的元素，并强化场所感。边缘本身的特征也有助于强化空间氛围。

边缘设计可以聚焦于内向的能量或将它们引导向外部。边缘可以在特定场所被压缩、穿透，或延伸，作为一系列的心理筛选装置。

边缘设计还应对环境条件做出回应。一道砖墙将水流突然拦截，或者盛开花朵的灌木边缘在不充足光照下出乎意料的斑斓色彩，这些都会对设计意图产生反作用。

材质（Materials）：充作空间边缘的材质范围几乎无穷尽。镶嵌在铝制框架中的透明玻璃、包在木框中的染色玻璃、抛光的大理石、涂漆钢或耐候钢、混凝土、砖、干燥处理过的散石、植物以及无数的其他材料都可以得到成功应用。植物材料可以独自作为边缘或者紧贴在墙壁或屏障之上。

植物材料可以提供良好的视觉屏障，但是在隔绝令人不快的噪声方面效果不佳。笨重的实体墙能够产生视觉屏障并隔绝或缓和噪声（图 11-42）。陡峭的土坡——至少 12 英尺高，可以有效降低噪声。

维护保养（Maintenance）：石材、砖或混凝土砌筑的墙体坐落在坚硬的基础上，它们仅需很低程

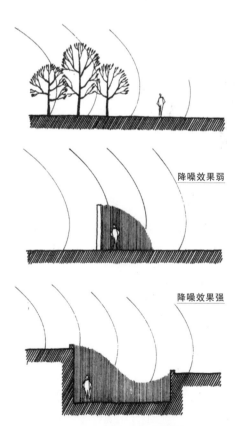

降噪效果弱

降噪效果强

图 11-42: 噪声减弱

图 11-43：具有相似特征的元素和空间

图 11-44：通过对比实现的互补

度的维护。木质外墙具有广泛的应用，但是会腐朽。植物边界可能需要少量维护，也可能需要大量的悉心照料，这完全取决于它们种植的土壤条件、可获得的营养物质以及湿度、光照条件、微气候和其他的场地条件。

11.3.3 空间中的元素
Elements Within the Space

　　家具、雕塑、喷泉、设备和植物材料都可以作为空间中的元素。它们可以在接近视线高度的位置表现自身，或作为底平面或头顶平面的延伸。

　　空间中的一个元素呈现出一种雕塑的性质。它被作为形式解读，并与空间相互作用或对空间进行有力的表达。穿越空间的运动为观察者提供一种在元素和空间之间、元素和空间边缘之间以及元素和空间中其他元素之间动态且不断变化的关系。

元素与空间特征之间的关系
Relation to Spatial Character

　　元素特征与空间特征应该承担一种积极的关系。这种关系可以是相似的特征（图 11-43）之一，或是通过线条、形式、色彩或肌理等方面进行补充（图 11-44）。

　　在一个简单、纯净的空间中放置一个精细的小型雕塑元素可以使人更加意识到空间的单纯性。相反地，在一个复杂、非对称的空间中放置一个简单

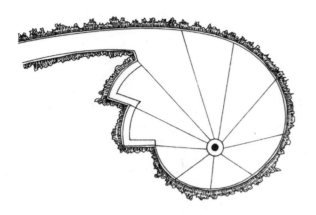

图 11-45：在非对称空间中的纯粹元素

的纯几何体将使得空间更加复杂。在非对称空间中将一个纯粹元素放置在非中心的位置会加强空间的动态意向（图 11-45）。

　　如果设计意图是展示雕塑，那么应该抑制边缘特征，使得注意力集中在元素上。当表现重点是空间时，应该通过使用线条、形式、色彩和肌理将注意力从元素转移到边缘上（图 11-46）。

　　一个空间中的多种元素之间可以相互作用，并与空间边缘进行互动。元素和边缘之间的关系具有极为重要的设计意义。在物体对象之间，空间不断流动。随着人的移动，关系发生变化，空间呈现出更多的活力。

11.3.4 建筑与空间开发
Architecture and Spatial Development

　　本小节将探讨建筑与空间开发之间的关系、建筑师和景观建筑师在设计外部空间时的职责以及单体和群体建筑的空间内涵。本小节对建筑的围合感、形式及建筑的空间生成潜力进行研究。本节还将探讨建筑体量和空间开发、建筑作为空间边缘的特性以及这种边缘会产生的氛围和特征。本节最后建议设计师应时刻注意，建筑设计是为了创造或扩大外部空间的意义。

专业职责 | Professional Roles

　　有效的建筑应处理内部空间需求、提供理想的遮蔽、加强户外体验的品质、积极地塑造地形并优化场地微气候。建筑外墙围合内部空间并界定外部空间。成功的建筑将建立有意义的室内和室外空间。它们的立面是场地设计和建筑设计的积极元素。

　　立面是建筑和场地相交的界面，它必须同时支持建筑师（负责设计建筑和内部空间）和景观设计师（负责设计外部空间和建筑选址）的设计意图。理想情况下，立面应由对场地开发问题非常敏感的建筑师进行设计，其依据是作为整体项目设计主题、氛围和设计特征一部分的设计导则。场地设计则由对建筑设计问题非常敏感的景观建筑师执行。

图 11-46：作为多种空间焦点之间联系的边缘

图 11-47：作为雕塑的单体建筑

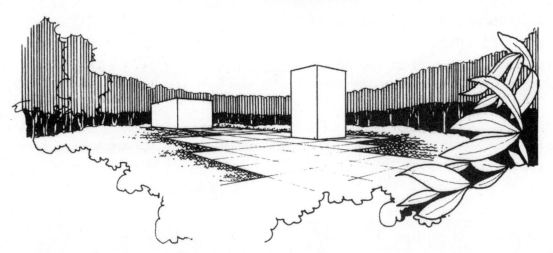

图 11-48：作为多重焦点的建筑群体

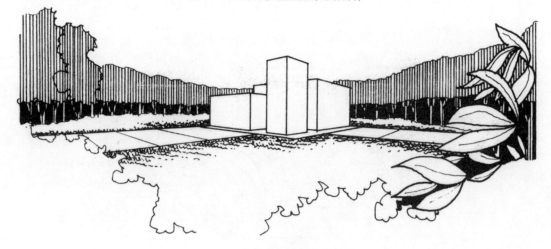

图 11-49：作为雕塑体量的建筑群体

单体建筑和建筑组群

Individual Buildings and Building Aggregates

在设计基地上的单体建筑可以被视作空间中的雕塑（图 11-47）。当它们作为视觉焦点和统御性的空间元素时，建筑特征必须与基地特征相联系。必须精心规划建筑立面和空间边缘以及其他空间层级的关系，从而实现设计意图。

建筑设计应该与场地进行整合，或者相反地，与基地形成对比，使观察者敏锐地意识到建筑学上的和建筑物上的特征。

基地中的多个建筑可以被视作多重焦点（图 11-48），或作为一个雕塑化的体量（图 11-49）。建筑立面可以被解读为空间边缘，并通过它们之间的相互作用创建外部空间（图 11-50）。

图 11-50：作为空间边缘的建筑立面

作为围合的建筑 │ **Architecture as Enclosure**

平面的建筑立面被解读为硬质的空间边缘。这个边缘的封闭性和连续性越强，围合的明确性越强。建筑边缘的位置和所占比例将对所感知空间的围合感和特征产生影响。

单体建筑首先被视为雕塑；它们的立面在界定空间方面作用较弱。多个建筑物可以产生围合感。两个相邻成直角的建筑立面可以产生不对称的空间（图 11-51），在两边受到防护的同时暴露另外两边。

两个平行的建筑立面会形成一个具有强烈方向感的空间，这种空间会把视线引导到空间的开敞一端，并在此处进行集中强调。随着建筑立面变得更长或相互之间更加接近，观察的框景感得到增强。

三个形成直角的建筑立面极大地提高了感知的围合程度。空间呈现出单一方向性的特征，强调了开放边缘的视野的重要性。

四周都有立面的空间具有明显的围合感。当立面将空间的角部封闭起来，即产生了最大的围合感（图 11-51）。

具有建筑构造顶面（混凝土、钢、木材等）的外部空间如果毗邻建筑物，会被认定处于建筑的屏蔽范围之内。它们就像建筑在基地上的延伸。

围合的性质（**Nature of Enclosure**）：与植物边缘相比，建筑立面会对空间产生更加有力的围合。

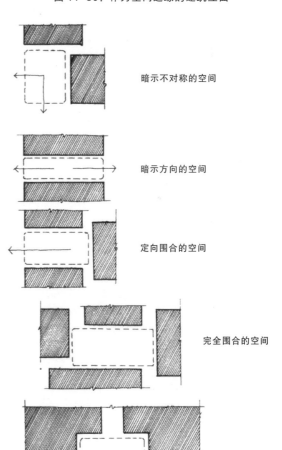

暗示不对称的空间

暗示方向的空间

定向围合的空间

完全围合的空间

最大围合程度的空间

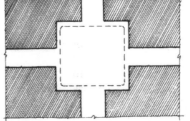

图 11-51：围合的程度

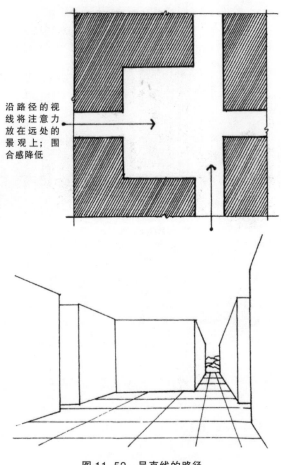

沿路径的视线将注意力放在远处的景观上；围合感降低

沿路径的视线被终止；注意力转移到封闭的边缘上；围合感增强

图 11-52：呈直线的路径

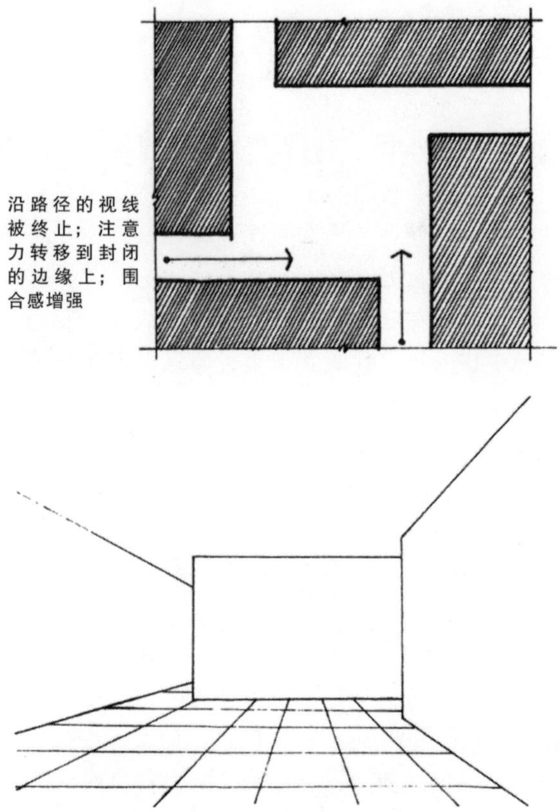

图 11-53：不呈直线的路径

因此，立面具有统御外部空间的倾向。

由于立面具有侵略性，在从距离（D）与立面高（H）之比小于 1:1（$D:H$ 小于1:1）之处进行观察的时候，只有当观察者关注建筑表面的细节时才令人觉得舒适。当表面细节被忽略或整个立面被认为是一个整体时，如果从距离（D）与立面高度（H）之比小于 2:1（$D:H$ 小于 2:1）的位置进行观察则通常会令观察者觉得不舒适。

建筑形式 | Architectural Form

建筑边缘的平面形式将对围合的感知程度、视觉冲击以及空间特征产生影响。

当空间边缘的开口沿着一条直线延伸（图 11-52），对围合的感知程度会随着视线（自下而上的路径）穿过空间并将焦点集中在远处景色上而降低。这种轴线排列的情况会使空间的冲击力降低。如果

边界的开口不是沿着一条直线延伸，围合感会随着附近沿路径的视线聚焦在对面边缘上而得到加强（图 11-53）。观察者被迫在空间中放慢脚步、变化方向，并更加敏锐地意识到这种特点。

当空间四周全部被建筑立面包围，或者当空间边缘的开口附近是建筑立面而不是一条建筑性较弱的边缘时，那么围合的感觉将极其强烈（图 11-54）。这样的空间会与外部的建筑房间很类似。如果在这样的空间中放置景观元素，将弱化它们的庄重感。

当空间边缘的一部分采用的是建筑属性风格种植的植物时，即使空间具有很高的统一程度，但是空间的建筑特征还是在某种程度上被削弱了，围合感也变得较弱（图 11-55）。当边界的一部分使用非建筑属性风格种植的植物时，空间的围合程度就更弱了，同时建筑化特征也更弱化了（图 11-56）。

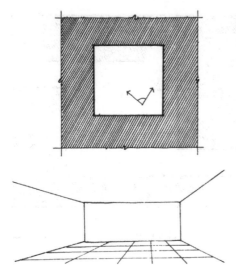

当立面是连续的，或视线掩饰了建筑化边缘的开口时，围合感达到了最大程度

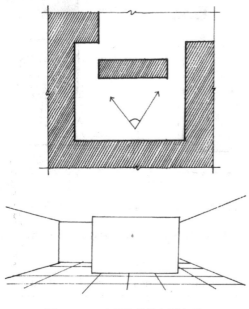

图 11-54：立面连续性与围合感

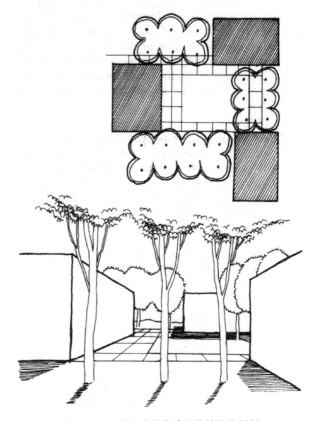

图 11-55：作为建筑构造边缘的植物材料

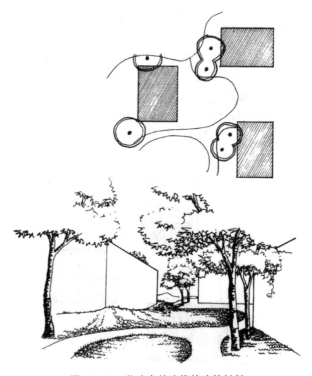

图 11-56：作为自然边缘的建筑材料

体量与空间的关系
Relationships Between Mass and Space

当多个建筑集中在一个场地上时，建筑立面的特征和建筑之间的关系决定了体量与空间的关系。

当线性建筑之间不呈直角关系时，外部空间的界定就较为松散。建筑通常被视作具有主导性的形式，并与雕塑元素具有松散的关系（图 11-57）。相反地，当建筑之间具有几何关系时（通常是直角关系），思维意识会将建筑线条延伸到基地中，并以建筑化的方式构建空间。

简约空间与集合空间（Simple Versus Aggregate Space）：建筑群组可以组成简约空间，并构建一种静止、稳定的感觉（图11-58）；或组成一个主导性空间与周边小室的组合（图11-59）。在后一种情况中，主要空间具有一种达到目的与心满意足的感觉，而富有变化的边缘情况会产生空间趣味。

建筑群可以形成空间序列。这些线性空间组合形式可以表达运动与能量的感觉。个体空间尺寸的变化可以产生达到目的、完成目标以及建立联系的感觉（图11-60）。丰富的空间序列和精心设计的叙事线索会在这些线性空间集合中产生。

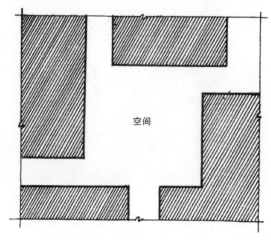

图 11-58：静止、稳定的空间

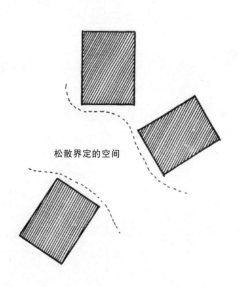

松散界定的空间

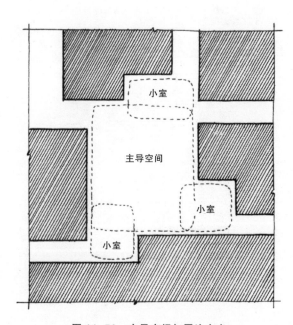

图 11-59：主导空间与周边小室

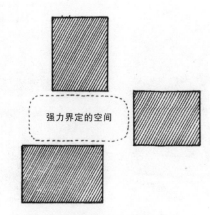

强力界定的空间

图 11-57：建筑物的排列与空间界定

复杂性与强调（Complexity and Emphasis）：复杂的建筑形式可以产生纯净而简约的外部空间（图11-61）。因此观察者可以感受到外部空间的鲜明与纯净，而这个空间也处于主导地位。

相反，简约的建筑形式可以产生复杂的外部空间（图11-62）。建筑形式的纯粹性可以通过外部空间的复杂性和动态特征的对比进行呈现。建筑物处于主导地位。

空间和体量之间的平衡复杂性可以传达出一种二者之间的整体感觉（图11-63）。空间和体量在

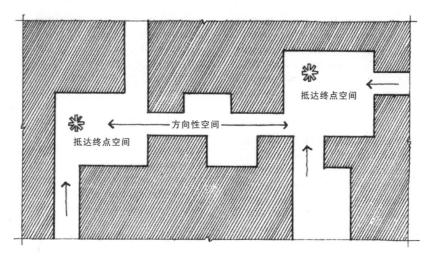

图 11-60：形成序列的空间

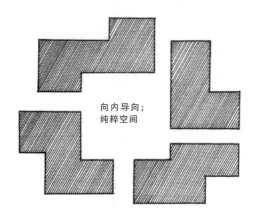

图 11-61：空间主导的建筑形式

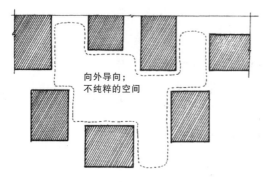

图 11-62：体量主导的建筑形式

这种动态互动中都无法居于主导地位。

边缘特征｜Edge Character

建筑立面可以将空间封闭起来，作为背景或用

来框景。它们是独特的不断变化的不透明空间边缘、反射性空间边缘、半透明或全透明的空间边缘。

不透明的建筑立面给外部空间提供了一个连贯的硬质边缘。具有反射性的建筑立面将基地意象作为建筑边缘的一部分进行反射，并在某种程度上为建筑提供了一种伪装。半透明边缘从被光照亮的一侧来看是不透明的，而从暗的一侧则可看到光线发出的光亮。

透明的建筑立面表达了日间特征。白天，如果从室内观察，玻璃墙面使得外部空间成为建筑内部可视景色的一部分。当从外部观察时，有涂层的空间边缘呈现封闭且坚硬的感觉，有时是不透明的，有时是反射性的。

夜间，从有照明的室内空间可以透过玻璃幕墙看到同样有照明的外部空间。在无照明的室外空间观察时，建筑立面就像一个灯火通明的立体橱窗。

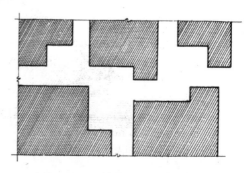

图 11-63：体量 / 空间的动态互动

在夜间从室内观察时，内部空间与昏暗的基地分离开，但当基地有照明时，明亮的基地景象会成为内部体验的一部分。

视觉趣味（Visual Interest）：当建筑体量巨大、属于人性的尺度、缺乏细节和肌理并采用冰冷色温的色彩时，建筑立面是冷酷而粗糙的（图 11-64）。如果设计师改变屋顶线条、增加细节或肌理、用拱廊或凉亭延伸空间边缘、将立面划分出层次或应用透明材料或温暖色彩时，建筑立面将变得更加人性化、友好且令人愉悦（图 11-65）。

设计走向｜Design Direction

一旦基地设计概念确定下来（15.2.2），基地上安排的项目用途、外部空间、序列和叙事线索就可以建立起来。可以决定体量和空间的关系，并由此确定了建筑的形成。外部空间的职责和特征得以确定，建筑立面的设计也要支持预期的基地氛围和特点。

11.3.5 时间上的考量｜Temporal Considerations

外部空间设计中需要考虑的时间问题包括自然系统的动态属性与静止的建筑之间的对比、日间特征及对时间—空间连续体的感知。

自然系统的动态属性与静止的建筑之间的对比｜Dynamic Nature of Natural Systems Versus Static Nature of Architecture）

自然系统是不断前进的环境进程的即时表达：基地和生物有机体持续体验着变化。相反，建筑由相对静止的元素组成。建筑形式随时间变化的程度较小——直到新的构建活动发生。

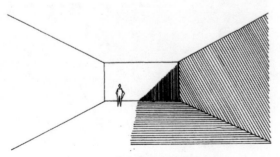

图 11-64：非人性的建筑构造空间

在承包商离开项目基地之后，建筑元素竣工了。建筑的特征随着时间不断变化。

另一方面，植物材料是生物有机体。当年轻时，它们可具有很强的耐受力、易于应用，而且价格也并不昂贵。当成熟之后，植物的耐受力相对变差、应用起来也较为困难，并且适应新环境和移栽的价格昂贵。因此植物很少在成熟状态下进行栽种。场地设计师应当了解每种植物具体种植的生长特征、习性、成熟期和老化期，设计出同时满足植物青春和成熟状态的景观。事实上，经开发的基地动态特征会随着植物经历青春期、中年和衰老的过程逐渐完善，这种动态特征也成为景观设计中最具感官的方面。

植物的季节性特征也有助于表现基地的氛围和趣味。建筑的组成部分是静态的，而落叶植物会随着季节变化。落叶植物的色彩从春季到夏季再到秋季不断变化，它们的形式、色彩和肌理从夏季到冬季不断变化。枝繁叶茂、密不透光的夏季体量形态外观；在凋零的冬季只剩下骨架状的枝干，植物的密度就在这两种状态间轮回变换。落叶植物通常会随着季节变换它们的空间功能：夏季可以作为空间边缘，而在冬季可以成为大空间中的雕塑元素。头顶上方的植物树冠可以在夏季产生浓密的必要阴凉，而在冬季可以让光线射入。

基地的氛围也可以随着季节变化。具有建筑边缘并且其中有落叶植物作为雕塑元素的空间可随季节变化：在冬季显得较为生硬，更为建筑化；在夏季显得柔和，建筑物的主导地位也不那么明显。

日间特征｜Diurnal Characteristics

外部空间可以呈现白天光线的变化。透明的建筑立面从白天到黑夜创造出不断变换表达方式的边缘，从透明到反光直到不透明，也就是光线的变化。

外部空间特征与感知的尺寸、尺度也会在白天发生变化。白天，外部空间的尺寸是由它的感知边缘确定的，并可以延伸到无限远处。夜间，空间尺寸通常被限制在灯光照射的范围之内。

夜晚，视觉重点从空间边缘转移到了被光线照射到的元素。如果空间边缘上有连续照明，感知的空间尺寸几乎没有变化。然而更多的情况是，封闭

图 11-65：人性化的建筑构造空间

的元素被照亮，而感知重点也从白天的强调空间边缘变换到夜间的光线与特征元素。

　　夜晚的空间感知也比日间的空间体验更具有感官性。当我们被未知的黑暗环绕时，明亮的色彩看起来非常强烈；黑暗的面纱可以产生神秘感，或者甚至是一种预示的特征。另一方面，人工照明——向上照明、向下照明、逆光，等等——可以产生富有趣味的、令人兴奋的而且欢快的夜间景观。

时—空连续体 | Space–Time Continuum

　　环境感知主要是基于**连续的视觉**（serial vision）——即作为一系列感知的视觉。作为序列体验的一部分，对于特定空间和场所的感知受观察者的心理状态和参照系所影响。以上两方面都受到在之前即刻发生的体验以及基地感受之后的体验所影响。

　　感知尺寸和空间特征都受之前刚刚产生的空间体验所影响。小空间可以通过收缩入口尺寸使人感觉显得更大，在经过一条昏暗的通道之后空间会显得更加明亮。

　　外部空间可以作为叙事序列的组成部分有意识地加以设计，这个叙事序列呈现了每个空间的特长，通过一系列的发现展开一种即时的体验。这种体验是可以理解的，但也是令人兴奋的，伴随着连续性和惊喜、张力和满足感、运动和抵达。这个序列可以通过设计排除掉某种感觉并引入另外的感觉。而空间开口可以增加空间冲击力。

行进速度（Speed of Travel）：感知是在人通过时空连续体时产生的一种即时体验，它受行动速度的影响。随着速度的提高，注意力被指引向前，空间尺寸看起来变小了。当停顿的时候，我们可以感受到空间的四周边缘和空间的大小，这让我们觉得空间更加广阔。随着交通形式由步行到自行车再到汽车的转变，空间设计开发应该回应每种空间氛围所产生的不同感知特性。

空间感知受速度的影响，但是人流速率本身就是空间的功能之一。比例、边缘特征及空间的韵律或者线性特征可以设计影响人流速率。成功的景观设计师会巧妙地规划空间形式、人流速率及空间感知的相互关系，实现将通过景观时的行进体验最大化的目的。

11.3.6 土地设计的素材
The Land Design Palette

土地设计的素材包括岩石、泥土、水体及植物。每种材料都为空间设计提供了独特的机遇和限制条件。

岩石和泥土 | Rock and Earth

岩石和泥土是环境的基底。在自然条件下，它们也建立起了空间边缘：悬崖、峭壁、洞穴和山脉。作为边缘，它们产生了体量和空间的感觉。它们几乎不作为顶面，但是当它们作为顶面时，会产生一种强有力的身在其中的感觉。转变了形态的岩石和泥土——砖、沥青混凝土、矿渣、混凝土，等等——通常广泛用于底平面。

岩石和泥土传达出一种体量巨大和持久的感觉。它们也表现出丰富的色彩和肌理。

在景观设计中，岩石和泥土是静态的基底：持久不变，并对外部空间产生稳定性和持久性。作为空间边缘，它们可以作为一种静态背景，展示更加多变的元素。它们也可以作为不断变化空间之中的静态元素。

水体 | Water

水也是一种自然底平面的主要材料；作为设计中的一种底面材质，它可以有多种表达方式：平面、透明的体量，具有反射性的表面以及移动的线条。水体可以非常自然地形成垂直表面：瀑布、透明或泡沫状的喷雾或者流过其他表面并改变了表面特征的水体薄膜。

水体可以提供独特的空间设计切入点。它可以被应用为一种反射性或透明的基底材质。它可以是一个纯净透明的湖泊，没有植物和动物等生命形式的存在，或者也可供养多种生态系统。它可以通过在亲水或耐干旱植物材料中的存在对植物材料施加组织。

应用在地面的水的感知特征取决于容器的形状、色彩和肌理以及水体的深度和透明度。

作为空间边缘，水体可以单独作为前光下不透明的板片，或者作为背光下半透明的充气表面或完全透明的表面。

作为空间中的一种元素，水在汇聚空间含义、增强空间氛围方面具有独特的力量。湖泊、池塘、水池或一片地面积水等静态水体具有统一的能力。而溪流或水渠是一种线性系统，将空间或元素联系到一种连续体之中。

倾泻、慢流、潺潺流动、渗漏、泛起涟漪、波动、射出、滴落或溅泼的运动水体可以为空间增添充满活力和兴奋的感觉。水沫和薄雾可以从根本上为空间降温，尤其是在炎热的气候中。

水可以是短暂存在的：这一秒还存在，下一秒就消失。它可以作为在空间中不断重复的元素表达**空间韵律**（spatial rhythm），或作为水体用不断重复出现、涌起、落下、消失的循环来表达**时间韵律**（temporal rhythm）。

水可以通过同时对声音、光线、气味和触觉产生影响的能力提高自身的力量。在与这些感觉的互动中，水体具有了一种非凡的力量，可以产生空间特征与氛围。

植物 | Plants

植物，包括地被植物；低矮、中等高度与高大的灌木；小型和开花的树木；大型和中型的树木，它们在空间发展中扮演着特定的角色。

草皮、地被植物、草本植物材料以及低矮灌木共同构成了植被底平面。它们在岿然不动的岩石和泥土上编织出一条植物的地毯，这条地毯具有多变的线条、形式、色彩及肌理。不同于岩石和泥土，植物可以为底平面增添季节的戏剧性。

从底平面上延伸出的低矮灌木从实体上分隔了区域，并暗示出空间边缘。它们通常不对空间产生封闭作用。

中等高度和高大灌木提供了围合感和私密性。它们是绿植边缘的主要植物。它们可以作为展示空间元素的背景，其自身也可以作为雕塑元素。

小型和开花树木可以作为雕塑、引入运动，并提供阴凉。在应用于小空间时，它们非常有效；但是在大空间中，除非有大量树木聚集起来形成体量，否则会被忽视。小型和开花树木可以融合在空间边缘之中，提高空间的视觉趣味和季节多变性。它们可以在清晨和傍晚遮挡低角度的入射阳光，并产生动态的条纹状阴影。作为个体，它们可以在地面上产生阴影光斑。当与其他小型树木共同应用时，它们可以形成自然的树丛或中型灌木丛，这种灌木丛具有连续的、可以产生阴影的低矮树冠。

大型和中型树木通常用来生成植物顶冠。它们的空间含义主要通过它对光线的作用和产生的阴影模式体现出来。当从远处观看时，它们围合了空间；从近处观察，它们在视线高度产生空隙。它们的树干只能暗示空间边缘。

藤蔓植物具有空间垂直特征。它们可以用在基底、边缘或头顶平面上。它们可以具有常绿性，并有适当的静止性，或者也可在几乎任何表面上表现季节特征。当经过一个相当短暂的时期后，它们生长至成熟状态，并使建筑基底、边缘和头顶平面软化为肌理更加丰富、多样变化的表面。它们自由地悬挂在建筑上产生自然的感觉；或爬满建筑的墙壁，在建筑平面上表现自身。它们可以有效地改变表面或空间的氛围和特征，同时具有快速且经济的特点。

参考文献

Booth, N. Basic Elements of Landscape Architectural Design. NewYork: Elsevier Science Publishing Co., Inc., 1983.

Lynch, K., and Hack, G. Site Planning (Third edition). Cambridge,MA: MIT Press, 1984.

Moore, J. E. Design for Good Acoustics and Noise Control. London: Macmillan, 1978.

Simonds, J. Landscape Architecture: A Manual of Site Planning and Design. New York: McGraw-Hill, 1983.

推荐读物

Alexander, C. The Timeless Way of Building. New York: Oxford University Press, 1979.

Laurie, M. An Introduction to Landscape Architecture. New York: Elsevier Science Publishing Co., Inc., 1975.

Vitruvius, P. Vitruvius: The Ten Books of Architecture. Morris Hickey Morgan, translator New York: Dover, 1960.

第十二章

建筑与场地开发
Architecture and Site Development

大多数场地设计项目包括现存的以及／或者规划建筑。在开发场地上，这些建筑可以作为雕塑元素，或者可以通过单体建筑的塑造或群体建筑的布局围合空间。建筑和场地可以通过设计被解读为一个实体，也可被解读为建筑物的建筑特性与场地自然特性之间的动态互动，再或者被解读为一个个不相关联的实体。

建成景观被感知为建筑和场地的统一完形。在这种统一体中，建筑可以作为雕塑，场地作为背景，在背景中观察和理解雕塑。在这种情况下，场地设计应该有效地展示雕塑。建筑可以围合建筑化的外部空间，而景观设计应适应空间特征，从"纯粹的建筑"到"被自然软化的建筑"。不论哪种情况，场地元素应像家具一样补充室外空间的特征：空间特征与内部元素的特征应当是互补的。当建筑物和场地被解读为不相关联的实体时，在建成区域中的人们将感受到他们处于建筑化空间内；而在自然区域中的人们将有身处自然（或象征自然）的感受。

建筑物和场地高度统一于三种建筑物—场地空间整体类型中：独立实体、建筑特性与自然特性之间的动态互动或不相关联特征的序列。第一种情况将每个空间中的建筑物和场地整合为一种单一的感觉，第二种情况将它们作为同一空间中两种感觉的动态互动，而第三种情况将它们作为感官上不相关联的空间随时间产生的互动。在每种情况下，完形整体都是一种建筑物和场地开发相互交织的综合体。场地和建筑共同作用，建立相同的主题、场所感觉、建成场地的序列体验。

12.1 场地设计意图 | SITE DESIGN INTENT

建筑和场地之间无论是独立实体，还是相互对话，或是作为序列，都应该有意识地对它们施加操作，促进彼此支持的关系。当建筑设计师和场地设计师都理解了赋予建筑和场地意义的影响力，并且他们都以一种整合方式回应这些作用力来营造场所，这样就形成了称为"协同作用"（synergisms）的关系。

本文将介绍景观设计以及赋予项目场地意义的影响力；本章重点关注影响建筑形式以及对建筑和场地开展整合的影响力。首先，本章概述了建筑的形态学影响。接下来对以下方面提出建议：将上述影响与场地发展的形态学影响力整合、调和当前建筑和景观建筑的不同设计意图，整合建筑和景观建筑专业的实践努力，形成建筑物—场地的协同作用。

12.2 建筑形态学 | ARCHITECTURAL MORPHOLOGY

在迈克尔·格雷夫斯（Michael Graves）的自传《迈克尔·格雷夫斯：建筑与项目》（*Michael Graves: Building and Projects*）中，他提出了一种对影响力的概述，这种作用力赋予建筑形式意义并对其产生影响。在这项富有创意的工作中，他建立了"象征性建筑风格（Figurative Architecture）的一个实例"，并界定了一种建筑语言，其中包括建筑物的"一种标准形式及一种诗意的形式"。根据格雷夫斯的观点，建筑形态学在不同程度上对两种形式均有所表达。

建筑的标准形式指的是建筑共同的及内部的语言……（也就是）建筑的最基本形式是由实用的、构造的和技术的要求决定的。相反，

建筑的诗意形式对建筑物以外的议题非常敏感，并结合了神话和社会惯例的三维表现。建筑的诗意形式易受文化中比喻的、联想的及拟人的观点影响。

建筑物的标准形式首先与构成一座建筑物的各类系统相关，另外还与这些系统内的相互整合以及它们与更大的场地和城市系统之间的交界相关。建筑物的诗意形式需要处理象征、参考以及幻想：建筑的智慧意义与联想意义。标准形式代表着一座建筑物的物质实体；而诗意形式则代表建筑物的抽象现实。

在讨论建筑物的诗意形式时，格雷夫斯没有涉及场所精神的决定性问题；也就是说，不论诗意是否表达了文化、客户或设计师的态度、理论以及道德标准。场所精神将影响到建筑的诗意形式能否对文化做出反应以及诗意形式能否促进小群体（客户或设计师）对于不断变化的文化感知意图产生的见解。

12.2.1 建筑物的标准形式 |
Standard Form of Building

建筑物的标准形式、即它的物理实体，受到建筑系统的影响：流线系统、结构系统及基础设施系统。这些系统共同作用，实现了结构稳定性、人员活动、气候调节、水资源—动力分布、收集并排出废物。在建筑物的标准形式中，形态学就是从这些

系统及构建的材料及方法中发展起来的。

流线系统 | Circulation Systems

流线将在几个方面影响建筑形式。建筑物主入口在实体与心理上的重要性通常反映在建筑形态学当中，包括总体建筑形式与虚实关系（图12-1）。次入口通常具有一种次级的造型作用。当设计意图是对入口进行表述时，流线作为形态学影响因素的重要性获得提高。

内部流线也对建筑形态学产生影响。垂直流线——楼梯、坡道及电梯——当它们沿着外墙出现时可以作为垂直元素（图12-2），甚至可以延长到屋顶上成为塔楼，作为走上屋顶的通道或用来安装电梯设备。流线元素偶尔也成为一种对主导形式的陈述，就如由理查德·罗杰斯（Richard Rogers）和伦佐·皮亚诺（Renzo Piano）在巴黎设计的蓬皮杜艺术中心（Pompidou Center，图12-3），在这种情

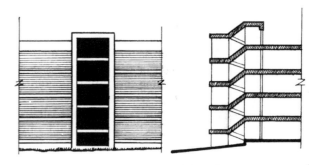

图12-2：楼梯与建筑形式

图12-1：入口与建筑形式

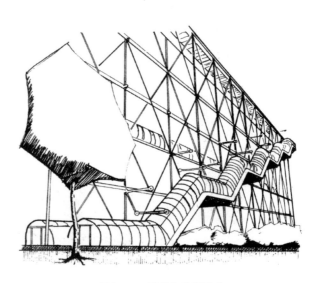

图12-3：流线与建筑形式

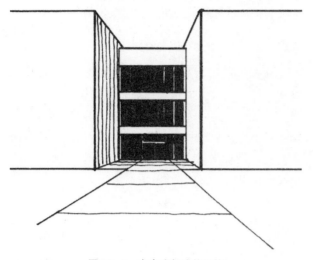

图 12-4：内廊式与建筑形式

况下建筑流线的重要性得以彰显，流线元素也提供了富有戏剧性的场地景色。

建筑内的水平流线也对形式有所影响。很多建筑，包括机场、汽车旅馆和办公建筑，都沿交通轴线一侧排布相似尺寸的空间来提高效率。在很多情况下，交通轴线的末端都在外侧装上玻璃幕墙，这种内廊式的房间排列产生了一种对称的外部立面。建筑物的使用空间被解读为流线两端的体量，而流线被解读为灰空间（图 12-4）。

由于种种原因，例如为流线路径提供额外光线或富有戏剧性的景色，走廊会被安排在沿建筑外墙的位置。这些外廊（仅在单侧有使用空间）的表面通常装有玻璃幕墙，并在视觉上向场地开放。它们促进了不对称建筑形式的产生（图 12-5）。这种由流线影响下产生的建筑形态学为建筑和场地的协同作用提供了独特的设计可能性。

结构系统 | Structural Systems

建筑物通过结构理念达到稳定，使用材质和技术实现了结构理念，因此通常结构理念对于建筑形态学具有高度的影响。即使在结构并未被鲜明表达时，建筑结构系统——包括它的结构元素的位置和厚度，通常也会对建筑开口的尺寸、位置和韵律产生影响。

建筑物开口（Building Openings）：大多数住宅和小型、单层建筑物都是承重结构。在这些结构中，屋顶荷载被传递到墙体上（通常包括木质框架、砖石砌筑或混凝土），继而由墙体传递到加固的楼板或结构梁上，并传到地面（图 12-6）。这些结构通常被解读为实体的体量或上面有镂空的体量，正如勒·柯布西耶的朗香教堂（图 12-7）。因为大型的开口必须有次级结构元素支撑——例如梁和柱，所

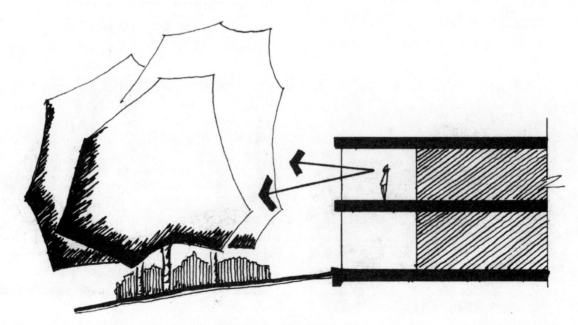

图 12-5：外廊式与建筑形式

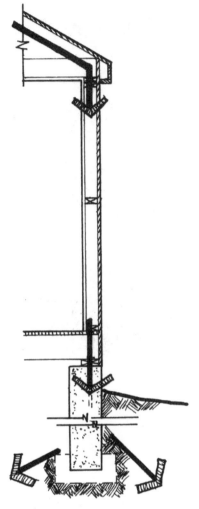

图 12-6：承重外墙

以建筑开口通常较小。可以自由地放置梁和柱，因为它们的位置并不由具有规律间隔的韵律性柱结构系统决定。

大多数非民用建筑、具有大型平面或多层的建筑、大跨结构建筑以及需要内部适应性的建筑都会采用结构网架。这些网架通常具有韵律感或重复性特征，包括按规则或可预知间隔排列的柱子以及非结构外墙。这些建筑可以表现为表皮和骨架，如密斯·凡·德罗（Mies van der Rohe）的作品——伊利诺伊理工学院克朗楼（ITT Crown Hall，图 12-8）；或者建筑骨架可以藏匿在实体墙体中。

即使在结构元素没有被忠实呈现的时候，它们仍然具有很重要的形态学影响。偏离标准网格间距的柱子难以建造并且造价昂贵。因此，即使是隐藏起来的结构元素也是以一定的规则方式组织建筑立面的虚实关系（图 12-9）。

结构与厚度（Structure and Depth）：建筑楼板、墙体和屋顶可以是厚的结构板面，或较薄的非结构性表皮覆盖在结构部件之上（柱子和梁）。不论哪种情况，楼板、墙体和屋顶都具有会对建筑形式产生影响的结构厚度，如图 12-10 所示。

承受弯曲应力（大多数结构元素）的结构部件

图 12-8：建筑物作为结构和表皮

图 12-7：建筑作为镂空透光的体量

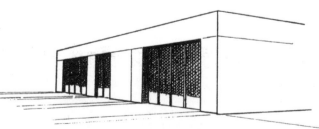

图 12-9：隐藏的结构与建筑形式

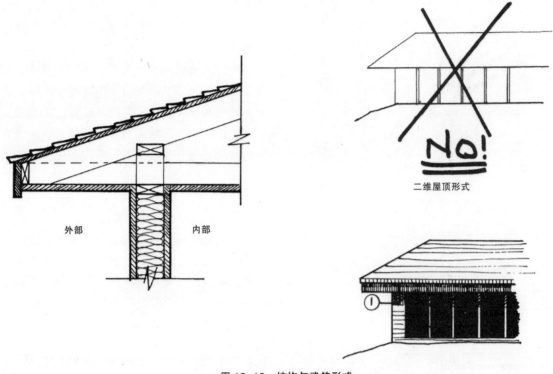

图 12-10：结构与建筑形式

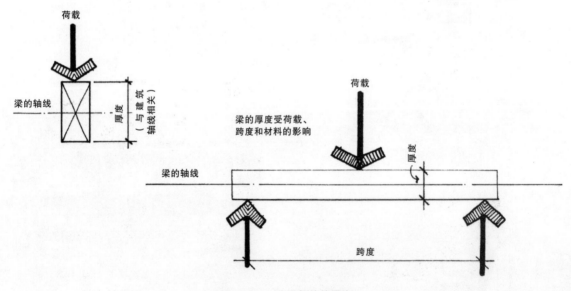

图 12-11：结构部件的厚度

的强度和硬度取决于部件随弯曲轴分布的厚度。随着荷载或跨度增大，部件厚度必须相应增加，以提供额外的强度（图 12-11）。在每种荷载、跨度、结构概念及材料相结合的情况下，结构都存在一个最小的安全厚度。经验丰富的设计师对于这些要求厚度形成一种感觉：一种直觉上的结构感。

基础设施系统 | Infrastructural Systems

建筑必须包括气候调节、动力—水资源分配以及废物收集和排出等用途的系统。虽然所有这些系统都对建筑形式产生影响，但是用于气候调节的系统对于形态学的重要影响远胜于其他几种。

气候调节（Climate Amelioration）：气候调节系统的形态学影响是根据通过主动方式实现建筑的舒适性，还是通过被动方式实现建筑的舒适性而显著不同。

主动的气候调节是机械式的。主动系统将建筑从场地气候中隔离，并以机械方式调节空气。在中央机械室中将空气加热或冷却。用同时装设在中央机械室中的大型风扇（空气处理机组）将经过调节的空气送到建筑物各处以及机械室之中（图 12-12）。

积极的建筑气候调节需要相当大的送风管道用来输送经过调节的空气和大型的回风静压箱（通过低压将空气吸回空气处理机组）。如果压力空气管道或者是更常见的回风静压箱设置在建筑物外部，它们将表现并深刻影响建筑形态学（图 12-13）。即使当回风静压箱沿外墙隐藏布置，从视觉上看它们是实体块（没有开窗），将影响建筑形式、立面韵律及其他视觉特征。

采用被动气候调节的建筑通过非机械方式实现

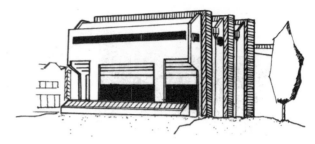

图 12-13：空气静压箱与建筑形态

舒适性，并加以精心调节以适应场地条件。被动式建筑形态学在不同的气候区域差异很大，同时被动建筑表达了极强的地方色彩。在寒冷气候条件下，建筑从视觉上向阳光开敞，并被设计为太阳能吸热器（图 12-14）。在炎热气候条件下，建筑隔绝阳光并最大化实现自然通风（图 12-15）。区域性被动设计策略的冗长陈述已经超越了本书的编写范围，但是唐纳德·沃特森（Donald Watson）和肯尼斯实验室（Kenneth Labs）所著《气候设计：能量—效率建筑原则和实践》（*Climatic Design. Energy-Efficient Building Principles and Practices*，1983）一书中有概要介绍。

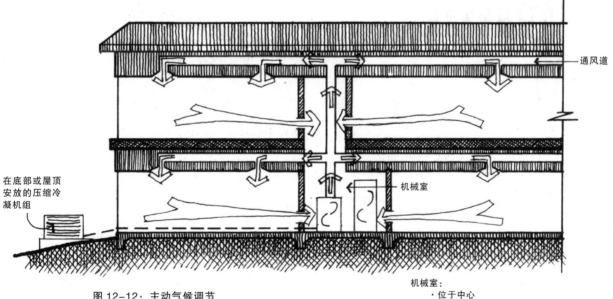

在底部或屋顶安放的压缩冷凝机组

通风道

机械室

图 12-12：主动气候调节

机械室：
· 位于中心
· 与外部通风
· 房屋供暖炉
· 空气处理机组
· 其他设备

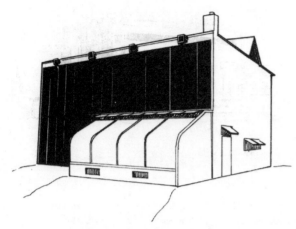

图 12-14：寒冷气候被动式调节设计（堂·凯尔布拉夫（Don Kelbrough）设计的太阳能吸热墙壁（Trombe Wall House）。摘自唐纳德·沃特森和肯尼斯实验室所著《气候设计：能量—效率建筑原则和实践》）

图 12-15：在炎热、干燥气候中的被动式调节建筑物（双风塔系统，位于伊朗的克尔曼省（Kerman）。摘自 A. Bowen，"Historical Responses to Cooling Needs in Shelter and Settlement，"*Passive Cooling Conference Proceedings*，American Solar Energy Society，Miami Beach，FL，1981）

在场地设计时，我们应该了解建筑气候是采用主动调节，还是被动调节。场地开发策略应该加强建筑物—气候调节系统的能量与舒适性能。

动力和水（Power and Water）：动力（煤气或电力）和水是通过压力输送系统输送到建筑物各处，它们需要相当小的管道和小型套管。管道路线的排布相对较自由；套管也不会对建筑形态学产生很大的影响。

污水（Sanitary Sewerage）：污水排水系统通过重力流动借助大气压力输送物料。它们需要相对较大的管道，其安装方式必须是能够促进重力流动，并对建筑形式产生较大的影响。建筑设计通常是将需要排水的各项功能（如卫生间）合并而且竖向排列。因为安放管道的套管几乎不会是光滑鲜亮的，所以沿外墙放置的套管会对建筑形态学产生影响。

12.2.2 建筑的诗意形式
Poetic Form of Building

建筑的诗意形式涉及的是象征、比喻和幻想。它与建筑艺术对话。作为一种艺术形式，建筑物需要满足某种文化中的神话、宗教仪式和愿望，或者一位客户或一位建筑师的需求。

建筑和景观建筑的诗意在 20 世纪上半叶产生了广泛的分歧，这在很大程度上是由于设计教育。本节探讨了建筑教育和景观建筑教育中的诗意趋向，并致力于理解这两个学科中的诗意以及包含在它们产生联想意义的多种方式的协同系统之中的问题。

设计伦理｜Design Ethic

自我表现是推进当代建筑教育方向的伦理。设计师的构思、主导性的概念，或作为生成力的设计陈述都表达了建筑的拟人化趋势。虽然设计师追求的是相关意义，但是设计师作为形式赋予者的伦理还是驱动着建筑教育学的发展以及对其意义的不懈追寻。

美国拟人形态主义的环境分支激励了景观建筑师在实践和教育中最近发生的主要变化。尽管建筑体现了我们文化的拟人形态主义，但景观建筑的实践和教育仍然倾向于强调问题的另一面，倾向于包括管理工作、系统管理及创造性的反响。这种做法使景观建筑教育和系统思维、资源管理与整合结合起来。

　　景观建筑师是系统思维推崇者，他们将设计视作完整系统的艺术性操作：包括文化、生态、技术、视觉等方面。相反地，建筑学通常并不（not）包括系统思维。作为系统思维者，景观建筑师认为设计概念是植根于系统操作的，并且这种做法通常被建筑师认为是会与他们的设计构思妥协的。相反地，建筑师经常被景观建筑师认为对背景不够敏感。

体量与空间的感知 | Perception of Mass and Space

　　建筑是很多可用空间的集合，但是作为雕塑，它首先被感知为体量。比起建筑产生的外部空间，建筑师通常更加关心将建筑物视为设计体量。这种趋势可以用大学校园作为最佳理解实例。虽然属于公共产权的大学校园中的建筑可以产生视觉整体性，营造外部空间，产生令人兴奋的校园故事线索，但是大多数校园都被解读为相互联系很弱的建筑混合体（图12-16）。每座建筑都表达自身的设计概念和形式语汇，这种情况也加剧了视觉混乱的产生。在同一座建筑中相对的两个立面具有紧密的联系（尽管二者不能同时被看到），但是与界定同一空间的其他建筑物之间的联系性较差。这个问题在非公共产权的城市建设环境之下得到了更明显的表现。

　　景观建筑师关注的是室外空间，他们对建筑物之间的关系、建筑物和场地的关系、外部空间的视觉和谐及建筑物—背景的协同作用更为关心。

设计诗意的时间特征 |
Temporal Aspects of Design Poetry

　　建筑在景观之中是静态的元素。虽然它们可以

图12-16：校园成为了相互不关联的建筑物的混合体

通过增加新的建筑单元进行生长，但是建筑单元本身也是静止的。与此类似，建筑的诗意也是静态的。相反，景观建筑师以自然为根源，自然的本质就是变化。景观建筑的诗意被书写在连续的时空当中并随时间变化。空间改变它们的表达，伴随我们通过空间，诗意也发生了演进。

最近的设计运动 │ Recent Design Movements

景观设计师为了建立视觉和谐并有效地传达建筑与外部空间相关联的意义，他们必须理解建筑、建筑的含义及建筑师的设计意图。只有这样，场地设计师才能在建筑和场地之间建立具有象征性的关系、解决难以调和的矛盾以及在背景、建筑和场地之间的竞争。

建筑运动与文化表达（Architectural Movements and Cultural Expression）：本节将解读第二次世界大战后的美国建筑运动，包括设计意图、成功与失败。这并不是为了复习历史，而是简要地研究近代历史中对美国建筑标准、诗意形式的影响作用力以及对当代建筑的影响因素。

第二次世界大战后期的美国建筑师不再认为自己是文化表达的载体，而是认为自己是表达个人观点的艺术家。除了少数"革命性的"表达——如《没有建筑师的建筑》（Architecture without Architects）（鲁道夫斯基，1964）和《向拉斯维加斯学习》（Learning from Las Vegas）（文丘里等，1977）之外，建筑师们认为美国文化中的生成力是不必要的或无关的，并对这些作用力不予重视。建筑教育将设计表述提升到艺术形式，并使学生们对于有可能构成设计表述的影响力漠不关心。结果，美国建筑物的现有状态表达了两种不同的传统：由知识化运动推崇者设计的知识化建筑表述，身处运动之外的建筑师或（小型建筑的）非建筑师设计的普通建筑。例如，大多数美国房屋都属于第二种类型。

知识化建筑（intellecturalized architecture）富有丰富的诗意。它的倡导者认为建筑是艺术。它们通常将建筑物视作是由文化影响力产生的"建筑物，而**不是**（not）建筑风格"。

下面的讨论将针对知识化建筑以及建筑的景观建筑师在与建筑师共同工作时必须理解的建筑诗意。

我们并不论及从更为复杂的市场和文化作用力角度讨论建筑，它们属于诗意语言以外的。

现代建筑（Modern Architecture）：直到20世纪70年代，建筑诗意都被现代主义主导。这种诗意是精英式的并建立在理性主义之上。它寻求纯粹的表达、普适性地解决方法，并排除环境的混乱和复杂性。它支持有限的材料使用，并简化建筑表述，例如将建筑作为机器、形式追随功能（图12-8）。建筑的诗意还试图通过净化建筑实现净化社会的目的。作为一种理性的活动，现代建筑将与建筑物标准形式相关的特定关系提升到一种诗意化的层面——尽管它忽略了其他一些重要问题。定义狭窄的主题或议题主导了语汇的探索——或更大程度上，主导了建筑含义的探索。诗意将这些主题或议题——例如建造建筑物的机械过程，作为一种艺术形式加以表达。另一些不支持主题或议题的影响作用力不是诗意的一部分，并且通常遭忽视。

当然，第二次世界大战后的美国文化并不是纯净的，它有许多不同而且相互冲突的影响作用力。由于没有包括多样性，现代主义未能获得文化关联性。导致20世纪60年代动荡产生的社会挫折给现代建筑带来了致命的打击。

很多建筑师将现代建筑的终结与圣路易斯市（St. Louis）的普鲁特—伊戈居住区项目（Pruitt-Igoe Housing Project）联系在一起。这个项目是严格按照现代主义诗意概念设计，1951年获得美国建筑师协会奖。通过纯粹的设计、分离机动车与行人、简朴洁净的做法，这个项目意图促进它的居民行为的纯净性。不幸的是，这个项目并未与生活方式、生活目标及居民的愿望实现对话，由此导致了人们对建筑物的破坏。在1972年7月15日，经历了几乎20年的蓄意破坏，这个居住区内的几座14层居住单元被草草炸毁。

后现代建筑（Postmodern Architecture）：在普鲁特—伊戈居住区遭致命性炸毁的约十年前，建筑的诗意已开始发生改变。现代建筑受到质疑，一种全新的语汇正在萌发。就像18世纪的矫饰主义是从文艺复兴鼎盛时期进化而来的一样，但是新的语汇并不与现代主义割裂，而是现代主义的一种自然发

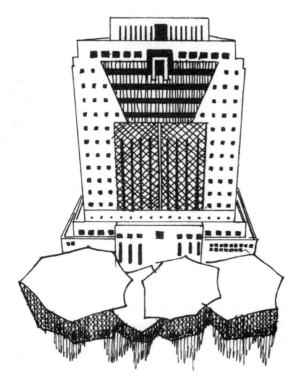

图 12-17：后现代建筑（迈克尔·格雷夫斯设计的波特兰市政大楼（Portland Municipal Building））

展。与矫饰主义一样，它去除了前一时期的一些束缚。这种全新的诗意——后现代主义，是现代运动的扩展延伸。

后现代建筑是一种古典主义的混合形式（图 12-17）：充斥参照了历史表现，但是表达方式更为开放。建筑表达了多种社会影响，并将不同的材质和技术吸收到一个开放的诗篇之中。它从古典主义中借鉴形式，并把这些形式以全新的、不可预知的方式记忆应用。它最大程度地表达了意义，但是以一种需要被观察者从内部进行完善的非完整形式，因此观察者成为诗意的一部分。后现代建筑是多元论的：它促进了个体的或者高度变化多样的表达和解读。

对于后现代建筑设计意图一个最佳的早期陈述是查尔斯·詹克斯（Charles Jencks）的著作《后现代建筑语言》（*The Langnage of Post-Modern Architecture*，1977）。他认为后现代建筑：

"同时至少表达两个层面的意义：对于其他建筑师和与此有关的少数人群，他们关心明确的建筑意义；另外，对于公众或者地方居民，

他们关心有关舒适性、传统建筑及生活方式等有关的其他问题。"

《后现代建筑语言》是有关后现代建筑的代表性书籍之一。它写作于后现代建筑运动的起始时期，书中认为后现代主义是现代主义的一种延伸，但在本质上与现代主义不同。

后来，正如纽约现代艺术博物馆展出的"现代建筑的转变"（Transformations in Modern Architecture，1981）中表现的那样，后现代建筑开始被视作一种现代主义的续篇，而不是一种对抗现代主义的革命。赞扬后现代建筑通过接纳范围更广泛的表达并更多地使用隐喻而从本质上改变了现代运动，但被人们认为仍然是根植于现代主义的信条之中。正如现代主义一样，后现代建筑也是精英式的。它与建筑师和尤其关注建筑意义的少数人展开对话。尽管早期时论述了后现代建筑的两个层面，但是后现代建筑师仍然主要与设计知识分子阶层展开交流。

第二次世界大战后建筑运动的长处和缺陷（Strengths and Weaknesses of Post-World War II Architectural Movements）：现代建筑的长处是它可以将特定系统或议题的意义集中于设计方向之中。它的失败源于相信普遍性，把无数重叠的系统、意义以及影响简化为单一而纯粹的表述，而这种表述只表达了设计师的观点，却排除了其他影响。

现代建筑的失败还由于它坚信设计概念应该成为一种最主要的作用力（重组行为、文化和环境），而不是具有创造性地对于无数体现于场所和文化中的影响作用力进行回应和表达。正如詹克斯所说（1977），"对于适宜性的整体问题，即从维特鲁威（Vitruvius）到埃德温·兰西尔·鲁斯琴（Edwin Landseer Lutyens），每位建筑师都在争论的'端庄得体'（decorum）一事，现在都被密斯的通用技法以及对场所和功能的普遍蔑视认为是陈腐之物。"麦克哈格对此这样说：

艺术家的自尊心是很重要的，而艺术家的个人标志则确实是最为重要的事情。几乎从未提及参考环境作为发现形式的基础。而在国际风格中它甚至遭到断然拒绝，在国际风格中已经假定有一种普遍的建筑解决方法，这种方法

对于所有人、在所有场所、在所有时间均适用；
当然，这已经被证明无法适用于所有人、所有
场所和所有时间！（泽尔沃和柯西诺（Zelov
and Cousineau），1997）

后现代主义的优点在于它冲破了现代建筑的僵
化框架，它可以兼容并收而且渴望同时与精英阶层
和普通大众交流。它的失败之处在于没有接受背景
和系统思考，它缺乏回应，最重要的是，它仍然坚
持精英论的不朽并加以延伸。虽然后现代主义对不
同的解读和新规则的应用敞开了大门，并以开放的
语言表达，但它仍然过分强调形式。后现代主义没
有以整体方式处理全方位的影响，并仍然认为设计
构思是指导性的影响作用力，而不是一种回应性的
作用力。

当今的一些衍生的建筑运动（批判性的背景
主义、批判性的地域主义）也具有类似的优点与缺
陷。正如后现代主义一样，它们的理论丰富，并在
理论应用的同时缺乏对背景的关注。例如，批判性
的地域主义并没有充分接纳真实世界的复杂性，也
未能对地方性的原动力做出综合的回应。它只是肤
浅地从形式上参照地域。尽管弗兰克·盖里（Frank
Gehry）认为"溪流"（streams）是一种造型影响力，
但是他创造出的形式仍然倾向于参照溪流的普遍外
形，而不是从溪流的流动、区域形式、气候和材质
的原动力当中生成的形式，而以上这些正是构建并
为**地区性**（regional）溪流模式和形态赋予意义的规
则。

新现代主义建筑运动沿袭了部分后现代主义的
优点和缺点，这也主导了建筑业及部分景观建筑学
的环境运动存在的优点和缺陷。新现代主义建筑运
动继承了现代主义的历史先例、深刻的理论基础以
及将这种基础以一种略显精英式的方法采取应用的
倾向。新现代主义建筑运动极力提倡提高密度与充
实，但是忽略了已公布的项目让人们定居在精英社
区或城市边缘附近昂贵的大型住宅之中，而不是居
住在城市背景中的中等收入者的住宅和项目中这种
潜在倾向。

作为一种知识实践与艺术形式，后现代主义包
括例如批判性背景主义和批判性地域主义的衍生建

筑运动，因而后现代主义令人兴奋、使人激动并且
极富表现力。它作为艺术家之间的交流、焕发情绪
的艺术以及多元的文化倾向均获得了成功。它未能
充分地与建筑领域知识分子阶层之外的人们在感知
层面背景上建立协同系统。设计构思无法充分接纳
地区原动力。背景被作为隐喻和暗示进行了理智地
处理，而不是以一种更广泛文化所理解的方式或接
纳了地区原动力的方式来彻底应用。

后现代建筑运动反映了近30年来的后现代建
筑，它现在被视作现代建筑的一种延伸，其中伴随
着松散的规则、全新的语汇、更广的探索以及比现
代建筑更多的方向。后现代建筑仍然是一种建筑师
之间的知识分子式、精英式的交流，也是建筑师和
主要关注建筑诗意含义的人们之间的交流。后现代
建筑运动具有视觉上的丰富性和自由性，但缺乏背
景的相关性。

设计过程 | Design Processes

建筑师和景观建筑师以不同方式处理复杂性、
背景及系统的一个最佳范例，不是他们的设计产品，
而是设计的过程。这一点在两个职业领域的领军人
物对于叠加采取极为不同的应用方式中可见一斑。
在拉维莱特公园（Parc de la Villette）中，建筑师
伯纳德·屈米（Bernard Tschumi）并置不同类型的
信息作为图层进行叠加。意义和设计就产生于图层
之间的偶然联系。设计方法寻求不可预计的表达。
自由的解决方式来自于设计过程中的自发性。从深
层次来看，解决方式并不具有系统性。

景观设计师麦克哈格运用叠加发现并分析了在
不同环境因素中相一致的模式，从而获取了有关系
统相关性的洞察力。他接受复杂性、区域特异性和
含义，认定它们不是产生于自发性，而是来自系统
动力之间的潜在相互关联以及赋予形式意义的规则。
麦克哈格叠加地图的发现模式和共生现象，分析了
共生和异常现象，同时理解了系统动力学，确定了
设计方案整合的地区原动力。

地理信息系统软件显著提高了景观建筑师应用
解读自然系统数据过程发现富有意义模式的能力，
在景观设计中应用地理信息系统探索了从项目到全
球的广泛尺度范围。景观建筑学这一学科也开始

（16.6）进入到新一代的设计，应用了以计算机为基础的系统动态模型和其他技术拓展了视野，通过整合叠加法和先进的数码技术实施决策，与系统动力学相整合，并积极推动了系统动力学的发展。

12.3 建筑物—场地的协同作用
BUILT-SITE SYNERGISMS

根据《韦氏新世界字典》（*Webster's New World Dictionary*）的解释，协同作用是"不相关的力量要素的合作行为，例如整体效果比个体产生效果的总量要更可观"。通过两个或更多力量要素协同作用相互受益，利用对方的长处克服各自的缺陷。协同作用取决于一种共栖的紧密互动及互利的联系。如果我们认为城市环境设计是对文化、技术及生态系统的操作，目的为了优化生活的效率和生活品质，从而呈现了一定的行业优势。当代建筑和后现代的思维观念谈及的是集中知识性含义的能力，产生多元和个体化的形式。景观建筑和管理思维谈及的是整合多元表达的能力，将元素相互之间、元素与背景之间联系起来并对系统进行管理。协同作用产生于交叉渗透、创造性的互动以及将这些优势结合起来的跨学科决策。

建筑物—场地的协同作用可以提高建筑物内部以及大型系统运作中的效率、增强建筑师和景观建筑师引入景观的人造物的含义，营造建成环境与背景间的积极关系，建立设计人员与大众的有效沟通，实现在城市与项目尺度上的视觉和谐。

建筑物—场地的协同作用来自于一种共识，即场所营造并不是设计建筑和场地，而是将建成场地

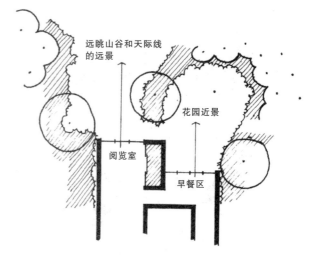

图 12-19：场地视图与建筑形式

作为场所设计。将建筑师和景观建筑师的共同努力结合起来可以提升意味丰富并且激发情绪的室内和室外环境。

12.3.1 设计过程 | Design Processes

当建筑回应场地设计机遇和限制条件时，建筑场地协同作用得到提高。然而很多协同作用的机遇常常在设计师尚未介入之前就已消失。记住这一点，我们将回过头来探讨规划和项目设计中的协同潜力。在第十四章中，我们将关注更广泛的议题以及更大规模的尺度——从全球景观管理到项目设计以及景观建筑项目的特定类型。

土地规划（Land Planning）：建筑场地的设计在项目设计的数年之前就开始着手了。在土地规划阶段，土地用途和发展模式被确定下来。为了产生

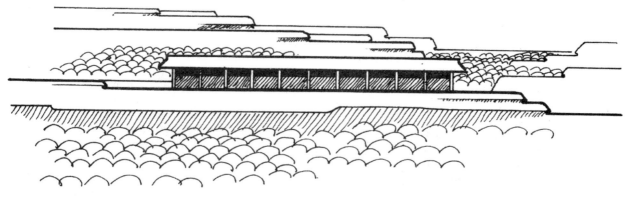

图 12-18：地形与建筑形式

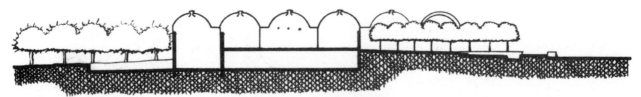

图 12-20：建筑的营建形式

图 12-21：自然中的人类

协同作用，开发模式必须响应自然模式（地形、土壤，等等），并根据对景观机遇、景观限制条件、规划要求以及支撑开发建设的基础设施体系等方面的了解来分配土地用途。

接下来，在场地设计项目确定后，场地和开发计划必须共同实现场地潜力，规避场地限制条件，同时为支撑开发规划提供条件——包括建筑物和基础设施系统。

工程基地的总体规划必须伴随着一种建筑物—场地模式，它回应场地组织和特征，并支持开发规划（包括建筑物）的需求。建筑物的坐落位置必须恰当地回应场地潜力与问题。以建筑物—场地协同作用为目的的议题处理必须包括自然系统和建筑系统模式间的关系、土地与建筑形式的关系（图 12-18）、场地和建筑微气候的协同作用、室内和室外空间的生理舒适性、室内外及场地内外的景致（图12-19）、建筑物—场地的流线模式以及建筑物—场地连续的序列体验。

一旦确定了恰当的建筑方位，对建筑物和场地设计来回应方案需求和场地条件，并充分利用机遇

优势消减问题。建筑与场地设计是为了将各自的性能最大化并作为一个整合的整体，培养建成场地为人类服务，满足场地需求，并支撑建筑与场地的原动力等方面的能力。

12.3.2 建筑物—场地系统
Building-Site Systems

建筑和场地的协同作用产生于建筑和场地系统整合在一起的时候：建筑与场地结构和基础设施系统相互支持。场地的重力流动基础设施系统（雨水和污水）在理想的平面位置与垂直高度上服务于建筑物，使水流在重力作用下在建筑物内以及场地系统中流动。场地的压力流动系统在设计的场地方位上服务于建筑物，它在垂直位置上更具灵活性。建筑结构系统将荷载传递到地面并合理地支撑所有建筑构件。建筑物和场地流线系统为所设计的运作相互联系，产生丰富的、感性的叙事线索。最后，建筑物和场地共同作为一种视觉上和感官上都令人愉悦的体验系统，在建筑物和场地之间表现设计关系，并创造人与建筑（建筑物—场地）之间能够满足场地需求以及使用者生理和心理需求的关系。

12.3.3 设计作为人—环境之间关系的表述
Design as Statement of People-Environment Relationships

生态景观和文化景观是高度变化性的。建筑物和场地的协同作用（通过相似性、兼容性或对比）也具有可变性。建筑物—场地整合的程度和特性可以通过有意识地管控，实现多种多样、具有反响、令人满意的人—环境的关系。在处理建筑物—场地协同作用时，我们必须记住，相关性并不意味着同一性。

当建筑物和场地都采用可以表现拟人化特性的

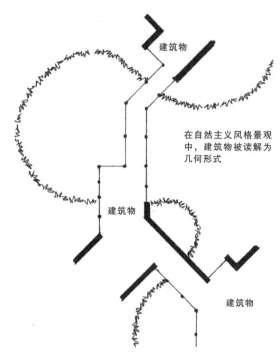

图 12-22：互不相关的形式系统的整合

图 12-23：通过对比实现互补

建筑构造语汇时，便会产生协同作用，正如路易·康（Louis Kahn）所设计的金贝尔美术馆（Kimbell Art Museum，图 12-20）。建筑物和场地或许可以转而共同表达自然的感觉——例如弗兰克·劳埃德·赖特（Frank Lloyd Wright）设计的考夫曼住宅（Kaufman House，图 12-21）。它们或许可以作为特征有差异，但可以相互兼容的元素进行表达，并以一种富有意义的方式汇集起来：人和自然处于互利互益的共存之中（图 12-22）。建筑物和情景甚至可以通过对比相互支持，例如由理查德·迈耶（Richard Meier）设计的道格拉斯住宅（Douglas House，图 12-23）。通过对比，设计师可以呈现出建筑物和场地之间作用力的互动。建筑物和场地之间存在其他无数的关系，每种都表达出关于与人—环境关系的特殊信息。

12.3.4 设计的元素和原则
Elements and Principles of Design

　　建筑物和场地的视觉协同作用通过有意识的操作设计元素和原则获得促进，从而获取对建筑物和场地之间所规划的关系类型与联系程度。

图 12-24：视觉上具有突出地位和历史意义的点

设计元素 ｜ Design Elements

　　设计元素——点、线、形式、色彩和肌理，可以与设计原则一起加以操作，创造出所谋划的建筑物—场地关系。

　　点（Point）：景观有特殊的场所，或是称作"点"。它们可能是在视觉上突出的点（图 12-24）、具有历史意义的点（例如签署某个重要条约的地方），或者因为其他理由而变得特殊的点。

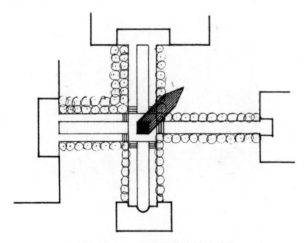

图 12-25：作为特定点的建筑物

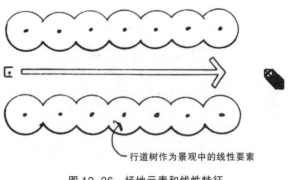

行道树作为景观中的线性要素

图 12-26：场地元素和线性特征

特殊的点可以作为焦点，协助组织场地。这些点可能具有视觉主导性，并暗示景观中特殊的线条，包括主要的视线。

建筑物或其他结构可以作为特定的点，并因此在景观中发挥线性影响（图 12-25）。反之亦然；视线、步行道路的交叉点或其他线性场地特征可能处于视觉上的突出位置，这些位置得益于景观之中特定的点或场所的发展。

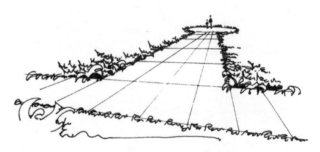

图 12-27：形成对比的肌理构成线条

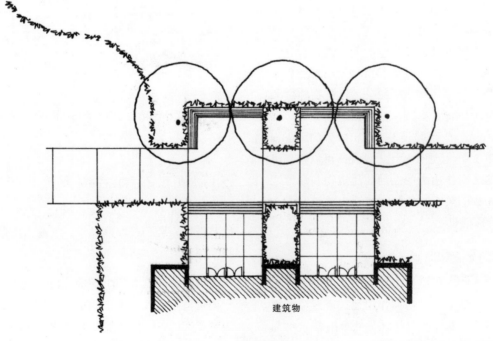

建筑物

图 12-28：建筑物伸入场地

图 12-29：自然对人类的主导地位

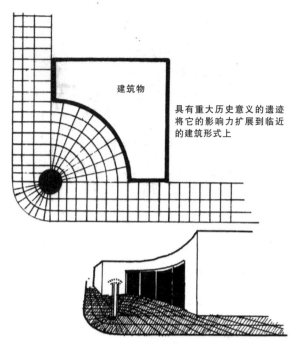

图 12-30：场地作为建筑物—形式生成器

线（Line）：当从远处观察时，建筑体量的边缘就被解读为线条。随着我们走近一座建筑物时，立面轮廓可以通过其他线条得到加强，例如窗户的竖框、伸缩缝等，它们共同建立了等级体系。

场地也具有线性特征。与视线一样，对齐排列元素，例如排成直线的树干，暗示了线条（图 12-26）。材质、色彩和肌理的边缘和界面产生了景观中的线条（图 12-27）。如同立面一样，伸缩缝可以为场地表面引入线性特征，包括场地围墙、步道和铺地。

场地设计师可以将建筑线条延伸到场地中，从而意味着建筑物—场地的连续性。这些线条可以建筑化地延伸进场地之中，暗示着人的主导地位，并确定建筑物对于景观的统治地位（图 12-28）。相反地，场地中自然主义的线条可以延伸到建筑物上，即意味着自然的主导地位和场地的领域范围（图 12-29）。两套线条系统（建筑物和场地）可以是相似的，各自保持其自身的特性与秩序（人与自然的和谐，图 12-21）；或者两套系统的特征各不相同，共同并置时没有任何过渡（图 12-22）。在后一种情况中，设计灵感产生于每套系统的独立性和影响作用力、通过其他形式时所产生的暗示性的线条连续性以及当线条相遇时出现的偶然关系。

形式（Form）：建筑物与场地形式可以协同作用的形式相汇聚。建筑物中主导性的虚实关系可以延伸到场地之中（图 12-28），或者场地形式可以延伸到建筑物上（图 12-29），甚至场地形式可以侵入建筑形式（图 12-30）。当形式从建筑上以建

图 12-31：建筑物—场地的统一性

图 12-32：统一场地中的复杂建筑物

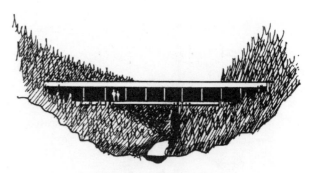

图 12-33：建筑物作为景观中的雕塑

筑化的感觉延伸出来的时候，建筑物就确立了对场地的主导地位。当场地形式打破了纯粹的建筑几何形式时，场地就成为了主导。

色彩和肌理（Color and Texture）：建筑色彩和肌理可以通过操作场所感知和与场地特征相符的尺度建立起来。在赖特设计的考夫曼住宅中，这一点得到了成功的体现，如图 12-21 所示。相反地，建

筑色彩或肌理也可以与场地特征形成对比。这些视觉元素、线条和形式，在理查德·迈耶的道格拉斯住宅的建筑设计和场地条件方面产生了成功对比（图 12-23）。

设计原则｜Design Principles

在 8.2 中列出的设计原则包括统一、强调或聚焦、平衡、尺度和比例、韵律及简洁。这些原则可以单独运作，或与其他设计原则或元素相配合，提高建筑物—场地的协同作用。

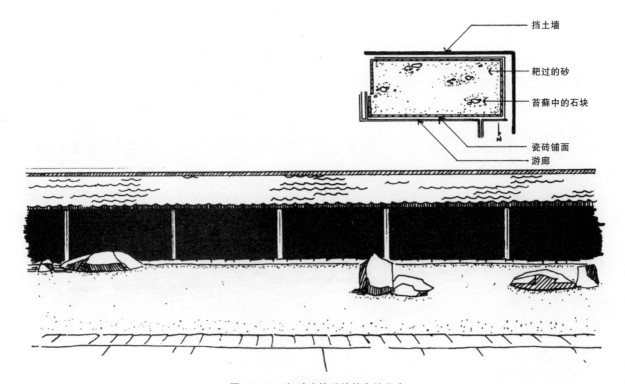

挡土墙

耙过的砂

苔藓中的石块

瓷砖铺面

游廊

图 12-34：打破建筑系统的自然元素

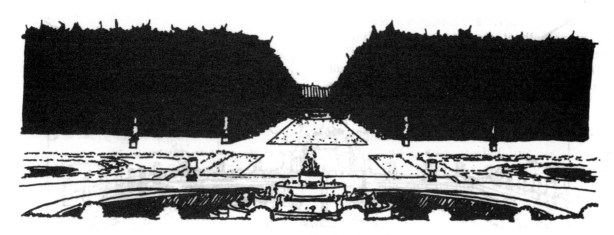

图 12-35：平坦景观中的对称平衡

统一（Unity）：现代建筑主题倾向统一；而后现代建筑则是高度多变的。每种建筑运动都对建筑的统一性 / 多样性进行探索，以支持设计主题；但是它们都未能充分探讨建筑物—场地的统一性。

对点、线条、形式、色彩和肌理的精心操作可以统一建筑物与形式，例如由弗兰克·劳埃德·赖特设计的亚利桑那州凤凰城的西塔利埃森（Taliesin West，图 12-31）。相反地，它们也可以通过景观操作产生对比。纯净简洁的建筑可以放置在高度错综复杂的自然系统中，使人眼对场地的复杂性和建筑的简单性产生敏感。另一方面，由罗伯特·文丘里设计的科罗拉多州韦尔城（Vail）的布兰特—约翰逊住宅（Brant-Johnson House）（图 12-32）的复杂形式得益于从连续、统一的景观环境中被审视观察。

强调或聚焦（Emphasis and Focalization）：强调和聚焦是通过将建筑物和场地设计成一种可理解的视觉系统，然后脱离这个系统，将视线引导至所规划的区域或元素上作为视觉焦点。

可以艺术性地处理点、线条、形式、色彩和肌理强调场地形式，使场地成为主导性的视觉系统。建筑设计可以与这种系统形成对比，并因此作为景观的焦点或雕塑式特征（图 12-33）。相反地，可以通过创造一种主导性的建筑形式系统来强调元素，使选定的场地元素打破这种建筑化的主题，如京都的龙安寺庭院（图 12-34）。

平衡（Balance）：区域条件和场地条件都对一个项目场地有效呈现视觉平衡的方式产生影响。例如安德烈·勒·诺特（André Le Nôtre）设计的凡尔赛宫，其场所和地面的对称平衡在平坦的法式景观中非常恰当（图 12-35）；但是坐落在地形崎岖环绕佛罗伦萨的托斯卡纳山地的波波里花园（Boboli Gardens），其形式秩序看起来勉强，很不自然（图 12-36）。

建筑物取得平衡的方式应该与场地平衡相联系。当形式平衡从建筑物中延伸出来，并且场地也具有形式平衡时，建筑物和场地就通过形式平衡统一起来：人类宣示了他们对自然的统御。当把一座对称的建筑物运用不同权重的可变元素放置在形式不平衡的场地上时，在建筑物和场地平衡之间呈现了一种动态的互动：人与自然的对话。

尺度和比例（Scale and Proportion）：任何特定的景观都具有一种本质的尺度，这是由创造它的环境过程建立起来的。例如，地形严重深切、遭侵蚀后肌理细腻的得克萨斯山区农村（图 12-37）以相对小尺度的单元为特征；而西得克萨斯平原则以视觉开阔的、巨大的尺度为特征（图 12-38）。

建筑场地的尺度可以同周围景观的尺度相似，或者可以由于开发活动而产生很大的差异。通常开发活动通过引入新的空间边缘缩减了感知尺度。

即使是大尺度的建筑物，在具有纪念性尺度的场地中也会相形见绌。相反地，小尺度场地可以赋

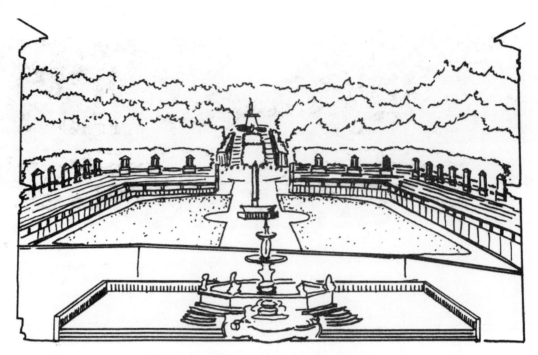

图 12-36：勉强添加到山地场地中的对称平衡

图 12-37：小尺度景观

图 12-38：大尺度的"开敞"景观

予小型建筑物纪念性。在建筑物—场地的交界处，小尺寸单元结合细致纹理的细密场地开发促成了一种更具有纪念感的结构。相反地，场地可以通过引入小尺度结构而显得更加广阔。

比例指的是片段与整体之间或片段之间的尺寸关系。特定的比例规则似乎掌控了自然形式。这些

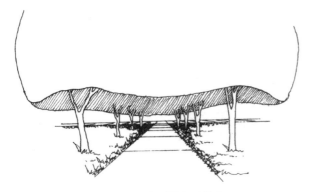

图 12-39：规则的场地韵律

图 12-40：松散塑造的景观中的规则建筑韵律

规则也被应用在建筑中。

韵律（Rhythm）：建筑立面的主导线条以及建筑的虚—实关系通常会传达出韵律特征。正如在建筑的标准形式中所探讨的，这种韵律通常受到建筑结构元素、室内用途、流线系统、材料及节点的重复性影响。场地元素也可以是重复性和韵律性的。

场地韵律可以是规则的，表现出建筑化特征，例如图 12-39 中的行道树。相反地，它们也可以是不规则的，传达出一种自然主义的感觉。规则的场地韵律可以将建筑的影响力延伸到场地之中；不规则的场地韵律通常将建筑作为场地的对比物加以呈现（图 12-40）。

建筑可以作为富有韵律的景观之中的巨大体量展现出来（图 12-41）。相反地，它也可以呈现为巨大空间中的韵律性雕塑（图 12-42）。

简洁（Simplicity）：随着设计影响力的整合，建筑设计师和场地设计师为了同一设计意图开展工作，并且综合解决场地与建筑问题，简洁程度得到了提高。场地和建筑都不会因为处理对方的问题而遭受损害。

12.3.5 入口—表述的协同作用 │ Entry-Statement Synergisms

正如上文论述的那样，建筑的主要入口和次要入口通常是主要的形式决定因素。场地入口、场地中的车辆流线及步行流线可以影响建筑物—入口的位置，并通过这些位置节点影响建筑形态学。当建筑形式对场地形式和流线做出回应、场地形式也对建筑形式和流线做出回应、建筑物和场地入口表述相整合时，协同作用由此而生。

当场地和建筑入口整合在一种富有意义的运动系统之中时，入口作为行进体验和即时感官体验的感觉得到加强。丰富的入口序列或叙事线索（通常

图 12-41：在韵律景观中体量巨大的建筑物

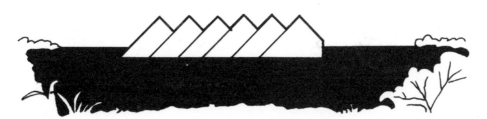

图 12-42：在宏大景观中具有韵律的建筑物

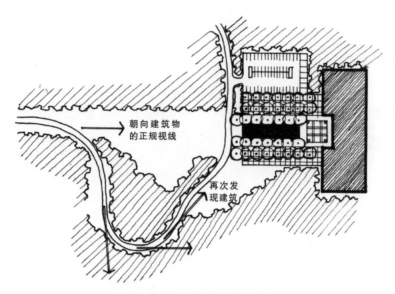

图 12-43：延伸的入口叙事线索

得到极大的扩展）就此产生。例如，场地设计暗示了建筑的入口，随后将入口掩藏起来，继而又被重新发现（图 12-43），从而制造出入口的戏剧性悬念。相反地，场地形式和流线可以一直掩藏建筑入口，为它们的突然出现增加冲击力。

通过将建筑的对称性延伸至场地中，强化了建筑的形式，并在人们到达建筑结构体之前产生一种已进入了建筑区域的感觉。另一方面，非对称建筑的非正式感通过"偏离轴线"的方式或者如图 12-44 所示，通过曲折迂回的入口序列得到加强。

12.3.6 边缘—条件的协同作用
Edge–Condition Synergisms

从场地角度来看，建筑物通常被视作一种围合外部空间的视觉边缘。从建筑内部来看，外墙将建筑物与场地实体分隔，并定义了建筑物的空间范围。

建筑外墙设计可以加强场所感觉。它可以在实体上是开敞的，使场地渗透到建筑之中；相反，它可以实体上是封闭的，但在视觉上开敞，同时将建筑线条、形式、色彩、肌理或材质延伸到场地上以消解这一边缘（图 12-45）。外墙还可以从内部表现出视觉开敞，而从建筑外部则表现得围合（图 12-46）。

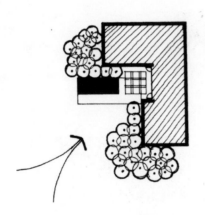

图 12-44：非正式的入口序列

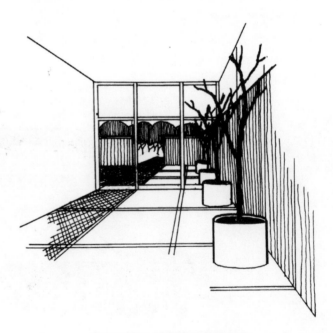

图 12-45："开敞的"建筑边缘

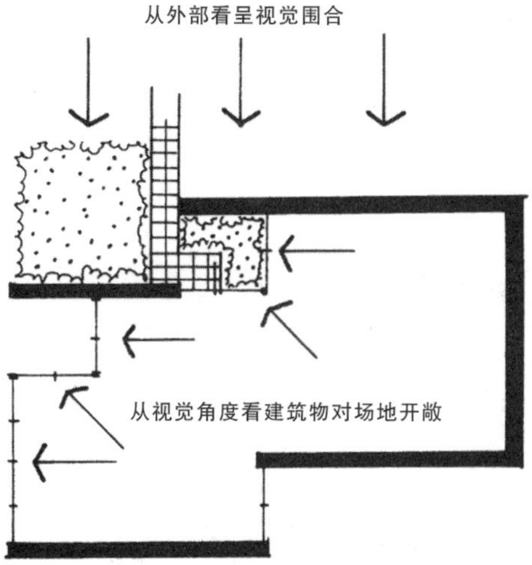

从外部看呈视觉围合

从视觉角度看建筑物对场地开敞

图 12-46：掩藏的"开敞"边缘

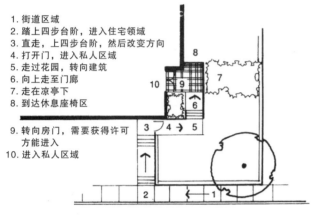

1. 街道区域
2. 踏上四步台阶，进入住宅领域
3. 直走，上四步台阶，然后改变方向
4. 打开门，进入私人区域
5. 走过花园，转向建筑
6. 向上走至门廊
7. 走在凉亭下
8. 到休息座椅区
9. 转向房门，需要获得许可方能进入
10. 进入私人区域

图 12-47：延伸的边缘

可以对范围无限的边缘条件予以设计，每种都具有自己独特的感觉。这种边缘条件可以在加强场地空间开发的同时建立起建筑的到达感，并使建筑物—场地的视觉关系最大化。当这三个目标都实现时，建筑物—场地的协同作用就产生了。

参考文献

Bowen, A. Historical Response to Cooling Needs in Shelter and Settlement. International Solar Energy Passive Cooling Conference. Delaware: American Section of the International Solar Energy Society, 1981.

Graves, M. Michael Graves, Building and Projects. Karen Vogel Wheeler, Peter Arnell, Ted Bickford, editors. New York: Rizzoli, 1982.

Jencks, C. The Language of Post-Modern Architecture. New York: Rizzoli, 1977.

Rudofsky, B. Architecture Without Architects: A Short Introduction To Non-Pedigreed Architecture. Garden City, NY: Doubleday, 1964.

Tschumi, B. Architecture and Disjunction. Cambridge, MA: MIT Press, 1994.

Transformations in Modern Architecture. New York: Museum of Modern Art, 1981.

Venturi, R., Brown, D. S., and Izenour, S. I. Learning from Las Vegas. Cambridge, MA: MIT Press, 1977.

Watson, D., and Labs, K. Climatic Design: Energy-Efficient Building Principles and Practices. New York: McGraw-Hill, 1983.

Zelov, C., and Cousineau, P. Design Outlaws on the Ecological Frontier (Version 2.1). Knossus: Philadelphia, 1997.

推荐读物

Booth, N. Basic Elements of Landscape Architectural Design. New York: Elsevier Science Publishing Co., Inc., 1983.

Lynch, K. and Hack, G. Site Planning (Third edition). Cambridge, MA: MIT Press, 1984.

Norberg-Schulz, C. Norberg-Schulz, C. Genus Loci: Toward A Phenomenology of Architecture. New York, Rizzoli, 1979.

Norberg-Schulz, C. Meanings in Western Architecture. London, New York: Praeger, 1975.

Tobey, G. A History of Landscape Architecture: The Relationship of People to Environment. New York: American Elsevier Science Publishing Co., Inc., 1973.

Vitruvius, P. The Ten Books of Architecture. Morris Hickey Morgan, translator. New York: Dover, 1960.

边缘条件可以是简单的，也可以是复杂的。复杂的边缘可能出现在大尺度中，或者在空间上压缩。它可以作为一种过渡性的序列进行延伸，以增加入口长度、心理筛选的数量和效果或者建筑边缘的柔和度。例如，可以设计一处住宅与场地整合，外部"房间"延伸了建筑，促使人们在进入建筑之前感受到他们已经脱离了喧闹的城市生活。图 12-47 是一个边缘高度延伸的示例，在一片很小的尺度范围内设有多道心理过滤。通过对建筑边缘、挑檐、凉亭、围墙、大门、踏步、铺地、植物和空间组合的艺术操作，建筑物和场地成为一种多层次的边缘，并伴随一种复杂的、延伸的体验序列，这种体验序列过滤掉了不需要的城市感觉，融合建筑物和场地并提升建筑物和场地的功能关系及场所感。

第十三章

场所营造与社区建设
Placemaking and Community-Building

当代城市通常以精心设计的实体元素（建筑物和场地）为特征，这些实体元素聚集成混乱的、在心理上并不健康的整体。在当代城市中，我们通过笛卡儿片段设计范式或追求风格来做出决策，而并不是通过管理环境品质和生活品质。人们追求项目设计，而不注重设计现象的整体。通常，项目关注于形式或设计表述，而非在当地和系统层面上对人和环境需求做出创造性的回应。人们关注设计建筑物和场地而非景观设计；将设计看作是生成形式的手段而非营造体验的手段；重视环境背景和元素的设计，而不是在个人体验的思维中所构建的**场所**以及给环境背景赋予含义的**场所**。

图 13-1：作为心理构建的场所

13.1 场所感知 ｜ PLACE PERCEPTION

如果环境设计的目的是为了达到心理健康，而不是使人困惑和疏离，设计师必须将**个体**（individual）作为信息解码、赋予意义和从情绪上回应环境的工具（图 13-1）。我们必须将**环境**（settings）理解为从实体上被编码的含义，从现象学上作为整合加以解读。我们追求的设计必须能够管控心理健康与有意义的场所感知，场所感知来自于体验设计环境的人们的思维之中（图 13-2）。在这一过程中，我们将要操控克里斯托弗·亚历山大口中的"无名特质"（1977），这种"无名特质"从自我调节的自然系统（图 13-3）和风土表达（图 13-4）中自然演进而来，但是在无法自我调节的工业社会和后工业社会中必须加以管理。当在树林中徒步旅行、参观古朴的小村庄、或在当代舒适的地区中散步时，个体从生物学或行为学层面上对这种特质予以直觉回应（图 13-5）。

13.1.1 场所 ｜ Place

场所是当个人通过环境感受和认知，将意义赋予环境时产生时空体验的心理构建。它包含了感知以及通过心理联想产生的意义。场所以一种相互关系的心理完形形式出现，这种相互关系在环境、背景、先前的体验和情绪状态由心灵之眼进行解码时产生。根据段义孚（Yi-Fu Tuan）的观点，"最初是无差别的空间随着我们逐渐了解它并给予它价值便成为了场所"（1977）。通过心灵之眼的联想，观察者赋予了环境价值和意义，从而使经实体设计的环境取得了意义，并成为了场所。

场所是从空间上体验的（图 13-6）。场所也是时间上的体验，它与使用者的运动、环境的变化、环境呈现方式以及观察者情绪状态的变化相关（图 13-7）。

场所感知有五个等级层次（德·波诺，1973）。当一个层次在很大程度上得到满足时，环

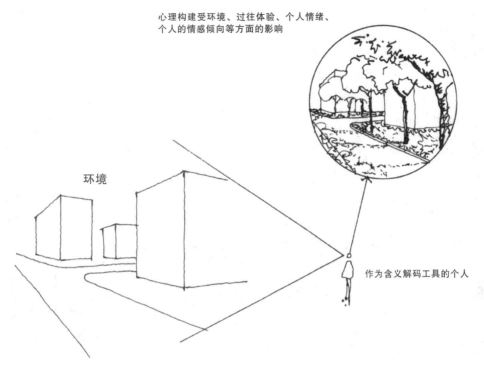

场所

心理构建受环境、过往体验、个人情绪、
个人的情感倾向等方面的影响

环境

作为含义解码工具的个人

图 13-2：经过设计的场所

图 13-3：自然表达

图 13-4：风土表达

图 13-5：邻近社区品质

图 13-6：空间感知

图 13-7：时间感知

境的解读就上升到下一层次。如果没有任何一个层次达到令人满意的程度，解读下一层次的能力就会受挫。在第一个层次上，是加工处理**基础信息**（basic information）。在第二层次上，将环境清晰解读，并为继续探究提供了机会。这一层次包括被凯文·林奇（1960）所说的环境**意象性**（imageability）。在第三层次上，随着个体有意或无意地将感知到的内容与先前的体验联系起来，于是表达出了**感知意义**（perceptual meaning）（一致—不一致、复杂—简单、有秩序—无秩序、自发—受控）。在第四层次上，由于具有支持期待的能力，所以将环境解码（场所作为**行为环境**（behavior setting））。在第五层次上，出现了**联想意义**（associational meaning），即使用者通过从内心中唤起先前体验模式的回忆，使环境、内容和关系具有了重大意义。一些联想意义被文化群体的成员所共享，同时也有另一些联想意义只属于特定的个体。

联想意义在设计学教科书中已受到了很大的重视，例如《西方建筑的意义》（*Meanings in Western Architecture*，1975）和《场所精神：迈向建筑现象学》（1980），在这两本著作中，诺伯格－舒尔茨将建筑定义为"通过建筑物的建造呈现具有含义的实体存在"。在设计领域少有文献谈及激发使用者去体会含义的感知特征。为了深化这种理解，设计者必须经常探索研究环境心理学或地理学领域中的文献资料。

13.1.2 场所性 | Placeness

当环境在功能上、文化上、美学上以及联想上富有含义时，**场所性**应运而生了（拉普卜特，1985）。场所性是一种对于特定环境以及通过感受和认知产生的感知与联想意义的情感回应。被感知到的场所性受到环境的实体特性、个人预期的场所、预想行为、特性（偏爱）层级、价值体系以及头脑中储存的体验等方面的影响。个人通过感受和认知解读环境、归结场所性。

设计项目应该促进场所认知，以充分开放的姿态使观察者构建个体和文化的含义（拉普卜特，1985 和 1977；亚历山大，1965）。当项目设计主要是为单独的个体服务时，景观设计师应当对专门为特定个体进行意义编码。当环境必须对大规模人群产生吸引力时，从统计学或概率论层面来说（拉普卜特，1985），项目应该对与文化相关的意义进行编码，并保持开放的姿态以使个体能够以多种方式完善意义。

场所性研究（placeness study）是为了探究那些能够共同影响感知与联想意义、促进预期行为、表达既定场所性的特征（实体特性、生物特性、文化特性、社会特性、技术特性、经济特性，等等）。场所性研究还包括对于可解释环境、心理图像、行为之间相互关系的实体模型的研究以及操作场所性和设计心理健康场所的规范模型的研究。

13.1.3 环境感知、情感与认知 | Environmental Perception, Affect, and Cognition

为了使设计环境具有强烈的场所性，设计师必须理解**环境感知**（environmental perception）过程，个体通过对环境设计中的实体线索实施解码来获取信息，将**情感**（affect）作为个体评价一种环境的过程，将认知作为观察者评估与赋予意义，并构建场所心理图像的过程。设计师必须对个体需要保持敏感，以理解与探索世界，并应用这种探索成果构建更加深刻的理解和含义（马斯洛，1970；卡普兰，1987）。设计师还必须对个体有限的处理信息能力保持敏感，并通过这一过程赋予意义。

13.1.4 人的需求与动机 | Human Needs and Motivation

为了优化人—环境的关系，并对心理健康有益，设计环境时必须处理好基本的人类需求，表现这些需求的方式就是个体行为的原动力，人工设计的景观及其特征服务于满足人类需求并激发行为。马斯洛（1970）将这些基本的人类需求界定为两种构造类型：意动的需求和认知的需求。

意动需求 | Conative Needs

很多人认为人类需求应该进行层级化组织，其基础层级部分应该有更强的生物或生理动机，其顶部层级具有更为复杂的心理需求。得到最广泛认可的人类需求层级划分是 1970 年由亚伯拉罕·马斯洛提出的五级划分（图 13-8）。它包括（从最基本到最复杂）：**生理需求**（physiological needs），例如饥饿、口渴及休息的需要；**安全需求**（safety needs），包括被保护、稳定、免遭恐惧和混乱等需求；**归属感与爱的需求**（belongingness and love needs），包括给予感情、获得满足的需求；**尊重的需求**（esteem needs），包括感受到自尊以及被他人尊重的需求；再有**自我实现的需求**（self-actualization needs），感到实现自己的愿望。

根据马斯洛的观点，满足这些需求的先决条件包括可以在不伤害他人的情况下自由地做一个人想做的事，并且可以自由地调查与获取信息。

马斯洛认为，较为基本的需求必须在更高级的需求成为主要推动力之前得到**相对地**（relatively，并不是完全）满足。在任何时间，层级系统的多个层级同时运作，每一层级施加的压力是基于它在层级系统中的位置以及获得满足的程度而变化。最初，最直接的动机压力是由较低层次的生物/生理需求产生的。当这些需求得到相对满足时，压力转为来自于更复杂的心理需求。如果较低层次的需求没有得到相对满足，它们仍然是主要的动机压力。

根据马斯洛的观点，感知、智力和学习是用来帮助满足移动需求的调整工具。设计教育的一种非常主要但经常被忽略的成果就是设计师学习为设计环境的意义进行编码和解码，与非专业人员进行的解码赋予意义明显不同。因此，这些环境在满足设计师和非专业人员的需求中发挥着不同的作用。

认知需求 | Cognitive Needs

除了意动需求，马斯洛还定义了两种基本的认知需求：知晓和理解的需求以及美学的需求。根据斯蒂芬·卡普兰（Stephen Kaplan）的观点，**知晓和理解的需求**（need to know and to understand）——

即获得知识和洞悉周围世界——使人们对实体环境产生两种要求：一种要求使实体环境产生感知和联想意义，另一种是实体环境提供探索的潜在可能（1987）（图 13-8）。人们要求他们所在的环境容易辨识且可以理解（林奇，1960；卡普兰，1987）。其次，人们要求环境提供参与其中的机会，从而满足探索的需求并激发人们的行动。景观设计必须满足这两种要求。两种要求都得到满足会促使人们寻求并应用景观信息来解答不确定性，增进理解，提高景观意义。

马斯洛还界定了第二种基本的感知需求——**美学需求**（aesthetic need），或者说体验美的需求。因为美存在于观察者的眼中，这一需求就要求景观设计学会应对使用者对于美的感知。

与价值体系的关系 | Relation to Value Systems

文化和个体具有一种世界观和一套价值观念或价值体系，会影响文化和个体同环境形象和环境改造的关系。这些价值体系将影响到人们界定和处理问题的方式，在景观中如何表现自身，并与他人产生联系。它们还会影响人们面对环境时产生的联想、人们思维中浮现的场所以及人们对这些场所的情感回应。对操控人—环境关系及场所设计都非常敏感的景观设计师会强烈意识到存在的个体和文化价值系统。

与个体心理的关系 | Relation to Individual Psyche

场所被认知的方式受到多方面的影响：包括个

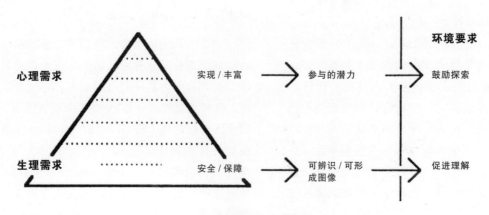

图 13-8：人类需求

体在醒悟、统御（渴望具有控制力）及愉悦等方面偏好的等级水平（梅拉比安和拉塞尔（Mehrabian and Russell），1974）；还受个体最近的体验以及个体在体验环境时情绪的影响。对人—环境关系敏感的设计师将有效地设计环境，以应对各种特质等级和预想的体验叙事线索，从而对观察者的情绪产生积极影响、推进计划预想行为并通过能够推进预期联想的环境设计的特征达到提升理想情绪的目的（13.2）。

生活的设计品质 | Designed Quality of Life

场所感是一种产生于实体特征和互动关系的心理构建。正如以上所述，卡普兰认为，人们需要理解和探索世界，并通过探索形成更好的理解、获取更深刻的含义（1987）。海德格尔将这种需求与居住概念联系起来，"表达出我们人类在地球上的生存方式"（1977）。诺伯格－舒尔茨将居住的概念（作为我们与地球产生关联的方式）与生活品质联系起来，并认为"为了获得一个存在的立足点，人类必须使自己能够**适应**（orient）；他必须知道他在**哪里**（where）。但是他还必须**认清**（identify）自己与环境同在，也就是说，他必须知道他**如何**（how）成为特定场所的一部分"（1980）。从上述作品及其他一些作品中，人们可以发现，个体认同、理解并感受归属于场所的能力对于从整体上理解人的存在是非常重要的，场所的感知是体会生活健康与品质的先决条件（摩特洛克，1992）。

个体满足的需求层次各不相同，他们满足意动需求所使用的调整工具（感知、智力和知识）和他们所隶属的文化小群体也有差异。为独立个人或狭窄范围群体设计的场所可以相对封闭（预先确定的意义范围狭窄）；另一方面，为不同个体和群体设计的公共场所必须开放，以满足有不同需求和体验的人的意动与认知需求。

13.1.5 意象性 | Imageability

根据乔治·阿米蒂奇·米勒（George Armitage Miller）的观点，思维无论何时处理信息的能力只有 7 ± 2 个信息单元（1956）。因此，为了描绘复杂的环境，思维必须将大量的刺激因素集中在标志性图符之上作为单独的信息单元。在这种方式下简化信息的能力使个体能够理解周围的世界并处理其中的信息。

一旦建立起意象，就成为可以和头脑中储存的模式相联系的心理模式，这种心理模式将过去的体验作为描述联想意义的基础。环境意象与之前存储在头脑中模式的协同作用给了场所感知并赋予意义。由此产生的意象和意义接下来可以被存储在头脑之中，为未来的联想做准备。判断环境设计是否成功的标准之一就是，环境与存储的心理构建协同作用的能力；它们协同作用的方式可以利于形成意象，并提高头脑中储存模式的丰富性，这种思维模式可以在未来被重新唤起。

如上所述，从环境中对场所感知的能力——即场所的**意象性**（林奇，1960），受观察者处理信息能力所限。在《城市意象》（*The Image of the City*）中，凯文·林奇界定了构成城市意象的五种基本元素：边缘、节点、区域、路径和标志。这与《建筑模式语言》（1977）和《建筑的永恒之道》（1979）不同，克里斯托弗·亚历山大关注于对不同元素进行综合形成模式以及作为模式表达的形式分类学。

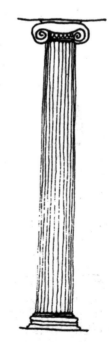

图13-9：超级标志（材质、比例、形式、柱头、柱础等部分组合起来构成一种超级标志，我们将包括形式的纯净、正直、高尚等方面的意义赋予它）

13.1.6 认知 | Cognition

人们通过"组集"（chunking）大量的刺激因素处理视觉信息，以形成降低数量的视觉单元（米勒，1956），从而减少感知的复杂性和信息荷载。人们将这些组集作为"超级标志"（supersigns，图13-9）进行处理，视觉符号代表、唤起并表达更深刻的含义（芬德利和菲尔德（Findlay and Fields），1982）。环境设计专业通常将经过设计的超级标志作为**类型学**（typologies，图13-10）。对于组集的处理、为符号赋予含义，并对类型学加以界定，使理解类型学的人用精简的视觉单元代替大量的环境数据以降低信息荷载、进行信息处理并且增加理解、加深含义，这一过程的基础是将这些信息单元与存储在头脑中的模式相结合。该过程的结果，即场所的知觉意识，它会随着个体意识和群组（集体）意识发生变化。设计师和非专业人士（属于不同的文化子群体）的场所意识具有一些较为普遍的（行为学）特征，但是在另一些方面也会存在显著的差异，这是因为不同的解码工具以及设计师头脑中存储的模式是正式、理性的设计教育的一部分，与非专业人士头脑中的模式不同（13.1.9）。

最近有证据表明，含义的归属具有预知和认知特点（纳萨尔（Nasar），1987）（表13-1），

表 13-1 感知过程的两个阶段

预知	认知
几乎是瞬时的需求以及追求生存的行为	需要保持兴趣并且发现更多的信息
↓	↓
满足理解的需要	满足探索的需要
↓	↓
基于整体形状和模式的选择偏好	基于细节与微妙之处
↓	↓
组集、超级标志与类型学是根本	模式中断；异常是根本
↓	↓
表达出基本的感知意义	表达出联想意义；对深层的意义加工处理

而对于环境的评价在很大程度上是预知性的（扎荣克（Zajonc），1980）。预知阶段，其特点是对感知到的全部形状或图案即刻做出反应，人们相信，这个阶段（在生理上）深深植根于人类大脑边缘，依赖于人类不断进化的快速评估的需要以及追求生存与安全的行动（阿普尔顿，1975；卡普兰，1987）。这种需求是阿普尔顿的预期理论和庇护理论的基础，我们在之前讨论过人们从直觉上偏爱那些既可以提供周围环境的前景又可以规避他人所见的庇护场所（图13-11）。这解释了我们为何喜欢在大空间中沿着空间边缘行走，而不是暴露在外穿越大空间。

在预知方面，超级标志的组集与形成对于满足几乎是瞬时的需求及直觉的环境理解是非常必要的。

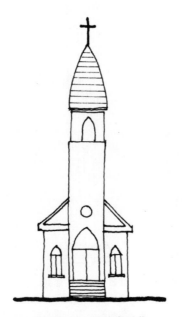

图 13-10：建筑类型学

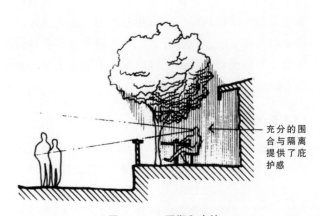

充分的围合与隔离提供了庇护感

图 13-11：预期和庇护

图 13-12：预知理解

图 13-13：认知与探索

它们提供了一种安全觉，能够满足低层次的基本人类需求（图 13-12）。

认知方面包括了对于环境线索的解码，环境线索存在于物体及其相互关联中。在这一阶段，使用者对于理解和安全感的需求已经通过场所的预知理解得到相当的满足，进而对丰富性产生了需求。个体受激发去探索、辨别、解码和归纳联想含义并更深一步地处理信息（图 13-13）。

13.1.7 关联性、秩序与自发性 | Relatedness, Order, and Spontaneity

景观设计应该通过促进组集、建立标志、归属意义和描绘场所的能力提高意象性，增加理解，鼓励探索。当环境中的元素和它们的特征相互联系时，环境将更具意象性（瑞安（Ryan），1976）并在心理上更加健康。相似地，当规划和设计进程、准则和标准促进了意象性和理解时，城市环境的品质得到了提高。在这些环境中，鼓励人们去探索并增强他们的环境意识、感官愉悦、体验品质以及他们赋予设计环境意义的等级。

关联性是环境中的个体元素与其特征之间联系的程度（瑞安，1967）；秩序与自发性可以被视作一种连续关联性的两极。它们共同决定个体与刺激因素、组集信息、形式象征之间的联系，将意义赋予这些标志使它们成为超级标志来反映场所。此处的**秩序**指的是促使思维将个体元素或特征置于可识别模式之中的各种条件，秩序通过冗余、确认、同化及元素间相互作用的感知得到提高。**自发性**指的是被思维界定为模式断裂的情况。自发性通过新奇感、矛盾、对比以及意识关系或预定关系的感知缺失得到提高。

秩序和自发性共同决定了视觉连续性的程度、组集和建立可识别象征物的能力以及环境感知的复杂性和信息荷载（乌尔里希（Ulrich），1983；梅拉比安和拉塞尔，1974）。它们影响了环境处理个体关于理解与探索环境需求的方式。秩序提高了连续性并促进了组集、象征物和超级标志及易识别性的形成。它传达了一种系统的感觉、一种目的的通用性以及因而产生的社区意识。通过减轻信息荷载，秩序增加了预知理解并鼓励参与。另一方面，自发性传达了一种自主、多变、独特性的感觉，有时会

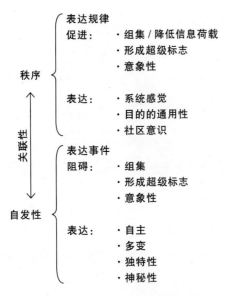

图 13-14：秩序与自发性

产生神秘感，它降低了连续性，阻碍了组集、形成象征物和超级标志，但同时促进了探索与形成更深层的含义（图 13-14）。

在预知阶段，传达秩序功能的模式促进了理解，并提升了对于安全和保护几乎瞬时的感知。在这个阶段，感知主要受整体环境外形和模式的影响，同时预知理解通过整体设计的各种可变因素的一致性得到提升——例如景观模式、植物造型、城市形式、街道韵律、尺度、色彩、材质、建筑高度、建筑比例、建筑外形和屋顶形状。

在认知阶段，强调的重点转为探索、解码额外层次的信息以及在形成更深层次含义时进行联想。在这一阶段，如建筑细节和景观细节、街道设施以及肌理等较小尺度的变化元素，对于保持兴趣、促进探索和通过赋予个人意义满足自我实现的需求更加有效。在认知的这一阶段，富于变化并具有多种解读的开放性与微妙性尤为重要。

13.1.8　环境压力│**Environmental Stress**

信息超载是环境压力的一个源头（伯莱因（Berlyne），1960；梅拉比安和拉塞尔，1974；沃尔维尔（Wohlwill），1974），很多人感受到城市环境正在逼近人类应对和适应信息超载和累积压力的极限（杜博斯（Dubos），1965）。这种信息超载将导致认知疲劳（辛格和格拉斯（Singer and Glass），1972）、对环境的麻木、环境敏感性的减弱、感官愉悦的消退以及体验质量的降低。

当人们无法适应或处理支持他们目标的环境刺激时，他们将感到压力（鲍默，辛格和鲍默（Baum, Singer and Baum），1981；拉扎勒斯（Lazarus），1982）。环境信息的相关性是至关重要的，或许甚至比信息荷载更加重要。无助于提高赋予积极意义能力的刺激会令人沮丧，充满压力（卡普兰，1989）。

13.1.9　使用者和设计师的感知、动机与环境需求│**User and Designer Perceptions, Motivations, and Demands on Settings**

可令人理解的环境具有激励性，与使用者相关的意义丰富。在设计可理解的环境时，最大的难点就是处理设计师和非专业人员之间不同的需求、动机和教育背景以及由这些方面引起的对于设计环境的感知与认知的不同。在很多情况下，设计师将个人表达作为非常重要的原动力，使之具有一种学术性和智能化的编码、解码含义，并将实际工程（建筑物或场地）作为设计实体。另一方面，使用者受鼓励去理解和探索，使用不太知性但更为直觉的方法去解码含义，并将意义归属为场所的感知现象而非专门设计的建筑物或场地（图 13-15）。通常，设计师的项目重点、形式方法和学识丰富的知性方法使他们创造出具有伟大设计传统的纪念性建筑（拉普卜特，1969）（图 13-16）；然而虽然不了解项目重点而且采用的是非知性的意义理解方式，却是

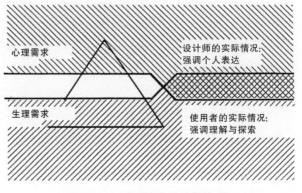

图 13-15：使用者和设计师的感知

图 13-16: 伟大的设计传统

图 13-17: 风土表达

使用者理解了并赋予风土表达意义（图 13-17）。

13.1.10 场所偏好｜Place Preference

人们喜欢具有设定的刺激因素水平的环境（赫布（Hebb），1949）。具有可接受信息荷载的环境以及能够通过实体移动家具、改变色彩等方式使个体对刺激因素荷载产生影响的环境（开放的设计），为个性化和满足使用者个人实现的需求提供机会。它们是受到高度钟爱、具有强烈场所性的环境。不幸的是，当代美国城市以不恰当数量的信息、无关的信息及封闭的设计为特征。在整个环境模式层面上过多的信息荷载使得用于理解的预知需求受挫，令寻求进一步探索环境的使用者气馁。在细节层面，设计会产生过分稳定、平淡和缺乏自发性的感觉。并且，使用者接受到的刺激不足，难以维持参与活动、激励进一步的探索并建立起更深的理解、发掘更深的意义。这种在整体和细节层面双重失败的原因在于设计师和批量生产造成环境片段过分稳定（具有过度的秩序），这将导致在细节尺度上缺乏刺激，无法使片段和背景相联系（具有过度的自发性），由此导致在更大范围城市模式尺度上的混乱。

13.1.11 私属空间与公共空间｜Proxemic and Distemic Space

景观设计师还应该管理环境刺激因素、信息荷载以及与私属空间和公共空间相关的信息。在私属空间（具有相同特质的地区或地盘）中，个体感受到安全和保护。私属空间为设计环境满足使用者自我表达的需求提供了机会，尤其在细节层次上。在这些空间中，设计师应该克服标准化施工的限制和设计师的自我表达欲望，设计出满足使用者个人表达需求的环境。

在特征混杂空间或公共空间中，使用者的需求转换为寻求理解，而设计场所需要更加一致、简单和易于识别。然而，根据巴里·格林比（1981）的观点，"大型的城市景观已经成为一种令人迷惑的无秩序元素的混合体，缺乏可感知的结构，无法为旅行者提供清晰的导向，就像第一次离开高速路进入大城市的人们所深刻感受的一样。"公共空间总是过于复杂，缺乏对城市空间与结构不熟悉的各类群体实现想象化与易识别的必要线索。在这种情况下，需要提高确定性，促进更深刻的理解。

13.2　场所营造│PLACEMAKING

场所营造是感知环境、赋予意义、构建场所心理形象的认知过程：它产生于思维之中。如上所述，场所感是通过这种认知过程产生于观察者心灵之眼中的思维构建。场所性是环境促进心理形象形成，影响情绪状态变化的能力；它存在于环境当中。产生强烈感受的环境通常被认为具有很高的场所感，在经过长时间之后它们仍然会被回忆起来。**无场所性**（placelessness）指的是一个场所无法描绘、无法影响情绪变化或经过长时期后无法被回想起来。无场所性的场所无法令人难忘。

拉普卜特（1981）为"营造场所"建议了几种方式，包括：（1）改变环境的感知特征，使环境明显不同；（2）运用具有文化上适宜的元素和线索；（3）将元素和线索与人们熟知的传说、概念、构思或群体的特征联系起来；（4）控制占据环境的群体以及他们占据行为的时机；（5）促进环境中的特定行为，并随着时间推移将这些行为与环境联系起来。积极的场所营造可采用以上五种方式增强场所性。

阿摩斯·拉普卜特（未发表的论文中）提出了一种包含有环境感知特性、文化传统、社会关系、人类活动以及居住时间的场所模型。在这一模型中，任何特定场所的影响力（其场所性）与这些特征之间的相互关联程度有关。随着一个人将相关联系建立起来、赋予环境意义，并在感情上和态度上做出回应，环境就成为了场所。

13.2.1　场所性的管理│Managing Placeness

为了增强使用者的满足感、归属感以及生活品质对场所性实施管理是景观设计的一个主要目标。对场所性的管理包括环境表达意义的实体特征的管理以及环境影响行为能力的管理。

景观设计师通过设计预期场所、计划行为和环境特征之间的理想关系促进积极的场所营造。继而，个体可以感知和认知环境将积极的场所性转变为令人愉悦、富有含义的场所中。具有积极场所性的环境还与个体和文化价值系统联系起来，从功能上、文化上、美学上和联想意义上加以解读。因此，设计作为场所营造过程，通过了解环境、背景、价值系统以及将这些环境认知为场所的人们的情绪状态等使其变为可能。以积极的场所营造和提高生活品质为目标的设计包括整合背景知识、价值系统和情绪状态，并将时空体验作为丰富和积极演进的心理构建进行操作。

为了设计促进积极联想和有效情感反馈的环境并促进期望的行为，景观设计师必须对环境特征、边界和背景以及感知这些特征的方式进行管理，这种感知存在于对环境进行体验的人的价值系统背景之中。

对结构和事件的管理│Managing Fabrics and Events

景观设计师作为场所营造者负责对设计环境进行管理，以唤起可鼓励预期情绪回应的心理意象并同时赋予恰当的感知与联想意义。他们建立了对人类需求做出回应的空间和空间集合，表达特定的文化意义，促进理解与环境认知的联系、探索以及与他人的相互作用。

积极的场所营造得到设计目的、目标、准则和评价标准的鼓励，这些因素使景观设计引发预期的行为，并有助于对城市结构的管理。场所营造还包括对文化子群体具有相关意义环境的创造。通过将都市作为这些特定场所的城市结构或城市组织布局，作为场所营造者的设计师可以促进赋予深层意义，并提升特定群体的归属感。

积极的场所营造通过公共空间的指导原则和标准得到提升，而且这些公共空间的指导原则和标准可促进城市结构被不同群体接受；同时，积极的场所营造也通过不同的私属场所的指导原则和标准得到加强，这些私属空间的指导原则和标准专门涉及并与亚文化群体相关。作为城市结构的中断，私属环境将向亚群体传递意义，使城市更加丰富，同时通过探索使其更富意义。

心理健康│Psychological Health

景观设计作为场所营造的过程可以通过管理对照变量，建立具有心理健康特征的景观，例如简·雅各布斯（Jane Jacobs）的"整体性、一致性、意象性与灵活性"（1989）或卡普兰的"理解与探索"（1987）。心理健康将通过管理视觉一致性的设计进程以及促进设计环境中的关联性、秩序和自发性的设计准则与标准得到提高。景观设计作为场所营造的过程可以履行这些进程、准则和标准并有效地对这些或其他对照变量进行管理，使意义最大化，提高感官愉悦并降低环境压力。这些将促进具有心理健康特征的景观以及不同个体做出的决策，并将它们整合在动态的、丰富的、多样的、富有表现力并具有深刻含义的景观之中，这一过程将丰富和扩大对于城市的理解。

城市场所感通常通过不同个体在很长时间跨度中做出的决策产生递增式演进。为了通过场所营造产生可理解的、有启发性的、有意义的、相关联的、有回应性的环境，在设计思维中应用心理健康作为设计目标的转变是必需的（16.3.2）。根据这种新观点，景观设计师可以确定自身适宜的角色以及规划和设计专业的定义，并基于场所营造发展出适宜的设计框架、模型和进程，将人类体验的品质最大化。

对环境特征的操作
Managing Environmental Characteristics

我们现在将关注点放在可以加强意象性和赋予意义的环境感知特征。我们将联想意义中更复杂及个别的变量问题留给诺伯格—舒尔茨和其他学者的精彩著作进行探讨。

为了促进积极的场所感，景观设计师应该确立管理感知特征的准则和标准。他们可以由识别影响场所的感知和联想意义的实体、生物、文化和社会影响力着手。设计师应该增进他们对于环境实体特征的理解，这些特征将影响认知以及具体备选方案的联想意义。他们可以识别和应用进程及模型，对环境关系、心理意象和行为关系加以理解。设计师可以识别（城市、场地或其他结构中的）感知区域、赋予这些区域意义、设定的角色、场所感受以及每处区域界面的特征。设计师将采用特定场所的设计评价标准，对这些区域和关系以及应用这些标准的策略进行管理，并通过项目设计实现以上过程。

维护水平是一种经常被忽视的重要变量，它影响了环境被积极认知为场所的能力以及在这些环境之中人类需求满足的程度。人们选择与他们预期的维护水平相关联的环境（拉普卜特，1977）。他们对不支持这种维护水平的其他人施加了压力。

对信息荷载与相关性的操作
Managing Information Load and Relevancy

人们更喜欢设定有刺激荷载的场所，这种刺激荷载（赫布，1949）会促使他们对意义产生影响（开放的设计），这将提高他们的归属感和自我实现的能力，并表达文化上和个体角度的相关意义。然而不幸的是，正规的设计教育和伟大的设计传统提倡封闭式设计，没有给个性化留下任何发展机遇。

尽管风土城市易于理解并富有趣味，当代设计的城市却因信息荷载而通常不具有风土特征。风土城市在整体固定特征上受到高度认可，在小尺度的特性上具有新奇感（摩特洛克和霍洛韦，1988）。当代设计的城市则相反。它们的大规模固定特征认可度很低，小尺度特征缺乏新奇感。它们扼杀了理解与探索。

当代城市强调了项目和基于设计的表达，它们通常非常混乱，并且无法在背景和使用者之间建立富有意义的关系。个性化的设计表述使观察者承受了过多的不适宜信息。在这种背景之中，景观设计师作为场所营造者将致力于管理信息荷载，使个性化的设计表述可以被视作呈现为城市结构的对比物，并被理解为丰富城市体验的意义集合。

场所营造者将以恰当数量的相关信息促进有重要文化意义的表达，鼓励使用者感知、评价并认知场所，对环境刺激更加敏感、形成更强的洞察力并唤起更深刻的意义。场所营造者关注到人们在具有风土特点的社区感到更加舒适，并愿意花费金钱跋山涉水去体验这些场所，因为这些风土特征通常出现在低技术、文化同质、缓慢变化的背景中，易于理解并鼓励探索。场所营造者的总体表达是通过潜在影响得到自我管理（霍夫斯塔特，1985），例如当地材料和本土建造方法将产生很高的认可度。施建者与居民之间的相互影响导致了小尺度的变化，这些变化将促进人们探索。

另一方面，当代城市是异质的并在迅速变化。

图 13-18：场所营造（阿里·A. 乔德鲁里（Ali A. Chowdrury）绘制，美国建筑师协会会员）

设计师可用的方法几乎是无限的，施建者与居民（在心态、空间和时间上）被隔离开。在这种情况下，为了促进理解、鼓励探索并增强使用者的表达和能力，景观设计师必须对信息荷载和相关性进行管理，以达到促进理解、鼓励探索的目的，并通过探索增强环境意义。

对秩序与自发性的操作
Managing Order and Spontaneity

　　有效的场所营造包括对建筑环境变化因素中的秩序与自发性的管理。根据丹尼斯·米歇尔·瑞安（Dennis Michael Ryan）的论文《连续性城市设计》（*The Urban Design of Continuity*）发展而来的最近的研究考虑到：**场地特征**（site characteristics），例如地形、水体和植被；**城市模式特征**（urban pattern characteristics），例如结构、形式、尺度关系和流线；**建成环境条件**（built-environment conditions），包括围合性、表面特征、空间开发、材质、肌理和色彩；

建筑特征（architectural characteristics），例如建筑形式、高度、风格、立面特征、门窗布局、结构表达、屋顶形式、细部与变化的表达；**景观开发**（landscape development），包括地形改造、引入水体和植被以及家居布置（摩特洛克，1989）。这一研究获得了一些关于场所营造、秩序和自发性的结论（图 13-18）。首先，人们更喜欢包含秩序和自发性相互影响的场所以及倾向于预知的秩序性和认知的自发性。其次，任何变化因素都有助于秩序或自发性，但是特定的变化因素在预知中更加重要，另一些在认知中更加重要。第三，任何变化因素表达出的关联性在整体环境和内容关联性的背景下得到体现，并与其他变化因素传达出的关联性相呼应。第四，在公开的场地上（动态的地形、水体或植被），在面对自发设计的表达时秩序可以得到维持；在微妙的景观中，设计元素必须相互确认，否则环境将缺乏意象性。第五，当建筑和自然模式相互联系时，相互确认度得到提高，在保持意象性的同时产生更自由的表达。第六，当一些环境设计有助于环境结构，而其他环境被认知为具有集合意义的特定场所时，设计环境也得到优化（诺伯格—舒尔茨，1980）。特定场所作为城市结构意义的汇集之处和中断处，吸引人们的视线发现意义；秩序与自发性的管理可以使特定场所的影响最大化，增强视觉满足感和愉悦感。第七，城市管理可以时空的丰富性和多样性为目的，随着受控和自发表达的起伏，使意义、理解和探索的兴趣最大化。最后，要识别特定设计变化因素与变化因素整体组合间预期的关联程度，并有效管理理解与探索。

积极的场所营造将操控环境的感知和联想特征。尽管对于场所和人们来说联想方面是特定的，但是感知特征受到更普遍的接受。场所营造者将操控感知特征，促使使用者感知并赋予联想含义，并通过管理自发的和系统的表达来呈现整体连贯性，并将注意力吸引到特定的场所。

作为决策结构的场所营造
Placemaking as Decision Structure

在景观设计中为产生更强的理解和更深刻的含义，场所营造的第一步是形成对于变化因素的理解——建筑高度、形态、比例、屋顶形式、材质、色彩、尺度、街道韵律、建筑细部、街道设施、植被——对这些因素以及它们的感知、评价、认知关系进行操控。第二步是识别在这些变化因素中预期的关联性程度。第三步是形成特定的规划与设计导则和标准，从而有效地对关联性实施管理。

场所营造将从三层式的层级管理结构中获益：元系统设计师、系统设计师以项目设计师（见14.1和16.6）。元系统设计师将识别适宜的意义和场所感以及管理场所感的原动力。系统设计师对（生态、建筑结构、基础设施、视觉等）系统进行管理，提升意义丰富的场所。项目设计师将通过城市、建筑和景观建筑设计贯彻操控决策。这种呼应背景的层级式操作结构和设计过程将提升强烈的场所感。

13.3 社区建设　COMMUNITY–BUILDING

人类有归属的需求，以感受到他们是某些事物的一部分，而这些事物是具有价值意义的，并且在某些程度上人们可以控制自身的命运。人类是一种实体和社会系统的一部分，这种感觉被称为"社区意识"。社区意识对于满足基本需求是非常重要的。

13.3.1 社区意识 | Sense of Community

社区意识是一种个体与群体之间双向互动的心理构建。当场所引发群体的"集体意识"时，社区意识的存在得到呈现。场所感作为我们所属社区的一种可理解、富有意义的表达，对于以整体方式感知我们存在的能力来说是非常重要的。

社区意识的环境因素
Environmental Components of Sense of Community

威廉·H. 爱特森（William H. Ittelson）认为环境是一种具有7种因素的生态系统：感知、表达、美学价值、适应、整合、工具及总体生态关系等因素。在此，我们认为以上这些因素对于建立强烈的社区意识来说是必不可少的。**感知因素**（perceptual component）必须有意义，而个体必须适应社区和它的语汇，并能够对社区在环境中的编码进行解码，从而感觉自己是属于社区有效的组成部分。感知因素还必须鼓励参与。**表达因素**（expressive component）必须表现与个体相关的意义，这种意义将加强社区特性并鼓励个体表现。**美学价值**（aesthetic values）的表达必须传达并加强社区和个体的美学价值。**适应因素**（adaptive component）必须促进预期的行为和活动。**整合因素**（integrative component）必须便于人们之间相互作用的预期类型。**工具因素**（instrumental component）必须包括必要的手段和设备，促进并支持预期行为。最后，以上所有因素必须是**生态相关的**（ecologically interrelated），各种因素必须在时间和空间上形成网络，以便于对相关意义的感知并促进预期的行为（摩特洛克，1992）。

社区的时空特征
Spatio–Temporal Aspects of Community

社区意识具有一种时间维度：人们在不同的时间渴望不同程度的相互作用。不同的群组具有不同的时间模式、行为规范及设备使用模式，这些不同之处使社区产生了时间的丰富性。特定场所的用途、特征、行为影响和社区建设作用随着一天、一周和一年中的时间不同而变化。时空网络对人们之间以及人与场所之间的积极关系的程度将影响到社区的演进程度。

13.3.2 社区意识管理

Managing Sense of Community

坚持进行社区意识管理的景观设计师可以管理特定环境的场所感，管理表达实体社区的区域，管理这些社区的交界区域、管理实体与社会群体的变化以及社区含义、开放的环境设计以及社区可持续性。

社区场所性 | Community Placeness

景观设计师作为场所营造者可以在较大尺度上管理社区意识以及城市居住小区的意识。设计师可以在现存社区中通过对社区价值、希望、梦想和愿望的理解来管理场所感；他们将社区作为实体环境加以理解；并对环境可用资源进行理解。在理解的基础上，景观设计师可以进行干预，改善社区意识、结构和功能。通过社区和它的子群体之间的对话，设计师可以确定适宜的景观介入要素以及设计得以成功施行的各种流程。

社区界面 | Community Interfaces

在城市居住小区或者私有、私属管理区域（地区、大学）对景观设计决策进行管理以促进强烈的场所感及社区意识是相当简单的。管理具有社会多变性的区域及过渡性区域、交界区域和区域之间的关系则更加困难，但是这种管理极大地影响了区域内和城市整体内感知社区的能力。如果这些交界区域的设计情况不佳（土地用途、功能、活动系统、感知特征、象征），那么这些区域在视觉上和实体上都将是混乱不堪的，抑制或破坏了社区意识。

社区变化与景观意义

Community Change and Landscape Meaning

由于居民价值观、愿望和活动的不断变化，居民搬迁，资源与资源感知的变化以及不断演进的背景条件等导致了随时间推移的社区变迁。景观是这些不断变化的文化与条件的大杂烩：一些是遗迹，另一些仍然活跃。设计师作为社区建设者将辨识遗迹和活跃的表达及它们各自的意义；并使用这些信息对意义、功能以及不同群体对景观表达产生的联想进行优化。

开放的设计 | Open-Ended Design

开放的设计随时间改变，并适应不断演进的内部和外部条件。场所可以通过居民给设计师提供无法预知的机会，使场所具有效率，对潜在影响做出回应，并随变化做出调整。景观设计师作为社区建设者推动开放的环境、规划与设计框架，通过居民加入的意义、添加的个人—群体标志以及标志性的变化鼓励社区意识（拉普卜特，1977）。这些环境较少地依赖于它们固定的特征（建筑、树木），而更多地依赖于半固定的特征（家具）及非固定的特征（可移动的座椅、人，等等）以表达不断变化的意义。社区建设者追求将实体设计作为一种开放**进程**（process）进行管理的框架，这一过程根据不断变化的社会和实体动力做出适应。在这些框架中，开放的设计进程和设计成果将促使特定个体—群体领域、管辖范围和表达的建立与演进。

社区可持续发展 | Community Sustainability

可持续发展的社区能够在维持自身运转的同时免于耗尽环境和人类资源，也不会使环境或人类系统恶化。这些社区维系着人—环境系统，为居民提供归属于一个有责任感的和健康的社区，便于居民参与影响他们未来生活品质、生态、生理和心理健康与生产力的决策。

可持续发展的管理 | Managing Sustainability

社区可持续性（Community sustainability）来自于人与人之间、人与环境之间的健康关系和对人、环境健康和幸福安宁三者紧密相关的理解以及个体的幸福、他人的幸福与社区三者紧密相关的理解。实现可持续性有三种主要的策略：

"（首先是）传播知识和方法，控制人口数量和增长。第二是有效促进经济的蓬勃发展，同时实现利益的公平分配，以满足当代和后代人口的基本需求。第三是构建成长模式，在安全范围内为环境转型保持巨大的潜力——而这种安全范围尚未确定"（克拉克（Clark），1989）。

此处的三种策略最初提出是针对生态可持续性的，后来被借鉴到了社区可持续性这一更加综合的议题。

社区可持续性的衡量（Measures of Community Sustainability）：社区可持续性的衡量包括广度、综合性和尺度——包含空间和时间尺度，通过这些因素，社区做出决策。这些衡量标准包括社区内的信息流动，信息流动追随可再生的资源生命周期流动的程度；还包括社区成员在影响他们未来的决策中以及促进可再生的资源生命周期流动中的参与程度。这些衡量标准共同提高了社区的**社会承载力**（social carrying capacity）或识别能力，并对一系列可持续标准（环境健康/生产力，经济活力、社会公平）和活动（政策、决策过程、项目，等等）进行评价，做出促进社区可持续性和社区更新的决策。环境变化被视作一种业绩考核的手段，并作为检验管理策略的手段。发展前的系统健康和生产力可以作为预测并比较各种发展方案影响的基准。生产力和健康的变化可以成为实施项目影响以及管理效果的评价手段。发展决策——包括适宜的标准应以决策能力能够保持人类和生态社区稳定，不会导致恶化为基础。

可持续性的实施（Implementing Sustainability）：景观设计师管理社区时为了实现社区可持续性将遭遇一些障碍。或许与社区信息流动相关的最重要方面就是，社区无法对多种标准加以评价并决定何种行动（项目、政策，等等）来促进可持续性。

另一些障碍产生于设计师对于复杂的生态和人类系统行为缺乏足够的理解。设计师还在抑制可持续性的政策和行政构架下运作。他们缺乏适宜的教育、恰当的配送模式以及有效规划和设计的可持续社区作为实例。最后，他们通常是"自上而下"的管理者，缺乏基层社区居民们的可信度，缺乏这些居民的参与，社区将变得不具有可持续性。

为了发展并实施社区可持续性，景观设计师必须接纳任何人与自然之间的相互依赖；并基于长期经济做出决策，包括系统维护成本；理解到设计环境的任何组成部分的健康都与其他组成部分、景观整体以及维系它的系统的健康具有整体联系性；并将这些意识整合于社区意识之中。

设计师作为可持续的社区建设者还必须跳出发展和保护之间的对抗，理解生态健康与经济可行性之间的相互联系，并理解当前的环境问题和人类问题是过去失败的结果，以有效地管理人与环境健康之间的相互依存。设计师作为社区建设者必须致力于设计可以维持和产生设计项目的健康和生产力以及由健康和生产力整合的系统。

景观作为开放的系统，其中材质和能量不受界限的束缚而自由流动。致力于推行可持续社区的设计师必须对内部和外部关系进行管理，也就是管理当前系统和背景系统。设计师必须在系统中管控平衡以及相互作用的系统对发展的影响。设计师必须管理社会公平，包括当今人们（地球村）之间的公平同未来的人们（时间社区）之间的公平（克拉克，1989）。关注于可持续社区的设计师理解到，任何人群的生理、心理健康和良好发展都与其他群体之间具有无法摆脱的关联。

13.3.3 特定场所的社区意识 PSSOC，Place–Specific Sense of Community

多数对于社区的研究都关注于社区的社交网络和规模大小。只有很少的关注于实体环境以及它对社区建设的贡献。维戈（Vigo，1990）将实体环境、场所感、场所依附（雅可比和斯托克斯（Jacobi and Stokols），1982）、社区意识、场所从属（斯托克斯，1981）以及场所特征（普洛杉斯基等（Proshansky, et. al.），1983）作为促进特定场所社区意识的一种方法。

根据维戈的观点（1990）：

> 为了生存，社区根据协作的需要发展起来。……随着不断增长的流动性与系统层级的相互作用，在现代西方社会产生了新的社区层次……然而，本地社区仍未失去它的关联性与可靠性。

然而，在此我们认为，20世纪后半叶，社区的空间焦点已经从以家庭为基础的社区（地区）转向商务社区（办公室），并从以空间为基础的社区（地区和办公室）转向不以空间为基础的社区（通过电话、传真、会议和网络空间的相互作用）。我们认为，焦点从以家庭为基础和以空间为基础的社区中转移，使人和地区之间的联系中断，也与其他共享这种生存环境的人脱离联系，并从他们所在的地理位置脱离；这种情况从本质上和心理上都是不健康的。我们要求景观设计作为场所营造的过程对特定场所的社区意识、个体之间以及个体和地理位置之间的情感联系进行管理，这种地理位置"'从对物体、其他个体以及个体与环境产生联系的群体积极体验中演化而来'（瑞夫林（Rivlin），1982）。这种对于环境或场所的积极感受可以表明一种责任感，即场所和场所中的人们是社区意识的基础"（维戈，1996）。

维戈引用舒梅克（Shumaker）和泰勒（Taylor）的观点，将场所依附与人类健康联系起来："较强的场所依附将导致该区域中的正式和非正式群体更广泛地参与其中。因此，具有实体和社会属性的地区有助于推进场所依附的发展，并将成为健康的社区"（舒梅克和泰勒，1983）。

社区和社会经济水平（Community and Socioec-onomic Level）：空间焦点根据不同的社会群体而有所不同。通常来说，高收入群体具有更强的流动性和个性以及更多的地区以外的社会联系（专业组织、商务往来）。他们对于居住社区邻里的需求已经弱化了，因为他们基于办公室和不依赖于空间的网络，取代了空间上和经济上流动性较弱的人组成的邻里所发挥的部分社会职责。低收入群体通常更需要同质性和社区的邻里意识（拉普卜特，1977）。

社区和参与（Community and Participation）：参与提高了社区意识，尤其是当参与完善了被个人认为对他们自身和社区具有价值的一些事物时。例如，很多人认为，帮助邻里确定、规划并建造让人们团队类体育运动设施的活动中，不仅是把人们集中起来从事有计划的活动，而且今后团队的体育运动是社区建设最有效的载体。在这种情况下，在规划和建造过程中的积极参与建立了互动技能、信心和信任；建设完成的设施促进了团队参与、以竞争

精神统一社区，并且增强了组群之间的互动。

特定场所社区意识的概念模型 | Conceptual Model for Place–Specific Sense of Community

特定场所的社区意识建立在麦克米兰和查维斯（McMillan and Chavis）的研究成果之上，他们认为社区意识随着感知到的成员关系、影响、需求满足以及与其他群组成员共享的情感联系而提高。这一理论被广泛理解与认可的社会和实体界限所支持，这些界限划定了实体与社会群体的范围。麦克米兰和查维斯将**成员**（membership）的感受与人类对于感受到安全、受到保护和归属感的需求联系在一个社区之中；他们还认为，一个社区中的成员感将导致场所依附的产生并且提高了与社区其他成员的共同参与度。象征物极其重要，因为它们加强了群体身份的感知。

个体将自身感知为社区的一部分，他们必须首先感受到具有能够对他人产生**影响**（influence）的能力，在更大规模的系统层面上对社区影响产生作用并影响促进社区满足个体愿望的能力。个体感受到他们对于社区的授权和影响越强，个体对场所的依附以及对于他或她是社区一部分的感觉就越强烈（麦克米兰和查维斯，1986）。

社区中**人—环境契合**（person-environment fit）发生在以下情形：1）个体和社区的象征和行为准则共同加强了社区意识；2）社区成员在重要问题上达成共识并共享价值观以及3）因此，人们的需求得到满足（拉普卜特，1977；麦克米兰和查维斯，1986）。当一个群体的成员基于共享历史具有了一致的意象，他们就倾向于在所谓的**集体意识**（collective consciousness）中共享情感联系（麦克米兰和查维斯，1986；诺伯格—舒尔茨，1980）。集体意识和共享的情感联系有助于形成特定场所的社区意识。

维戈认为特定场所的社区意识的起因包括了社会意象性、人—环境的一致性以及共享的价值观和影响。她声称，感知特定场所的社区意识推进了归属感、责任感、授权与稳定，并提高了情绪。她认为特定场所的社区意识的结果包括社会互动、公众参与、一致感和邻里感知（1990）。

场所依附（Place Attachment）：如上所述，当个体感知到对于场所的依附时，推动了特定场所的社区意识。这种被感知到的依附导致了承诺、参与和更大程度的心理健康。这种与场所的联系被积极的联想和体验场所时产生的满足感加强。景观设计应该通过设计环境使特定场所的社区意识获得加强，这种设计环境包括实体与社交设施、功能上的一致、选择权、积极的社交网络、个人需求的满足、认知意象与实体环境的一致性以及环境之间的积极关系。设计师应该通过设计特征鲜明、界限清晰的环境促进特定场所的社区意识（维戈，1990）。

场所依赖性（Place Dependency）：当环境的主要功能与它们特定的地点相关联时，人们依赖于环境（维戈，1889；斯托克斯，1981）。当一个人依赖于某个环境并且这种依赖关系是积极的（环境支持了人们认为有价值的功能），那么这个环境会促进特定场所的社区意识。当环境支持人们认为有价值的功能并且这种支持性整体上与坐落位置紧密相连时，景观设计支持了特定场所的社区意识。

场所特征（Place Identity）：场所的特征取决于它的**意象性**（林奇，1960）。描绘一个场所的能力取决于它的实体特征、场所引发的联想以及场所边界的强度。具备强有力的分界线和恰当实体特征的设计环境可唤起富有意义的联想并促进特定场所的社区意识。

13.3.4 管理特定场所的社区意识
Managing Place–Specific Sense of Community

管理特定场所的社区意识包括管理场所感以及人们感受到的对设计环境的依附。致力于特定场所的社区意识管理的设计师将实体环境、其中发生的活动与个体和集体意识联系起来，促进社会交往，优化参与社区活动机会，管理满足需求的资源，管理空间及其组成部分以促进社区意识。

管理场所依附 | Managing Place Attachment

当人们体验到积极的感受时，他们就会依附于场所。当可能的时候，他们对这些场所投入感情，并通过这种情感投入赋予场所更深的意义。他们改造这些场所以优化未来的体验，而他们做出的改造象征着他们与场所间的积极关系，并增进了他们对场所的依附。

财产所有权通过确立占有权以及时间和金钱的投入使场所对居民更具功能性，意义更加深刻，从而提高了场所依附。如上所述，对社区决策的参与强化了场所依附。开放设计通过促进实体变化和居民的自我表现增强了场所依附，从而优化了特定场所的社区意识。景观设计应该利用社区建设在所有权、参与决策以及开放设计的潜在优势推进特定场所的社区意识。

管理参与 | Managing Participation

如上所述，个体需要感受到他们是有价值的某一事物的一部分，这种价值产生于他们的参与。人们还需要感受到他们可以影响自身的命运并可以影响建成景观（至少可以影响他们生活品质的那一部分）。因为私属空间（家庭和邻里）的认知重要性，景观设计师应该促进参与以及感知到使用者在私属空间设计中发挥的影响。促进人们广泛参与影响公共环境决策将使不同的群体依附于这些环境，并因此使他们与更大规模的实体和社会群体产生联系起来。

管理集体意识联系 |
Managing Linkages to Collective Consciousness

特定场所的历史以及某一群体共有的历史具有将人和场所以及人与人联系起来的力量。当一个个体在一个特定场所有一段居住的历史，那么表达这种历史联系的象征将提升强烈的特定场所的社区意识。当人们都有过这种居住历史的时候，象征将表现共享的社会历史，并将人们与场所以及有过相同历史的其他人联系起来。当把人与有着共同历史的远距离场所联系起来的象征引入到一个全新的环境中时，这些象征增强了与新环境的联系以及新坐落地点的特定场所的社区意识。当既没有当地历史，也没有共同历史的时候，景观设计师可以通过新场所中积极的实体与社交体验提升特定场所的社区意识，促进利于集体意识和特定场所社区意识新联想的产生。

管理时空特征
Managing Spatial-Temporal Aspects

景观设计包括了对环境的时空因素以及人类活动时空网络的管理。景观设计师可以通过对这些网络的管理促进在时间和空间中生成切实可行的、积极的社交网络，并因此推动积极的特定场所社区意识。

管理社区理解
Managing Community Understanding

社区理解促进了特定场所的社区意识，社区理解是一种"人与人之间的契约，这种契约基于人们拥有共同的期待与责任，从而决定了人们之间互动的方式"（维戈，1990）。景观设计师作为社区建设者可以通过对于价值、生活方式、活动、每个群组的象征系统以及每个群组认为有价值的自然和人工景观特征等方面的了解促进了社区理解。有了这些知识，设计师可以预知以何种方式感知文化景观、如何组织到规划纲要之中并被每个群组应用。设计师可以将人们纳入空间和时间的网络之中，并提供促进参与和互动的设施。因为成功预知认知联想特征的能力相对较低，设计师将让使用者尽可能最大程度地参与其中，并追求随时间推移可以调整与改变的开放环境。

参考文献

Alexander, C. The City is Not a Tree, Architectural Forum, 122, April 58–62; May 58–62, 1965.

Alexander, C. A Pattern Language: Towns, Buildings, Construction. New York: Oxford University Press, 1977.

Alexander, C., Ishikawa, S., and Silverstein, M. A Timeless Way of Building. New York: Oxford University Press, 1979.

Appleton, J. The Experience of Landscape. New York: John Wiley & Sons, 1975.

Baum A., Singer, J., and Baum, C. Stress and the Environment, Journal of Social Issues, Volume 37 (1) 1981.

Berlyne, D. Conflict, Curiosity and Arousal. New York: Appleton–Century–Crofts, 1960.

Clark, W. C. Managing Planet Earth. Scientific American, (261) 3, September, 1989.

DeBono E. Lateral Thinking: Creativity Step by Step. New York: Harper & Row, 1973.

Dubos, R. Man Adapting. New Haven: Yale University Press, 1965.

Findlay, R. A., and Field, K. F. Functional Roles of Visual Complexity in User Perception of Architecture. P. Bart, A. Chen, and G. Francescato, editors. 13th International Conference of the Environmental Design Research Association. College Park, MD, 1982.

Greenbie, B. Spaces: Dimensions of the Human Landscape. New Haven: Yale University Press, 1981.

Hebb, D. O. The Organization of Behavior. New York: John Wiley & Sons, 1949.

Heidegger, M. "Building dwelling thinking." Martin Heidegger: Basic Writings. David Farrell Krell, editor. New York: Harper & Row, 1977.

Hofstadter, D. Metamagical Themas: Questing for the Essence of Mind and Pattern. New York: Basic Books, 1985.

Ittelson, W. H. "Some factors affecting the design and function of psychiatric facilities." Brooklyn: Department of Psychology, Brooklyn College, 1960.

Jacobi, M., and Stokols, D. The Role of Tradition in Group–Environment Relationships. In Environmental Psychology, 1982.

Jacobs, P. Cultural Values in the Changing Landscape. First Cubit International Symposium on Architecture and Culture. College Station, TX: Texas A&M University, 1989.

Kaplan, S. Aesthetics, Affect and Cognition: Environmental Preference from an Evolutionary Perspective, Environment and Behavior, Volume 19 (1), 3–33. Sage Publications Inc., 1987.

Lazarus, R. Thoughts on the Relation of Emotion and Cognition: American Psychologist, 37, 1019–1024, 1982.

Lynch, K. Image of the City. Cambridge, MA: MIT Press, 1960.

McMillan, D. W., and Chavis, D. M. Sense of community: A definition and theory. Journal of Community Psychology, Volume 14, 6–23, 1986.

Maslow, A. Motivation and Personality (Second edition). New York: Harper & Row, 1970.

Mehrabian, A., and Russell, J. An Approach to Environmental Psychology. Cambridge, MA: MIT Press, 1974.

Miller, G. A. The Magical Number Seven Plus or Minus Two: Some Limits on our Capacity to Process Information: Psychological Review, 62, 81–97, 1956.

Motloch, J. Delivery Models for Urbanization in the Post-apartheid South Africa. Ph.D. dissertation, University of Pretoria, South Africa, 1992.

Motloch, J. Placemaking, Order and Spontaneity. EDBA20: Annual Conference of the Environmental Design Research Association. Black Mountain, GA, 1989.

Motloch, J, and Holloway J. "Sense of place in Italian cities." Videotape, Texas A&M University, 1988.

Nasar, J. L. "The affect of sign complexity and coherence on the perceived quality of retail scenes," Journal of the American Planning Association, Volume 53 (4), August, 1987.

Norberg-Schulz, C. Genus Loci: Toward A Phenomenology of Architecture. New York: Rizzoli, 1980.

Norberg-Schulz, C. Meanings in Western Architecture. London and New York: Praeger, 1975.

Proshansky, H. M., Ittelson, W. H., and Rivlin, L. G. Environmental Psychology. New York: Holt, Rinehart and Winston, 1969.

Proshansky, H. M., Fabian, A. K., and Kaminoff, R. "Place Identity: Physical World socialization of the self." Journal of Environmental Psychology, Volume 3, 57–83, 1983.

Rapoport, A. House, Form and Culture. Englewood Cliffs, NJ: Prentice-Hall, Inc., 1969.

Rapoport, A. Human Aspects of Urban Form. New York: Pergamon Press, 1977.

Rapoport, A. The Meaning of the Built Landscape. Beverly Hill, CA: Sage Publications, Inc., 1981.

Rapoport, A. Place, Image, and Placemaking. Paper read at the Conference on Placemaking. Melbourne, 1985.

Ryan, D. M. The Urban Design of Continuity. Dissertation in Architecture. Philadelphia: University of Pennsylvania, 1976.

Schumacher, S. A., and Taylor, R. B. Toward a Classification of People-Place Relationships: A Model of Attachment to Place. Environmental Psychology: Directions and Perspectives. N. R.Feimer and E. S. Geller (eds.) New York: Praeger, pp. 219–251, 1983.

Singer, J., and Glass, D. Urban Stress: Experiments on Noise and Urban Stressors. New York: Academic Press, 1972.

Stokols, D. "Group X Place Transactions: Some neglected issues in psychological research on settings. The Situation: An Interactional Perspective. D. Magnusson, editor. Hillsdale, NJ: 1981.

Tuan, Y. F. Space and Place: The perspective of experience. University of Minnesota, Minneapolis, 1977.

Ulrich, R. Aesthetic and Affective Response to Natural Environment. A. Altman and J. F. Wohlwill, editors. Human Behavior and Environment, Volume 6. New York: Plenum Press, 1983.

Vigo, G. Place Specific Sense of Community. Master of Landscape Architecture Thesis. Texas A&M University, 1990.

Wohlwill, J. Environmental Aesthetics: The Environment as a Source of Effect: Human Behavior and Environment. I. Altman and J. F. Wohlwill, editors. (1), 37–87, 1974.

Zajonc R. Feeling and Thinking: Preferences Need No Inferences, American Psychologist, Volume 35 (2): 151–175, 1980.

推荐读物

Arnheim, R. The Dynamics of Architectural Form. Berkeley: University of California Press, 1977.

Craik, K. H. Individual Variations in Landscape Description. Landscape Assessment: Values, Perspectives and Resources. E. H. Zube, R. O. Brush, and J. G. Fabos, editors. Stroudsburg, PA: Dowdon, Hutchinson and Ross, 1975.

Ittelson, W. Environment and Cognition. New York: Seminar Press, 1973.

Jackson, J. B. Discovering the Vernacular Landscape. New Haven: Yale University Press, 1984.

Kaplan, S. Cognitive Maps, Human Needs, and the Designed Environment. W. F. E. Preiser, editor. EDRA4: Fourth International Conference of the Environmental Design Research Association. Stroudsburg, PA: Halsted Press.

Meinig, D. W. The Interpretation of Ordinary Landscapes. New York: Oxford Press, 1979.

Nairn, I. The American Landscape: A Critical View. New York: Random House, 1965.

Relph, E. Place and Placelessness. London: Pion Press, 1976.

Seamon, D., and Mugerauer, R., editors. Dwelling, Place and Environment: Toward a Phenomenology of Place and World. Dordrecht, Netherlands: Martinoff Nijhoff, 1985.

Simonds, J. Landscape Architecture: A Manual of Site Planning and Design. New York: McGraw-Hill, 1983.

Smardon, R., Palmer, J., and Fellman, J. Foundations for Visual Project Analysis. New York: John Wiley & Sons.

Steele, Fritz. Sense of Place. Boston: CBI, 1981.

Tuan. Y. F. Topophilia. Englewood Cliffs, NJ: Prentice-Hall, 1974.

Part 3 第三部分

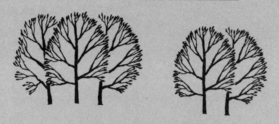

当代设计应用
Contemporary Design Applicaion

第三部分对以下方面进行概述：景观管理、景观规划和景观设计；相关专业的角色与整合；专业实践的模式；景观设计师的操作尺度以及场地尺度上的设计过程。

第十四章

专业实践
Professional Practice

本章是对专业实践的概述，论述了从业者的操作水平、相关专业的角色及相互关系，再有专业景观建筑师的操作模式。本章回顾了近来的设计范式以及景观管理、规划和设计中不断演进的伦理学和职责。本章概述了景观建筑的项目类型，包括全球范围的管理、区域规划、生态规划和设计、土地规划、城市规划、城市设计、社区规划和设计、总体规划、场地设计、景观构建以及设施运行。本章结尾评述了景观设计方法中的数字应用。

14.1 决策层级
LEVELS OF DECISION-MAKING

景观设计师做出的决策可以整合在复杂的系统之中，促进生态健康、生理健康和心理健康。系统科学告诉我们，为了理解整合并入复杂系统的决策，需要从三个不同的层面思考：客体、系统和元数据。在**客体层面**（object level），是在特定的设计项目中制定景观设计决策，以应对当前的局部需求。在**系统层面**（systems level），制定系统管理决策，包括客体层面决策限制范围的管理框架及指导原则。在**元数据层面**（meta-level），所制定的决策是有关在系统与客体层面能够促进恰当决策的关系、条件和过程。

当前的景观设计主要追求三个层面中的其一：元系统设计、系统设计和项目设计（图 14-1）。景观设计师可以在同一项目中进行两个层面以上的运作。设计师可以召集合适的跨学科团队，为跨专业的发展动力（元设计）创建全新的、富有革新精神的模型，同时制定资源管理决策（系统设计），并在特定场地中满足特定客户和场地需求（项目设

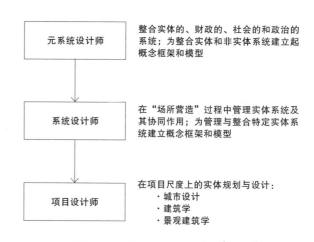

图 14-1：景观设计决策制定的层级

计）。在元系统层面，设计师推进了管理结构、设计框架、操作模型，促进了生态健康、生理健康和心理健康并且有深远意义决策的方法。在系统设计层面，设计师管理实体系统并将它们整合进身心健康、富有意义的决策之中。在项目设计层面，设计师将场地整合进富有意义的景观之中。

在这种层级化观点下，景观设计师展开了规划和项目设计（客体层面）。设计师管理生态景观和文化景观，确立项目设计的业绩水平和目标，并为达成这些目标提供必需的指导系统（系统层面）。它们还建立特定的关联、条件和进程，促进适宜的人—环境关系、考量业绩的时间框架、业绩等级、管理与设计的模型和进程、促进健康系统管理的决策制定环境以及由规划师、设计师、开发商和其他人实施的项目设计。通过这一过程，景观设计师将由多人在各自不同动机下的决策整合于背景系统中。

在这一层级体系中，是在框架背景下制定项目

层面的决策，在系统设计层级为特定实体系统的管理与整合制作模型；同时，项目层面的决策制定于元系统层级的背景框架及模型中，并以实体和非实体系统的整合为目的。

景观设计师追求健康的、可持续的、再生性的生态景观和文化景观。为了实现这一目标，设计师将生态、文化、结构、基础设施、视觉和经济系统加以整合，以获得最理想的环境健康和人类健康及人类幸福。为了实现这一目的，景观设计师必须是系统思考者，他们以制定适宜的决策为动机，这些决策与土地及其整体系统相关。为了服务于这一角色，景观设计师应建立起促进健康管理、规划与设计的决策制定框架、模型和进程。

14.2 规划与设计专业的相互关系
INTERRELATIONSHIPS OF PLANNING AND DESIGN PROFESSIONS

因为景观建筑师是主要的专业设计人员，负责景观管理、规划和设计，所以本章关注于景观建筑学的专业实践。本节简要探讨其他实体规划和设计专业及其他共同参与的非设计专业所发挥的互补性角色。

14.2.1 环境规划与设计专业
The Physical Planning and Design Professions

景观建筑学、建筑学、土木工程以及城市设计是景观管理、规划和项目设计中的四大主要专业。尽管它们在项目中的角色有重叠之处，但是这些专业之间有非常重要的区别。作为当今美国景观建筑行业代表的美国景观建筑师协会（ASLA, the American Society of Landscape Architects）将其职责叙述为"领导、教育并参与到对文化环境和自然环境的良好管理、明智规划与巧妙设计当中"，在题为"问与答：景观建筑学"的文件中确认了行业的差异。美国景观建筑师协会说明，在一定程度上，景观建筑学是"包括对室外空间和土地进行分析、规划、设计与管理的专业。景观建筑师的活动涵盖了广阔的范围，包括建造公园和林荫道、企业办公建筑的场地规划，衰落区域再生、城镇设计并建立私属住宅区域"。**景观建筑师**（landscape architects）"需

要面对与室外空间和土地的设计、应用相关的所有问题。景观建筑师职业的范围包括场地规划、城镇或都市规划、公园和娱乐规划、区域规划、园林设计以及文物保护"。**建筑师**（architects）"主要专门负责建筑和结构方案设计"。**土木工程师**（civil engineers）"将科学知识应用于城市'基础设施'的建造和设计当中，从桥梁、公共设施到给排水和道路规划"。**城市规划师**（urban planners）"为城市或大范围区域实施'总体规划'，景观建筑学与建筑学紧密相连的一点是，城市规划已经发展为一种具有专属学位课程的独立专业。然而，很多景观建筑师仍然深度参与城市规划领域的工作中"。

当进行景观管理、规划和设计时，理解其他绿色产业参与者是大有裨益的。根据美国景观建筑师协会的观点，**园丁和风景设计师**（gardeners and landscapers）"没有必要获得景观建筑师需要具有的高级学位，（并且）他们的活动主要针对基础的花园设计与维护"。**园艺师**（horticulturists）"接受了植物种植和生长方面科学知识的训练，（并且）很多园艺师成为园丁或在园艺中心进行工作"。**景观承包商**（landscape contractors）"安装景观设计师构思设计的植物设计元素。景观承包商可能就是园丁或风景设计师"。

景观建筑学 | Landscape Architecture

作为一个职业，景观建筑将多种景观设计项目整合于复杂的动态作用系统之中，它或许是范围最广泛的设计专业。景观建筑学的实践参与者们管理生态景观和文化景观，并探求不同的项目类型，包括全球景观管理、区域规划、生态规划和设计、土地规划、城市规划和设计、社区规划和设计、总体规划、场地设计、景观建造以及设施运行。

景观建筑学在与其他专业的广泛协作中发挥作用。基于项目范围与合同关系，景观建筑师或许应该负责整个场地的开发，包括建筑选址、建筑形式和外部意象及地形重塑、雨水处理、场地基础设施系统设计、场地施工与景观绿化。景观建筑师还应组织与领导跨学科的规划、设计团队。

专业起源（**Roots of the Profession**）：根据美国

景观建筑师协会的说法，景观建筑学专业起源于古代文化中室外空间的早期发展。在中世纪时期对于室外空间的关注衰落了，而在文艺复兴时期的别墅、庭院和广场中又重新复苏。17 世纪，精巧规整的景观设计形式在由"园林设计师"建造的法国城堡和都市园林中繁盛起来。很多 18 世纪的英国景观园林师反感规整的形式和欧几里得几何学，并将自然作为构形的影响力。另一些人则接纳了规整的形式并对景观建筑学在美国和加拿大的发展发挥了显著影响。

景观建筑师的头衔最早由弗雷德里克·劳·奥姆斯泰德（Frederick Law Olmsted）使用，他在北美开创了景观建筑学专业。奥姆斯泰德的作品包括 19 世纪 50 年代晚期与卡尔弗特·沃克斯（Calvert Vaux）共同设计的纽约中央公园（Central Park）以及 19 世纪 70 年代设计的美国国会大厦广场。奥姆斯泰德在 1893 年规划的哥伦布纪念博览会（Columbian Exposition）在该专业发展的早期唤起了公众对于景观建筑学管理作用的意识。尽管没有引起广泛的关注，但是奥姆斯泰德还将健康作为景观建筑学性能评价的标准，他的概念提出公园（包括纽约中央公园和波士顿的翡翠项链（Emerald Necklace））作为公共绿色空间，舒缓灰暗的城市区域。

在 19 世纪后半叶，景观建筑学专业的规模缓慢壮大，业务范围明显拓展：以应对美国人对有效的城市环境规划与设计、公园系统、城郊社区和大学校园的需要。景观建筑学专业在 20 世纪的城市美化运动（City Beautiful movement）中扮演了重要角色。其从业者们是美国城市市政设计和城镇规划运动的早期领导成员。包括奥姆斯泰德、詹斯·詹森（Jens Jensen）以及霍拉斯·克利夫兰（Horace Cleveland）在内的景观建筑师们在州立和国家公园的开发建设中发挥了重要作用。

1899 年，奥姆斯泰德事务所联合其他一些设计师建立了**美国景观建筑师协会**。1900 年，首门景观建筑课程在哈佛大学开始教授。

经过专业训练的景观建筑师们推动了广泛的城市发展，景观建筑学专业对 20 世纪早期的城市美化和规划运动产生了影响。经济萧条时期之后，国家公园、州立公园、城镇、林荫道路和城市公园系统等设计机会越来越多，这促使景观建筑学专业扩大了它的公共工程基础。

近期的发展（Recent Expansion）： 在 20 世纪 50 年代，景观建筑学专业从学院派（Beaux Arts）传统中脱离，并开始进入现代主义设计时代，其间代表作有盖瑞特·埃克博（Garrett Eckbo）、丹·凯利（Dan Kiley）及詹姆斯·罗斯（James Rose）等人的作品。20 世纪 60 年代以前，景观建筑学有两个基础：艺术 / 美学和建造社会的技术（图 14-2）。在 20 世纪 60 年代，伊恩·麦克哈格、菲利普·刘易斯和安格斯·希尔拓展了资源管理，并将系统思维引入景观管理。《设计结合自然》（*Design With Nature*）（麦克哈格，1969）在将这些方法带入景观建筑学专业的主流之中起到了重要作用，并因此形成了第三种基础：自然系统（图 14-3）。相关课程也扩展到对多样化系统和设计过程科学理解的整合，同时景观设计师仍然坚持直觉设计。根据这种

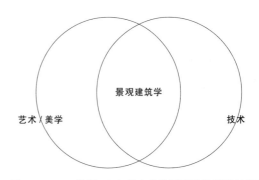

图 14-2：20 世纪 60 年代之前的景观建筑学设计基础

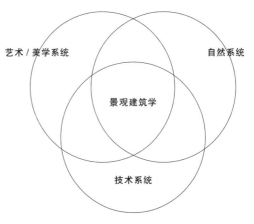

图 14-3：20 世纪 60 年代之后的景观建筑学设计基础

自然系统基础与过程方法，20世纪60年代随着生态意识运动、妇女和少数族裔进入景观建筑学专业、由技术拓展引发的不断严重的环境问题以及美国资源浪费型的发展范式，都导致景观建筑学社会角色和价值的增加。这种增长包括了以跨学科知识为基础的设计团队的顺利成长和管理运作（见下文的第二代和第三代方法）。在20世纪60年代和20世纪70年代，景观建筑学课程主要关注整合它的三种基础：艺术、技术和自然系统。

景观建筑学正在逐渐关注处理多样的文化感知和价值体系、设计师和非专业人员的感知分歧、人文科学推进决策制定的能力等。一些景观建筑学课程还将人文系统作为第四种设计基础（图14-4）。它们推进了人文科学知识（社会学、心理学、环境心理学）的设计应用，并推进了景观设计师在参与式过程、冲突管理与解决、群体作用等方面的人际交往能力（见第三代和第四代设计方法），时刻准备着以专业姿态发挥参与式规划和设计团队促进因素的作用。

建筑学 | Architecture

自然系统是动态的，而建筑系统是静态的。那么，建筑教育以及建筑专业未能包含系统动态学也就无须惊讶了。建筑学课程的关注焦点仍然是建筑物、建筑物的设计者以及建筑意义的归结者。大多数设定的课程并不提供针对多样动态系统的深刻理解，而建筑物必须与这种系统相整合。国际学派

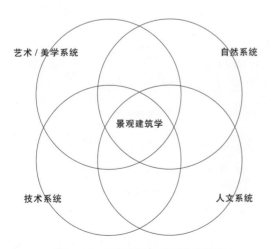

图14-4：当前的景观建筑设计基础

（International School）、现代主义和后现代主义都漠视背景，不重视区域动态。可以从当今很多建筑学专业学生和从业者都会选取平坦绿地和蔚蓝天空的背景表达他们的设计方案这一点上得到印证。

近来，建筑学开始探索"弹性建筑"（flexi-ble-building）技术，建筑物具备了随时间改变的能力。虽然建筑仍是动态系统中的静态组成部分，使建筑设计适应未来变化的理想或许是向着更深刻理解建筑物的方向迈进了一步，而建筑物自身也被动态系统整合其中。

土木工程 | Civil Engineering

土木工程专业致力于将结构系统和基础设施系统的性能最大化，降低复杂性。土木工程的设计系统是在一定的尺度范围内实现性能最大化，而不是在景观构建的范围和系统内将性能最优化。跟建筑师一样，土木工程师也是在静态系统中从事工作。他们努力捕捉自然系统的动态。因此，工程方案通常降低了自然系统的再生能力，倾向于在短期内行之有效，而在长远看来不具有可持续性。土木工程师们还负责制定基于知识且具有高度可预见性的决策。20世纪后半叶，整个社会寻求"设计美国"（engineer America），即意图捕捉自然动态，从而使土木工程师的社会角色慢慢获得了提升。

城市规划 | Urban Planning

20世纪20年代，城市规划从建筑学和景观建筑学中分离出来成为一个独立的专业，但是它仍然聚焦于实体规划。景观建筑师仍然在城市规划和设计中扮演着主要的社会角色。从20世纪70年代开始，很多城市规划课程将重点从实体规划转为政策规划，包括法规控制和车辆管理。随着这种转化的产生，景观建筑学规划保留或增强了它们的实体城市规划和设计活动。

14.2.2 其他相关专业人员 | Other Allied Professions

景观设计师与其他相关专业人员紧密合作。这些专业包括其他实体规划专业人员、环境艺术家、科学领域的成员（自然科学、社会科学、心理学）

以及市场顾问。

其他环境规划专业人员 |
Other Physical-Planning Professions

其他在本世纪获得发展的环境规划专业中，每种专业都具有自己的理论课程和组织机构：区域规划、公园和娱乐规划、乡村开发规划、社区规划，等等。在近 10 年间，很多此类环境规划专业的课程和专业职能已经开始脱离环境规划向政策规划方向转变。

环境艺术 | Environmental Art

景观设计师为了设计规划出心理健康、意味深长的景观，于是整合起艺术和科学。景观设计项目通常包括由景观设计师设计创造的环境艺术；有的时候，聘请环境艺术家为环境—艺术方面的顾问。

科学 | Sciences

景观设计师通常会雇请科学界成员参与到基于知识的跨学科团队中。作为系统思考者和整体设计师，景观建筑师与综合性科学家（生态学家和地理学家）合作非常紧密，综合性科学家善于整合多样性知识基础、理解复杂问题。作为综合性思考者，景观建筑师可以对综合性科学家对于"是什么"的理解进行转译，从而做出关于"将会是什么"的决策。生态学家和地理学家信息整合与准确预见的能力将提升景观设计师进行生态、生理和心理健康景观设计的能力。这将使景观设计师能够处理系统复杂性并制定出优化多样系统性能的解决方案。同景观建筑师一样，人们期待生态学家的社会角色是探索令社会迸发出对生态管理、规划和设计深刻的需求以及建立一个具有可再生未来的"生态美国"的需求。

景观设计师还接纳了知识范围更窄的学科：地质学、水文学、土壤学、园艺学、农学、社会经济学，等等。

市场顾问 | Market Consultants

除了以上所述的专业人员和公众，景观设计师与许多市场顾问和专家进行了紧密合作。在项目需求的基础上，这些教育专家、酒店和度假村开发专家、房地产开发专家和其他领域的专家——帮助制定与市场意识和市场动态相关的解决方案。

14.2.3 专业人士之间的相互关系 |
Interrelationships Among Professions

20 世纪 60 年代，美国发生了一场以系统为基础的教育运动。70 年代，里根政府停止了对系统为基础的教育资金。这种做法将颠覆向系统思维和整合的转变。美国人会继续接受到降低复杂性、否定动态变化的教育。像建筑学和土木工程等根据狭窄定义参数为基础的专业欢迎静态与最大效能，这获得了人们的理解和接纳，同时，社会在寻求"设计美国"。

而根植于动态系统的专业——如景观建筑学和生态学，却没有得到很好的理解。也未能恪守"使美国生态化"的义务：将美国作为一种动态的、可再生的系统进行管理、规划和设计。这导致出现了系统问题以及对纠正举措的需求。此后，景观建筑师被要求处理这些由于简化决策产生的问题，而不是作为负责管理跨学科团队整合多样性和动态系统设计的促进者。正如其他植根于动态系统的学科一样，景观建筑学得到显著发展，但是很多时候，景观建筑学介入的时间太晚，难以对那些已经接纳系统动力学的概念施加影响。以系统动力学为基础的专业非常适合引领社会开展可再生的规划与设计。景观建筑师主要的元系统职责之一就是促进美国的 K-12 教育体系向以系统为基础的方向前进，这种教育体系使非教育专业人士重视并寻求协调多种多样化维度的综合解决方案。

14.3 规划与设计方法 |
PLANNING AND DESIGN METHODS

杰弗里·布罗德本特（Geoffrey Broadbent，1984）回顾了近三代的设计方法。**第一代设计过程**（first-generation design processes）是线性系统化的、由专业人士主导的、量化解决设计问题的方法，在很大程度上以设计规划为基础。这种设计方法与先入为主的直觉设计针锋相对。**第二代设计过程**（second-generation design processes）的基础是坚信专业知识散布于参加设计过程的各领域的参与者之中，设计师和使用者之间的对话产生了真理。**第三**

代设计过程（third-generation design processes）认为设计师是进行推测的专业人士，但是并不能决定人们如何生活：设计师体现了使用者的期望、梦想和愿望。

第四代设计过程（fourth-generation design processes）正在兴起（施特劳斯（Strauss），1990；摩特洛克，1992）。其中有一些是创新—干预过程（innovation-intervention process，凡·季驰，1984），这种管理决策环境过程优化了对话、整合了专业知识并发展出跨学科的意识。设计师利用这一过程，通过技术手段化解学科间的藩篱，将人们联系起来，并将多种价值系统、世界观和意识整合进规划和设计决策。

第四代设计过程通常建立起景观规划、设计目的、行为目标、指导方针和原则标准的框架。这些框架可以被视作约瑟夫·索南菲尔德（Joseph Sonnenfeld）的嵌套泡泡图（图14-5，1968）延用到规划和设计领域。本章包括了应用第一代、第二代和第三代设计模型的项目。16.7 讨论了第四代设计模型和它们给设计带来的变化。

14.3.1 设计过程与项目阶段
Design Process and Project Phase

应用在景观管理、规划或项目设计每一阶段上具体某代的设计模型（第一代、第二代、第三代或第四代）将会影响到设计成果。在美国，早期项目

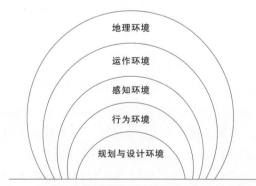

图14-5：嵌套泡泡式的景观设计（摘自 Figure 1 in "Geography, Perception and the Behavioral Environment"from *Man, Space and Environment:Concepts in Contemporary Human Geography*, edited by Paul Ward English & Robert C. Mayfield, copyright ©1972 by Oxford University Press. Used by permission of Oxford University Press, Inc.)

阶段通常是对问题予以界定，在随后的阶段则提出概念性的解决方法，它们仍然停留在第一代设计过程中。而第二代或第三代设计过程则应用于数据收集。这种方式产生了狭窄界定的问题和解决方法，忽视数据中体现的跨学科丰富性。这种情况可以理解为第一代设计过程伪装成了第二代或第三代设计过程。

在美国，客户通常会与项目设计公司联络，其项目设计业务包括确定问题与聘请顾问。如果主要牵头人是一位善于综合性思考者，决策环境和问题解决方案很可能产生跨学科的丰富性。主要牵头人是否是一位善于综合性思考者以及设计过程是否将超越第一代方法可以由聘请顾问的时间安排上判定。

如果总承包商界定了问题，然后就可以聘请顾问，那么设计方法属于第一代。对问题的感知也受限于主要设计师的思维范式之中。当问题界定后寻求跨学科输入表明这一过程不具备多样性。人们期待设计能以最大程度回应狭窄定义的问题，而不是对广泛定义问题的回应进行优化。在这种情况下，顾问的职责就是运用自己具备的有关环境、景观系统、建筑、工程、生态、经济学等方面的知识提供所需的信息，以实现项目总承包商的预想。不幸的是，在美国通常是由雇请来设计项目的人来界定问题、构建主要概念，然后雇请顾问使这些（狭窄定义的）概念生效。顾问和公众参与者商讨变更设计师的构想和概念，而不是全然参与项目的敲定和交付过程。

一种更加系统的方式是进行跨学科的思考，对系统高度敏感的设计师构建并促进团队参与到问题界定、数据生成、概念深化与项目设计之中。对系统敏感的设计师可以在第二、第三乃至第四代设计过程中领导团队，包括对问题和解决方法进行集思广益的构想。推行第四代设计模型的团队可使用在管理科学中发展的创新—干预技术，用丰富的、集体的、跨学科的意识取代特定行业中狭窄视野的思维（摩特洛克，1992）。一些第四代设计团队由于拥有系统教育背景的景观建筑师的参与而如虎添翼。

14.3.2 景观设计方法
Landscape Design Methods

在 20 世纪 60 年代以前，大多数西方景观建筑从业人员在设计园林和景观时采用（如上所述）两种基础的方法：艺术 / 美学基础以及技术基础。从一种系统观点来看，这些从业人员追求目标层级的设计，这种设计关注于客户需要及当前的时间框架。客户包括项目委托人和计划预期使用设施的人群。

在 20 世纪 60、70 年代，景观建筑学专业发生了转向资源管理的重大转变，并显著地转向第二代设计过程的应用。景观建筑学方法是理性的、循环进程（15.1）。景观建筑学教育开发了学生针对不同的生态、技术和人文系统的意识。在景观建筑学专业里，善于系统理解思维、具有集合所需各专业参与者的跨学科团队构想出了丰富的问题解决方案，而且他们还有强烈的团队意识。很多专业人员都采用第二代设计过程，以专家导向型的方式使用类似于叠加法的设计工具。跨学科团队成员是专家；决策是基于专家所拥有的不同领域的知识：地理学、地质学、水文学、土壤学、生态学、建筑学、工程学及城市规划。在早期阶段，由于系统动力的复杂性和难以管控的数据量，因此叠加法是定性的而不是定量的。地理信息系统（GIS）是通过基于计算机的空间数据管理系统实现对叠加法的自动化管理，它使叠加法在定性与定量两个方面都得到了发展。

这些第二代设计过程是由深刻的环境问题所驱动的，这些环境问题源于早期的直觉设计以及两种认识：一是认识到工业化社会既无法自动调节也无法自主管理，二是认识到设计必须是以知识为基础并以产生健康、有成效与可持续发展的未来为目的。

景观建筑师也推行第三代设计进程。从违章工棚到可参与的社区会议，他们领导着跨学科设计团队，包括设计专业人员、相关学科人员及非专业人士。景观建筑师力图将非专业人员关于本地适宜发展的专业知识与设计师的专业知识在设计推测时相结合。从 20 世纪 70 年代起，景观设计在延续以往设计方法的同时也探索了新的设计方法。

很多景观建筑师都开始注意到，景观建筑专业接纳以进程为基础的设计，它从全面思考、横向思维、深层的含义和直觉设计中逐渐疏离。这些景观建筑师的专业理解力逐渐提高，他们愈发意识到直觉是以知识和过程为基础的设计的基本组成部分。

14.3.3 教育与设计方法
Education and Design Methods

值得强调的是，尽管景观建筑专业接纳第二代和第三代设计方法，但是为专业人员完成其工作职责所准备的景观建筑学课程并未得到完全演进。从积极方面来讲，景观建筑学课程接纳了设计进程、自然系统和生态方法，但它们并未使学生准备去充分应对非专业知识、参与进程和价值系统的多样化。景观设计人员为非专业人员无法理解景观建筑学专业感到惋惜，但是他们从未要求景观建筑学课程建立容易接受的技能并推行以社区为基础的项目，来提高景观建筑学专业的社会意识。当课程能够有效培养出以社区为基础的专业人员和非专业人员队伍时，公众将会更好地理解景观建筑学的社会责任与社会价值。

景观建筑学课程还需要形成第四代设计方法的基础。它们应该教育学生准备好领导以知识为基础的跨学科团队，整合知识，生成在自然系统和人文系统两方面都具有再生能力的设计。设计教育应对这些需求的前景将在 17.2 中探讨。

14.4 当前的实践模式
CURRENT MODES OF PRACTICE

现今，景观设计专业以三种模式展开实践：私人模式、公众模式和学术模式。每种模式都在三个层面上（项目层面、系统层面和元系统设计层面）运作，但程度各不相同。

14.4.1 私人实践 | **Private Practice**

大多数景观设计师都会私人执业。个人和公司通常会在以下专业范围和项目类型中开展实体规划和设计。他们在私人或公共从业者建立的管理和规划环境中及市场当中从事设计工作。

大多数私人从业者偏好项目类型的多样性。他们中的很多人都可以在规划和设计之间轻松转换角色，这使得公司可以在利率较低而建筑业景气时从事项目设计，当利率提高而市场低迷时谋划规划未来的施工建设。很多私人从业公司在广泛的设计实践活动中，专门擅长某些特定的项目类型。

　　很多学生在开始学习景观建筑学课程时，理想是希望开设私人事务所，从事相对狭窄的设计业务。随着成长，他们逐渐开始寻求实践的多样性。

14.4.2 公众实践 | Public Practice

　　公众参与者关注景观管理和规划。他们在其私人公司中建立运作环境，倾向于在设计项目上花费较少的时间，用较多的时间促进和监督他人的活动，提升有效的景观管理、规划和设计。公众实践中的个体设计师倾向于与公众紧密合作，他们获益于成为参与式规划和设计技能的有效推动者以及他们管理第三代设计进程的能力。

　　公众参与者通常随着时间的推进，对同一领域或资源施加管理，以影响生态和文化景观的长期健康与生产力。由于这种参与式的属性和景观管理角色，公众实践活动可以得到回报。

14.4.3 学术实践 | Academic Practice

　　学术实践者关注教育、景观设计知识以及知识与专业之间的转换、年轻设计师从事专业设计的角色转换、从业者与公众沟通的能力。大多数景观设计教育者感到，设计实践收入是教育学生将设计决策整合到现实世界系统中最根本的要素。教授—学者模式将专业实践的利益和智慧带入课堂，这种模式在景观设计教育中受到高度评价。

14.5 近期的景观设计范式 |
RECENT LANDSCAPE DESIGN PARADIGMS

　　当前这一代景观建筑师接受的是两种设计范式的教育：增长或发展的范式以及系统或资源管理范式（图 14-6）。

14.5.1 开发范式 | Development Paradigm

　　20 世纪 60、70 年代之前一直盛行着增长和土地开发的态度。这种态度来自于一种以人类为中心的世界观、对于时间的线性感知、对发展和增长的

承诺并且重点关注对于特定和当前的时间框架。设计力图通过额外的结构和基础设施系统提高场地满足人类需求的能力。主要的项目类型包括公园和开放空间规划、城市规划、场地和总体规划。从短期狭窄的范围评估性能（最初成本、经营成本和维护成本）。

14.5.2 资源管理范式 |
Resource Management Paradigm

　　20 世纪 60 年代，系统科学和系统思维促使在景观建筑学中出现了资源管理范式，也促使景观设计方法发生最后的重大变革。设计的感知目标从增长转换为管理，景观建筑学专业也关注对自然资源和景观系统的管理。对自然进程的敏感性取代了人类中心论。设计过程被视作周期螺旋性的，并一再重复向着某一理想的未来前进。在这种范式中，正如西格玛—拉姆达—阿尔法荣誉协会（SLA, Honor Society of Sigma Lambda Alpha[责编注]）所陈述的那样，景观建筑师使人类适应土地，同时也使土地适应人类。在这种管理范式下，性能根据最初成本、经营成本和维护成本以及一定程度上的环境和社会成本进行评价。这种范式产生了主要的新项目类型，包括区域性景观规划、生态规划与设计。

　　在 20 世纪 60、70 年代，景观建筑学专业经过演进和发展，逐渐包含了新资源管理、规划与设计的方法和工具及新的项目类型。叠加法、增长管理研究及环境—影响评价都在这一时期得到发展。空间（但不包括时间）景观分析工具和技术也获得发展。

　　在 20 世纪 80、90 年代，景观建筑学继续在资源管理范式下运作。但是专业强调重点从新的管理、规划和设计过程转向数字工具的开发（计算机辅助设计、二维和三维模型、地理信息系统）以及它们在项目中的应用。与早期的手绘工具和技术一样，数字工具和技术是为了空间分析和管理而开发的，而非时间。在规划和设计专业之外，为模拟空间影响（生态印迹）和模拟系统动力开发出了便于操作的先进技术，包括生命周期评估、投入—产出模型、

[责编注] 1977 年成立认定景观建筑专业学生学术研究成果的荣誉协会。

图14-6：近期的景观设计范式

数字模拟软件。但除了少数先行者（16.2）之外，环境规划和设计专业并未将这些整合到规划和设计进程中。长时间管理系统、制定有意义的长期决策能力由于未能将这些工具和技术整合在环境规划和设计进程中而受到限制。

14.6 土地开发与景观管理｜LAND DEVEL-OPMENT AND LANDSCAPE MANAGEMENT

自然系统使土地和它的生产潜力获得再生，但在它们的自然状态下支持人类活动的容量有限。未开发状态土地的能力不足以支持大量和不断增长的人口、频繁的人类活动以及当代社会要求的高度舒适性和方便程度。为了应对这些需求，社会介入了景观，在景观中加入建筑物和基础设施来满足人类需求。

14.6.1 土地管理与开发｜Land Management and Development

20世纪后半叶是一个技术不断发展、景观干预不断增加的时期。同时它也是一个关于土地用途的态度和人—环境关系中发生重要转变的时期。

土地开发｜Land Development

直到20世纪60年代，美国的资源浪费型范式将**土地开发**作为一个线性进程，将自然状态或未建设的土地转化为一种开发的或建设的状态，目的是提高土地满足人类需求的能力。土地开发关注短期、狭隘定义的人类需求。长期的或场地以外的影响、系统的健康与生产力则未得到充分的考虑。

增长管理｜Growth Management

在20世纪60、70年代，出现了一种关注于**增长管理**的系统设计方法。仍然假定增长是无法避免的，并且转向了需要最少系统成本而获取最大系统利益的区域。设计师通过性能为基础的准则和条例、增长管理研究和计划以及在成本—收益率较低区域实行系统—敏感干预，满足生态和人文系统的需求。

土地管理｜Land Management

最近，土地管理关注系统需求与"增长限制"。"增长是不可避免的"这一观点在设计师管理景观并维持景观资源时不再被接受。法律、准则、条例和项目都在探索可靠的景观管理、规划和设计。

土地管理具有三个层级：管理资源和土地用途、中期基础设施规划以及即将在一定时间和场所进行的项目设计。第一个层级，**景观管理**（landscape management），包括管理策略以及景观管理干预的结构和法律手段。它在一系列尺度和类型中进行，包括全球策略、区域景观管理、生态资源管理、历史和文化资源管理、城市成长管理、公园和娱乐系统管理，等等。第二个层级，**景观规划**（landscape planning），在制定规划决策满足人类需求的同时探寻景观的中期健康和生产力。规划在一系列尺度上进行，包括区域景观规划、生态规划与设计、土地开发计划、城市/城镇规划、公园和娱乐规划、社区规划、历史景观保护和再利用规划，等等。第三个层级，**景观设计**（landscape design），在这些管理结构和规划决策中满足当地的中期与短期需求。景观设计在一系列空间和时间尺度上进行，包括都市设计、社区设计、总体规划/场地规划、景观设计/场地设计（历史景观保护和土地平整、设计的社会和行为特征），等等。

管理方法也促进了生态和人文系统的中期健康和生产力发展。即使当项目规划和设计狭隘地限定在空间和时间之中，项目也必须应对由更广泛视野的景观管理过程所建立的框架。

14.6.2 土地用途 | Land Use

土地是一种有限的资源，但是它的生产力是可再生的。随着人口、人类活动以及对舒适要求的不断提高，由人类活动带来的土地压力显著增加。解决这些压力的方式影响了系统生产力和自我更新能力。

特定的土地常常适用于一种以上的用途，并且这些不同的用途是相互竞争的，通常"最高效、最优化的用途"胜出。在20世纪70年代以前，开发和环境被视作存在竞争关系；一般由短期经济利益和狭隘的思考方式决定最高效、最优化的用途。当前，实现可持续性的目标需要基于长期系统需求的土地使用决策。

每个地点都具有固有的适宜性。一些地方具有非常高的农业生产力，有些地方可以支撑沉重的荷载，还有一些土地在被扰动后可以快速恢复。理查

德·布克敏斯特·福勒在20世纪30年代提出的世界游戏理论（World Games）试图理解全球的土地适宜性、承载能力、土地用途、人类活动的理想分布以及生活在地球这个被福勒称为"地球宇宙飞船"的天体上的人类活动，从而优化生产能力与维持生命的能力。60年之后，社会开始重视他的见解。

14.6.3 整合自然与建筑模式 | Integrating Natural and Built Patterns

城市化和将土地从预开发状态转化为一种被开发状态包括对自然、结构和基础设施系统的整合。这一过程包括整合动态自然系统及静态人文系统两类系统的不同**模式**（patterns）。

在20世纪60年代，伊恩·麦克哈格普及了一种叠加资源分布图（按时间框架进行组织，每种资源在时间框架中运转）的理性过程（图14-7），并将其推行为一种决策工具。他将绘制出的资源模式进行转译，解读本质上的景观适宜性（满足个人土地使用目的）与综合的适宜性，帮助人们做出土地用途决策。他还对模式和模式之间的共性加以分析探索景观过程，包括已成为遗迹的景观（不能再活跃地重塑景观）和仍然活跃的景观（可以继续重塑景观）。基于对资源、遗迹和活跃进程的理解，麦克哈格界定了景观区域（应该区别管理）、在这些区域中的进程以及在这些进程单元和操作区域中决策管理的框架。地理信息系统软件的后续开发使这种方法可轻松量化，而叠加地图成为一种法定的管理景观资源的强有力工具。叠加法和地理信息系统软件是管理机构、专业规划师和设计师用来辨识土地本质的适宜性并做出土地使用决策的标准工具。

14.7 职业道德/责任 | PROFESSIONAL ETHICS/ RESPONSIBILITIES

环境规划和设计行业与社会的关系、社会职责、人—环境的关系以及人—人之间的关系、景观规划设计的环境与背景的关系等形成了该行业的职业道德。景观建筑学专业建立了一种包含土地、管理及系统管理的职业道德。景观建筑学专业将通过景观管理、规划和设计履行这种职业道德。它推行生态的、生理的和心理的健康且富有含义的景观。对于

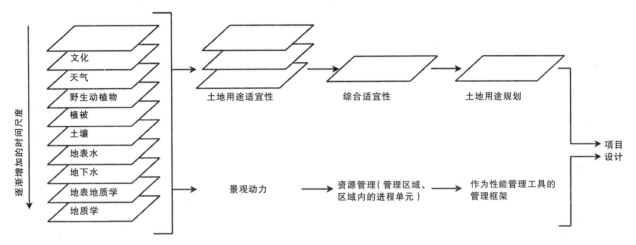

图 14-7：叠加法和景观管理

景观建筑学专业及其他规划和设计专业都存在一种将它们的道德基础扩大来应对系统再生的深刻需求。景观建筑学定位于通过接纳景观再生的职业道德引领社会。

14.7.1　土地伦理｜Land Ethic

景观建筑学专业接纳了小乔治·泰勒·米勒（George Tyler Miller, Jr.）的**生态或可持续的土地伦理**（ecological or sustainable earth ethic），对当前的人类需求与人类和其他生命形式在目前和未来的需求进行平衡，维持系统承载能力。景观建筑学专业还接纳了米勒的**平衡多重用途的伦理**（balanced multiple-use ethic），在这种伦理观点中，土地有多种使用目的，土地管理的目的是为后代保留资源（平衡使用和管理，并在使用等级和恶化倾向增加时提高管理层级以减缓有害影响）。景观建筑学专业和学术群体采取了这样一种土地伦理：设计整合自然系统动力。在 20 世纪 70 年代，学术实践扩展了这种伦理承诺，并在土地管理的愿景下建立了西格玛—拉姆达—阿尔法荣誉协会。该协会的座右铭中包括了土地伦理"研究土地的学者、建筑师完全接纳了自然和艺术；使人类和土地相互适应。"这种对于土地伦理的承诺也被所有实践模式——学术的、公众的和私人的等三种实践模式所接受。最近，景观建筑学专业将承诺扩展到对环境的管理，正如《美国景观建筑师协会对环境和开发的宣言》（ASLA *Declaration on Environment and Development*）中所说的那样（图 14-8）。

14.7.2　生态、生理和心理健康的景观｜Ecologically, Physiologically, and Psychologically Healthy Landscapes

如上所述，景观建筑学专业在当前正在发展它的第四种基础：人文系统。在艺术/美学、技术系统、自然系统和人类系统的基础上，建筑学专业将它的道德承诺延伸到健康的景观、人和社区。这一过程包括通过管理、规划和设计促进健康的人—环境、人—人之间关系的人文景观及特定场所的社区意识来管理社会。这时，景观建筑学专业正引领社会走向生态设计，推进生态、生理和心理健康的景观设计（第十六章）。

14.7.3　景观更新再生｜Landscape Regeneration

由于资源浪费型范式导致全球环境危机日益严重，20 世纪晚期的技术揭示了对于转变范式的深切社会需求。这种转变也包括了环境规划和设计专业转向再生：环境设计将参与到自然环境与人文环境生产力的再生过程中。

基于**景观更新再生**的全新景观设计方法和进程对于获取土地满足人类需求的潜能、应对长期系统需求、管理景观实现其自我更新的潜能以及推动管理、规划和设计进而更新生态系统和人文系统的

ASLA Declaration on Environment and Development

Adopted unanimously by the ASLA Board of Trustees in Chicago, October 2, 1993.

Principles

The following principles reflect the fundamental and long-established values of the American Society of Landscape Architects. Many of these principles were reemphasized in the 1992 Rio Declaration on Environment and Development.

◆ The health and well-being of people, their cultures, and settlements; of other species; and of global ecosystems are interconnected, vulnerable, and dependent on each other.

◆ Future generations have a right to an environment with at least the same qualities and quantities of environmental assets as present generations.

◆ Long-term economic progress and the need for environmental protection must be seen as mutually interdependent.

◆ Environmental and cultural integrity must be maintained even while sustaining human well-being and the level of development needed to achieve it.

◆ Human harmony with the environment is the central purpose of sustainable development,* ensuring health for both nature and humankind.

◆ In order to achieve sustainable development, environmental protection and ecological function must be integral parts of the development process.

◆ Developed countries must acknowledge the responsibility that they bear to pursue internal and international sustainability in view of the pressures their societies place on the global environment.

For the purpose of this document, the term "sustainable development" is defined as "development that meets the needs of the present without compromising the future."

Because the landscape encompasses the basic processes that support life, meeting human needs requires a healthy landscape. Because the landscape is a living complex, always in the flux of growth and decay, a healthy landscape requires ongoing regeneration. There is no sustainability without regeneration. Nurturing the processes of regeneration and self-renewal in the world's healthy landscapes and reestablishing these in the vast areas of the world's degraded landscapes are fundamental purposes of the profession of landscape architecture.

Objectives

The following objectives provide a conceptual framework for the implementation of sustainable development and a strategic direction for the ethics, education, and practice of landscape architects.

Landscape architects commit themselves to:

◆ Accepting responsibility for the consequences of their design, planning, management, and policy decisions on the health of natural systems and cultural communities and their harmony, equity, and balance with one another.

◆ Generating design, planning, management strategies, and policy from the basis of the cultural context and the ecosystem to which each landscape belongs at the local, regional, and global scale.

◆ Developing and specifying products, materials, technologies, and techniques that exemplify the principles of sustainable development and landscape regeneration.

◆ Seeking constant improvement in their knowledge, abilities, and skills, in their educational institutions, their professional practice, and organizations to more effectively achieve sustainable development.

◆ Actively engaging in shaping decisions, attitudes, and values that support human health, environmental protection, landscape regeneration, and sustainable development.

Strategies

The following strategies offer more specific guidelines for the implementation of sustainable-development objectives by the landscape architecture profession. These should be applied in every aspect of professional work, including internal workplace culture, professional consulting, and volunteer activities.

Accept responsibility for the consequences of our design, planning, management, and policy decisions on the health of natural systems and cultural communities and their harmony, equity, and balance with one another.

◆ Anticipate the long-term consequences of landscape architectural design, planning, management, and policy in order to equitably meet the developmental, environmental, and cultural needs of present and future generations through the use of long-range, comprehensive approaches and inclusive processes.

◆ Use solutions that solve multiple problems in order to realize efficiencies that recognize the magnitude and scale of challenges.

◆ Actively participate in global partnerships to conserve, protect, and restore the health and integrity of the Earth's ecosystem and its human cultures.

◆ In developing landscape architectural design, planning, management, and policy projects identify and involve stakeholders—both communities and individuals—in helping to make decisions that affect their life and future; ensure that they have appropriate access to relevant information, presented in an understandable form; create opportunities for them to contribute to solutions.

◆ Favor prevention over mitigation.

◆ Through the design and planning of places, encourage the adoption of healthy, environmentally sound, and responsible lifestyles and attitudes by people who inhabit or use them.

Generate design, planning, and management strategies and policy from the basis of the cultural context and the ecosystem to which each landscape belongs at the local, regional, and global scale.

◆ Foster biological and cultural diversity. Strive to maintain, conserve, or reestablish the integrity and diversity of biological systems and their functions.

◆ Heal, regenerate, restore, reclaim, and nurture degraded ecosystems as part of the landscape design and planning processes. Strive to restore diversity and a sense of place. Commit to the use of indigenous and compatible materials and plants and the creation of habitat for indigenous species of animals. Avoid the use of plants that are known to be invasive to indigenous ecosystems.

◆ Respect and incorporate the cultural values of clients, users, and affected communities; protect and conserve culturally meaningful places, structures, and artifacts.

◆ Recognize that other animal species are essential components of ecosystems and their functions; conserve their existing habitats; and re-create habitat where it has been destroyed.

◆ Ensure that activities support rather than damage the environment within or beyond the limits of the site. Commit to solving problems within the site; don't transfer problems or postpone solutions.

Develop, use, and specify products, materials, technologies, and techniques that exemplify the principles of sustainable development and landscape regeneration.

◆ Develop and use technologies—high, low, and indigenous—that are appropriate for the ecosystem, the culture, and the project's maintenance and management; favor indigenous technology, materials, and techniques.

◆ When development is part of a project, ensure that the resulting construction is of the highest quality, that site protection is integral to the project, and that low-impact construction technology is used during all phases of the process—from initiation all the way through site restoration.

◆ Specify materials and products that are nontoxic both in their final form and in their production process; favor recycled products and products that can be recycled or reused.

◆ Produce designs and specify products or materials that curtail further loss of endangered or threatened species, nonrenewable resources, or ecosystems.

◆ Specify materials and products that are designed to last: design structures that are easy to maintain and flexible, in both their current use and/or their eventual transformation.

◆ Use renewable and sustainable energy sources and ensure efficient energy use.

◆ Treat all site components—soil, rock, water, and vegetation—as resources, not waste products; where waste exists, reuse, recycle, and transform waste materials.

Seek constant improvement in knowledge, abilities, and skills; in educational institutions; and professional practices and organizations to more effectively achieve sustainable development.

◆ Advance the practice of sustainability through generous and proactive sharing of knowledge and experience within the profession; to related professionals and organizations; and to clients, decision makers, community leaders, and citizens.

◆ Build networks among professional, political, and academic communities that expand multidisciplinary cooperation and teamwork in order to exchange information that furthers environmental responsibility and sustainable development and supports cooperative, complementary, noncompetitive approaches to these endeavors.

◆ Engage in or contribute to research that results in sustainable and equitable design, planning, and management processes, techniques, and products; distribute this research promptly and broadly.

◆ Use and improve forecasting, monitoring, assessment, and auditing of environmental impacts.

◆ Actively seek and acquire new knowledge, abilities, and skills; further existing knowledge, abilities, and skills; and improve practices that apply the concepts of sustainable and equitable development and landscape regeneration.

Actively engage in shaping decisions, attitudes, and values that support human health, environmental protection, and sustainable development.

◆ Create awareness of sustainable development issues among the public, clients, all levels of government, students, and organizations and institutions involved in environmental protection and development. Develop and share information that helps define the issues or contributes to solutions that focus on sustainable and equitable development.

◆ Join with other organizations and groups to more effectively advocate and advance sustainable and equitable development and landscape regeneration concepts.

◆ Encourage the formation of new economic measures that foster cultural and environmental resources and identify, develop, and encourage economic and other incentives for the preservation, protection, restoration, and regeneration of these resources.

◆ Strengthen and upgrade existing environmental legislation, regulation, standards, and guidelines and encourage the enforcement of these measures. Support and contribute to the use of environmental-impact assessment for proposed activities that are likely to have a significant impact on the environment.

◆ Propose, develop, and contribute to new laws, regulations, standards, and guidelines where these measures would advance sustainability and landscape regeneration.

图 14–8：《美国景观建筑师协会对环境和开发的宣言》（获得美国景观建筑师协会许可翻印）

健康和生产力来说是非常必要的。这些进程将涉及景观系统的全生命周期：资源确定、可持续收益、人类用途的加工处理、人与资源的重新分布，从而可持续地满足需求、资源使用和再利用以及生态景观和人文景观的健康与生产力的更新再生（图 14-9）。这些方法将整合现有的先进科学知识、技术和工具，以理解系统动力、生命周期流动、投入—产出动力、生态影响力等因素，将它们融入管理、规划和设计过程（16.6）。

14.8 项目类型 | PROJECT TYPES

接下来列举了景观设计项目类型，在范围上从最大型项目到最小型项目，从经历最长时间运作的项目到在特定的时间点发生的项目。以下列举的是以美国景观建筑师协会标题为"情况说明书：美国景观建筑师协会"的文件为基础拓展丰富而成，其中有些项目类型在美国景观建筑师协会的情况说明书中并未包括。

14.8.1 全球景观管理 | Global Landscape Management

全球景观管理是一种涉及可持续性和再生的全新项目类型，但尚未被美国景观建筑师协会列入项目类型之中。《美国景观建筑师协会对环境和开发的宣言》、约翰·迪尔曼·莱尔在再生性规划与设计方面的工作以及呼吁可再生设计都涉及全球的可

持续性和更新再生的问题，必须通过景观管理、规划和设计，在区域性范围或本地范围内加以处理（图 14-10）。

当前，有许多人倡议将全球现存的可持续发展知识进行转化。新近建立并得到快速发展的国际地方环境委员会（ICLEI，International Council for Local Environmental Initiatives）是推行可持续举措的全球城市信息交换站。另一些全球性措施（尚未形成网络）是建立大量的区域性土地实验室，例如美国波莫纳加州理工大学（CalPoly Pomona）的再生研究中心（Center for Regenerative Studies）、得克萨斯州奥斯汀（Austin）的最大潜能建筑系统研究中心（Maximum Potential Building Systems）、亚利桑那州图森（Tuscon）的环境研究实验室（Environmental Research Lab）。这些土地实验室是各类适宜区域性设计方法的交换中心并具有将全球可持续范式转化为区域性工作的潜力。人们提议将这些美国的土地实验室构成网络，使其成为一种将全国对于可持续发展的愿望转译为区域性工作的机制；人们提议将全球土地实验室构成网络，使其成为一种关键的全球景观管理措施（摩特洛克和弗格森，1996）。位于同一区域或同一生物群系的土地实验室将共享其生物群系中的可持续发展解决方案的相关知识。设计师将在特定地点与人们紧密配合，提升非专业人员对于备选方案的意识以及设计师对于特定文化背景做出适当选择的领悟力。全球性网络将引领社会迈向可再生的未来。

14.8.2 区域景观规划 | Regional Landscape Planning

根据美国景观建筑师协会的观点，**区域景观规划**

随着过去30年公众环境意识的逐渐提高，区域景观规划已经成为很多景观建筑师的主要实践领域。它将景观建筑学和环境规划结合。在这个领域中，景观建筑师全面实施对土地和水体的规划与管理，包括自然资源勘测、编制环境影响报告、视觉分析以及景观改造和沿海区域管理（图 14-11）。

美国国内的大多数土地实验室都是很合适的地

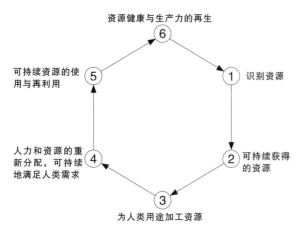

图 14-9：景观系统的生命周期（以最大潜能建筑系统研究中心的工作成果为基础）

图 14-10：全球景观管理

图 14-11：区域景观规划（朝圣者高地（Pilgrim Heights），
科德角国家海滨公园（Cape Code National Sea-
shore），美国国家公园管理局（National Park
Service）；罗布·本森（Rob Bensen）拍摄）

区设计解决方案的交换站。这些土地实验室开发创
新过程、工具并且在某些情况下开发基于全生命周
期的软件并将它们应用在振奋人心的项目中。土地
实验室、学院实践者、公众和私人实践者都深切期
望信息可以在他们之间自由交流，同时也包括革新
的进程、工具以及被主流景观设计专业接纳和应用
的技术。

14.8.3 生态规划与设计
Ecological Planning and Design

　　根据美国景观建筑师协会的观点，生态规划与
设计

　　　　研究了人与自然环境之间的相互作用。生
　　态和规划设计关注设计政策、指导方针和计划
　　的解释、分析及构想，以确保环境质量。这种
　　专业化研究包括了，但并不限于对土地的分析

评价并且重视开发场地的可持续性。这需要环
境保护法律方面的具体知识，例如《清洁水法》
（Clean Water Act）、《安全饮用水法》（Safe
Drinking Water Act）、联邦湿地规范，等等。
这种专门化研究也包括了公路设计和规划。

　　这种项目类型需要设计师对生态学具有实践性
的理解（图 14-12）。这种类型的项目也使设计师
响应环境立法并且当法律、法规更加偏重政治为基
础而不是科学时，致力于法律革新。

　　生态规划和设计是一种迅速发展的项目类型。
它得益于不断发展的生态学和景观生态学。尽管有
时候，生态规划和设计会强调景观评价，但其重点
仍然在于将（由科学发展的）"是什么"的实际知
识应用于"将成为什么"或"应该成为什么"的项
目中。近来这一项目类型的出现和发展折射出景观
建筑学专业向"设计生态学"方向不断前进的步伐。
这种项目类型是最具再生特征的方法。最近出现的
子项目类型包括：生态恢复、生态再生、湿地与草
原的恢复与再生，最好地印证了这种项目类型的伦
理。

14.8.4 土地开发规划
Land Development Planning

　　根据美国景观建筑师协会的观点，土地开发规
划

图 14-12: 生态规划与设计（佩里·斯科特（Perry Scott）拍摄，摘自马里恩·T. 杰克森的著作《印第安纳州的自然遗产》（*The Natural Heritage of Indiana*），印第安纳大学出版；印第安纳波利斯，1997）

过程演进。而在土地开发进程中，景观建筑师扮演多种专业角色，包括从管理结构开发到土地开发规划项目（图 14-13）。

14.8.5 城市 / 城镇规划 │ Urban/Town Planning

根据美国景观建筑师协会的观点，**城市 / 城镇规划**"工作涉及城市和城镇的设计和规划。城市规划者应用分区技术和规则、总体规划、概念规划、土地使用研究和其他方法来制定城市区域的布局和组织。"

城市 / 城镇规划（图 14-14）是一种在私人和公众实践模式下都可进行规范实施的项目类型。从事城市 / 城镇规划的从业人员定期参与到对决策制定产生影响的政策、准则和监管环境之中。一旦这些环境确立下来后，从业人员就在这些环境下从事实体规划与设计工作。公众参与者倾向于用更多时间应对政策，而私人参与者更关注于实体规划，但是每种模式的工作通常都涉及政策和环境规划两个方面。

14.8.6 城市设计 │ Urban Design

尽管美国景观建筑师协会将城市设计作为城市 / 城镇规划的一部分，但是在此我们将两者分开列举就是为了强化整合自然和人文系统的规划与通过**城**

可以是大尺度、大面积未经开发的土地，也可以是城市、乡村或历史区域中较小尺度的场地。它在政策规划与独立开发项目之间架起桥梁。在这一领域工作的景观建筑师需要具有房地产经济、开发管理进程的相关知识并且了解土地开发与工作的实际限制条件。土地开发规划的挑战是将经济因素与优秀设计整合起来，并由此建立高品质的环境。由于景观建筑师兼具专业技术知识，他们通常被推选来领导多种学科人员组成的设计团队。

如上所述，土地开发是经过整合的景观管理、规划和设计中的一个阶段，经景观管理结构、法规、准则和条例的许可。土地开发的历史线性进程正在向包括开发、适应性再利用以及再开发的周期循环

图 14-13: 土地开发规划（海港城（Harbortown），海滨松树种植园（Sea Pines Plantation），希尔顿黑德（Hilton Head），南加州；佐佐木事务所设计；杰拉德·奥尔特曼拍摄）

图 14-14：城市 / 城镇规划（波士顿公共绿地和波士顿公共花园（Boston Common and Boston Public Gardens）；罗布·本森拍摄）

图 14-15：城市设计（波士顿公共绿地和布鲁尔基金会（Boston Common and Brewer Foundation）；罗布·本森拍摄）

市设计实施这些规划之间的差别，美国景观建筑师协会将城市设计差别描述为"几乎全部开放的公共空间的开发，例如广场和街道景观"，它处理的是对城市体验的品质（图 14-15）。

在部分国家中，城市设计专业得到了高度发展。然而在美国，规划师对城市进行规划，设计师对项目进行设计（建筑师设计建筑；景观建筑师设计场地）；却没有专业将它的主要工作放在美国城市设计上。城市设计倾向于由景观设计师、建筑所或城市规划师进行，同时处理城市设计问题。景观建筑学专业广泛的系统方法使其从业人员也肩负了城市设计师的职责。

14.8.7 公园和娱乐规划
Parks and Recreation Planning

根据美国景观建筑师协会的观点，**公园和娱乐规划**包括"新建或重新设计城市、城郊与乡村中的公园和休闲娱乐区。景观建筑师还制定属于国家公园、森林和野生动植物保护系统一部分的大型自然区域的规划。"

进行公园和娱乐规划（图 14-16）的从业者倾向于在一系列尺度中运作，包括国家范围、州范围、区域范围、城市—公园系统及社区、街区和街心花园的设计。

14.8.8 社区规划与设计
Community Planning and Design

社区规划和设计是一种新兴的项目类型。它的重要性正在全球范围内不断提高，这是因为人们无法相互联系，也未能感受到他们是所在社区的一部分。这种项目类型针对人类"归属"的基本需求。这些项目从建立景观设计的第四个基础——人文系统中获益，并对构建人文系统做出贡献。它们是应对特定场所公共意识以及设计可持续的、可再生的社区时必不可少的要素。从事这种项目类型的从业者必须成为精通参与式规划与设计进程的有效促进

图 14-16：公园和娱乐规划（优胜美地国家公园（Yosemite National Park）的半圆形山峰（Half Dome），前景为默塞德河（Merced River），美国国家公园管理局；罗布·本森拍摄）

因素（图 14-17）。

14.8.9 总体规划 / 场地规划
Master Planning/Site Planning

　　根据美国景观建筑师协会的观点，**场地规划**

　　关注地块上的环境设计、建筑与自然元素的分布。一个场地规划项目可能包括一栋独立住宅、商务公园、购物中心或整个居住社区的用地设计。更具体地说，场地设计包括对人造物体和场地中的自然特征（包含地形学、植被、排水、水体、野生动植物和气候）加以秩序井然、高效美观并且生态敏感的整合。敏感的设计将生成环境影响与项目成本最小化的开发方式，并为场地增价（图 14-18）。

　　在这一尺度上，对自然模式和基础设施模式的整合尤为重要。

图 14-18：总体规划 / 场地规划（盖蒂中心（Getty Center）：建筑师，理查德·迈耶；景观建筑师，劳瑞·欧林（Laurie Olin）；中心花园设计（Central garden design），罗伯特·欧文（Robert Irwin）；罗布·本森拍摄）

14.8.10 景观设计 / 场地设计
Landscape Design/Site Design

　　美国景观建筑师协会认为**景观设计**

　　作为景观建筑学的历史核心……其工作涉及详细的居住、商业、工业、机构和公共场所的室外空间设计。它包括将场地作为艺术处理、室外和室内空间硬质、软质表面的平衡、建筑材料和植物的选择、诸如灌溉等方面的基础设施及详尽的施工方案和文件的制定（图 14-19）。

图 14-17：社区规划与设计（自助背景中的协助型规划；约翰·摩特洛克博士拍摄，比勒陀利亚大学）

14.8.11 历史景观保护和再利用 | **Historic Landscape Preservation and Reclamation**

　　根据美国景观建筑师协会的观点，**历史景观保护和再利用**

　　场地，例如公园、庭院、地面、滨水区和湿地等历史景观保护和再利用，由于人口不断增长导致额外开发，使景观建筑师的需求量增加。这一领域可包含在相对静态条件下对场地的保留与维护，将场地作为更大面积的具有历史意义区域一部分的场地来保留，将场地复原到一个给定的日期或品质进行重建，或按照未来的新用途更新场地。景观建筑师常常参与调研，而且一直深入整个实际重建阶段。

　　这一项目类型（图 14-20）为景观建筑师带来了特殊的挑战。因为"自然的特性就是变化"，景观保护需要高强度的、基于社区的工作，从而确定变迁历史中的哪个时间框架、时期或方面需要保护。

14.8.12 设计的社会和行为特征 | **Social and Behavioral Aspects of Design**

　　根据美国景观建筑师协会的观点，**景观设计的社会和行为特征**

　　关注设计的人性化层面，例如针对老年人或残障人士的特殊需求设计。这一领域需要社会科学方面的高级训练，例如行为心理学、社

图 14-19：景观设计 / 场地设计（悉尼·沃尔顿公园（Sidney Walton Park）：佐佐木·沃克尔事务所（Sasaki Walker Associates）；喷泉由弗朗索瓦·斯塔利（Francois Stahly）设计；罗布·本森拍摄）

图 14-20：历史景观保护与再利用（夏宫花园（Generalife Garden），格拉纳达，西班牙）

会学、人类学及经济学。研究领域包括设计评价现存环境、环境感知、环境对人类的影响。

尽管在美国景观建筑师协会的说明中没有明确界定，但是这一项目类型也包括为了将问题解决方案与人类意识相联系进行设计，并将人与场所和其他人联系起来（图 14-21）。这一项目类型还在很大程度上为景观设计构建了人文系统基础。

14.8.13 景观建造 | Landscape Construction

虽然未被纳入美国景观建筑师协会的列表之中，但是有很多景观设计师以设计—建造的角色从事景观建造工作（图 14-22）。设计—建造中的实

图 14-21：景观设计的社会与行为特征（全国广场（Nationwide Plaza），俄亥俄州哥伦布市；佐佐木事务所；罗布·本森拍摄）

践经验对形成合理有效建造的设计解决方案大有裨益。这种经验还将设计师与设计细节、技术问题紧密地联系起来。这一项目类型并未被设计从业者普遍接受，部分原因在于一些设计—建造从业者漠视或隐瞒了在建造预算中本应收费的设计时间。社会对于品质优良设计的重视是非常重要的，如果设计成本隐藏在建造成本之中，那么设计就贬值了。

14.8.14 设施运行｜ Facilities Operation

从事设施运行以及 / 或者管理工作的从业者对于景观项目规划和设计的关系与人们日常生活之间的关系具有独特的见解（图 14-23）。与其他形式的使用后评价一样，设施运行有效地提高了规划和设计能力，并积极地将景观管理、规划和设计与人们日常的景观体验联系起来。

图 14-23：设施运行

14.9 景观设计中的数字应用｜DIGITAL APPLICATIONS IN LANDSCAPE DESIGN

多年来，专业事务所要求设计专业毕业生具有合格的入门级技能，包括计算机辅助设计和地理信息系统操作能力。除了仍然坚持精通计算机辅助设计和地理信息系统的需求，当前很多公司还要求毕业生可以使用一系列的应用软件，包括计算机辅助设计、二维和三维建模、地理信息系统、演示软件、网页开发软件，在很多情况下还需要掌握其他特定软件。

14.9.1 计算机辅助设计｜
Computer–Aided Design

大多数公司都在一定的应用范围内使用计算机辅助设计，包括项目设计、施工和生产应用。当前的计算机辅助设计软件在设计上都在基础软件上添加了附加组件，例如 Autocad 软件的 LandCadd 组件，其中包括一系列的景观应用程序，包括地形改造、挖方和填方、排水计算、道路排列以及其他景观施工应用。计算机辅助设计软件间的衔接，例如从 MicroStation 到 AutoCad 的转换已经非常简便，熟练掌握一种软件的学生通常可以在一周或两周的时间内掌握另一种软件。毕业生从熟练掌握一种软件的过程中获益，并通过集中强化训练班深化了使用另一种计算机辅助设计软件的能力。

图 14-22：景观建造 / 设计建造（马术训练设施；莱斯·史密斯（Les Smith）拍摄）

14.9.2 二维（2-D）和三维（3-D）建模 | Two-Dimensional and Three-Dimensional Modeling

大多数公司希望刚入职的员工可以熟练掌握二维建模软件，例如大多数计算机辅助设计软件以及三维模型软件，例如 FormZ 和 3D Studio Viz。基本的二维和三维建模软件应用能力可以通过集中强化训练班得到提高。两到三天的训练班课程或参加一系列同样时间的短期训练班课程可以有效地提高学生和从业者使用特定软件的能力，之后学生们通常可以通过自学提高软件使用能力。

14.9.3 地理信息系统 | GIS，Geographic Information Systems

数字技术使景观设计师收集、分析、整合并管理大量信息，并努力将这些数据整合在规划和设计过程中。地理信息系统或许是最有用的软件类型，可以帮助景观设计专业向以知识为基础的管理、规划和设计的方向发展。这种工具具有可视化、能够整合数据、解读动力并能管理复杂性等特点，地理信息系统的应用正在景观设计学科中迅速发展。景观设计专业中最广泛应用地理信息系统的是便于用户操作的 ArcView；比之更为复杂的 ArcInfo 也频繁使用。由于 ArcView 容易学习掌握，大多数课程都选择教学生使用 ArcView，而不是 ArcInfo。

14.9.4 演示软件 | Presentation Software

大多数公司希望刚入职的员工可以掌握一系列演示软件。在演示软件中，最广泛应用的是桌面排版软件，例如 Adobe Pagemaker 和 QuarkXpress；二维图形软件，例如 Adobe Illustrator；二维渲染和照片修改软件，例如 Adobe Photoshop 以及演示—组织软件，例如 Microsoft Powerpoint。

14.9.5 万维网应用 | World-Wide-Web Applications

很多公司希望员工擅长使用万维网以及网页开发软件，例如 Frontpage。很多专业学位课程需要学生在课程和研究活动中使用万维网。另一些学位课程需要学生设计并建立他们自己的网页，作为他们学习的一部分内容。

14.9.6 新兴技术 | Emerging Technologies

另外，一系列新的软件类型在辅助景观建筑专业开发并应用富有创新特点的景观设计进程中具有特定的益处和价值。

系统动力建模软件（System Dynamic-Modeling Software）：系统动力建模软件使景观设计师将系统的即时性能整合在设计过程之中。一种非常实用的软件是 Stella（高性能体系，1997）。这种软件使设计师对他们的设计系统进行模拟、根据对系统动力的理解预估动力流动和系统性能、模拟这些流动，并通过加快运转这些模型来观察系统性能。这一过程为设计师提供了有关他们预估的流动和系统性能准确性的反馈，并使他们对于系统动力学的理解得到提升。反过来，这些软件加强了每个设计者对按照预期运转的模型和系统进行设计的能力。这种软件是一种有力的工具，提高了设计者预测设计系统性能的能力，并因此提高了设计师的可信度、增强了他们的自尊心以及对社会的价值。

整合技术（Integrating Technologies）：正在进入市场的新型软件程序使多种数字技术相整合。人们希望由单一制造商提供特定的软件类型，来降低专业和跨专业领域中的压力。这种整合将提高人们对专业设计公司的预期——初级的专业设计人员也可以应用多种软件。

参考文献

Broadbent, G. Design in Architecture. Chichester: John Wiley & Sons, 1973.

Cross, N. Developments in Design Methodology. Nigel Cross, editor. Chichester: John Wiley & Sons, 1984.

Lyle, J. T. Design for Human Ecosystems: Landscape, Land Use and Natural Resources. New York: Van Nostrand Reinhold, 1985.

McHarg, I. Design With Nature (First edition). Garden City, NY: Published for the American Museum of Natural History by the Natural History Press, 1969.

Motloch, J. "Delivery Models for Urbanization in the Emerging South Africa." Ph.D. Thesis, University of Pretoria, Pretoria, South Africa, 1992.

Motloch, J. Ferguson, D. " The Land Lab as a Hands-on Tool for Teaching Sustainable Concepts." Second Greening of the Campus Conference, Ball State University, 1996.

Sonnenfeld, J. "Geography, Perception and the Behavioral Environment." Paper presented at Dallas AAAS, December 27, 1968, in symposium on " The Use of Space by Animals and Man."

Strauss, E. "An Innovative Process to Facilitate and Coordinate Planning and Design Decisions in Property Development Projects, " ML Thesis, University of Pretoria, Pretoria, South Africa, 1990.

Van Gigch J. P. " The metasystems paradigm as a new hierarchical theory of organizations," Annual Meeting of the Society of General Systems Research, New York, 1984.

推荐读物

Capra, F. The Turning Point. New York: Bantam Books, 1983.

Clark, W. C. " Managing planet earth." Scientific American, September, 1989.

Fisk, P. " Metabolic planning and design: how healthy building could be the forerunner of healthy businesses, healthy cities and a healthy environment." Annual Conference of New England Solar Energy Association and Quality Building Council, 1989.

Fisk, P. " Regional planning and sustainability." Presented at the Harvard School of Design, Colloquy on Sustainability. Boston (available from Center for Maximum Potential Building Systems, Austin), 1988.

Hatchuel, A., Agrell P., and van Gigch, J. P. " Innovation as system intervention, " Systems Research: The Official Journal of the International Federation for Systems Research, Volume 4 (1), 1987.

Ittelson, W. H. " Environmental perception and urban experience. " Environment and Behavior, 10, 193–213, 1978.

Jacobs, P. " Cultural values in the changing landscape." The First CUBIT International Symposium on Architecture and Culture, College Station, TX, 1989.

Jantsch, E. Design for Evolution: Self-Organization and Planning in the Life of Human Systems, New York: George Braziller, 1975.

Kaplan, S. Past Environments and Past Stories. EDRA20, The Annual Meeting of the Environmental Design Research Associates, Black Mountain, NC, 1989.

Kaplan, S. Aesthetic, Affect and Cognition: Environmental Preference from an Evolutionary Perspective. Environmental Behavior, 19 (1): 3–33, 1987.

Ruckelshaus, W. D. " Toward a sustainable world. " Scientific American, (261) 3, September 1989.

Wates, N., and Knevitt, C. Community Architecture: How People are Creating Their Own Environment. New York: Penguin Books, 1987.

White, L. The historical roots of the ecological crisis. Science, 10: 1203–1207, 1969.

第十五章

作为问题解决方式的场地设计
Site Design as Problem-Solving

15.1 设计过程的共性
COMMONALITY OF DESIGN PROCESSES

有多少设计师就有多少设计过程。然而，这些设计过程具有一些共性（图15-1）。它们都对亟待解决的事件或问题进行界定。这些设计过程包括构想一种或多种处理问题或解决难题的构思，它们会执行这些构思，然后评估获得实施的构思。这种做法通常会加深对问题的理解。这些特征很少以有意识的独立实体形式出现。更常见的情况是，这些特征以直觉形式出现，并没有明显的组织。

设计过程并不具有线性特征；它们更具备周期性和持续性。它们没有预设的开端起点；设计师可以在发现问题或想到一种构思时展开设计，也可以通过在环境上创造成果或在评估某些特定情景时开始设计。设计的隐含目标就是改善某些情景；由此产生的必然结果就是以下需要处理的议题获得实现。其中隐含着设计中的挫折感和令人兴奋之处。

设计是以目标为导向的。设计师寻求一个结果；他们渴望创造更好的"诱饵"。因此，虽然设计是周期性的，但是它同时也是渐进式的。就这点而言，设计特性的最佳阐述或许应该是螺旋式的（鹦鹉螺式的、二维螺旋的或三维螺旋的）。设计进程是渐进循环的：它们不断地循环，逐渐接近某些理想解决方案或问题解决方式（图15-2）。

15.1.1 问题界定 | Problem Definition

在设计教育中有一个关于解决问题的经典故事。这个故事讲的是西红柿种植者希望用机器采收西红柿，但是经过数年尝试没有人能设计出一种动作轻柔可以采摘成熟西红柿的机器。当问题的界定

图 15-1：设计过程的共性

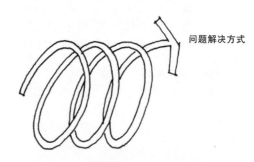

图 15-2：以目标为导向的设计过程

从"设计机器"转化为"通过机器采收西红柿"之后，这个问题就通过研发一种厚皮西红柿获得了解决。这个故事提供的信息就是，问题未能得到解决是因为它们被错误地界定。由此推出的结论是，大多数解决方案失败的原因**不是**（not）其没有能力解决界定出的问题，而是因为界定的问题本身就是错误的。

在欧洲旅行的美国人通常因为欧洲人无法解决问题而感到懊恼，而另一方面，欧洲人通常觉得美国人在全面理解问题之前就做出决策，制定出无法解决实际问题的解决方案，并在这一过程中产生额外的问题。

在设计环境中，问题没有得到解决通常不是因

286

为缺乏解决问题的能力，而是问题的界定不充分。然而，设计院校必须准备好教育学生辨识到问题、理解关系并解决即使今天仍无法预测的问题。训练界定问题的能力是设计课程必不可少的一部分。问题表述通常是开放的；要求学生们对问题进行界定——包括各种争议及其相互关系，并对该问题做出设计回应。

虽然问题界定是直觉思维与理性思维之间的复杂对话，但是它也可以理解为一种简化的循环方式，如图 15-3 所示。这种循环过程通常始于对复杂情景的初步理解。设计师通过识别情景的组成部分和它们之间的关系从而对情景产生更好的理解。确定关键的组成部分和相互关系通常用来获取对问题本质的洞察力，由此可以更好地表达和解决问题。

15.1.2 构思｜Ideation

大部分问题的界定是理性的、逻辑的、推理的和实用的。然而，构思是纯粹直觉的。它包括左手思维：灵光乍现与创造力的火花。

尽管构思是产生于一瞬间，具有灵性的心智环境可以通过摸索研究来培养，给下意识地思索议题留出时间。构思通常不可操之过急，因为概念的孕育期至关重要。另外，一旦出现了灵感，我们就应该允许思维犹豫徘徊一段时间。具有创造力的人通常可以构想出多种高度多样化的概念并延迟决定哪

种是最佳概念。效率较低的设计师通常无法忍受各种构思酝酿时的混乱情况便进行过早的判断，偏好率先出现的概念，建立明显乏味的设计理念。

构思不是通过教育形成的，而是一种所有人共享的知觉过程。不幸的是，在很多情况下，创造力的大脑路径遭到思维障碍的阻断。在《突破思维障碍》（*Conceptual Blockbusting*，1979）中，詹姆斯·L. 亚当斯研究了消除这些障碍的技术。读者可回顾 3.3 中提供的技术，同时参阅《突破思维障碍》以对这些障碍和消除障碍的技术展开更深入的研讨。

设计教育的两种基本任务是教育学生关注如何排除思维障碍并建立有助于丰富构思的心智环境。

15.1.3 实施｜Implementation

在实施阶段，设计师开发并实现设计构思而且将它整合到自然与文化背景中。在项目设计中，实施包括场所营造及视觉、生态、结构、基础设施系统的解决方案，等等。

只有当场地体验在人们脑海中留下生动的思维印象时，才能认为场地设计是成功的。为了达到这种成功的效果，设计师必须对（有时是多人）个体和群组的价值观、希望、梦想和愿望保持敏感，场地正是为了这些人而设计的。设计师还必须具有管理自然形式和感官特征的能力，从而建立**象征性的**（symbolic）景观，这种景观将在观察者的思维中唤

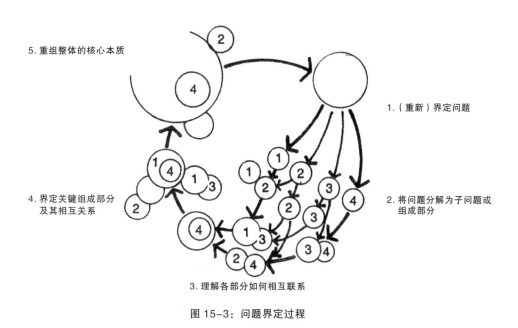

图 15-3：问题界定过程

起强烈的情感回应。

我们对于场所的感知首先是空间上的，而很大程度是视觉上的。将设计干预整合到现有的**空间系统**（spatial systems）之中对于有效的设计实施非常重要。设计师必须能够建立可引起视觉兴奋的"特殊"场所，与更大规模的**视觉系统**（visual systems，统一整体中的多样性）相整合。

实施还包括将结构和基础设施的各个子系统整合到其他场地系统中或者现有的背景环境结构和基础设施系统之中。**在结构上**（structurally），设计解决方案必须抵制重力和环境作用力并保持内部静止状态。它们还必须反过来影响较大规模系统的稳定性。从**基础设施**（infrastructure）角度来说，设计师必须有效地并高效率地设计场地系统，包括流线（交通）、排水、污水、电力、照明和电信系统。设计解决方案必须以一种可持续的方式整合在场地和背景环境中的自然、结构与基础设施系统，而无需过度的能量或资源投入。

15.1.4 评估 │ Evaluation

在设计过程中，评估主要分两部分。评估主要包括评估已经实施的构思以及评估设计问题的界定。

评估的第一部分——**已实施构思的评估**（evaluation of the implemented idea）具有两个层面。在第一个层面评估的是设计解决方案。构思与实施之间的关系（仅在概念上的实施还是成熟设计的实施，包括空间开发、场所感、视觉品质、含义及唤起的感受）也需经过评价。设计的有效性、效率及整合进更大系统的设计，包括结构和基础设施，也是评估的对象。

另一层面上评估的是被实施概念与问题的关系。这一层面非常必要，因为从概念上讲构思过程处理的是问题的特性和本质，但是并不针对问题的细节。已实施概念与问题特定方面之间的相互关联使设计师能够更好地估计问题解决方案的适宜性。

评估的第二部分包括**对问题关键性的重新评估**（critical reassessment of the problem）。通过构思的生成与实施，将形成对问题的更深刻理解。这种见解使设计师更好地界定问题。这是对于设计过程螺旋形特征的另一种表达：在探寻设计解决方法时循环过程的重复出现促使对问题的界定获得提升。

15.1.5 决策制定 │ Decision–Making

循环过程促进了有效的设计。经过多重循环，问题得以更好的界定，同时发展演化出众多设计回应（图 15–4）。继而对这些设计回应加以权衡、分类并划分优先次序。确定了每种设计回应的利弊，应确定并执行最佳解决方案。循环设计过程促使设计师超越习惯思维，产生有效的、反应灵敏的设计。

15.2 设计过程与景观建筑学专业 │ DESIGN PROCESSES AND LANDSCAPE AR–CHITECTURE

景观设计过程以一种循环方式从一种对于景观和人类需求的理解发展为概念回应，再通过设计实施。循环模型（图 15–1）应用在不同类型的景观决策（图 15–5）中，包括概念生成、设计扩初、施工图纸、建造以及解决界定问题的决策在使用后有效性的评估。

在学术环境中，大多数设计项目通常通过方案设计得到延伸，并由问题界定、概念深化及方案设

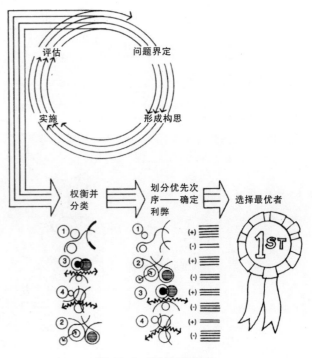

图 15–4：设计决策制定

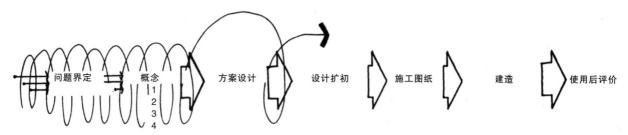

图 15-5：项目设计过程

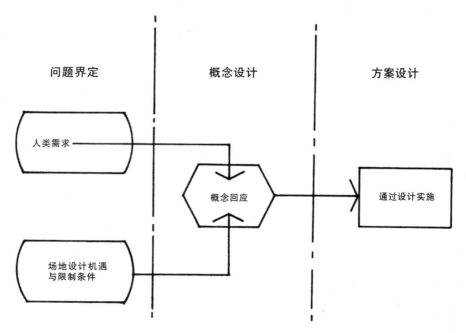

图 15-6："学术界"典型的设计过程

计组成（图 15-6）。鲜有学术项目通过施工文件的生成、项目建造或使用后评估对设计全过程进行研究。更多的则是强调过程的后期阶段，这将促进更有深刻见解的决策制定。

15.2.1 问题界定 | Problem Definition

构思形成主要是靠左手系的直觉思维，与之相反，问题界定主要是靠右手系的分析思维，也就是逻辑的演绎推理。

分析通常包括对复杂整体的剖析、研究它们的组成部分、辨识新的以及含义更加丰富的模式（关系），并将组成部分重组为新的、更富有意义并易于理解的整体（图 15-3）。当设计师在数据中迷失时将产生**分析麻痹**（analysis paralysis）——只见树

木不见森林的困惑。为了避免这种麻痹障碍，设计师应该具有确定的目标，进行有限度的数据收集并分析问题，通过这种分析达到既定目标（或出现相关的新目标）。设计师应该避免在无用的数据上浪费时间，也避免这些数据掩盖相关的信息。

有责任感的项目设计在生态、文化、技术和视觉背景中满足人类需求。因此，问题界定通常有两个主要组成部分：对人类需求的界定，通常指的是**规划**（programming）以及对场地需求、结构、功能、这些因素产生的设计机遇与限制条件的界定，称为**"场地分析"**（site analysis）。

规划 | Programming

项目规划通常起始于将一个工程中所包括的组

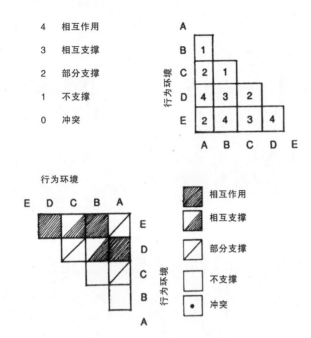

图 15-7：一对一功能关系的矩阵

成部分或元素罗列出来。这个列表通常会发展成为一种对于行为环境（促进和支持特定行为的建议空间区域）的定量和定性分析；分析也包括行为环境的尺寸、品质和环境特点以及通过设计分配给环境的资源。项目规划并不涉及场地条件，而是记录了设计师对于人类需求乌托邦式的界定。项目规划还在满足这些需求时确定没有场地限制的理想关系。

规划技术（Programming Techniques）：项目规划技术具有高度的多变性，但是又经常存在很多共性。这些技术通常以全面综述为开端，并将这一综述拓展为要素列表并在接下来探究这些要素之间的关系。最初探索一对一的关系，继而把这些关系整合在一起组成更复杂的模式，并重建为一个更易理解的整体。这些技术可视作是一种问题界定过程的应用（图 15-3）。

规划工具（Programming Tools）：最常用的两种规划工具是矩阵和功能关系示意图。

矩阵（Matrices）：矩阵（图 15-7）是一种确定并表达一对一关系的有效工具。它通常是在两个方向的轴线上进行组织的二维图表。每条轴线标示出一套变量。交点或网格单元记录了一对一的关系。这些关系可以是定量的（记录关系的重要程度）或定性的（表达关系类型或预期特征）。矩阵可以使用数字或符号（圆点、半圆点、正方形、色彩、肌理，等等）来表达关系。

矩阵可以用来确定项目元素之间、元素和现存空间、与潜在使用者、与环境条件（图 15-8）、与经济条件之间的预期关系或其他类型的一对一关系。它们可以使设计师在最小空间中识别、记录和表达很多种关系。然而，矩阵并**不能**（not）整合数据来发现含义丰富的集合模式。

功能关系示意图（Functional–Relationship Diagrams）：功能关系示意图使设计师考察一对一关系以及复杂的组合关系（图 15-9）。这些示意图促进了对元素尺寸、形状和特点的研究，并且探究了预期的组织、空间关系、环境条件、联系、隔离，等等。它们通常**不会**（not）应用于研究特定形状或实际的场地条件。

在这些维恩图类型（Venn-type）的空间和关

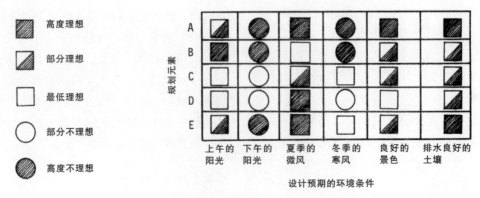

图 15-8：项目元素和环境条件之间的预期关系

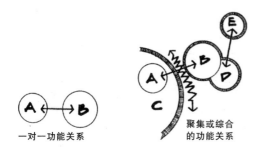

图 15-9：功能关系示意图

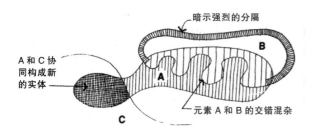

图 15-10：泡泡形状及其所代表的特征

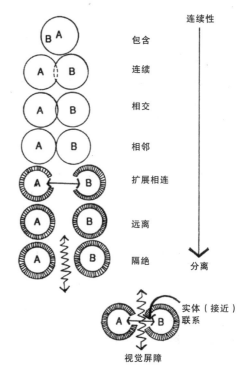

图 15-11：空间关系

系示意图中，特定的泡泡通常表示了项目元素，而泡泡的尺寸代表的是预期的元素尺寸或感知的重要性。泡泡的特征通常传达了设计师对于元素、元素特征、内部组织或形式潜力、与背景环境的关系或其他问题的态度（图 15-10）。

泡泡的空间关系（临近性）与边缘特征、线条连续性、线宽、连接箭头、分隔线（表示障碍）、明暗、肌理、色彩等因素结合起来共同表达了预期的关系。这些关系可以是实体上的（接近）或感觉上的（视觉、听觉或嗅觉）（图 15-11）。

规划分析通常以对最理想功能关系的总结作为结束。这种以图表形式表达的总结通常指的是**综合功能关系示意图**（composite functional relationship diagram）或**完美规划**（perfect plan）（确认具有完美关系的理想状态，而不是在任何给定场地上都可实现的关系）。完美规划的组织表达了要素和预期功能群组（核心和辅助设施、公众和私人区域，等等）之间的理想关系。

综合功能关系示意图是一种具有形式含义的组织模式。它通常是两大理想组织模式之一，通过它对可供选择的设计概念进行评定，以估算它们对项目需求的响应程度。另一种判断响应程度的理想模式是场地分析。

规划元素

阳光房（SR）	180 平方英尺	工作室（ST）	145 平方英尺
起居室（LR）	160 平方英尺	工作室附属浴室（B3）	45 平方英尺
餐厅（DR）	115 平方英尺	车库（CAR）	250 平方英尺
厨房（K）	90 平方英尺		
主卧室（MBR）	190 平方英尺	广大的外部空间以支持阳光房、起居室、	
主浴室（B1）	60 平方英尺	主卧室和工作室产生强烈的入口感并感	
客用浴室（B2）	60 平方英尺	受户外生活	
客卧（BR2）	180 平方英尺		

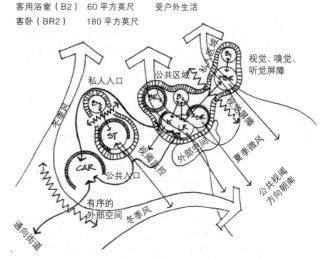

图 15-12：综合功能关系示意图

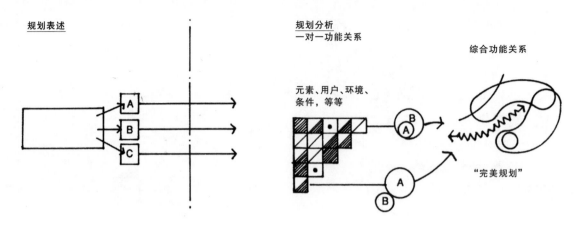

图 15-13：规划过程

规划包括对行为环境及其尺寸和特征的定量和定性分析以及通过设计分配给行为环境的资源。图15-12中一小片复杂的居住区反映了这一过程的巅峰。包括定量罗列出规划元素、其面积要求以及综合功能关系示意图（完美规划），综合功能关系示意图涉及预期组织和定性的环境、视觉、听觉、嗅觉及视觉关系。这种示意图体现了基本关系，其中预期关系与实际关系一样多。另外，还可以通过对类似的、但更加详细的项目子部分的示意图对额外的一些关系进行研究。规划作为一个过程可以在图15-13中以图形形式进行了回顾。

场地分析 | Site Analysis

实体场地是随时间演化并且回应变化影响力系统中的组成部分之一。场地演化的速度与系统失调的程度相互关联（兰德菲尔和摩特洛克，1985）。当未受干扰时，场地演化建立一种平衡，以更有效地发挥作用，减缓变化速度。但是这种平衡很容易

遭破坏。一旦这种内在的稳定性受到破坏（图15-14），场地将迅速变化，这是因为场地进程开始运作建立一种新的平衡。为了验证这一事实，我们可以开车穿过一片建筑工地，亲眼目睹暴雨形成的径流裹挟着土壤冲刷街道建立一种新的地形平衡状态。在大多数情况下，不平衡导致了不断增加的维护保养问题和可持续性较低的设计解决方案。

为了了解场地，设计师分析场地中的自然与人工要素以及场地外的影响因素。基于场地尺度、复杂性和位置，场地内的相关自然因素通常包括地质基底、地形或地貌、地下水和地表水、土壤、植被、野生动物、微气候、空间和视觉考量因素。场地内的人工要素包括现有结构、铺地、比如雨水和污水排水系统的重力流支撑系统以及天然气、电力和通信分布系统的压力流系统。场地外的影响因素包括环境元素，例如步行流线、车行交通系统、邻近的土地用途、视觉考量因素，等等。场地踏勘、场地细目清单及对以上各种因素和影响的分析不在本书的研究范围之内。这些内容的详细研究可见兰德菲尔和摩特洛克所著《现场勘查与工程》（*Site Reconnaissance and Engineering*，1985）。

设计师必须理解以上各种可变因素，包括每种可变因素与其他可变因素的关系、这些可变因素的一般形式、使这些一般形式产生变化的动力、这些动力产生的形式变化、产生的数据类型以及解读数据等方面。设计也必须避免出现分析麻痹障碍。

为了了解项目场地，设计师必须发现并解读数据。因此，设计过程的这一阶段包括两部分：场地

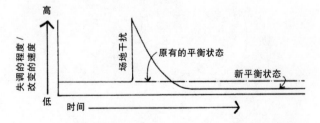

图 15-14：场地平衡（摘自 Landphair,H.C.,and Motloch,J. L.,*Site Reconnaissance and Engineering*, Copyright ©1985 by Elsevier Science Publishing Co., Inc.）

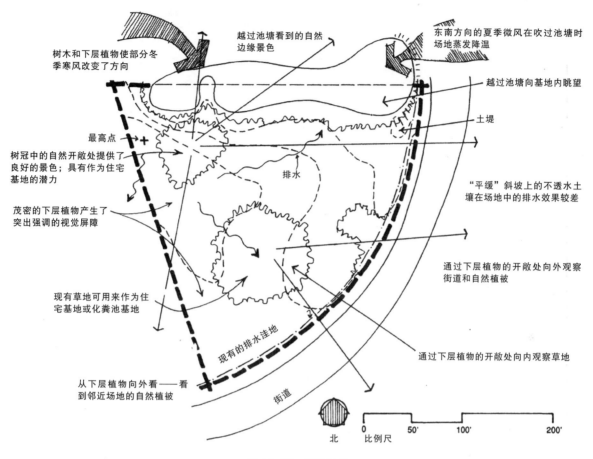

图 15-15：场地分析

清单和场地数据。场地清单发现并记录数据，包括现存于场地上的、附近视线所及范围内的以及场地所在位置的数据。场地分析是深刻推测这些数据会对设计产生的影响。

场地清单（Site Inventory）：场地清单通常有两项任务，确认场地总体特征，罗列出特定的场所元素以及它们的形式表达。场地总体特征通常可以用 10 个或 10 个以内的英文词汇就可以表达，例如"一片由冬青和橡树组成的茂密树丛，与杜松共同种植在排水沟边"或"一片贫瘠的空旷空间，由毫不协调的不同建筑统御"。特定的场地元素和它们多样化的表达通常显示在场地底图上。

场地分析（Site Analysis）：一个优秀的场地分析取决于设计师如何理解与场地条件相联系并可产生影响的作用力范围。具有这种知识的设计师可以分析场地数据、研究数据的相互关系及解读数据，

发现能够产生场地条件的影响力、确定场地环境条件影响和作用力的设计意义、识别最重要的场地条件（场地实质）、培养适宜的设计态度、明确界定即将在设计中考虑到的场地问题并划分优先次序。

表达（Communication）：场地信息通常以两种方式进行表达：一种是作为详细的场地分析信息，另一种是归纳总结或实质形式。**详细的场地分析**（detailed site analysis）（图 15-15）通常同时包括细目清单和分析信息，它们都绘制在场地底图上。场地底图记录、解读，并提醒设计师对很多场地问题做出回应。这种底图还将这种详细信息呈现给客户。

场地分析图表现了大量的详细信息，而**场地实质表述**（site essence statement）提取并界定了对设计来说最为重要的信息和要素。这些实质性表述可以是文字或图形形式，但是两者相结合的效果最佳

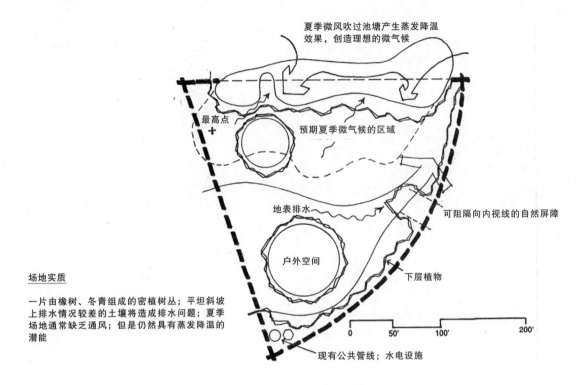

夏季微风吹过池塘产生蒸发降温
效果，创造理想的微气候

最高点
+

预期夏季微气候的区域

可阻隔向内视线的自然屏障

地表排水

户外空间

下层植物

场地实质

一片由橡树、冬青组成的密植树丛；平坦斜坡
上排水情况较差的土壤将造成排水问题；夏季
场地通常缺乏通风；但是仍然具有蒸发降温的
潜能

0   50'   100'   200'

现有公共管线；水电设施

图 15-16：场地实质

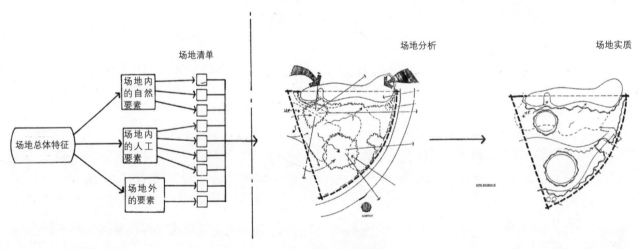

场地清单

场地分析

场地实质

场地内
的自然
要素

场地总体特征

场地内
的人工
要素

场地外
的要素

图 15-17：场地分析过程

（图 15-16）。场地分析和实质表达共同组成了第
二种标准（规划是第一种标准），通过这种标准评
判备选设计概念，评估它们对项目需求的反应。图
15-17 中的场地分析就是以图形形式考察这一过程。

15.2.2 设计概念 | Design Concept

如上所述，对设计概念的界定是一种直觉过程，
同时还包括了设计灵感。带着这种想法，强烈概念

性的设计必须对规划和场地分析做出回应，推迟关
键性的分析与设计，转而强调直觉反应通常是有益
的，而且也会使思维流畅灵活。很快大量的概念应
运而生。这些概念之间应彼此有明显的区别。在概
念生成时期过后，应该分析这些概念的多样性。如
果设计师并未从本质不同的观点出发构建几种显著
不同的概念，概念设计应该以一种更广泛的方式进
行延伸。通常至少应构建三种显著不同、令人兴奋、

切实可行的概念。

　　每种设计概念的生成包括三种行为：对规划和场地分析的**整合**（integration）；生成设计构思，或**大构想**（big idea），最后形成项目意象；**设计概念**（design concept），包括规划元素及场地中设计资源的组织。设计概念一旦成形，就要评估、衡量并归类，而通过方案设计可以选择施行的设计概念（图15-18）。

　　规划与场地分析的整合（Integration of Program and Site Analyses）：概念设计应该以所有需求的整合为基础。如前文所述，它涉及人类需求和场地需求。每种需求都提供了特别的设计机会和限制条件。实现各种设计机会并解决规划和场地之间的冲突是概念设计的开端。

　　正如在规划和场地分析两部分中探讨的那样，两者都将产生一种总结性的示意图。在规划中，综合功能示意图或完美规划通过预期行为环境、环境之间的关系以及它们所分配到的资源总结人类需求。场地分析表述了场地设计机会和限制条件。场地概念设计以最简形式将这两种模式结合起来，共同暗示了设计的方向和形式。

　　"大构想"（The "Big Idea"）：大构想是潜藏在设计概念中的睿智构思。它是设计中富有创造性的呼吸，是解决方案的命脉，也是众所周知的"顶峰之火"。它还是一种聚焦于设计方向基础能量的工具。

　　大构想通常包括了构思、象征以及场所感的集合。常常可以用一到两个英文词汇加以说明："意大利的山城""希腊村落"或"户外空间"。大构想是一种隐喻。它将意象浓缩于几个可唤起联想的词汇并通过联想表达强化的意义。反过来，这种强化的意义表现了预期的项目环境。

　　大构想也是一种心理完形：包括构思、项目意象、项目元素的组织集合。有时大构想起始于一个能唤起联想的词汇：令人兴奋的、迷人的、富有魅力的、神秘的、公开的，等等。还有的时候，场地组织暗示了意象，而大构想正是从意象中提取而来的。无论哪种情况，大构想都是一种独特的观念，也是一种统一的参考点。大构想巩固了设计并起到参考点的作用——黑暗中的灯塔。

　　大构想通常可以通过头脑风暴会议产生，在这种会议中产生的是构思，推迟了最终决策。头脑风暴会议结束后，获得的想法通过意象性和项目组织进行研究。通常最佳的三种或四种概念得以保留从而进行更深入的研究或呈交给客户。

　　尽管大构想通常可以用一到两个单词来说明，但是它也可以被扩展；并且隐喻的特定联想可以通过将大构想转译为一种预期的项目意象表述而变得更加清晰。例如，"意大利的山城"这一大构想可以转译为"正形与负形敏感的整合，松散的直线形式对包括地形学和流线等方面的影响因素做出回应……狭窄蜿蜒的通道使近景视野随着人的运动逐渐展开……一致使用本地石材将产生一种无时间限制的永恒性和统一感……而**没有**（without）美国典型的公共和私人空间的组织"。

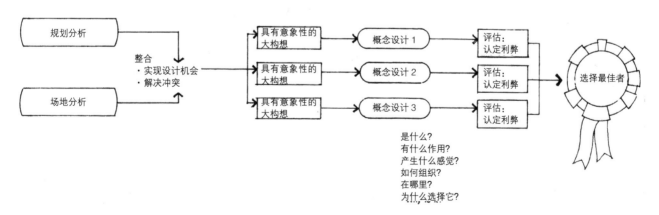

图 15-18：概念设计过程

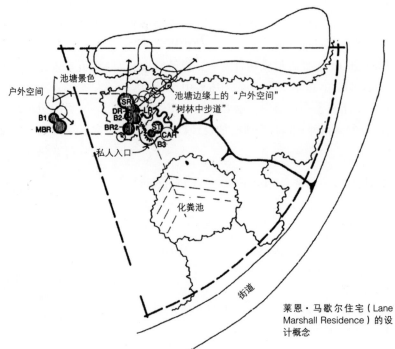

"在池塘的边缘上"

树林中有一系列谷仓式的风化乡村建筑以及延伸的"树林中步道"入口;一系列"户外空间"邻近"池塘边缘"或就坐落在"池塘边缘"上

池塘景色

户外空间

池塘边缘上的"户外空间"
"树林中步道"

私人入口

化粪池

街道

莱恩·马歇尔住宅（Lane Marshall Residence）的设计概念

图 15-19：设计概念

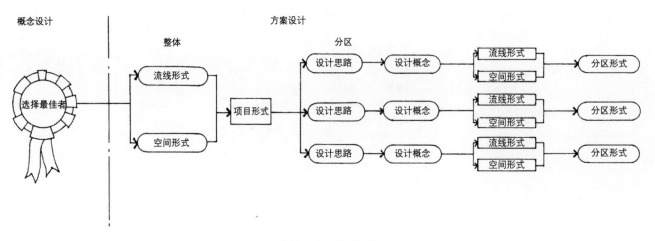

概念设计

方案设计

整体

分区

选择最佳者

流线形式

空间形式

项目形式

设计思路 → 设计概念 → 流线形式 / 空间形式 → 分区形式

设计思路 → 设计概念 → 流线形式 / 空间形式 → 分区形式

设计思路 → 设计概念 → 流线形式 / 空间形式 → 分区形式

图 15-20：方案设计

设计概念（Design Concept）：设计概念的组成部分包括场地中所有的项目元素、应用在场地上满足人类和场地需求的设计资源以及通过项目开发和项目意象实施大构想（图15-19）。

作为设计概念的一部分，规划元素分布在场地中从而优化它们的复合关系。设计资源——例如屏障、阳光入射、通风、景色等都根据规划和场地需求进行组织。

设计概念的评估（Evaluation of Design Concepts）：每种设计概念都依照规划分析（从功能上）来评估。在概念上的场地开发主要与综合功能关系示意图（完美规划）相联系。一对一的规划关系则作为二级基准。

每种设计概念也从场地分析角度评估。概念是从实现场地设计机会、应对场地限制条件和维护影响以及系统健康和生产力内涵的程度进行判断。

如果设计概念的评估中能够包括对每种可供选择概念的利弊进行总结，这将是非常有益的。这些总结的比较对于概念的衡量、归类与划分先后顺序会大有裨益。

选择最优者（Selecting the Winner）：选择设计

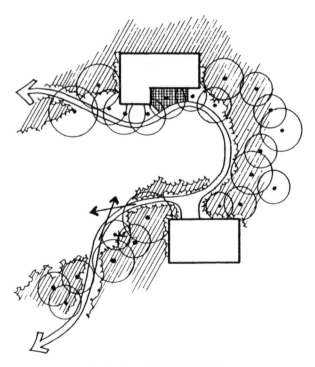

图15-21：空间与流线形式

概念发展为方案设计的过程包括比较每种概念其功能的利弊（结合规划和场地分析），对大构想的影响力、项目意象的丰富性、含义深度以及生态健康、生产力和用户的需求（包括生理和心理健康）进行评价。在某些情况下，会证明某一概念优于其他概念。在其他情况下，被执行的概念或许是一种吸收了其他两种或更多概念的部分属性之后形成的一种新的"混合体"。在后一种情况中，设计师应该再一次重复概念设计的过程，提炼这种混合体，使其不致流失概念影响力。

15.2.3 方案设计 | Schematic Design

设计概念处理项目组织与设计意图，但推迟了涉及具体材料和形式的决策。而方案设计解决这些问题；需要选取材料、深入开发形式。在方案设计中需要对流线形式和空间形式给与特别强调。

流线形式（Circulation Form）：在确定流线形式时，我们需要注意两个问题：实体联系和感知的感官与时间特征。从功能上来说，我们关注流线系统将相关物体联系起来、将有冲突的物体隔离开并促进运动的方便与安全。流线形式在很大程度上就是由这些问题决定的。

流线形式也对场地的感官和时间感受产生影响。这种形式决定了我们感知建筑项目形式的有利位置以及我们在现场的体验情节。

空间形式（Spatial Form）：我们对于周围世界的感知首先是视觉上的，而更多地关注空间细节。因此，我们对建筑项目的形式感知主要是空间感知。场地设计应该优化场地的空间形式，包括它的功能和视觉特征。

项目形式（Project Form）：项目的空间形式以及人如何通过并体验形式三者间具有高度的相关性。因此，项目形式可以被视作空间和流线形式的成功结合（图15-20和图15-21）。当空间形式和流线形式协同作用时，项目形式满足了在场所之间方便并安全地运送人员和交通工具的功能需求，同时丰富了空间形式的感知以及景观体验的体验品质与含义。

分区设计（Subarea Design）：设计师同时在多

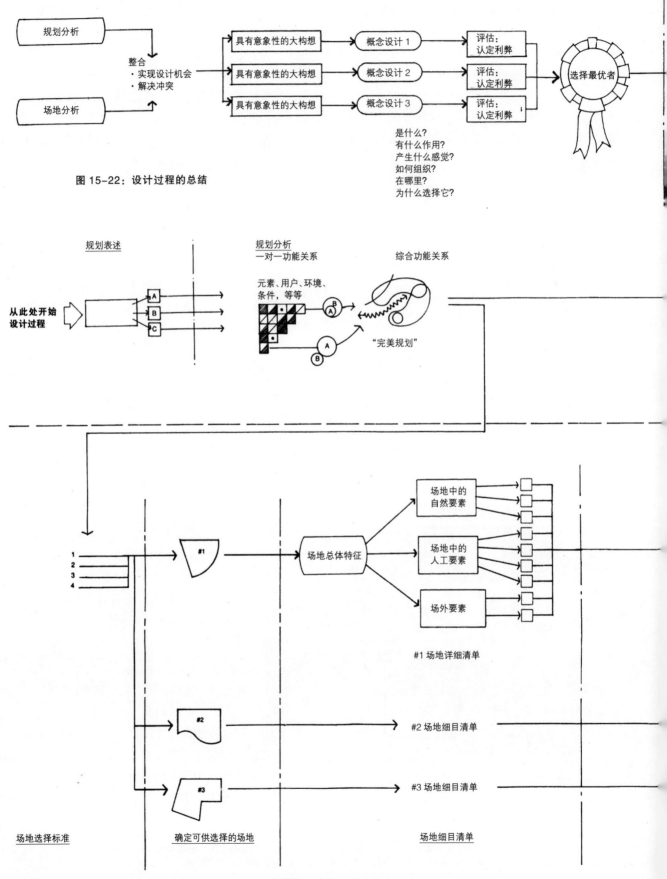

图 15-22：设计过程的总结

是什么?
有什么作用?
产生什么感觉?
如何组织?
在哪里?
为什么选择它?

图 15-23：问题界定：基于规划的设计

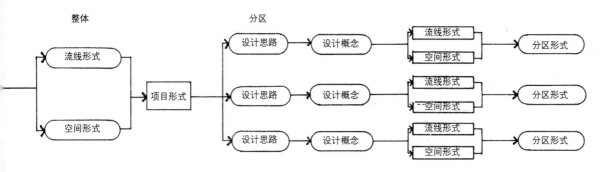

方案设计

整体　　　　　　　　　　　　　　分区

流线形式　　　　　项目形式　　　设计思路 → 设计概念 → 流线形式 / 空间形式 → 分区形式

空间形式　　　　　　　　　　　　设计思路 → 设计概念 → 流线形式 / 空间形式 → 分区形式

　　　　　　　　　　　　　　　　设计思路 → 设计概念 → 流线形式 / 空间形式 → 分区形式

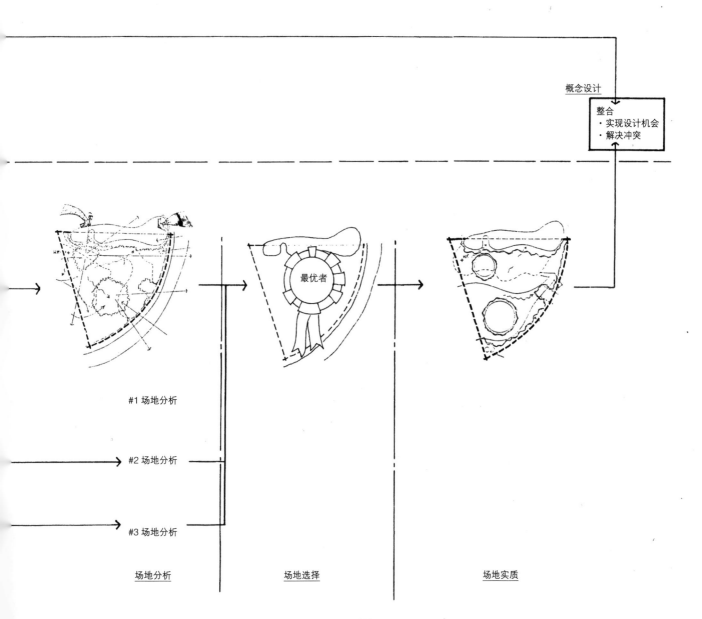

概念设计

整合
・实现设计机会
・解决冲突

#1 场地分析

最优者

#2 场地分析

#3 场地分析

场地分析　　　　　　　　场地选择　　　　　　　　场地实质

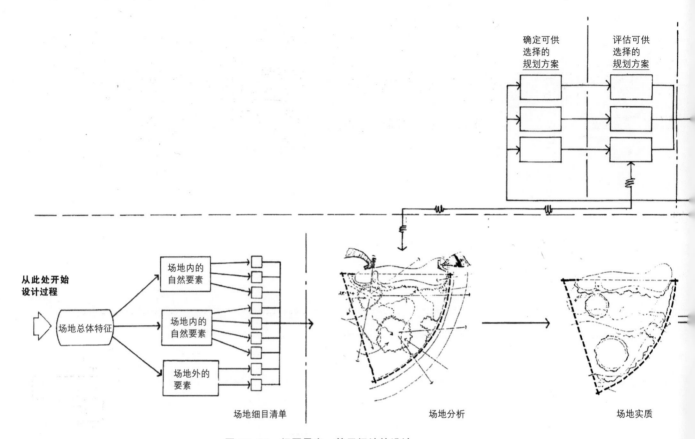

图 15-24：问题界定：基于场地的设计

重尺度上思考。在整体设计概念环境之中的分区同时又与整体设计概念相整合，分区可以表达各自的构思、概念和形式（图 15-20）。这些构思在整体项目设计中得到贯彻并与整体项目设计整合，但是它们可能是具有特殊感觉的特定场所，在整体背景中汇集起含义。

15.2.4 设计过程的总结
Summary of Design Process

前面的设计过程在图 15-22 中以图表形式进行总结。这种示意图描绘了一个典型的设计过程，在这一过程中场地和规划都是已知的。当只存在规划而且设计师的任务包括了场地选择时，设计过程才会部分改变。当需要进行场地分析来决定恰当的开发类型时，设计过程也会改变。

基于规划的设计过程（Program-Based Design Process）：规划在时间上往往远远早于选址的时间。

在这种环境下，规划分析有助于为场地选择确定评估标准。一旦这些评估标准明确下来，可供选择的场地就确定了。我们可以罗列出这些场地的详细清单，对它们进行分析并从规划需求角度进行评估，继而选择场地。一旦选定了场地，设计的机会和限制条件及设计潜力就确定了。场地可以与项目规划相结合，探寻设计方向。在基于规划的设计过程中经修订的问题限定阶段可见于图 15-23。

基于场地的设计过程（Site-Based Process）：场地分析可以确定场地的开发潜力。一旦这种潜力确定下来，就能生成可供选择的规划方案，这些规划方案可以根据场地开发潜力来评价。这些规划方案可以排列等级并划分先后顺序，继而确定了最佳规划方案。开发规划方案敲定之后可以经过分析并与场地分析进行整合探寻概念设计的方向。在基于场地的设计过程中经修订的问题限定阶段可见于图 15-24。

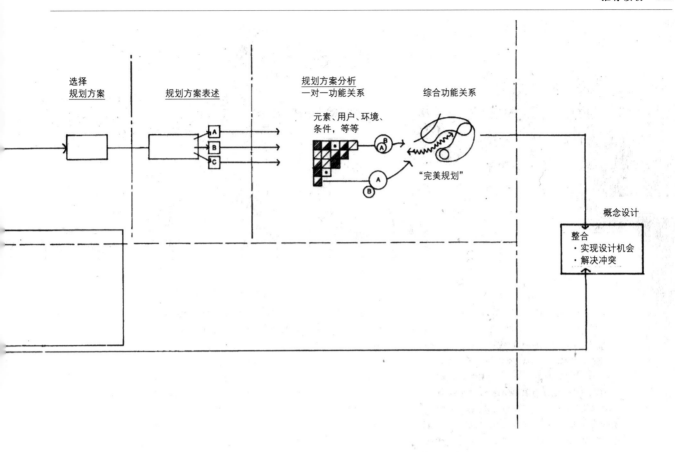

"联通"场地设计过程（"Wiring" Site Design Process）：以上两个实例说明并不只存在一种设计过程。在每种情况中，设计过程都与项目细节恰当地联通起来。"联通"恰当过程的能力对于妥当地解决问题及景观设计来说都至关重要。

参考文献

Adams, J. L. Conceptual Blockbusting: A Guide to Better Ideas. New York: W. W. Norton, 1979.

Landphair, H., and Motloch, J. Site Reconnaissance and Engineering: An Introduction For Architects, Landscape Architects and Planners. New York: Elsevier Science Publishing Co., Inc., 1983.

推荐读物

Booth, N. K. Basic Elements of Landscape Architectural Design. New York: Elsevier, 1983.

DeBono, E. Lateral Thinking for Management: A Handbook of Creativity. New York: American Management Association, 1971.

Hanks, K., Belliston, L., and Edwards, D. Design Yourself. Los Altos: W. Kaufmann, 1977.

Koberg, D., and Bagnall, J. The Universal Traveler: A Soft−Systems Guide To Creativity, Problem−Solving, and The Process of Design. Los Altos: William Kaufmann, 1974.

Laurie, Michael. An Introduction to Landscape Architecture. New York: Elsevier Science Publishing Co., Inc., 1986.

Lyle, J. T. Design For Human Ecosystems: Landscape, Land Use and Natural Resources. New York; Van Nostrand Reinhold, 1985.

Lynch, K., and Hack, G. Site Planning (Third edition). Cambridge, MA: MIT Press, 1984.

Pena, W., with Parshall, S., and Kelly, K. Problem Seeking: An Architectural Program Primer (Third edition). Washington, DC: American Institute of Architects Press, 1987.

Simonds, J. O. Landscape Architecture: A Manual of Site Planning and Design. New York: McGraw−Hill, 1983.

Part 4　第四部分

未来
The Future

　　在本书的第二版中，首先是对系统的概述。第一部分介绍了基本概念；第二部分，详述了设计的影响；第三部分研究了当前景观建筑学的专业实践。第四部分将我们重新带回起点：系统。该部分论述了平衡和耗散系统、全球系统向耗散状态发展的运动以及在设计和设计教育中产生的变化以重建健康的系统。本章认为社会正处于一个转折点，呼吁在管理、规划和设计专业中实现变革引领社会在地区或全球尺度上向健康、生机旺盛的生态景观和文化景观更新再生的方向前进。本章讨论了促进这种变革的趋势、动力、工具和技术。

第十六章

设计生态学
An Ecology of Design

全球景观正处于从一种平衡状态向全球生命保障系统衰竭的耗散状态变化的转折点。尽管人类主导的技术领域的组织、成果和生活品质看起来正在提高，但是这种不完整全面的观点正是人类困境的核心。全球社会必须从还原思维转向一种整合思维模式，从笛卡儿哲学转向系统科学，从以人类为中心的观点转向新陈代谢的思维方式。

本章呼吁景观设计专业通过在规划和设计中引领社会转向**设计生态学**，重建系统的生态健康、生理健康和心理健康和生产力。本章论述了设计生态学在可持续性社区和全球和平中的职责。本章将对当下和地区问题的讨论扩展到更大的空间和时间尺度上。本章还回顾了新型的设计方法，例如区域、计量生物学和新陈代谢设计等对生命循环流动进行操作的方法。本章讨论了性能的衡量，例如生态基准线、生态足迹和不断变化的环境性能标准。

埃里克·詹奇将一种鉴赏系统界定为，有助于个体成为"一种独特的装置，在它的形成过程中与一种现实联系起来……（他或她）积极、富有创造性地参与其中"（1975）。设计生态学是一种鉴赏系统，它对环境需求和人类需求、文化多样性以及广泛被感知的人与环境关系保持敏感。设计生态学促进了生态责任、社会公平、长期的经济可行性以及将人与场所（**场所营造**（placemaking））、人与人之间（**社区建设**（community-building））联系起来的设计。设计生态学促进了可再生系统的管理、规划和设计，它是我们最终依赖的系统（**再生的规划和设计**（regenerative planning and design））。

设计生态学以循环的（再生的）（图16-2）资源流动取代了传统的线性资源流动（从源头到废物）

图 16-1：从源头到废物的线性资源流动（摘自 Lyle, J. T. *Regenerative Design for Sustainable Development*. New York: John Wiley & Sons, Copyright©1994. Reprinted by permission of John Wiley & Sons, Inc.）

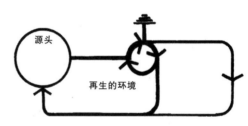

图 16-2：循环的、再生的资源流动（摘自 Lyle, J. T. *Regenerative Design for Sustainable Development*. New York: John Wiley & Sons, Copyright© 1994. Reprinted by permission of John Wiley & Sons, Inc.）

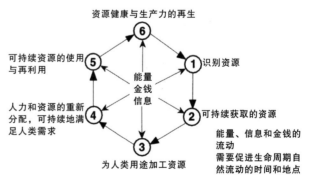

图 16-3：经过排列的材料、能量、信息和金钱的流动（基于最大潜能建筑系统研究中心的研究成果发展而来）

305

（图16-1）。设计生态学还希望整合、排列材料、能量、信息和金钱的流动（图16-3），使这些要素共同支撑资源更新，而不是产生废物。

16.1 人与自然系统关系的简短历史 |
BRIEF HISTORY OF PEOPLE/NATURAL SYSTEMS RELATIONSHIPS

尽管越来越多的证据表明，人类历经300万年很少与自然的自我调节系统和谐共存，长期违反极限是一个非常严重的问题；这个问题就是，相对于资源提取利用和污染吸收净化总是出现大量新的开发领域，因此人类之前并未遭受自然的打击。但是我们现在处于一种新的情况下。约10000年前，人类发展到了一个史诗性的转折点，跨出了一个巨大的飞跃：农业革命及其在特定地点上不断提升的主导地位。农业革命最初是由新石器时代地中海东部沿岸区域的农民发起的，并迅速扩展到全球范围，包括18和19世纪美国景观的转变以及非洲、南美和新西兰当前的改变。农业革命促进了文明的发展，并使人们将资源集中应用于满足他们短期的自身利益、提高实物产量，并因此导致越来越多的人口增加。

文明的产生伴随着人定胜天的错误信念。在很多情况下，人们用犹太—基督教对于人类统御自然的断言支持自己攫取其他物种赖以生存的资源。农业革命（及后来的工业革命）、人类主导自然的信仰以及更高的技术水平在日益增大的尺度上——从短期的局部区域到更大的空间和时间尺度，降低了自然界自我调节的能力。人类控制范围日益扩大，而缺乏相应更大规模尺度的管理，造成人类影响的尺度增大。在过去10000年中，人类影响的范围和强度已经导致当下的物种消亡，并产生其他全球受损的佐证。

16.2 转折点 | TURNING POINT

两个多世纪以前，吉尔伯特·怀特（Gilbert White）记录了不同的植物群和动物群系，它们统一于一种相互关联的系统（唐纳德·沃斯特（Donald Worster），1994）。在20世纪30年代中期，美国农业部长亨利·坎特韦尔·华莱士（Henry Cantwell

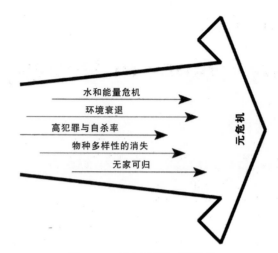

图16-4：元危机的多层面表达

Wallace）断言了发布《相互依附宣言》（Declaration of Interdependence）的需求，而在20世纪50年代，奥尔多·利奥波德（Aldo Leopold）表达了对全球承载能力受到破坏的关切。在20世纪60和70年代，物理学家和其他学者呼吁民众重视环境、生态和社会层面上日益增多的危机（图16-4），并断言全球社会已经到达一个认知转折点。从系统角度来看，在各不同层面产生危机的一致性表明了一种更深度的、更普遍的元危机；在这种情况下，人类与决定未来的维持生命的最基本关系脱离。这种自我反省的观点最初被忽视，但后来被关切地球即将所面临现实的人们广泛接受，并成为对人们最基本的信念和行为进行重新定向的基础。

16.2.1 社会范式的转变 |
Shift in Societal Paradigm

随着影响的尺度范围和强度逐渐升级，人们开始认识到管理的必要性以及使系统健康和人类生存的复杂本质得以再生的必要性。人们正在意识到，人类行为必须在维持与再生地球生产力潜能的法则范围之内，包括生命周期循环流以及生态和文化系统的动力。这种认识由量子力学、相对论及现实的新观点（在物理学方面）引领，盖瑞·祖卡夫（Gary Zukav）对此做出了最佳表达——他在《翩翩起舞的物理大师》（Dancing Wu Li Masters）中将新物理学家比作与物质、能量、有机模式、普遍秩序和普遍法则共舞之人。

16.2.2 生命周期循环流 | Life-Cycle Flows

想要参与到这种与物质、能量、有机模式、普遍秩序和普遍法则的共舞之中需要与系统的生命周期循环流积极整合的决策。这种决策包括资源的生命周期循环流——碳循环、氧循环、水循环，等等——它们由物理、化学和生物进程提供动力。决策还必须应对能量流动，尽管热力学第二定律说能量倾向于稳定一致的状态（熵），自然拥有**负熵**（negentropic）的能力，通过生命进程达到局部聚集能量，提高运作能力。决策还受信息流和资金流的影响，当资金支持再生的信息流动时，就产生了再生的决策。如果资金和信息处理得当，将与材料和能量共舞，将人类决策与自然的有机模式整合生成再生的设计。当这种共舞无法发生时，自然将破坏人工制品。这一点可以通过之前对于沟壑田野中废弃农舍的引文（2.3.1）中获得清晰的解释。农耕生活方式无法整合到生命周期循环流中，这将引起自然对抗人类的干预，而不是与人类干预协作；导致系统崩溃（建成环境的衰退、降低自然系统的健康和生产力）。另一方面，美洲原住民从自然系统中的收获维持了资源潜力。

通过与有机模式相似的连接，我们充分利用物理学和生态科学近年来的进展并理解生命周期以及从摇篮到坟墓模式的影响，我们可以积极地参与到人类所依赖资源的更新当中。正如普林尼·菲斯克所说，通过再生式的干预我们可以"重新发现我们依赖资源的源头"。这是当代社会与专业设计的挑战：从人类退化的"通量"行为转向基于"生命周期"、关切自然系统动力的行为。

16.2.3 作为生命周期流动和生态模式的生态学 | An Ecology of Design as Life-Cycle Flows and Organic Patterns

对于涉及关系、生命周期循环流、有机模式及可持续性的理解将通过设计、系统科学和生态—科学专业知识的整合获得提升。或许对于这种理解的最佳表述来自于霍华德·奥德姆，他在系统与生态科学方面进行了广泛的开创性研究，他的成果包括

在六个科学领域的期刊上发表"首篇、意义最为重大，或者第一篇系统导向的论文"，这些领域包括：生态模型、生态工程、生态经济学、河口生态学、热带自然生态系统的生态学以及系统总论（查尔斯·A.S. 霍尔（Charles A.S. Hall），1995）。在《能值和自然资本》（*Emergy and Natural Capital*）中，奥德姆将地球视为一种自组织系统来研究，这种系统通过不同速率的消耗和再生更新，通过材料的周期循环流和自组织活动进行运作，这些自组织活动以太阳能、地热和重力能量为动力："我们观察到现实世界的搏动和振荡。存在一种振荡稳定状态……如果振荡模式是一种常规模式，那么可持续性关注于管理并调整适应于表现最佳的自然资本振荡频率。可持续性……可能……就是适应振荡的过程"（奥德姆，1994）。这一陈述将景观更新再生的振荡模式视作通往可持续性的途径。

设计变化的基础 | Foundations of Design Change

在 20 世纪 30 年代，理查德·布克敏斯特（巴基）·福勒对人类无法做出基于全球系统的生产/吸收极限的决策表示了担忧。20 世纪 60 年代，以设计积极未来为目的的跨学科运动为解决福勒表达的担忧以及多拉·H. 梅多斯（Donella H. Meadows）在《成长的极限》（*Limits of Growth*）中的关切提供了一条途径，担忧与关切表现出全球的觉醒。对这个问题的领悟随着开创性的系统论研究成果以及《系统 1：系统思维概述》（*Systems 1: An Introduction to Systems Thinking*，考夫曼，1980）的出版而逐渐发展。20 世纪 60 年代还发生了很大的设计变革，设计师和其他学科协作，注意到人类正在接近上述诸系统所支撑的成长极限。在景观设计知识基础中产生的主要变化来自于新型的生态科学以及尤金·奥德姆（Eugene Odum）作为生态系统生态学之父所作的贡献。

系统动力建模（System Dynamic Modeling）：在 20 世纪 60 和 70 年代，在佛罗里达大学的湿地中心（Center for Wetlands）展开了系统动力学的开创性研究工作；在那里，霍华德·奥德姆（1996,1994, 1981, 1971）和其他科学家使用模拟模型、模

拟计算机、系统示意图及能量关系研究系统和人类影响。他们测量环境，将测量成果转换为电路和电流，运行模拟模型以模仿现实世界的行为。他们组织敏感分析，了解环境系统对哪些因素反应灵敏，哪些因素会引起变化。他们了解自然系统同时使用模拟计算机，他们转换思维、观察变化、确定参数并模仿人类行为提高对于人／环境关系、人类决策结果的理解。他们将早期的混合型计算机导引系统（数字式预测性能、模拟模型性能、把上述二者整合将预测与观察联系起来）作为社区决策导引系统的模型。

大约与此同时，杰伊·福瑞斯特（Jay Forrester）在麻省理工学院使用数字计算机研究复杂系统中的动态行为和性能。福瑞斯特首先考察工业（建立工业动力学的范畴），继而进行城市的动态模拟，成果是出版了《城市动力学》（*Urban Dynamics*，1969）一书。他的著作阐发了关于城市行为作为复杂系统的见解，包括探索了线性的、直觉的、周密设计的尝试——例如政府为了使复杂系统更好地发挥干预作用常常会损害系统性能。

在 20 世纪 70 年代早期，奥德姆的团队使用模拟模型和计算机进行工作，而福瑞斯特团队使用数字技术的研究工作也类似地将重点放在复杂系统的动力学上。他们将模拟成果转化为福瑞斯特的数字语言。在设计上应用模拟和混合式计算机通常让位于数字技术的应用。

生命周期循环决策（Life–Cycle Decisions）：在生命周期循环流方面富有开创性的成果包括韦斯·杰克逊（Wes Jackson）在可持续农业方面的研究，普林尼·菲斯克在生命周期循环建模中将土地与建成环境结合起来共同研究以及约翰·莱尔对人类生态系统设计的研究。

创新的转变（Shifts in Innovation）：20 世纪70 年代早期，在教育和设计的体系与创新方面产生了变化。20 世纪 60 年代全球范围内的再度觉醒已逐渐消退平息，联邦政府对系统思维和教育创新的资金支持大幅缩减。土地所有者和环保主义者之间的政治争斗阻隔了环境导向的设计创新，并且很多设计先驱人物从土地和建筑设计方面转向了其他领域：软件开发、政治运动、环境经济学以及绿色产品开发。这些设计先驱人物从事富有创造性的项目，例如乔尔·莎茨（Joel Schaatz）为俄勒冈州麦考尔州长（Governor McCall）进行的俄勒冈州政府工作效率的建模，其中使用了能量学或能量流动。他们还为近来的变化奠定了基础，例如商业领域的绿色转变（保罗·霍肯的《商业生态学》（*Ecology of Commerce*）；托马斯·普鲁夫（Thomas Prugh）的《自然资本》（*Natural Capital*），但是这些人在主流规划和设计界的影响已经逐渐平息。

设计创新地位（Status of Design Innovation）：部分仍在持续的生态—设计方面的开拓性研究被认为是**生态设计**（Ecological Design，视频和书籍）中的"星星之火"，而没有整合在规划和设计方法之中。这是一种精确的描绘，因为主流规划和设计界通常并不从事这方面的工作。

设计专业的转变｜Shifts in the Design Professions

伴随着现代运动，规划和设计专业出现了分化。在 20 世纪 60 年代发生了力图整合设计专业的尝试，其中包括重新构建学位课程以纳入跨学科环境设计基础，并在高年级中包含学科特定内容的重叠。但是在 20 世纪 70 和 80 年代，以上所述的社会、政治和资金发生了转变；学生不再重视改变世界；实践重心也从方法论创新转入数字技术。设计教育的继续分化，建筑学关注建筑物的设计含义，规划根据政策进行转变，景观建筑学转向系统与资源管理。

20 世纪 70 年代后期主流缺乏创新（Post–1970s Absence of Mainstream Innovation）：从 20 世纪 70 年代，系统和生态—科学创新并没有转化到主流设计创新之中。美国建筑师学会出版了《环境资源指南》（*Environmental Resource Guide*，约瑟夫·A. 德莫金（Joseph A.Demkin），1996），该书在主流实践方面影响甚微。尽管景观建筑学具有引领社会走向生态规划和设计的传统，但是最近的创新方法（莱尔关于人类生态系统的设计；奥德姆和福瑞斯特对系统的动态建模；菲斯克的生命周期循环规划和设计）并未成为主流。多种原因导致了近期在理论、工具和技术方面的发展缺乏整合。规划师和设计师们苦苦挣扎于接触有限的新方法，并缺乏充分理解；方法本身过于复杂；创新设计师的语汇表达与主流设计师之间缺乏沟通；无法调和设计的科学和艺术之间的矛盾；客户和公众缺乏对设计创新的需求。

设计教育的创新（Innovation in Design Education）：尽管主流实践并未接纳系统思维，土地设计教育家，例如麦克哈格（生态设计：宾夕法尼亚大学）、刘易斯（环形城市：威斯康星大学）、奥德姆（I-4 工作室（I-4 studios）：佛罗里达大学）、莱尔（更新设计工作室：波莫纳加州立理工大学）以及弗格森（可持续发展跨学科学生群组：波尔州立大学（Ball State University））都在生态设计教育中力求创新。他们的研究通常与环境或土地研究机构联合，而且

常常包括环境土地实验室（再生研究中心；土地研究机构；环境研究实验室；最大潜能建筑系统研究中心）；范围从大学到另一些非营利的教育、研究、服务和示范中心。

16.3 设计生态学的全球需求｜GLOBAL NEED FOR AN ECOLOGY OF DESIGN

由于人类造成的影响已经超过了系统自我调节的承载力，设计师们必须整合决策与系统动力，并加强生命周期循环流促进更新。幸运的是，综合科学——景观生态学、生态心理学、模因论——已经形成了可以适应和整合设计进程中的理论、方法（生命周期循环评估、生态足迹）和工具（投入—产出和系统动力学软件），以促进设计生态学以及可以

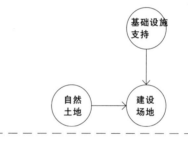

图16-5：设计范式的生态学

提高系统健康和再生能力的周期循环设计。

16.3.1 系统更新的规划和设计｜
Planning and Design for System Regeneration

为了防止系统崩溃，设计师必须认同将决策与系统动力学相整合的设计生态学，认同生命周期循环方法、工具和技术（图16-5）。在这一过程中，他们可以从叠加法的实例中获益。不同于其他未包括在主流实践中的工具，景观建筑师和规划师广泛接受叠加法，因为它们易于理解、合情合理并且获得了例如麦克哈格（《设计结合自然》）等支持者清晰有力的拥护。系统动力学和生命周期循环方法、工具和技术也同样在复杂性与合理性方面得到发展。需要这些方面的拥护者将这种复杂性与合理性转译为强劲有力并易于被从业人员、客户和公众理解接受的信息。

16.3.2 设计生态学所需的引发因素｜
Triggers Needed for an Ecology of Design

以下的**变化引发因素**（change triggers）可以促使专业主流转向设计生态学。它们可以帮助初入门者和成熟的从业人员及公众理解、领会并要求进行可再生设计。

信息流动引发因素（Information–Flow Trigger）：信息流动对支持可再生决策，而不是使决策退化（在设计师、知识专家、客户、用户和公众之间）或许是最主要的引发因素。它包括影响信息流动的支出（宣传、投资）。优质的信息可以使感受到应满足自然法则需求的人通过基于知识的决策来满足这些法则。优质信息流动通过**参与过程**（participatory processes）引发附属于可再生决策的认知，因为人们通常认为他们做出的决策优于其他人根据各自利益做出的相同决策。

项目传播引发因素（Project–Dissemination Trigger）：能够提供给客户的绝大多数影响深远的生态设计项目和研究的产生都受到客户数量的限制。很多情况下，文档丢失、损坏或永远保存起来，无法利用于主流实践中。在某些情况下，这些成果被实践认可前还需要很长时间。在另一些情况下，项目

会受到短期价值或狭隘视角利益的破坏，"故事情节"无法延续。在研究成果永久丢失之前，将相关记载复苏和传播可以引发主流实践的变化。

评估引发因素（Assessment Trigger）：如果专业人员了解每种工具和技术的优势、极限、机会和限制条件所在，那么现有的工具和技术将被更广泛地整合在主流设计中。技术的比较评估——类似于景观建筑学的叠加法论以及生态规划先驱伊恩·麦克哈格、菲利普·刘易斯、安格斯·希尔（伯勒（Burrough），1986），可以促发这些工具和技术的主流应用。

案例—研究—应用引发因素（Case–Study–Application Trigger）：在使用创新方法的规划和设计试点项目中应用新工具和技术可以促使设计中的变化以及制定公共决策中发生的变化，这些创新方法易于理解，并被土地管理、规划和设计专业人员、客户和公众认可。

决策—导向—系统引发因素（Decision–Guidance–System Trigger）：作为决策导向系统的发展框架——宗旨、目的、准则和标准——需要得到扩展，用于处理动态建模、参数、促进系统更新和生活品质的极限。推进这些框架，将生命周期循环流带入可再生性行列（促进更新材料流动的信息、资金和能量流动）提升决策，将引发设计和社会变迁。

导向—系统—技术引发因素（Guidance–System–Technology Trigger）：数字技术可能导致过剩的设计应用（计算机辅助设计、三维建模、地理信息系统等），但是不具备模拟计算机进行模拟的能力，如旋转旋钮、拉动操纵杆并观察变化。一些更新的数字软件已经开始具有这种性能，并且当前便捷的、目标导向的、系统建模软件（Stella、Extend）可对模拟能力进行模拟。将这些技术整合到设计—导向系统可以促使规划和设计决策中的变化，这些设计与规划决策以设计方法的影响与随时间变化而反映真实世界的性能之间的对话为基础。

设计—教育引发因素（Design–Education Trigger）：设计教育的创新也可以产生变化。主要的设计院校、土地实验室、土地设计研究所需要在全国

范围内引领设计教育走向设计生态学。这种领导地位将带来在定义、工具及设计方法——包括土地设计，上的新一代改变。

K-12 教育引发因素（K-12 Education Trigger）：将 K-12 教育转为系统方法将引发社会长期价值观和综合决策的改变。设计教育家可参与到这种变革中；促进整合环境、能源和经济的决策；将人与系统、生态景观和文化景观重新联系起来。创造性的学习交流，是一种基于 K-12 系统的主观能动性的交流中心，当前它正在推进 K-12 教育中的变革。

16.4 使人和系统重新联系 ╎ RECONNECTING PEOPLE TO SYSTEMS

价值系统理论（VST，value system theory）认为，个体与文化业已发展经过了复杂的生物心理层级（图 16-6 和表 16-1），虽各自主张的个体—群体成功侧重点不同（考恩和贝克，1996）。其中的每个层级都建立在世界通过人们的一系列活动运转的假定基础上，这些活动包括人们界定问题、制定应对策略、解决界定的问题时产生了无法根据世界观进行预想或解决的新问题。价值系统理论包括了一个循环周期中的六个层级以及另一种完全不同的循环周期中的两个层级。

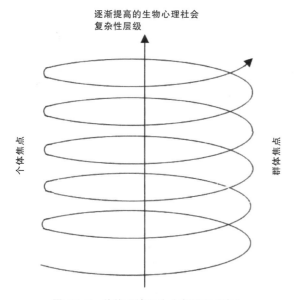

图 16-6：价值系统理论（考恩和贝克）

16.4.1 作为转折点表达的价值系统理论循环周期 ╎ VST Cycles as an Expression of the Turning Point

简单地说，第一种价值系统理论循环周期的六个层级包括察觉到存在问题的个体以与文化：1）满足个体的生存需求；2）建立群体生存标准；3）主张个体脱离组群规范的能力；4）应用准则限制可接受的与群体规范相异的范围；5）操控准则将这种限制范围之中的个体成功优化以及 6）为公共利益管控允许的规则操控。理解人们审视世界时的筛选是至关重要的，尤其当设计师和具有完全不同世界观的人们（市中心的居民、第三世界的人们、孩子）共同工作时。

在此方面的议题在于，价值系统理论各层级的第一循环周期开始于人们为了生存在直觉上整合于系统之中的时候，还原科学和逐渐发达的技术使人们经过随后的层级获得演进，并日益脱离局部动态，（在空间和时间上）逐渐发挥了更大的系统影响力。生物心理社会复杂性层级的第二循环周期受全球系统的瓦解以及感知到的与系统动力学重新联系的必要性驱使。第二循环周期始于物理学中的系统意识，并通过物理学和人文科学推进。意识到生存依赖于对生命循环动力的理解正在推进第七层级（延续人类物种）和第八层级（重建物种多样性和全球系统）的世界观。

此方面的内容还在于第八层级的思维假定，在当前的技术条件、人口数量和生活方式条件下，系统不再是可以自我调节的。决策管理必须维持系统潜力及更新生产力。对于物种消失和环境破坏的争论、对商业生态学的呼吁以及基于环境的国际生产标准都是第八层级的意识指标。人们越来越多地感受到（正如生态心理学所主张的）人类必须遵守普遍的自然规律（包括生命周期）、认可综合科学和系统科学并在管理人类健康时整合地球、其他物种及生态景观和文化景观的健康。通过这种意识，先驱者们开发出复杂的景观管理与更新的工具。

从价值体系观点来看，人们预期当前跨越多领域的大量危机将导致重新回归遵守自然规则，禁止人们侵犯这些规则，危害他人或物种。这种回归正在出现的证据包括：逐渐提高全球性监查对人类及

表 16-1：世界观（引自 Motloch,J. & Woodfin,T. "General Systems Theory, Cultural Change and a Human System Foundation for Planning and Design," *Systems Research*.Vol.10, No 2（3—25）©1993）

价值系统层级	可以察觉到的存在的挑战	处理策略	产生典型层级的时期	社会组织
1 级 生存感	满足安全与生存的社会心理需求	快速的、预先认知的、本能的行为	婴儿期、衰老期以及滥用药物、缓解压力的时候	出于保护目的建立起的部落之前的组群
2 级 归属精神	为了组群的生存和永生进行自我冒险；为了信仰和领袖奉献自我；延续传统	抚慰心灵；参与仪式；接受领袖或信仰所赋予的角色	史前文化；青春期；一些兄弟会	有强大领袖的帮派；不会遭到质疑的传统组织与领袖
3 级 力量之神	建立霸权；夺取政权或施行统治	热情、富于变化、有活力、有影响力、有创造力、不受束缚；强制；压迫	原始社会；军事政权统治时期；城市内的帮派	包含有统治者和被征服属下的自上而下的组织结构
4 级 真理的力量	发现正义战胜邪恶的秩序和真理；为了将来的改善摒弃现有的奖励	遵循高尚原则；利他主义；将人们从邪恶中拯救出来；惩罚没有信仰的人	宗教组织；年轻的政治组织	严密管制的社会组织；被动的等级决策（等级制度内很少变动）
5 级 以努力为驱动	让更多的人致富；通过获取生态的、环境的和人类的资源改善生活质量；摆脱教条	创新的、竞争的、成功的；积极向上；发展科学、知识和技术；奖励冒险精神	进取的、高科技的、消费型的社会	积极的运动等级（等级制度内部变动频繁）；在等级制度内的地位决定了个人价值
6 级 人类之间的联系	终结对人力和生态资源的世俗性毁坏；征服贫穷、种族主义、社会顽疾；与他人建立联系	负责任的、富于人文精神、有同情心；提高自我；平等对待所有人；实施社会计划	满足基本需求的社会；抵制高科技与非人性行为	价值对等；平等的社会网络；集体决策；自由的信息流动
7 级 柔性流动	在资源减少的情况下发挥职能；为更好的未来实施管理	系统管理；适应力；效率；内生行为；自发性	文化扩张和自然与人类限制条件间存在冲突的社会	不断涌现和演变的社会组织；随着条件的变化不断重新组织
8 级 全球视点	培养元层级决策和全球思维；消除狭隘的思维视角模式；降低全球危机和风险	广泛的、跨学科思维和决策方式；聚焦政策；清除壁垒；促进引发变革；使人类和生态环境的协调健康发展	可持续发展；全球经济；元系统理论和管理；长期价值体系	促进新生事物发展的元模型方法；关注决策环境变化的不断发展的组织

动物权利的侵害、发展国际标准缓和环境影响冲击、不断提高的管理尺度、向全成本核算的转化（见下文）。可以推定，这种向遵从自然法则的回归将最终遏制人类精神并在更高的意识层面上鼓励对个人自由的重新关注。

16.4.2 生命周期循环流中人类职责的转变：开采与获取│Shifting Human Role in Life-Cycle Flows: Mining and Harvesting

系统观点将人归为两类：一种是**开采者**（miners），他们的开发方式和开发数量将削弱系统承载力；另一种是**收获者**（harvesters），他们获取资源的方式将维持健康和生产力。丹尼尔·奎恩（Daniel Quinn）认为前者是索取者，后者是给予者。索取者认为他们不需要遵守自然法则；给予者的活动则限制在这些法则中。索取者的各种活动都在生产原料到废品的范式中；而给予者的活动则在闭环的生命循环范式中。

处于价值系统理论7级和8层的人们是与自然重建联系的收获者：闭环的可再生生命循环的范式。由于经历了脱离宇宙生命力导致的人类和全球问题，他们寻求能与自然法则和动力整合，认识到人类的生存依赖于所有物种的共存并做出能响应系统的、灵活的、复杂的及多样的决策。7级（可持续性）是在这种重新连接的循环中的第一个人本层级；8级（再生）同时关注所有人口、物种和系统的再生。

16.4.3 与人居环境重新建立联系是达到生态与人类幸福的途径│Reconnecting with Living Systems as Pathway to Ecological and Human Well-Being

新物理学使科学与神秘主义、合理性与混沌、人与有机模式重新联系起来。它引领了第二循环周期的生物心理社会意识，使人类和其他物种及普遍法则重新建立了联系。人类与系统具有联系，而不是破坏系统；解决由于破坏环境、伤害其他生命形式造成的关系断裂和内疚感产生的元危机。与人居环境重新建立联系使人们克服了来自全球文化的苦恼，因为全球文化认为自然是需要征服的敌人。设计生态学帮助社会将设计的管理、规划和决策重新与人居环境联系起来。设计生态学在帮助社会避免

危害环境和其他生命形式的建筑环境中扮演了重要角色，并与我们依赖的系统、人类生理及心理健康重新建立联系。

生态心理学（Ecopsychology）强调了与人居环境重建联系的紧迫性。它联系了心智健康、生活品质及自然世界，断言人类与自然关系的断裂是与人类生存所必需的进化过程背道而驰的。生态心理学认为这种与自然的关系断裂是不合逻辑的、不健康的，阻碍了发展："我们的能力'诞生'了、我们个体的发育却受到了阻碍"（保罗·谢泼德（Paul Shepard），1982）。认为人类的心理变态源于人们与自然关系断裂的共同经历、阻碍人类的发展以及由此导致人类无法从事支持人类生存的行为。生态心理学还认为，与自然重建联系是一种自愈力。西奥多·罗扎克（Theodore Roszak，1995）认为，人类与自然关系断裂的行为是一种"生态意识丧失"。S.科拉德（S.Collard，1999）将不同方面的研究成果进行综合，将自然与可持续性、心智健康和人类对地球的忠诚结合起来，作为一种"在地球与个人福祉协同作用基础上，提高设计思维和实践的影响力和效果"的方式，引用罗扎克的观点：

> "我们生存在一个地球与人类物种都迫切需要在我们的政治思想尺度上进行根本性调整的时代。那么在这种意义上，个体和地球是否都指向可持续发展的生活和情感生活的某些新基础以及一种具有良好环境公民权的社会？这种环境公民权可以联合亲密的情感与广大的生物圈。"

谢泼德认为，一是发展受到束缚了，二是生态心理学感知到需要与价值系统理论重新建立联系，作为

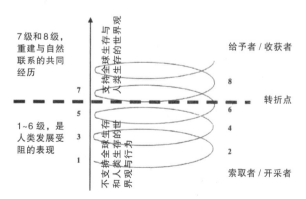

图16-7：价值系统理论的两个循环周期

与价值系统理论相关的治愈力。价值系统理论第一循环周期经过了各个阻碍人类发展的生物心理学层级。价值系统理论的第二循环周期可以视作人类的共同经历——将自然与逐步发展的更复杂、健康的世界观以及支持全球和人类生存的行为重新联系起来（图16-7）。

16.5 设计生态学的信条
TENETS OF AN ECOLOGY OF DESIGN

在《商业生态学》（*The Ecology of Commerce*）中，霍肯提醒我们，地球上的每种自然系统都处在衰变的状态，这种情况的原因源于全球系统流动的分崩离析：

> 我们需要面对大量而复杂的问题，但是让我们来看看这些：58亿的人口正在以几何级数的速度繁衍。满足他们愿望与需求的过程正在剥夺制造生命的地球生物承载量；单一物种的消耗峰值压倒了天空、土地、水体和动物群系。正如莱斯特·布朗在他的年度调查中详尽阐释的那样——**世界的现状**（State of the World），是地球上的每种生存系统都在衰退。更糟糕的是，我们处在10亿年一次的碳氢化合物爆发性消耗之中。这些碳氢化合物通过燃烧排放到大气中，其速度将使接下来的50年中地球表面碳氢化合物含量达到两倍以及尚未可知的后果。对资源宝藏的提炼、开采和收获的分配极度不均，20%的地球人口长期处于饥饿状态。资源分配的最大份额在发达国家，大约11亿人口消耗了世界上82.7%的资源，将剩下的17.5%资源留给世界上其余45亿人口。
>
> （保罗·霍肯）

霍肯认为，商业是这种衰竭的关键，也是土地、水体、空气和海洋从功能上由生命维持系统转变为废物堆。他呼吁通过**商务**（business）和**生态**（ecology）的对话促使商业转变，商务教会我们如何获取金融财富，而生态教会我们除非以自然的循环周期过程为基础，否则财富只能是短暂的。霍肯认为，商务必须成为一种伦理行为，这种行为将相互联系的、复杂的、高效率的而且长久的自然模型扩展至商业系统中。此处提及的经济类型指的是具有再生性的经济类型，因为它可以更新系统健康和生产力。它将商务中的变革与自然系统中的生命循环流联系起来。

管理、规划和设计自然环境的专业（建筑、景观建筑学及城市规划）必须同样地进行转变——向设计**生态学**（Ecology of Design）转变。不幸的是，这些专业仍然在地球上每种自然系统的衰变中扮演重要角色，在土地、水体、空气和海洋从生命维持系统变为废物堆的过程中发挥关键作用。尽管我们已对这些专业的改变做出了努力，但是这些专业仍然在剥夺地球的生产潜能并污染空气、水体和土壤资源。例如，有一种建筑材料——混凝土的生产，产生全球碳排放量的8%（到2015年达到17.5%）。对这些行业的生态转型迫在眉睫。威廉·欧文·汤普森（William Irwin Thompson）在《盖亚2》（*Gaia 2*，1991）的序言中暗示了这种转变，他说：

> 我个人希望，……一位建筑师……懂得……建筑不仅建造在地面上，而是由各种污染打造出来的——这是对最深刻本质的深层描述。当建筑产生的污染变成了结构物的表皮时，我们就拥有了生活所需的建筑。

地球具有创造力的未来依赖于一种关于土地管理、规划与设计的新观点。就如韦斯·杰克逊在农业方面、约翰·托德（John Todd）在废物管理方面以及保罗·霍肯在商业方面的观点一样，将成为一种生态转型。它将使环境设计与社会生产性部门——包括农业和商业以及废物管理，相互联系。它还将使环境设计作为一种道德行为，认可自然系统中交织混合的、复杂高效率的模型以及与环境、生态、文化和技术系统的推进动力和生命循环密切结合的决策。

14.5论述了在增长/发展及系统/资源管理范式下的当前景观建筑实践。14.5还谈到当前主流规划和设计方法中的转变以及在接纳环境经济学、整合工具和技术将空间（生态足迹）和时间（投入—产出建模、动态建模、生命循环的评估）影响融入主流设计方面的失败。14.7呼吁了综合性的设计方法，基础是：获得地球潜力、满足长期系统需求、管理人类和生态系统的健康与生产力。它阐明了满足全成本决策（土地用途、材料选择等）的进程，包括生命周期成本：资源确定、资源提取、人类用途加工、分布、使用和再利用、资源更新以及将新知识、技术和工具整合进入设计进程的方法。设计生态学通过遵循数个宗旨达到这一目的。

16.5.1 宗旨 1：与自然原理相呼应的设计 | Tenet#1: Design in Concert with Natural Principles

如同霍肯对商业的观点一样，生态设计师这样理解主流设计中的失败：设计以有害的方式对自然过度索取；它建立了需要过多能量的环境，并产生过量的有害物质和污染物质（在建造和使用中）；设计中应用了会产生大量废物的设计方法和设计环境，这些废物将反过来影响所有当前与未来的物种。设计生态学敬畏自然，保护资源，使污染最小化。如霍肯所言，生态设计将自然的基本原则——"废物即食物""自然以当前的太阳能为动力能源""自然依赖于多样性，差异促进成长，毁于一体化中的不平衡"——视作解决问题的途径。在《盖亚 2》中，汤普森谈到了第一条原则，他要求建筑"不仅建造在地面上，而是由各种污染打造出来的——这是对最深刻本质的深层描述。"不是太激进的设计师及温和的技术专家以第二条原则为依据做出决策。拉普卜特（1969）讨论了第三条原则，他呼吁以场所、技术和文化为基础的设计多样性。

16.5.2 宗旨 2：与自然的生产 / 更新再生能力合作 | Tenet#2: Partner with Nature's Productive/Regenerative Capacity

与自然**负熵**（negentropic）能力配合的设计生态学，通过生命过程集中能量、创建秩序、提高复杂性、生产力和稳定性。设计与自然配合，理解人群、生活类型及工作效率之间的关系；它随着资源获取与废物生成的最大可持续速度，在不超过**适当承载能力**（appropriated carrying capacity）的条件下促进了解决方案。作为合作者，生态设计师与生态动力共舞，重建生命周期循环流，将设计的成功界定为与环境背景系统和其他生命形式的成功共生。设计生态学还促进了与自然协作的社区。它寻求可以提高社区的**社会承载力**（social carrying capacity），即社区界定、评估一系列准则（社会公平、多样性和安全性）和行为（项目、政策等）的能力，并制定指向可持续、可更新社区的决策。

16.5.3 宗旨 3：与演替合作 | Tenet #3: Partner with Succession

演替（succession）是生产力的自然倾向。当场地在火灾、侵蚀或开垦下遭破坏打乱时，早期植物涌入场地之中。这些植物迅速适应环境，攫取充足的资源，但是它们通常寿命很短、效率低下并缺乏多样性。这些植物形成的早期演替生态系统促进了环境更加多样、有效、稳定并且寿命也更长，晚期演替的植物和生态系统就是建立在这种环境之上。通过演替，自然系统再生性提高了全球系统的生产力。设计生态学与演替协作配合。

几十年来，霍华德·奥德姆通过早期和晚期演替自然生态系统以及它们的城市推论绘制出能量流动图。他展示了早期演替生态与城市系统依赖于可用资源的过剩，特征是组织性、多样性、复杂性、效率、生产力及稳定性等方面都很低。在 20 世纪 70 年代，奥德姆断言早期演替城市系统已经失去合理有效性，但它在继续通过不可持续的发掘生态资本（随着资源日益缩减）来增大并危害后世。霍肯不断重复这一观点，并呼吁应基于生态模型决策：

> 美国文化仍然是满目杂草的荒原……我们始终如一地选择最方便的资源消耗途径……这种途径需要所有资源都有源源不断地供给，尤其是能源……我们在设计系统时应尽量巧妙地模仿出自然中最佳的生态系统，而不是将注意力放在废物搁置地点、由谁付费以及毒素会在何时渗入地下水系统。公司应该重新构想并重新想象自身是周期性公司，他们的产品应该是无害的，专门瞄准特定功能，不会产生溢出效应，没有产生废物，野生动植物的细胞中没有随机分子——换句话说，没有任何生命形式受到负面影响。如果陶氏化学公司（Dow）、汽巴佳基公司（Ciba-Geigy）和汉高公司（Henkel）认为他们从事的是合成化工产品生产，并且拒绝改变这种想法的话，他们和我们都会陷入困境。如果他们相信他们的业务是服务人民，并帮助人们解决问题，雇用工人并发挥他们的独创性，向赋予我们生命的自然学习从而提高周围人们的生活品质，那么我们还是有机会的。

设计生态学以一种类似的变形为基础，从设计早期演替的建筑、场地和城市转变为设计晚期演替的城市生态系统。

16.5.4 宗旨 4：应对一系列空间和时间尺度 |
Tenet #4: Address a Range of Spatial and Temporal Scales

设计生态学整合了广泛的空间和时间尺度。从**空间上**（spatially）来说，它认定可持续性与景观更新是各地必须实施的全球现象。它在尺度上是相互依附的：某一尺度的决策影响并整合其他尺度的决策。与几十年前福勒的世界游戏理论一样，设计生态学跨越政治界限与国家尺度来理解生态单元及全球生产潜力；它还延续了长期建立的、具有深厚根源的思维方式（沃斯特，1994），将相互依附的尺度等级制度进行整合，这些尺度的范围从全球生物区（自然—资源地区）一直到建筑 / 场地部件，每种尺度都希望在将责任传递给以上或以下的其他层级之前从内部应对自然法则。设计生态学将每种生物群系（图 16-8）视作一种生态性能边界以及囊括多种解决方案及其在生物群系内意义的全球资料馆，这些解决方案是由作为资源区的生物群系内不同文化、对人—环境之间关系的不同态度所提供。设计生态学以投入—产出为基础，在某一尺度上的废物有可能成为其他尺度上的资源。从**时间上**（temporally），设计生态学通过同时满足当前与未来的需求、健康与生产力促进了可持续性、景观更新再生并提高了未来的承载力。

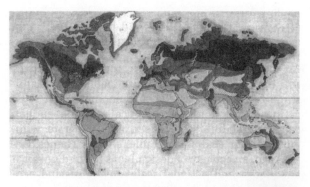

图 16-8：作为性能边界和全球资料馆的生物群系（**世界生物群系**：每种生物群系都是一种基本的气候 / 资源区域。每种生物群系的区域范围内共享基本的气候和资源基础。每种生物群系作为一个汇集解决方案的全球资料馆，运用生物群系中的资源与含义）

16.5.5 宗旨 5：认可生态经济学 |
Tenet #5: Embrace Ecological Economics

霍肯认为当前经济学中最具危害性的特点是"破坏地球的成本在很大程度上并不会出现在市场价格当中"。在 20 世纪 60 年代之前，设计决策将重点放在当下，以漠视未来的最初成本经济学为基础。资源开采是为了满足当前需求，充分利用短期经济学，而且是"拿了钱就跑"。关注当前利益造成设计师忽视场地外的上下游影响。在 20 世纪 60 和 70 年代，设计的重点转为关注不久的未来，并关注项目生命周期内的运营和维护成本。资源开采仍然是为了满足人类需求。我们仍然在赚钱，但是竭力更有效、更长远地运作。

设计生态学则更长远地关注于全成本核算（短期与长期成本、近距离和远程的影响）和基于获取资源、缓和地区和其他区域上下游影响、保持更新再生系统的健康与生产力的生命周期经济学。它寻求在"生态银行"中建立**自然资本**（natural capital）（储备生产性的及可再生的资源），维持健康的**自然流动**（natural flows）（生命周期循环流）。设计生态学认定自然资本的组成部分是**可再生的**（renewable）（有机体、生态系统）、**可补充的**（replenishable）（氧气、地下水）及**不可再生的**（nonrenewable）（化石燃料、矿产）。设计生态学寻求可持续性地获取可再生资源，平衡可补充资源的流动并避免不可再生资源的枯竭。设计生态学涉及了莱尔的 5 种经济学时间尺度，其范围从短期的、加速系统崩溃的、退化的狭隘经济学到长期的、可再生的广泛经济学。

16.5.6 宗旨 6：应对不同层级水平的决策制定 |
Tenet #6: Address Hierarchical Levels of Decision-Making

设计生态学要求设计师在决策等级的全部三种层级水平上做出决策，促进系统更新之中专业人士和非专业人员的参与（图 14-1）。设计师必须做出**元层级的决策**（meta-level decisions）创建促进决策的环境，这些决策以生命周期循环流、更新有助于再生的信息流和资金流为基础。本书第四部分就是在此层级上开展研究的，因为它回顾了各项议题、案例研究及方法，将主流设计师与基于生命循环的设计联系起来。元层级的决策包括模型研发（设定性能评价标准、为定量和定性目标进行基准测试等），将这些模型转移到规划和设计过程当中，协商政治议题（对当前行业、土地权利造成的威胁等）避免实施中出现障碍。另一层面上，设计师必须做出**系统层级的决策**（systems-level decisions），包括在全球、生物群系、区域和地方尺度上对环境的管理以及从全球到场地尺度上对生命周期循环流（材料、信息、资金）进行管理。由于城市的突出作用，系统层级的决策整合了城市规划和设计、智慧型增长、宜居且健康的城市及可持续的社区积极主动性。这些决策包括长期的环境监测、对可持续决策来说必要的反馈/前馈流动。在第三层级上，**目标层级的决策**（object-level decisions）包括可以创造生态的、生理和心理健康的建筑和场地的设施设计及运作，整合成为背景系统中生命循环的一部分。目标层级的决策包括获取（而不是开采）资源、限制生态足迹并建立不产生废物和污染的设施。在这一层级上，设计获取了场地内和场地附近（利用土地、纤维和废物）的资源。产品选择及设施运行都要对上游、下游环境影响以及当地、区域及全球系统的健康保持敏感的反应。

16.5.7　宗旨 7：整合管理的贯彻实施
Tenet #7: Implement Integrated Management

为了更新再生生态与文化景观，设计师必须通过生态学家的整合视角进行思考。地球和人类的未来需要与最佳的人—环境关系相关的知识和道德义务，因此设计师必须将系统知识、生态学、环境伦理和环境经济学与对当地价值系统的理解相整合。设计师还必须有效地管理规划与设计决策的制定环境、团队、工具、进程和成果，从而更新生态与文化景观，提高非专业人员对于必要整合的理解。为了实现这些目标，生态设计师必须做出元层级的决策并整合系统和目标层级的决策。

16.5.8　宗旨 8：与生命周期循环流整合
Tenet #8: Integrate with Life-Cycle Flows

设计生态学用循环再生的流动取代了线性的、从资源到废物的流动。设计生态学整合并联合了材料、能量、信息和资金的流动。它认可了长期经济学，缓和了近距离和远程的影响，应用信息和资金促进再生决策。幸运的是，从麦克哈格强调遵循自然法则紧迫性的几十年来，科学已经提供了新的工具（投入—产出建模、生命周期循环评估等）和环境性能衡量标准（生态足迹、ISO 标准、产品标示等）。设计生态学将这些工具和评价标准整合到设计职责转换的进程中，这种进程就是将设计从当前的开采与消费资源、扰乱更新再生的作用转换到资源获取与生活更新的职责。生态设计师和可持续社区决策制定以广泛界定的当前与未来性能为基础，应用翻新改造、适应性用途及灵活施工带来的能源与材料收益衡量新建筑需求的方法进行决策。卡内基—梅隆大学（Carnegie-Mellon）的维维安·洛夫特尼斯（Vivian Loftness）和沃尔克·哈特科普夫（Volker Hartkopf）正在研究，建筑之内开放性建筑的议题，但是他们的研究成果并不涉及社区尺度的生命周期循环流以及材料的获取、运输、加工、分配、使用和废弃对于区域资源和景观更新再生能力的影响。迫切需要在这方面有更广泛的研究。

16.5.9　宗旨 9：追求生态平衡
Tenet #9: Pursue Eco-Balance

当一种活动平衡了上游、下游的资源储备时，就实现了生态平衡。整合水体/废水系统可以达到生态平衡。人类的氧气消耗和工业二氧化碳排放可以通过具有生命的植物光合作用进行平衡，这些植物释放氧气并吸收二氧化碳（固碳）。生态设计师可以指定建筑材料，使材料加工过程中上游产生的二氧化碳可以通过其他建筑材料的长期固碳作用来平衡，例如生物复合材料，合理使用的木质材料，等等。

了解了当前的人口、生活方式以及影响到系统更新的技术，生态设计师和社区寻求平衡生命周期循环流，系统通过这种流动得到更新。他们可以应用例如生态平衡游戏工具（最大潜能建筑系统研究中心提出）制定规划和设计决策，平衡各类流动，并将对于生态平衡的需求和实现途径传授给其他设计师和公众。土地实验室（最大潜能建筑系统研究中心、再生研究中心、湿地研究中心）将继续为设计生态学开发生态平衡的知识和工具。

16.5.10 宗旨 10：整合生命循环评估、规划与设计 | Tenet #10: Integrate Life-Cycle Assessment, Planning, and Design

平衡流动要求设计师（作为决策者和设计团队、社区群体的推进者）将生命周期循环评估整合到设计框架和规划与设计的方法之中。同时还需要设计师评估现存条件和流动，是否在设定的层级上执行了干预。平衡流动需要设计师评估成本、引导基于生命周期循环动力学的决策，并将决策框架作为基于知识的引导系统实施，引导系统将传统的规划、设计进程与生命周期循环成本以及材料、能量、信息和资金的生命周期循环流进行整合。

生态设计师在各种尺度上，将一系列的环境和性能评估（生态基线、生命周期循环评价、影响评估、场地监督）整合到规划和设计进程中。在生物群系尺度上，他们整合**生命周期循环评估**（life-cycle assessments）并对资源和技术进行识别与定位，包括开采、获取、运输、加工、分配、使用、再利用并恢复到可使用的形式；也为了确定提升生命周期循环性能的潜力。在项目尺度上，他们做出的决策基于项目对近距离及远程系统的健康与生产力的影响评估。生态设计师创造了**生命周期循环决策框架**（life-cycle decision frameworks），将不同的人在长时间内的行为整合到更新成果中。这些设计师做出**生命周期循环规划与设计决策**（life-cycle planning and design decisions），包括资源的开采或获取、运输、加工、分配、使用、更新及再利用。他们组织和解读数据，促进生命周期循环决策，推动促进更新的进程，并做出基于近距离和远程影响的决策，例如对美国环保局认定未达标区域的环境影响。

16.5.11 宗旨 11：应对当前系统状态 | Tenet #11: Address Current System State

本书界定了两种系统条件类型。第一种是**处于平衡状态的系统**（systems in equilibrium），这种系统变化缓慢，特征是高度整合、相互作用、积极反馈、自我永存和更新再生。它们在整合变量、优化健康、生产力方面具有高度的秩序。以往系统行为制定的决策通常会产生积极并且不断增强的反馈。随着时间的发展，这些系统伴随着组成部分之间不断增长的相互关联性缓慢演进，它们与高度关联的组成部分紧密协调，与环境背景高度整合，少有内部或外部的矛盾冲突。这种系统自我维系并进行自我更新。第二种类型是**处于耗散状态的系统**（systems in dissipation），这种系统具有高度的自发性、迅速变化并固有不稳定性。以往行为产生的决策通常产生消极的反馈，而且伴随内部和外部的冲突与压力。这种系统促进产生了新的、更具相关性的内部关系。

当前，规划师和建筑师的教育使他们将设计整合到平衡系统中。他们并未准备好在环境恶化和发展动力变得耗散时进行恰当的设计。另一方面，生态设计师在理解系统状态的同时，还管理生命周期循环流。当社会决策的反馈是积极的时候，他们是管理者；当社会决策的反馈是消极的时候，他们是变革推动者。作为变革的推动者，他们促进新的、更具相关性的操作环境、管理结构、规划策略和设计解决方案的产生。作为变革的推动者，他们在**元层级**（meta-level）上进行运作，建立决策环境、法律、组织并促进生命循环决策的进程；在**系统层级**（systems level）上，他们实施对生命周期循环敏感的政策、进程和框架；而在**目标层级**（object level）上，他们设计可再生的项目。

16.5.12 宗旨 12：发展伦理设计语言 | Tenet #12: Develop an Ethical Design Language

生态设计师综合设计与生态科学，开发基于自然模型的方法和解决方案而且整合新的生态科学工具和技术来更新系统。他们促进信息流动，使社区认可接纳一种可再生伦理，发展并推动一种伦理规划设计语言；这种设计语言使设计与动力系统的生命周期循环流重新联系起来，记录并传播作为一种全新设计语言的模型、工具和技术。

16.6 当前状态 | CURRENT STATE

设计生态学的进程、工具和技术在多种——并且通常是不连贯的场合中出现。向设计生态学发展的第一步是理解艺术的状态。这种状态包括理解数据管理、图纸绘制、整合并评估性能的基线和工具；

了解网络资源；还需了解引导和实施可再生规划与设计的进程。

16.6.1 建立对未来性能进行比较的基础｜ Establishing a Basis for Comparing Future Performance

当前有一种建立区域生态基线的全球趋势，这种基线用于衡量规划与设计解决方案的性能，也用于衡量设计预期性能的区域基准。这两种作用对于设计生态学都必不可少。

生态基线制定｜Ecological Baselining

生态基线（ecological baselines）是性能（最常见的实践）的现有层级，帮助我们在时间角度辨别解决方案和性能究竟是导向系统更新，还是系统衰退。**生态基线**制定是建立全球和区域基线的过程。一旦建立了生态基线，规划和设计解决方案的性能就可以同这些基线对照，这些基线之间也可以对比，帮助生态设计师做出基于知识的和生命周期循环的决策。

确定基准｜Benchmarking

基准（Benchmarks）是与技术、生态、经济或社会目标相关的预期性能——目标是超越基线。它们指定预期的全球或区域目标以及/或者行为的绝对界限。它们是目标、目的、导则和标准的可持续性框架中不可分割的一部分。建立基准的过程即为**"确定基准"**。

确定基准出现在一系列尺度之上。最知名的居住基准是美国各州的良好美分规划（Good Cents programs）以及美国得克萨斯州奥斯汀市（City of Austin）的绿色建筑者规划（Green Builder Program）。更大规模的建筑群则以加拿大的建筑节能性能分析俱乐部（BEPAC, Canada's Building Energy Performance Analysis Club）的标准作为衡量基准。城市部门——例如公交导向开发，有衡量基准；其他社区和城镇亦然——例如图森太阳能村（Tucson Solar Village）。俄勒冈州和其他州也正在制定衡量基准。美国的化学公司正在建立工业基准。能源基准包括斯坦恩的蕴含能源排名（Stein's Embodied Energy Rankings）以及消费者认证的能源效率评级目录（Consumer's Directory of Certified Energy Efficiency Ratings）。区域尺度的基准包括不列颠哥伦比亚省（加拿大）的建筑节能性能分析俱乐部规划。全球数以百计的城市都在制定衡量基准，包括很多美国的城市。国家层级的美国基准包括气候变化行动计划（Climate Change Action Plan）、标准和测试国家研究院能源标准（National Institute for Standards and Testing NIST Energy Standards）以及重要指征规划（Vital Signs Program）。加拿大的举措包括建立议事日程及C-2000先进社区建筑规范（C-2000 Advanced Community Building Code）。在国际上，城市以地方环保行动国际委员会（ICLEI, International Council for Local Environmental Initiatives）的规定为基准。经济合作与发展组织（OECD, Organization for Economic Cooperation and Development）则成为国家基准。上述这些及其他更多为制定基准做出的努力在《绿色建筑工程标准》（CMPBS, Green Build Benchmarks Project, 1995）中进行了评述。

下一层级的基准制定（在国家尺度上）正由最大潜能建筑系统研究中心与美国环保局根据合作协议推进。在这一工作的早期阶段，工作目标是将标准产业门类（SIC, Standard Industrial Categories）、施工类型、建材成分及县际间环境和经济对于特定材料产生影响的含义之间建立联系。这一数据库模型代表了美国1200万家企业，应用投入/产出程序把这些企业间的新陈代谢机理以及它们产生的共同影响联系起来。软件可以为美国任何规划区域、州或地区制定基线和标准。

可持续发展指标｜Sustainability Indicators

可持续发展指标——或者说可持续发展的环境指标，使我们认清可持续发展。它们应用于辅助评估当前或预期决策的可行性与可持续性，对比可供选择的决策，并引导在所有尺度上——全球、地区、国家、州和地方尺度上的政策和决策。可持续发展指标包括，表示某一特定系统可行性的指标以及表达其他系统性能的指标。环境指标通常在某些框架内获得确认。例如，经济合作与发展组织框架认为，对环境性能的了解来自于三种类型指标的相互关系：

核心指标、将关注议题结合到部门政策中的指标以及将对环境的关注结合到经济学中的指标。

16.6.2 数据管理与绘图工具
Data-Management and Mapping Tools

设计生态学得到了广泛的数据管理与决策制定工具的支持，这些工具在设计学科内外都取得了发展。

数域矩阵 / 生命周期循环数据库
Field Matrices/Life-Cycle Database

叠加法和地理信息系统通过每片区域的层层数据将绘图区域（空间单元）联系起来。这种数据可以作为一对一关系的**数域矩阵**进行构建和展现，将两种变量（有时是三种，也有时包含四种潜在的变量）组织并关联。为了支持基于生命周期循环的规划和设计，大量的资源（索伦森（Sorenson），1971；戴维森（Davidson），1969）将全国的数据矩阵和区域的数据矩阵实现关联。

整合空间数据的绘图工具
Mapping Tools for Integrating Spatial Data

叠加过程的创始人是查理斯·埃利奥特，并在20世纪60年代由多位规划师和景观建筑师推进发展，包括卢·霍普金斯、菲利普·刘易斯、安格斯·希尔以及伊恩·麦克哈格（彼得·A.伯勒，1986），叠加过程在20世纪70年代被景观规划和设计专业广泛接受。20世纪80年代，这些专业将地理信息系统作为一种空间数据管理工具用来组织和关联庞大的数据。当今，叠加法和地理信息系统广泛应用在土地使用和生态规划当中。

传统的土地诠释（Conventional Land Interpretations）： 今天，手绘和数字叠加法都在景观规划中得到广泛应用，辨识同时存在的环境变化因素；基于简单或复杂的生态与社会成本—收益分析的土地用途适宜性评估。一些创新性研究在土地分析中应用了叠加法，有助于向设计生态学方向推进。不幸的是，这些研究并没有广泛地为从业者所知，并未能显著影响专业规划与设计实践。

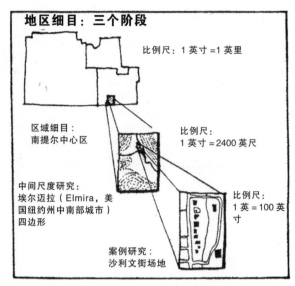

图 16-9：南提尔地区比例尺度研究（摘自 *Renewable Energy Resource Inventory*, Southern Tier Central Region, New York, 1978）

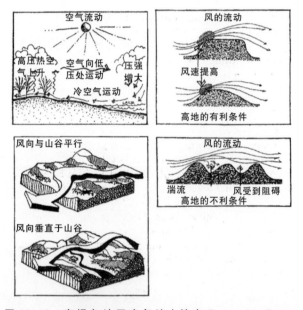

图 16-10：南提尔地区空气流（摘自 *Renewable Energy Resource Inventory*, Southern Tier Central Region, New York, 1978）

可更新的资源应用（Renewable Resource Applications）： 下面的开创性研究应用叠加法对可再生资源的管理做出评估和计划。只有少数设计师了解这种研究，而这些研究在主流景观管理、规划和设计方面收效甚微。在主流从业者中，对于认可这

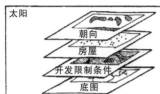

太阳
- 何处光线最充足而且日照时间最长
- 哪种类型的房屋可以从阳光获益
- 何处可安装太阳能设备开发太阳能

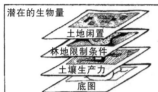

潜在的生物量
- 生物量在何处成长
- 哪种类型的土地适宜生物量成长
- 何种土壤生产力最强
- 道路在哪里

风
- 风速最大的地方
- 现有输电线路与风轮机场地间的关系
- 可以在何处开发风能

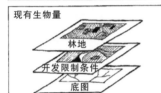

现有生物量
- 哪里有森林和植被
- 可以采伐何处的林地

生物量产生的废料
- 生物量废料的能量所在
- 废物处理场的入口

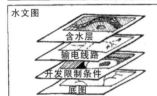

水文图
- 含水层的位置
- 现有输电线路与水电站之间的关系
- 何处可以开发地下水和水电
- 溪流的位置

图 16-11：南提尔社区尺度上的规划方法（摘自 *Renewable Energy Resource Inventory*, Southern Tier Central Region, New York, 1978）

些研究的伦理原则和方法存在着深切的需求。

《可再生能源清单》（*Renewable Energy Resource Inventory*, STCRPDB, 1978）已经实行了 20 多年，至今它仍然是最睿智的规划研究之一。它包括对于纽约州南提尔地区（Southern Tier region）三个县的太阳能资源（斜坡朝向、太阳高度角）、风能资源（与地形相关的季风、风力的加速度、背风区）、生物量资源（木材、废料）和水能资源（地下水和地表水）的评估。它概述了一种过程，在这个过程中市政府、规划师和开发商可以扩展叠加法和土地评估方法准备明确的当地详细清单，并在社区尺度上评估可再生能源（图 16-9，图 16-10，图 16-11）。这项研究还包括在场地尺度上分析可再生能源原则以及在特定场地上利用可再生能源的分析。

生物气候学的应用（Bioclimatic Applications）：《节能场地设计案例研究——佐治亚州谢南多厄》（*The Energy Conserving Site Design Case Study-Shenandoah, Georgia*, 1980）（图 16-12，图 16-13，图 16-14）扩展了土地分析的叠加法，在土地规划尺度上制定基于某一景观的生物气候舒适潜能的土地使用决策。该项研究包括斜坡朝向、季节空气流动及背风区等方面的评估。它可以在两种循环上进行有效表达：在传统土地规划方面使用叠加法以及叠加法在生物气候的规划与设计方面应用叠加法。

可持续发展应用（Sustainability Applications）：地理信息系统的空间数据管理工具和技术已经延展到处理可持续发展方面的研究。例如，以 ArcView GIS 为基础的 GIS-INDEX 软件（由 Criterion 开发）就是用于基于社区的可持续发展指标。另外，为美国环保局的智慧型成长城市（EPA Smart Growth cities）及佛罗里达州可持续社区网络成员研发了简化版本。

整合系统动力学的绘图工具｜
Mapping Tools for Integrating Systems Dynamics

资源的生命周期循环规划及影响分析是以了解生命周期循环流、投入—产出动力学及整合动力系统性能设计为基础；但是以上这些却很少被整合到设计专业之中。例如，从 20 世纪 70 年代早期，霍华德·奥德姆、马克·T. 布朗（Mark T. Brown）、艾拉·沃纳斯基（Ira Wanarski）、拉里·彼得森（Larry Peterson）及其他湿地中心的科学家将层叠绘图与系统动力性能建模共同应用于土地分析。他们还将动态系统性能与静态空间数据与叠加法的模式整合。这种整合及方法并未融入主流设计，并不是主流景观管理、规划和设计的知识基础与方法的一部分。在

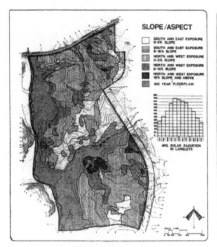
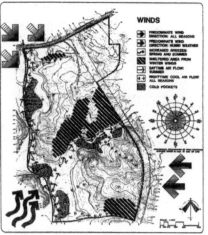
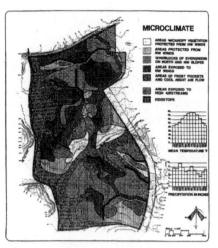

图 16-12：谢南多厄的生物气候资源图（摘自 *Energy Conserving Site Design: Case Study–Shenandoah, GA*, Final Report, U.S. Dept. of Energy, 1980）

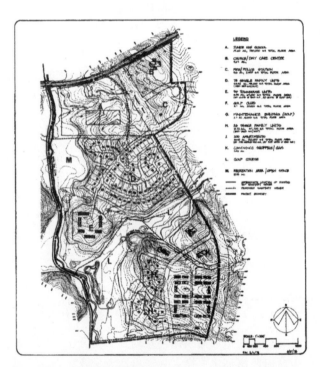

图 16-13：谢南多厄传统场地设计规划（摘自 *Energy Conserving Site Design: Case Study–Shenandoah, GA*, Final Report, U.S. Dept. of Energy, 1980）

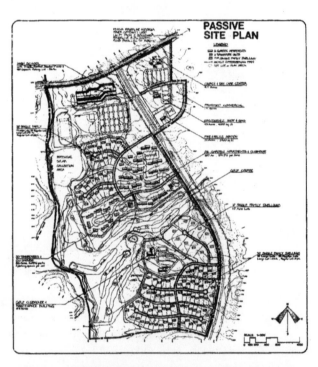

图 16-14：谢南多厄被动场地设计规划（摘自 *Energy Conserving Site Design: Case Study–Shenandoah, GA*, Final Report, U.S. Dept. of Energy, 1980）

接下来的几年中，进一步开发了用于大量静态空间数据管理的电子技术和地理信息系统软件，并被广泛认可接受。长期以来用户使用便捷的动态系统性能建模软件，包括 Stella，Extend 和 Vensim 都已得到了发展，静态与动态相结合的系统软件类型也获得发展，但它们没有融入主流设计之中。当前深切需求把地理信息系统应用与系统动力建模结合在一起，同时也需要传播开创性案例研究的信息，运用整合方法拓展主流景观管理、规划和设计方法，解决系统的空间—时间性能方面的问题。

16.6.3 性能评估工具 |
Performance-Assessment Tools

设计生态学依赖于恰当的性能衡量标准、将性能结合到规划与设计过程中的模型以及用来比较性能的基准。幸运的是，每种工具都在设计学科内外获得了发展。

承载能力、增长管理及影响评估的工具 |
Carrying-Capacity, Growth-Management, and Impact-Assessment Tools

开创性的增长管理研究拓展了处理承载能力与空间—时间影响评估的方法。奥德姆的《热带雨林手册》（Tropical Rainforest Book）研究了系统动力学。湿沼中心（Center for Wetland）在这一区域重要的研究项目包括"绿色沼泽研究"（Green Swamp Study，将系统动力和地理信息系统联系起来）、I-4工作室项目（I-4 studio projects，采用生命周期循环动力学与手绘叠加法，评估迪斯尼乐园对佛罗里达州的影响）、"大沼泽地的林业管理"（Forestry Management in the Everglades，基于能量流动的林业管理）、由佛罗里达州协作委员会（Coordinating Council of Florida）委托进行的若干沿海区域管理项目（将沿海生态系统和土地用途类型与大规模能量预算与使用建议联系起来）以及为墨西哥的纳亚里特州政府（Government of Nayarit）进行的一个研究项目（将能量分析、公共政策选择与开发导则联系起来）。《规划实践总论》（Towards a General Theory of Planning Practice，西南规划团队（Southwest Planning Team），1972）应用系统总论优化生态系统动力学和城市发展。湿地研究中心近年来的研究项目应用将系统动力学与承载能力相结合的流域管理模型对佛罗里达州的可持续社区使命进行研究。

最大潜能建筑系统研究中心在得克萨斯州有若干项目（将人类行为与生态动力学联系起来、并且土地上描画出从摇篮到坟墓的生命循环周期，这个中心的项目还包括了"生态平衡游戏"（eco-balance game，将环境条件、土地用途、生活方式及生态足迹联系起来，响应规划与设计决策）。

生命周期循环评估工具 | Life-Cycle Assessment Tools

生命周期循环评估（LCA，life-cycle assess-ment）致力于研究对产品或者过程的生态平衡含义——即研究它们从摇篮到坟墓的环境序列。生命周期循环评估帮助设计师了解他们使用的材料、他们设计的项目对生命周期循环流产生的影响，例如在水泥煅烧过程中排放的二氧化碳，导致混凝土在全球碳平衡难题中占了8%的比重。关心生命周期循环对决策影响的设计师拥有丰富的资源。环境毒理学与化学协会（SETAC, the Society of Environmental Toxicology and Chemistry）是一个专业学会，成员包括研究环境问题、自然资源管控、产品生产与销售的个人和公共机构。生态恢复协会（SER, the Society of Ecological Restoration）则负责生态恢复、更新以及将设计整合到生命周期循环等方面的研究。设计师还获益于下面将生命周期循环评估和系统动力建模整合到设计过程的开创性项目。专业协会组成的网络和具有开创性的项目能够帮助设计师，它们充当了知识型团队的推动者的作用，将三种新型服务融入生命周期循环设计：**生命周期循环细目**（life-cycle inventories），它将对现有（基线）、预期的能量与资源需求、辐射、排放的废水、固体废料及环境排放物加以量化；**生命周期循环影响分析**（life-cycle-impact analysis），特点是它将（定量或定性地）描述并评估环境荷载的影响；**生命周期循环改善分析**（life-cycle-improvement analysis），它将定量地或定性地界定设计过程或问题解决方案从而减轻环境影响。

生命周期循环经济学，国际标准及产品标签系统 |
Life-Cycle Economics, International Standards, and Product-Labeling Systems

可再生设计采用全成本核算模型、创新的工具和技术以及能量、信息和资金流，推动社会决策从短期的、导致系统崩溃的退化性思维，转向长期的、可再生性思维。可再生设计也触及了莱尔的五个成本层级，包括：1）材料和劳动力；2）运作、维护和管理成本；3）间接成本或外部因素，例如环境缓解作用；4）更大的市场议题，例如创造工作岗位以及对收入分配的影响；5）市场之外不可估量的环境及社会成本。在生命周期循环成本中具有开创性的贡献包括菲斯克（1992）的评估阶梯方法（assessment-ladders approach）以及哈丁·提布斯（Hardin

图 16-15：生态足迹（摘自 "How Big is Your Ecological Footprint? A Handbook for Estimating a Community's Appropriated Carrying Capacity," UBC Task Force on Planning Sustainable Communities. Discussion Draft, July 15, 1993. Artist: Philip Testemale）

Tibbs）（1992）促使协同机制增值的可持续性经济学。

不断变化的**国际标准**（international standards，从 ISO9000 到 ISO14001）、以缓和上下游影响为基础的产品标示系统都是全球性过渡的佐证，这种全球性过渡是从仅考虑最初成本和运转、维护的能量成本的经济学，转向在考虑以上这些方面的同时也对缓和上下游环境影响成本同时考虑的经济学。在 ISO14001 标准下，任何希望在国际舞台上占有一席之地的公司都必须处理好长期问题、广泛定义的影响及综合经济学。开发了多种**产品标签系统**（product-labeling systems），而且通常是在国家级层面上实施的。这些产品标签系统包括德国蓝标产品评级系统及其他认证标记技术与方法——包括"绿标"计划（"Green Seal" program）和"蓝天使"计划（"Blue Angel" program）。

生态足迹与生态平衡游戏
Ecological Footprinting and Eco-balance Game

威廉姆·瑞斯（William Rees）和马希斯·瓦克纳格尔（Mathis Wackernagel）将**生态足迹**（ecological footprinting）（图 16-15）概念化，作为一种语言

和工具评估环境影响的空间范围。在这一概念中，某种行动的生态足迹是该行动在景观中产生空间影响的区域范围，并且表现为需要缓和影响的区域。生态足迹图反映了资源基础，这种资源基础是某一个体或社区为了维持一定等级的消费水平、避免降低生产潜力所必须获得的资源配额。生态足迹技术已获得发展并用于评估缓和人类活动对特定环境资源（例如氧—碳—二氧化物的平衡，或水—废水的平衡）产生影响的空间区域。也开发了动态模型，用来表现随着时间的推移决策对系统性能产生的影响。《绿色建筑工程标准》开发了一种可持续土地使用的互动游戏，这种游戏称为"**生态平衡游戏**"（eco-balance game），它是生态足迹在社区决策与教育方面的应用（图 16-16）。这个游戏"试图平衡空气、水、食物、能量（太阳能、生物量）和建筑材料等生态生命支持系统中发挥正向推动作用的源功能（source function）与发挥负向滞缓作用的汇功能（sink function），这种尝试与三种不同生活方式的资源消费需求相结合——普通美国人的生活方式、保护型生活方式、可持续性生活方式"（菲斯克，1997）。这个游戏绘制了区域数据和当地数据，根据分派给每个生命支撑主题的生产性土地计算出基准。这个游戏希望在确定的界限范围内匹配消费与自然中诸多体系的可持续输出，并调整必需的土地用途、生活方式和边界实现生态平衡。

16.6.4 可再生知识网络
Regenerative Knowledge Network

不断发展的可再生设计资源和知识库网络支持了设计生态学。美国可再生设计知识网络包括美国环保局、国家标准与测试研究所（NIST，National Institute of Standards and Testing）、美国陆军工程兵团（CERL，Army Corps of Engineers）以及美国环保局拨款的国际地球科学信息网络集团（CIESIN，Consortium for International Earth Science Information Network）。国际地球科学信息网络集团希望采用对环境更加有利的、基于生命周期循环的开发方式改变失控的美国式资源到废物的开发方式。这一过程包括理论发展及通过设计与开发处理生命周期循环、投资和社区建设方面的计算机应用（地理信息系统

土地用途图标

图 16-16：生态平衡游戏（Eco-balance Game™，获得最大潜能建筑系统研究中心的许可）

以及与环境数据相关的数域矩阵）。国际地球科学信息网络集团寻求将可持续理论、基准制定、生命周期循环流及其影响以及恰当的数据生成和组织联系起来，促进可持续性的农村与城市景观管理、规划和设计。国际地球科学信息网络集团正在通过设计来开发数据组织与应用进程。《绿色建筑工程标准》将这些进程作为在一系列尺度上（如西雅图政府行政中心、休斯敦市的得克萨斯大学新医学大楼）

开展项目设计时关于生命周期的咨询辅助。

规划师控制城市增长，建筑师设计建筑，景观建筑师设计场地，每个领域的从业者都在城市设计中有所贡献。因为大多数环境难题都是由于城市化的强烈影响，所以我们必须面对城市创造的生态系统影响。为了应对这种需求，从 20 世纪 60 年代开始，市政府就开始将其职责从经济开发——管理交通、能量、水源、住房、健康和教育——扩展到同时调节开发的环境影响。到 20 世纪 80 年代中期，美国地方政府负担起了全美国公共环境经营支出的 55%（这一数字预期到 2000 年可上升到 65%）。在其他国家，这一比重通常更高。1989 年，应对城市影响的活动随着组建地方环境行动国际理事会（ICLEI，International Council for Local Environmental Initiatives）而得到显著扩展，地方环境行动国际理事会是一个市政府间的国际组织。它采用一种生态系统方法，并且将生态系统原则——资源回收、整合、简化、适应、多样化并尊重承载能力，与城市管理相结合。地方环境行动国际理事会将各种建筑系统(结构和基础设施)进行整合，并与地球物理学、生物化学系统结合。它促进了可再生能源、资源再利用、资源更新以及重建生态系统完整性的基础设施和政策，从而提高了经济生产力、降低环境恢复成本，并用管理系统的过程代替已建立的先污染再治理的环境问题范式。

地方环境行动国际理事会的创建者，杰布·布鲁格曼（Jeb Brugmann）构想了生态系统管理的应用领域与专业：城市是监控并管理生物区和全球系统的国际网络节点，地方环境行动国际理事会是成员城市之间以计算机为基础的信息交换网络。将处于一个生物区内的城市连接起来，处理生物区的问题，并与国际机构共同融合到全球监控与响应网络中。为了建立一种地区—全球之间的信息流动结构，每个成员城市的地方环境行动国际理事会的咨询员都经过培训，并得到地方环境行动国际理事会的技术支持，协调市政工作、整合不同的部门并推行以生态系统为基础的方法。地方环境行动国际理事会和其他知识网络是管理、规划和设计城市应对生态系统影响的设计生态学的主要资源。

16.6.5 更新过程 | Regenerative Processes

生态设计所采用的方法整合了对基线和基准点的了解、数据管理和绘图工具、性能评价工具以及通过可再生知识网络制定可再生管理、规划与设计决策获取的信息。设计生态学：1）以对限制因素的理解为开端；2）界定增长的关键范围；3）建立区域性能基准点，当达到这个基准点时，将需要维持这些重要特征以及 4）建立包括目标、目的、导

则和标准的决策支持系统，从而达到性能基准点。从事再生性设计的设计师在管理、规划和设计项目中创造并应用了可持续发展模型（韦斯·杰克逊在《盖亚 2》中的"等级层次、浮现品质、生态系统以及一种全新建筑学的基础"（Hierarchical levels，emergent qualities，and a ground for new architecture）；普林尼·菲斯克的《迈向实践理论与可持续性设计与规划》（Toward a Theory of Practice and Sustainable Design and Planning））。

生命周期循环框架 / 可再生设计决策支撑资源 | Life-Cycle Frameworks/Regenerative Design Decision-Support Resources

设计生态学不断追寻生命周期循环决策框架，促进景观健康与生产力。这些框架针对的是全部景观，包括建成和未建成部分及设施设计、施工建造和运行。它们还包括基线、环境数据和环境影响评估、监控及生命周期循环性能解决方案的含义，这些含义包含了生态足迹、动态建模和其他评估技术。在这些框架中，预计并评估各个规划和设计选择方案的含义，而决策制定则以生命周期循环含义为基础。支撑可再生设计决策的资源包括以下方面。

社区能量、经济与环境可持续发展规划（Planning for Community Energy, Economic, and Environmental Sustainability）： 社区能量、经济与环境可持续发展规划（PLACE³S）是一种计算机辅助分析与设计工具，它将能量、环境和经济策略联系起来，提高能量效率、开发可再生能量资源，减少温室气体。当应用在区域尺度上时，这种工具将把节能规划和资源管理结合起来。在大都市范围内应用时，社区能量、经济与环境可持续发展规划使用地理信息系统软件分析并提高分区——建筑物、运输和基础设施的能量效率。在市级规模尺度或者乡村及地方政府的尺度范围内，将能量统计作为整合语言与性能的衡量工具而用于城市设计与增长管理，并且评估土地使用效率、街区设计以及交通、建筑物和基础设施系统。在街区尺度上，社区能量、经济与环境可持续发展规划希望以下几种方式减少能量需求：1）通过地形气候分析来选择建筑物能量需求最小的场地；2）减少交通和建筑空间的条件需求；3）使用场地

建筑物小规模的地形和微气候特征，减少能量需求；4）减少对汽车的依赖；5）将基础设施最小化，使物化能量消耗及运行能量消耗最小化；6）最大限度地获取场地内的能量以及7）与其他能量荷载需求相联系，从而在城市能量网络范围内平衡能量荷载。

新陈代谢规划与设计（Metabolic Planning and Design）： 新陈代谢规划与设计（MPD）（最大潜能建筑系统研究中心，或称"CMPBS"）也对相似的问题进行了研究，但更多地关注于环境。新陈代谢规划与设计采用投入—产出、工业—生态学方法关注可优化区域资源的互联关系。通过一系列项目和土地资源手册，最大潜能建筑系统研究中心已使用新陈代谢规划与设计和叠加法评估国家和区域的潜能，支持适宜的技术与可持续开发。土地资源手册包括了绘制出的能量、水—废水、气候系统的景观潜能以及促进可持续决策、孕育可持续设计技术的建筑材料。这些土地资源手册确定了**点资源**（point resources），例如提供收集废物并将其转化为资源的垃圾填埋场；及**区域资源**（area resources），例如从事纤维建筑材料生产（替代农业）的主要农业土地。

新陈代谢规划与设计的开端是绘制点资源和区域资源、材料、能力、信息和金钱的生命周期循环流。新陈代谢规划与设计还考察了环境规划与设计的价值——环境规划、生态规划和设计、区域管理、城市规划和设计、总体规划、建筑设计、场地设计——它也考察了专业的价值，视其为具有流动信息的价值，正如通过改善生态动力学及材料与能量的生命周期循环流所衡量的一样。《绿色形式：经济适用型和可持续住房的市场答案》（Green Forms: Market Answers for Affordable/Sustainable Housing）（菲斯克、摩特洛克和帕切科（Pacheco），1994）应用新陈代谢规划与设计整合场地生产性系统（农业、水产业、农林业），做出的建设场地决策可以提高产量、确定灵活/开放的建设场地决策、获取场地内资源、回收场地内的废物，同时也为墨西哥非正规住区做出可更新的经济适用房决策。它还应用了最大潜能建筑系统研究中心的概念，关注生命周期循环流、恰当的技术、灵活的生产制造，同时减少废物和能量消耗。

计量生物学规划与设计（Biometric Planning and Design™）： 计量生物学规划与设计（最大潜能建筑系统研究中心：菲斯克，1983，1988）整合了从全球生物区到建筑物或场地组件的相互依赖的尺度等级系统。它将每一生物群系视作群系内部人—环境关系的全球文化态度资料库、这些文化产生的多种解决方案以及该生物群系中解决方案的含义。计量生物学采用的方法是以投入—产出为基础：某一范围的废物可以作为另一空间范围的潜在资源。这种方法以生命周期循环评估和生命周期循环经济学为根据。在五年的时间中，最大潜能建筑系统研究中心进行了将标准工业门类（SIC，Standard Industrial Categories）与施工技术指标（CSI，Construction Specification Index）的产品规格联系起来的前期工作，并探索了利用（由于提取、运输和加工）上游影响帮助设计师在选取材料和系统时考虑生命周期循环影响，基于生命周期循环性能选定材料和系统，避免美国环保局的非达标区域环境品质进一步的退化。

生命周期循环设计（Life Cycle Design）： 生命周期循环设计（最大潜能建筑系统研究中心）是一种决策支持系统，寻求平衡生命周期循环流。与生态足迹一样，生命周期循环设计会估算人类介入造成的环境影响，但是它还通过生命周期循环在不同尺度上跟踪资源和能量流动。它促使设计师：1）在努力追求设计目标的同时预测设计方案的生态和经济影响；2）建立促进可持续性的基准点；3）使用生命周期循环设计语言在多种尺度上表达设计。它将生命周期循环经济学和生命周期循环评估模型结合，从而在项目的设计、建造和用后评估阶段做出平衡生命周期循环的决策。它采用一种基于图形界面语言的生命周期循环，跟踪材料、能量、水和空气的生命周期循环流的各个阶段——来源、运输、制造、分配、使用和资源。

全系统整合过程（Whole System Integrating Process）： 全系统整合过程（WSIP）（第七代策略公司（Seventh Generation Strategies, Inc.））是一种以

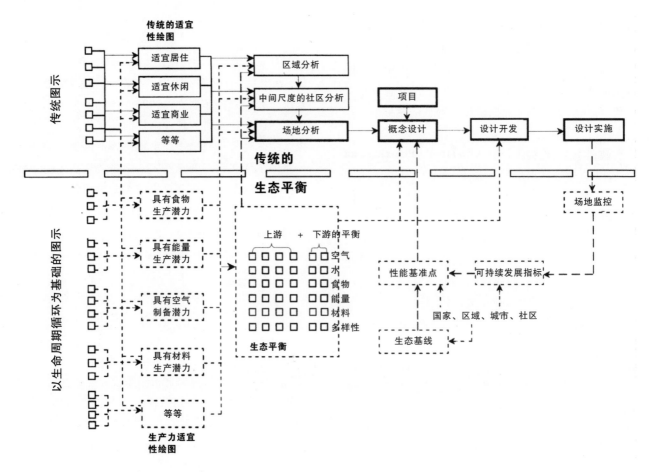

图 16-17：生态平衡设计模型（以最大潜能建筑系统研究中心的工作成果为基础）

全成本法（直接的、间接的、无形的和外部的）为基础的决策过程，同时也是设施设计、建造与拥有的效益/责任分析。决策制定建立在前期成本、经营成本、间接成本、负债和全球环境成本的基础上。全系统整合过程采用一种六步骤进程使项目价值获得提高：1）确定业主目标和项目收益；2）明确所有者/开发团队的项目性能目标；3）完成初步的建筑性能软件建模；4）进行经济收益分析/性能分析；5）在全部成本收益基础上寻找并选取材料及6）确定并评估广泛范围创新所产生的收益。

以生命周期循环为基础的规划与设计的整合
Integration for Life-Cycle Based Planning and Design

最近成立的土地设计学院（LDI，Land Design Institute）（波尔州立大学）寻求通过教育、研究与服务促进实现具有生态和文化责任感的土地设计的目的。该学院还寻求将生命周期循环工具和方法——生态足迹、投入—产出建模、生命周期循环评估、综合技术——整合到主流规划与设计之中。该学院当前的工作是探索由最大潜能建筑系统研究中心开发的生命周期循环阶梯所具有的主流设计潜力，它被视作灵活的框架为广泛的项目和尺度提供了设计潜力，它适用于不同层面的评估模型，结合了时间要素（通常被设计师忽略），运用图像交互式设计语言加强了不同参与者之间交流，同时作为整合当前软件（GIS、Stella 等）的工具（亨特，1999）。土地设计学院促进了空间和时间数据的结合，在一系列尺度上做出了以生命周期循环为基础的决策。

16.6.6 数字技术设计应用的第三波浪潮｜Third Wave of Design Applications of Digital Technology

当前，许多人都呼吁数字设计应用的第三代浪潮。再生性设计的未来预计了这一第三代浪潮将支持整合性的决策制定，包括空间和时间工具、方法的生命周期循环规划和设计整合，便于数据库间的整合并融入规划与设计过程。这种再生性设计的未来还构想了利用新型数字功能的智能计算机技术对模拟计算机进行模仿，并作为导向系统使互联的数域矩阵与静态的空间数据管理系统（地理信息系统）、系统动力建模软件（Stella，Extend，Vensim）整合一起。再生性设计预计智能技术将产生"智能地图"，它将以规划和设计决策的预期影响为基础对自身加以升级。再生性设计认为设计生态学将"智能地图"预测与场地性能的实时监控进行比较，这两组数据的相关性和差异性揭示出了一种设计导向系统（类似于20世纪70年代的设想），引导规划和设计决策产生具有可持续性的解决方案，探求区域性可持续发展的基准点。

16.7 整合模型｜AN INTEGRATIVE MODEL

在此提出的**生态平衡设计模型**（eco-balancing design model，图16-17）以最大潜能建筑系统研究中心的工作成果为基础，属于设计生态学的一种整合决策模型。这种模型可以被视作主流规划和设计模型的一种生态平衡扩展。

16.7.1 作为主流方法延伸的生态平衡设计模型｜Eco-balancing Design Model as Extension of Mainstream Methods

生态平衡设计认可了主流叠加法并扩展了连续的叠加图，并在叠加地图中增添了数种图纸，包括描画太阳能资源（斜坡朝向、太阳高度角）、风能资源（与地形相关的季风、风力加速度、背风区）、生物量资源（木材、废料）以及水能资源（地下水和地表水）的图纸。这些类型的图纸来自于最大潜能建筑系统研究中心诸多的研究成果以及上文讨论的纽约南提尔地区研究、谢南多厄新城区研究。

这些额外的资源图用于场地分析，而且作为同样用于分析与设计的生态平衡阶段平衡上下游资源的基础信息——空气、水、食物、能量、材料。这种模型将生态平衡融入区域尺度、中间尺度（社区、土地使用）和场地尺度上的评估。它包括确定基线和长期场地监控，作为一种手段表现预期基准改变。

16.7.2 作为表达和教育工具的生态平衡设计模型｜Eco-balancing Design Model as Communication and Education Tool

可以将生态平衡图（图16-17的下半部分）叠加到主流方法图上面（图16-17的上半部分），因此可以同已对叠加绘图/可持续方法较为熟悉的客户交流生态平衡设计模型。它有助于客户针对叠加法的资源管理应用理解拓宽到生态设计与生态平衡应用。与谢南多厄新城区研究一样，生态平衡设计模型可以由两个循环有效表达。第一个循环展示出了采用叠加法的传统土地规划应用所生成的开发方案。第二个循环展示出了生态平衡应用所生成的开发方案。这两个循环的表现可以促进生态平衡设计方法的理解以及对于传统解决方案和生态平衡解决方案之间差异的正确评估。同样地，生态平衡设计模型在提高客户与公众对生态设计途径和效益的意识方面已成为一种有价值的工具。

16.8 为一个公正世界的规划与设计｜PLANNING AND DESIGN FOR A JUST WORLD

"和平是为子孙后代设计一个公正的世界。"（丘奇曼，1988）在管理得当的建设环境中，能满足当前需求，又不会损害未来发展的可持续发展推进了"和平"；同时既满足未来需求、又可再造系统能力的设计也推进了"和平"。

查尔斯·维斯特·丘奇曼（Charles West Churchman）是"系统科学之父"，他把为争取和平做出的努力作为一个系统进行研究并将和平与科学联系起来。他认为，当前应用的科学与和平背道而驰，很少有科学家关心一个世纪后的生活品质，而很多科学家"都忙于用污染、武器以及对饥饿困境的冷漠，来帮助设计一个不公正的世界"。他还认为，几乎没有科学基金是引导人们去了解"今天的政策如何打造公平的未来"（1988）。他呼吁将科学重新定义为"为了建立一个公平的世界而奋斗"。

在满足当前需求的时候,环境规划师和设计师同样也是与和平对立,不能充分虑及未来的生活品质。他们把资源转化为废物,却仍然茫然不知如何将人类介入整合到生命周期循环动力学中,再造未来生活质量所依存的资源。这些规划师和设计师所做的不公正决策,助长了将资源转化为废物的过程中产生的矛盾,而不是再造系统承载力。不公正设计招致的惩罚降临到了经济困窘者和第三世界人们的身上。设计师们总是在面对生命周期循环流、未来生产能力、经济挑战和第三世界人口、全球承载力降低引起的全球冲突等方面产生的影响时表现得非常幼稚。

丘奇曼希望发掘系统科学的潜力促进和平。克里斯托弗·考恩和唐纳德·爱德华·贝克应用价值系统理论推进和平,其工作包括在南非20多年的研究(1989),建立起针对不同世界观、感知到的存在难题以及社会表现形式的跨群体评价。摩特洛克整合了系统理论、价值系统理论及第四代创新—介入设计方法(1992),由此提供了转向参与进程的途径,设计一个公平的南非。

16.8.1 通过回应系统状态产生的和平 | Peace Through Response to System State

如上所述,系统运转可以处于平衡状态和不平衡状态:平衡状态的系统以可预计的整合方式进行缓慢的变化;不平衡的系统以混沌、缺乏整合的方式进行迅速且深刻的变化。传统规划有效地管理平衡系统,但是却排除了解决耗散系统(迅速的变化或冲突)动力学中非常必要的创新(第二层次的变化)。公平的设计会产生在两个层次上:第一层次的决策是在资源稳定、机会公平的时期内对资源进行管理操作,而第二层次的决策在资源消耗殆尽、机会不均等的时期内促进发生改变。

16.8.2 通过再生设计产生的全球和平 | Global Peace Through Regenerative Design

当人们(个体和群体)做出对环境敏感的决策、更新再造自然系统承载力并加强了社会群体属性时,和平获得了促进。规划与设计过程使用当地条件(自然、人文)作为背景和模型,整合各种系统(自然、人文、技术)以及解决问题、管理资源、提高未来承载力的技术实现再造生产力,推进了和平。

16.8.3 通过跟踪"公平"使用资源的足迹实现和平 | Peace Through Footprinting "Just" Access to Resources

全球冲突产生于不公平的资源管理(以及由此引发的环境退化)、不公正的获取资源开发的利益、开发当地资源满足外部利益:从农村人口手中获得利益支持城市人口、从落后国家获利扶植发达国家经济增长以及让"穷人"去支持"富人"的生活方式。这种开发使当地生产承载力和生活品质退化。通过将生态足迹整合融入决策制定过程的规划与设计来推进和平,实现决策效果与土地开发相匹配,使资源所在地居民从这些决策中获益。

16.8.4 通过合理的综合决策模型实现和平 | Peace Through Appropriate and Integrative Models for Decision-Making

1992年的里约高峰会议使人们的目光集中在生态灾难和全球冲突上,这些问题将导致较贫困的国家希望追寻富裕国家的市场化道路,汤姆·阿萨纳修(Tom Athanasiou)呼吁这些国家制定可持续的决策,而不是摧毁他们当地的生态。但是规划和设计群体在这方面的工作记录令人沮丧。每个地区的生态动力不同,文化价值系统也不一样——世界如何运行的假设、存在的问题、应对策略、社会组织、开发策略都有差异——在20世纪70年代和80年代中,西方规划师和设计师引发了深刻的全球生态退化与社会冲突,当时他们错误地将在生态、社会经济、技术、经济和政治背景中生成的解决方案作为适用于所有背景的普遍规律(吉尔伯特(Gilbert),1987)。这种错误的假设导致了搭配不当、区域无关联性、最不发达国家和工业化国家的环境与社会的退化、把不相关的含义附加到退化的自然与社会环境更加剧了冲突。

为了促进和平,规划师和设计师可以将外部驱动过程替换为内部驱动过程;其中外部驱动过程产生的解决方案是以通用动力学的错误假设为基础,而内部驱动过程将产生基于当地动力学的解决方案。人们将与解决方案联系起来，并通过这种联系与场所和其他人相关联。设计师追求的是整合当地和外部知识的参与过程，整合当地生态与文化动力学的设计，认可能够减少冲突的人与人之间 / 群体之间的原动力（摩特洛克，1992）。

16.8.5 通过感知尺度与经济学产生的和平｜
Peace Through Scales of Perception and Economics

小规模、短期的思维方式加剧了社会和生态系统的退化及人类之间的冲突。设计可以从更广的空间、时间尺度上获益，但是设计方法并不满足这种需求。公平的设计将通过扩大范围缓解系统退化及由此产生的冲突。设计采用的参与过程将发现感知尺度的范围，而解决方案将对感知尺度的范围负责处理。公平的设计还会考虑到经济尺度的范围，包括基于长期、可再生经济学的成本。它通过考虑当地和当前需求的规划和设计过程减弱冲突；同时还考虑到缓和当地和周边环境影响的成本以及社会成本，例如失业与非货币的成本，例如降低生活品质。

16.9 生态设计专业｜
ECOLOGICAL DESIGN PROFESSION

当前对于生态设计专业存在极大的需求。历史上，只有单一的自然环境设计专业。而今天，该专业已经细分出建筑学、景观建筑学、城市规划等专业，设计环境是这些专业和其他专业活动产生的混合物。当前对于整合专业活动也存在极大需求，将区域和城市规划、建筑设计、场地设计融入生态与文化景观领域一系列对系统敏感的管理、规划与设计，整合了重建系统健康与系统生产力的生命周期循环流。

生态设计专业的结构和核心仍在不断浮现。分散在设计专业内外的先驱者经由他们的系统方法统一起来，因为他们的责任是妥善处理超越狭窄学科界限的问题并将决策融入更大规模的系统中——生态、经济、技术、政治及社会经济等方面。一些先驱者在系统内自学成才；其他人具有系统科学学位、跨学科学位、跨学科继续教育学位或者多个设计专业学位与非设计专业学位。时间将告诉我们生态设计专业是否将仍然以系统思考者的身份参与到不同专业中或者继续在本专业内关注整合和全球生存问题。

16.9.1 生态设计专业的使命｜
Mission of an Ecological Design Profession

生态设计先驱者追求再生重塑、生活品质以及当下和未来一个公平的世界。他们寻求在满足当前可持续发展需求的同时不损害未来的利益以及再造系统承载力的设计。这些先驱者还努力推动社会超越目前从资源到废物的转化现状、提升社区意识、将人类干预融入生命周期循环动力学、设计一个公平的世界并再造未来生活品质所依存的资源。

16.9.2 追求使命｜Pursuit of the Mission

为了完成这一使命，生态设计专业竭力**整合新型科学工具**（integrate new-science tools）——生命循环分析、系统动力建模、生态足迹，将它们融入设计进程，帮助规划师和设计师理解设计的含义。生态设计专业**建立并传播新型的规划与设计模型**（establishes and disseminates new planning and design models），协助社会设计一种可再生的、健康的、公平的现实与未来世界。它将**规划与设计作为第二层次的变化**（planning and design as second-order change），帮助设计专业从独裁式的、排外的解决方案转变为参与性的、具有承载能力的、以建筑和社区为基础的解决方案。

生态设计专业**使规划和设计专业相互融合**（integrates the planning and design professions），同抱有其他塑造世界目的（政治家、机构等）的专业进行整合并与重塑世界以满足每日活动、寻求个人潜力的公众相结合。它促进了专注于设计专业的学科间**变化**（encourages change in disciplinarily focused design professions），推动建筑师、景观设计师和规划师整合各类系统、将当地条件作为环境和模型，采纳基于生命周期循环的方法。

生态设计专业追求通过决策影响与**决策利益之间相互匹配**（matching impacts with benefits of decisions）寻求公正，应用进程包括：界定生态基线、建立当地 / 区域生活品质指标、规定了管理系统健康和生活品质的基准点、确认可持续获取资源的区域边界、促进使决策影响与决策获益人之间相互匹配的生态足迹并监控长时间的性能表现和影响。在追寻公平世界的过程中，设计生态专业**认可了对多样性敏感的规划和设计模型**（embraces planning and design models sensitive to diversity），包括发展中地区和发达地区、"富人"和"穷人"以及郊区和城区居民多种多样的需求。

生态设计专业寻求**维持当地生态学和文化**（sustain local ecologies and cultures）：文化价值的生态动力学与多样性。它**促进跨学科团队建设**（facilitates interdisciplinary teams），在多种背景中组织和领导团队管理、规划和设计与当地相关的解决方案。它开发的**专业知识可以整合**（expertise in integrating）当地和外部知识，同时还将设计融入了当地生态和文化动力学。它应用规划和设计模型**重新建立人们的联系**（reconnect people），这些模型将人与场所、人与其他人联系起来，缓和了冲突，促进了和平。

生态设计专业**贯彻创新—干预过程**（pursue innovation–intervention processes）确立回应一系列感知的解决方案并对于生态和文化重建需求**建立理解**（build understanding）。它**寻求经济规模的范围**（pursue the range of economic scales），在当地和当前需求中发挥作用，缓和当地及周边环境影响、社会成本和非货币成本。

生态设计专业不论是作为一种独立专业，还是作为设计专业范围内第二层次转变的代表，都将促进设计专业、社会以及设计教育中认识论的改变。

参考文献

Athanasiou, T. Divided Planet: The Ecology of Rich and Poor. Little, 1996.

Brugmann, J., and Hersh, J. Cities as Ecosystems: Opportunities for Local Government (ICLEI), 1991.

Burrough, P. A. Principles of Geographic Information Systems for Land Resource Assessments. Oxford: Clarendon Press, 1986.

CMPBS. " Greenbuild Benchmarks Project. " Center for Maximum Building Systems, Austin, 1995.

Collard, S. " Sacredness and the rediscovery of the 'ecological consciousness': A re-evolutionary force in the biosphere. " Place, Space and Spirituality Symposium, Ball State University, 1999.

Cowan, C., and Beck, D. " The psychological map: Charting the emergence of global people. " National Values Center, Denton, TX, 1989.

Cowan, C., and Beck, D. Spiral Dynamics, Oxford: Blackwell, 1996.

Danitz, B. Ecological Design [Videorecording]: Inventing the Future. Book and Video. New York: Ecological Design Project. 1994.

Davidson, C. " Implementing the impact of industrialization. " Industrial Forum, Volume 1, 23, 1969.

Demkin, J. Environmental Resource Guide, AIA. New York: John Wiley & Sons, 1996.

Fisk, P. " Bioregions & Biotechnologies. " Presented at New Perspectives on Planning in the West. Arizona State, 1983.

Fisk, P. " Exploring Sustainability: Notes from an Interdisciplinary Colloquy on Bridging the Gaps. " Harvard Graduate School of Design, Boston, 1988.

Fisk, P. " Metabolic Planning and Design. " Presentation to New England Solar Energy Association's Annual Meeting, CMPBS, 1989.

Fisk, P. " Toward a Theory and Practice of Sustainable Design. " 1992 National Convention of the American Institute of Architects, Ball State University, 1992.

Fisk, P. The Eco-balance Game: creating settings for sustainable communities. The Center for Maximum Potential Building Systems. Austin, TX, 1997.

Fisk, P., and McMath, R. " Anybody there?: Architects, Design, and Responsibility. " Texas Architect, 11/12, 1998.

Fisk, P., Motloch, J., and Pacheco, P. " Green Forms. " Catalogue of II National Technologies Contest for Social Interest Housing, Mexico Secretariat of Social Development, 1994.

Forrester, J. W. Urban Dynamics, Cambridge, MA: MIT Press, 1969.

Gilbert, A. J. Psychology in Context: Cross-cultural Research Trends in South Africa. K, Mauer and A. Retief, editors. Human Science Research Council, Pretoria, 205-225, 1987.

Hall, C. A. " Preface. " Maximum Power: The Ideas and Applications of Howard T. Odum. C. A. Hall, editor. NIWOT: University Press of Colorado, 1995.

Hawken, P. The Ecology of Commerce: A Declaration of Sustainability. New York: Harper & Row, 1993.

Hunt, M. " Ecological footprinting potential in East Central Indiana. " 1998-1999 CERES Fellowship Research Findings, Ball State University, 1999.

Jantsch, E. Design for Evolution: Self-Organization and Planning in the Life of Human Systems, New York: George Braziller, 1975.

Kaufman. Systems 1: An Introduction to Systems Thinking, the Innovative Learning Series, Steven A. Carlton, editor, Minneapolis, MN: S.A. Carlton, 1980.

Langdon, W. The Whale and the Reactor. University of Chicago Press, 1986.

Lyle, J. T. Design for Human Ecosystems: Landscape, Land Use, and Natural Resources. New York: Van Nostrand Reinhold, 1985.

Lyle, J. T. Regenerative Design for Sustainable Development. New York: John Wiley & Sons, 1994.

McHarg, I. L. Design With Nature (First edition). Garden City, NY: Published for the American Museum of Natural History by the Natural History Press, 1969.

Motloch, J. " Regenerative Communities for Global Peace." Cohen Peace Fellowship application, 1999.

Motloch, J. " Delivery Models for Urbanization in the Emerging South Africa. " Ph.D. Thesis, University of Pretoria, Pretoria, S. Africa, 1992.

Odum, H. T. Environment, Power and Society. New York: John Wiley & Sons, 1971.

Odum, H. T. Energy Basis for Man and Nature. New York: McGraw Hill, 1981.

Odum, H. T. Ecology and General Systems: An Introduction to Systems Ecology. Niwot: University Press of Colorado, 1994.

Odum, H. T. Environmental Accounting: EMERGY and Environmental Decision-Making. New York: John Wiley & Sons, 1996.

Prugh, T., and Costanza, R. Natural Capital and Human Economic Survival. Solomon, MD Int. Soc. of Ecological Economics, White River Junction VT, Dist by Chelsea Green Pub., 1995.

Quinn, D. Ishmael: [A Novel], New York: Bantam Turner, 1995.

Rapoport, A. House, Form and Culture. Englewood Cliffs, NJ: Prentice-Hall, Inc., 1969.

Roszak, T. Ecopsychology: Restoring the Earth, Healing the Mind. San Francisco: Sierra Club Books, 1995.

Rees, W., and Wackernagel, M. Our Ecological Footprint: Reducing Human Impact on the Earth, Gabriola Island, BC: New Soc. Pub., 1995.

Shenandoah Development, Inc. Energy Conserving Site Design Case Study—Shenandoah, Georgia. Prepared for United States Department of Energy, Washington, DC, 1980.

Shepard, P. Nature and Madness. San Francisco: Sierra Club Books, 1982.

Sorenson, J. Coastal Lagoons of San Diego County. Laboratory for Experimental Design, 1971.

Southwest Planning Team. Towards a General Theory of Planning Practice. Department of Architecture, University of Florida, 1972.

STCRPDB: Southern Tier Central Region Planning and Development Board. Renewable Energy Resource Inventory. Prepared for the Oak Ridge National Laboratory for the United States Department of Energy, Washington, DC, 1978.

Thompson, W. I. Gaia 2 Emergence: The new science of becoming. Hudson, NY: Lindisfarne Press, 1991.

Tipps, Hardin. " Industrial ecology: an environmental agenda for industry. " Whole Earth Review (77), 4–19, 1992.

Tobey, G. A History of Landscape Architecture: The Relationship of People to Environment. New York: American Elsevier Pub. Co., 1973.

A Tropical Rain Forest: A study of irradiation and ecology at El Verde, Puerto Rico. Oak Ridge, TN, Division of Technical Information, U.S. Atomic Energy Commission, 1970.

Van Brakel, M., and Zagema, B. Sustainable Netherlands. Friends of the Earth Netherlands, 1994.

White, G. The Natural History of Selborne, edited and with an introduction by James Fisher, London: Cresset Press, 1947.

Worster, D. Nature's Economy: A History of Ecological Ideas. New York: Cambridge University Press, 1994.

Zukav, G. The Dancing Wu-Li Masters: An Overview of the New Physics. New York: Quill Morrow, 1980.

推荐读物

Architects for Responsibility. A Sourcebook for Environmentally Responsible Design. A multi-disciplinary Committee of the Boston Society of Architects, 1991.

Ayers, R. A. " Industrial Metabolism. " Technology and Environment. National Academy Press, 1989.

Bossel, H. Indicators for Sustainable Development: Theory, Methods, Applications. International Institute for Sustainable Development, Winnipeg, Manitoba, Canada, 1999.

Capra, F. The Turning Point. New York: Bantam Books, 1983.

Clark, W. C. " Managing Planet Earth. " Scientific American, (261)3, September 1989.

Frosh, R. A., and Gallopoulos, N. E. " Towards and Industrial Ecology. " In Bradshaw, A. D. et. al. The Treatment and Handling of Wastes. London: Chapman and Hall, 1992.

Jansson, A. et. al. Investing in Natural Capital. Washington D.C.: Island Press, 1994.

Lipinsky, E. S., and UNISYN. " Fuels from Biomass: Integration with Food and Materials Systems. " Science, V. 199 No. 4329, Feb. 1978.

Lynch, K. Wasting Away. San Francisco: Sierra Books, 1990.

" Managing Planet Earth, " Scientific American.

Mollison, B. with Slay, R. M. Introduction to Permaculture. Tyalgum, Australia: Tagari Pub., 1994.

Organization for Economic Co–operation and Development (OECD). Toward Sustainable Development: Environmental Indicators. Published by the OECD, 1998.

Pace, M. L., and Groffman, P. M. Success, Limitations, and Frontiers of Ecosystemscience. New York: Springer, 1998.

Peterson, L. " Energy and Complexity in Planning. " Architectural Design, December, 1972.

第十七章

景观设计教育
Landscape Design Education

完成了一个轮回后，我们正在重新回到本书开始时的起点——对系统的讨论，我们将在最后探讨它对于景观设计教育的意义。

近年来，尤其是第二次世界大战后形成的文化，教育中仍然未构建起关于系统的知识、脱离环境背景并且使用不可再生资源来维系短期的舒适。教育并没有教会我们通过还原决策对系统潜力的下降保持敏感，或者将系统崩溃视作与我们的日常生活息息相关。

西方社会中，人们接受的教育尤其忽视了解决生态和人文系统的复杂性，也没有将世界作为一个动态的系统。他们接受的教育是去"设计改造世界"，并将资源作为惰性商品予以开发、消费并转变为废物。他们没有学会在根据自然法则的运作中把自身作为可再生系统的一部分，未将资源作为生命系统的一部分，也没有把他们的行动融入生命周期循环流，参与到他们最终依赖的资源的重建再生过程中，或者说"使世界生态化"。

本章探讨了另一种教育方法，这种方法促进了社会同宇宙生命力、生命周期循环动力、生态和文化景观以及人类居民和非人类生物联系起来。这种方法引入了教育的新职责以及针对高等教育、继续教育和K-12教育中以系统为基础的全新模型。本部分还提及了设计教育需要提供领导地位。本节为景观设计教育、研究、论证和信息传播介绍了新模型。本章还探讨了系统为基础的教育在大学、社区和K-12层级上的新职责。此外，本章还为信息流动和知识交换引入了新兴模型。

17.1 教育范式 | EDUCATIONAL PARADIGM

"由某种意识产生的问题，如果想用同样的意识去解决，一定是行不通的。"

阿尔伯特·爱因斯坦

通过还原范式发展的科学和技术已经使人类产生了巨大的飞跃以应对在这种范式中发现的问题，并产生了无法被意识预知或解决的新问题。科学和技术已经获取了以往难以想象的增长、发展和问题。当前有一种逐渐强烈的认识——围绕各领域的诸多问题是更深层元危机的征兆：人们感到这些问题不再受到宇宙法则的约束。人们开始意识到，我们感知脱离了宇宙生命力与生命循环动力学，正在逐渐破坏我们最终依赖的系统更新。

生物心理社会复杂性第一个循环的初始是通过简化的科学、拓展的技术以及日益加强的与系统动力学的脱离、逐步扩大的系统影响以及景观再生中降低的承载力等不断演进，表现为与语境系统之间直觉上的相互联系。全球系统的分崩瓦解以及意识到重建当地和生命周期循环动力学的需求正引领社会走向生物心理社会复杂性的第二个循环。这种意识的最初阶段是一种物理学上的系统意识，并通过自然和人文科学发现生存依赖于与生命周期循环动力学的整合。这种意识理解到，在当前的技术、人口和生活方式条件下，系统不再是可以自我调节的：必须对决策加以管控维持系统潜力及可再生性生产力。这种认识使社会重新思考教育方法。

17.1.1 割裂的学科基础教育 |
Disconnected, Discipline–Based Education

当前的问题在很大程度上是源于一种由学科驱

动的教育，这种教育让我们透过特定学科的焦点以一种互不相关联的方式审视世界，将我们的重点行为同学科之外更加广泛的问题相分离。简化的教育提升了我们在科学和技术上飞跃的能力，但是也产生了还原思维无法预期或解决的问题。这些问题产生的原因是我们的重点行为与关注范围之外的问题、决策制定者的行为规则脱离开来。

17.1.2 基于系统的教育
Systems–Based Education

有效的教育以及在未来数十年内引领社会的能力建立在理解相互联系的基础上，自然和人文系统通过这种相互联系产生作用；同时，这种引领社会的能力还建立在学科内的行为对其他学科以及不同系统的健康、效率和生产力产生影响的基础上。这种教育类型以相互联系为根据；其课程寻求发展学生与他们的学习科目建立联系的能力，以实现教育对于地球和人类的价值。系统思维是范式；而相互联系是系统思维的教育方法。这种教育超越学科界限、狭窄的视野以及只言片语的思维建立起一种伦理；并通过可以提高系统健康、生产力与更新再生的多学科理解对决策施加管理。这种教育以更新再生的承诺取代了当前一味追求产量、从资源到废物的思维方式。它还培养了学生整合信息获得设计灵感的能力，引领社会走向可持续、可再生的未来。

20世纪60年代席卷环境、生态和社会领域的大量危机更加刺激了全球范围的觉醒并影响到了教育。由于在心理上将人类行为与维系生命的关系相割裂所产生的主要问题导致了20世纪70年代教育上系统思维的变化。但是20世纪80年代政治管理上投资拨款方向发生了变化，人们很大程度上抛弃了创新和基于系统的教育。幸运的是，在20世纪30年代物理学开始向系统思维的转变以后扩展到自然科学、生物学和人文科学。系统思维开始影响公众意识。对可持续性决策需求的认识逐渐提高，教育需要培养人们意识到决策必须建立在了解系统、生命循环以及各类参数投入—产出平衡的基础上。

17.1.3 基于系统的教育基础
Foundations of a Systems–Based Education

真正的教育将信息与获取灵感联系起来。它培养了能够将多学科知识综合思考的领导者。教育的**系统基础**（systems foundation）建立起对现象相互关联性以及自然、生态、文化、技术与经济系统关系的理解。教育的**自然系统基础**（natural-systems foundation）建立了对于自然法则、生命周期循环流以及修复我们周遭世界的行为等方面的意识。教育的**管理基础**（management foundation）传授我们学会对生态和人文资源进行负责任的管理、使用和更新。教育的**综合基础**（integrative foundation）将学生与能量、经济、环境以及更新系统的人类等各方面的关系联系起来。教育的**跨学科基础**（interdisciplinary foundation）建立了将不同学科知识相互衔接的责任。教育的**伦理基础**（ethics foundation）促进了维系生态、生理和心理健康的行为以及促进健康、富于创造活力的（自然和人文）系统的个体责任。教育的**价值系统基础**（value-systems foundation）确立了对于多样性的世界观、人—环境之间关系以及它们含义的理解。教育的**领导基础**（leadership foundation）通过意识到对于美好未来至关重要的问题以及在个人、社团和社区环境中肩负责任感的决策，达到培养引导社会潜力的目的。教育的**应用基础**（application foundation）通过个人和专业性决策、规划和行为提高应用环境意识的能力。教育的**经济学基础**（economics foundation）建立了应对长期、广义成本的责任。

17.1.4 设计教育在社会变迁中的作用
Role of Design Education in Societal Change

生态设计师对于自然和文化系统的更新再生至关重要，个人、文化和全球社会都依赖这些系统。为了完成这一社会职责，设计课程应该教育学生做出整合土地用途、环境与城市规划以及建筑物和场地设计的决策。在全国范围内出现了针对生态设计院校的需求，由这些院校引领大学和社会进行系统思维、接纳系统科学及系统整合（自然、人文、技术）；采用可持续的生活方式；并制定可以更新系统健康与生产力的决策。这些学院可以帮助社会超越可能破坏自然系统健康，令生产力退化的狭窄思维，将思维与可再生的未来融合。它们还在引导 K-12 的学生将系统思维应用于自然世界与景观建筑，作为一个专业来创造可再生的生态与文化景观。为了完成这些职责，生态设计学院必须欢迎公众的终身学习，以这样的生活方式促进系统健康和生产力发展。

17.2 景观设计教育
LANDSCAPE DESIGN EDUCATION

当前，深刻需求教育（K-12 教育、大学教育、成人教育、非营利教育）将决策与维系当地和全球资源联系。满足这种需求包括教育生态设计师做出可再生决策并在更广的社会范围中推广这些决策；同时还包括土地设计教育者，是他们将小学生与周围的自然世界联系起来，拓展了中学生们关于相互关联性的理解，培养了高中生应用综合理解制定可再生决策的能力，包括土地用途选择。土地设计教师及专业人员还可以帮助非营利的环境教育者提升全社会对于可持续、可再生土地决策的理解。大学可以设立土地设计研究所，其任务是通过教育、研究、服务以及在社区中引人注目的示范工程促进具有生态和文化责任感的土地设计。这些研究所可以帮助全社会和设计师整合能量、经济、环境和人类决策，从而在社区和高校课堂环境中制定以土地为基础的管理、规划和设计决策。大学还可以设立生命周期循环和生态修复专业的研究生学位，在社区开展专业性继续教育及成人教育计划。

17.2.1 正规的生态—设计教育
Formal Ecological–Design Education

正规的生态设计教育可以使大学生制定规划和设计解决方案的能力，这种解决方案可以为系统建立一种无缝的网络并可以对系统实施更新。正规的生态设计教育还可以提高学生将基于生命周期循环的工具和技术融入规划和设计进程的知识和能力。可以教授学生们学会使用来自自然的模型，将决策与发展动力及自然、生态、文化和技术系统的生命周期循环整合并建立密切的联系，把静态的建筑系统与动态的景观系统结合。学生们接受的教育可以让他们为改善规划和设计专业以及社会做好准备，将学生们目前的设计焦点从静态关系中转移并将规

划和设计同动态系统的生命周期循环流相结合。

17.2.2 专业性继续教育
Professional Continuing Education

与景观建筑学在 20 世纪 60 年代和 70 年代产生的向资源管理和生态规划的转变相似，教育面临再次转型的迫切需要，大幅拓展主流土地设计中的议题。这次拓展可以解决第十六章中确认的问题，并且回顾第十四章中列举的当前实践。这种转型可以包括可再生设计、基于生命周期循环的规划和设计以及生态修复等方面继续教育及新专业课程的主要拓展。这种转型还可以扩大当前规划和设计专业涉及的问题范围，包括城市和区域规划、城市设计、建筑设计和土地设计的土地资源含义。

17.2.3 社区终身学习
Community Lifelong Learning

设计教育给设计师的教育通常未能充分关注设计师工作所处的文化伦理。这种类型的教育未能促进对于环境、生态、经济和设计决策间相互关联的社区意识，包括可持续性和更新再生。由于景观更新再生将最终形成社区决策，所以生态设计教育者和参与者需要直接投入社区终身学习当中去。这种参与包括在 K-12 教育、成人教育和继续教育以及在大学和景观设计研究所的校园及社区中引人注目的可持续、可再生的示范性解决方案。

17.2.4 K-12 教育 | K-12 Education

深刻需要 K-12 教育将日常决策与维系、更新当地和全球土地资源联系起来。这种教育应该从小学开始，提升学生们对于系统关联的意识。在中学时期，应继续拓展到能量、经济、环境和人类决策等方面间的关系并在高中阶段整合以技术为基础的土地使用和发展。生态设计学院应该帮助公立中小学评估土地资源决策的影响，并且在这一过程中提高学生们意识到景观建筑与生态设计是融合了生态、生活品质与设计的专业。教育者可以辅助公立中小学教师提高有关土地决策课程的熟练程度，通晓人类活动对环境健康、生产力和更新再生的影响。他们对于 K-12 环境教育提供的支持包括，在大学课

程中进行 K–12 环境教育设施的设计、其他服务项目以及与学校团体进行的愿景研讨会。教育者可以提升公立中小学生对于土地管理、规划与设计的意识，建立一个健康、有创造力和可更新再生的社会。

17.2.5 非营利教育 | Not–For–Profit Education

生态设计教育者在有关景观再生的社区终身学习中也占有一席之地，他们与以社区为基础的、非营利团体共同设计环境教育设施、服务项目，召开社区愿景研讨会。在很多情况下，非营利组织在联系社会成员和他们周围的世界方面发挥着重要作用，这些成员包括公立中小学生。非营利组织还采用内容具有创新性的教学方法和知识传播方法并为生态设计教育家者提供独特的机会，提高社区关于系统、土地资源、可持续性和景观更新再生的终身学习。

17.3 大学基础教育 | UNIVERSITY–BASED EDUCATION

"真正接受教育的意思是使一个人的洞察力更加深刻，而不是增加一个人的信息量。它意味着对于人类及其问题具有一种更清晰、更强的了解与同情。"

诺曼·文森特·皮尔（Norman Vincent Peale）

为了深化这种更深刻的见解和"对于人类及其问题具有一种更清晰、更强的了解与同情"，高等教育必须教育学生在学科的"园囿"之外进行思考。同时，高等教育还必须帮助学生扩展意识的广泛程度，成为系统思考者，这些系统思考者将处理他们所在的学科与其他学科和更广泛问题之间的相互关联。各专业的研究生必须超越狭窄的视野和只言片语的思考方式，从更大范围的系统健康与生产力角度理解他们的专业。

17.3.1 基于系统的学科整合 | Systems–Based Integration of Disciplines

各学科的研究生必须超越学科界限，从更大范围的系统健康和生产力角度理解系统和学科。研究生还必须用培育、更新的思维范式取代一味追求产量、从资源到废物的思维方式。他们必须认识到整合学科知识是获取洞察力的一种方式，而且是引领

社会走向可持续、可更新再生未来的一种途径。

不同学科的大学本科课程应该向学生们介绍系统思维、自然与人文系统、回应系统的决策、可持续性、更新再生以及在可持续未来中各学科的作用。本科课程还应该包括（自然、生态、文化和技术）系统的相互关联性以及能量、经济、环境和人类的整合，创造健康的环境和人。本科课程应该提升每个学科在健康的地球和社会中的作用意识以及个人投身学科促进健康、创造性的自然与人文系统过程中的责任感。本科课程应该培养一种意识，即有责任感的介入可以把多种知识结合起来、提高能力整合学科、加入跨学科团队、接受综合了多种学科知识制定整体系统决策的设计。

17.3.2 参与型与辅助型的规划和设计 | Participatory and Facilitated Planning and Design

各学科的课程都应该传授学生该学科与其决策知识基础间的关系，从而更新再生当地的、区域的与全球的系统。这些课程应该发展出一种更新生态与文化景观决策的责任。生态设计教育应该构建设计专业知识以及引领跨学科团队制定更新景观决策的能力。学科课程应该教育设计师成为团队领导者，让他们以综合性生态学家的角度以及城市、建筑和场地规划师或设计师的角度进行思考。

地球和人类的未来需要理想的人—环境关系方面的知识和责任，所以生态设计教育必须结合系统思维、生态学、环境伦理学以及环境经济学。生态设计教育还必须传授学生学习管理规划与设计决策制定的环境、团队、工具、进程和产品。这种管理包括具有参与型和辅助型进程的教育，这些进程可以整合外部和本地的知识；同时还教授建立和管理团队，将塑造世界的人的意识与知识同重塑世界的人的意识与知识整合起来，使人们的日常生活更积极有效，富有意义。

17.3.3 可持续发展的跨学科导论 | Interdisciplinary Introduction to Sustainability

各学科的大学课程应该向学生介绍可持续性以及它们的学科与其他学科或世界建立联系的紧迫性。课程还应该提高问题意识，这些问题来自于简化的、

一味追求产量、从资源到废物的思维方式；同时应提升获益的意识，这些获益来自于综合性的、生命周期循环的思维方式及综合管理。所有学科都应该认可持续的和可再生的生态、生理和心理健康的伦理。生态设计课程应该随着专业管理中应用环境与社会意识，建立资源管理、规划和设计的专业知识。专业课程还应该教育设计师整合不同的专业知识，并使设计师能够协助社会用资源管理、更新再生的方法取代将资源转为废物的不可持续的只追求产量的思维。设计课程应该接纳系统思维，理解自然、生态和人文系统的复杂性及相互间的联系，除此之外还需要理解介入对系统健康与生产力的影响。设计课程还应该向设计学生介绍恰当范围的设计理论，将设计与系统复杂性结合，帮助社会制定决策消化废物并更新资源。

17.3.4 可持续土地系统的导论 |
Introduction to Sustainable Land Systems

所有的学生都应该有机会学习跨学科课程和有关可持续发展的辅修科目。生态规划和设计研究院系可以提供有关可持续土地系统的辅修科目，并支持开设课程，传授其他学科专业的学生能够最优化土地潜力、建立关联性的管理、规划和设计问题。高校院系也可以设立生态设计学位，构建起对土地和人文资源富有责任感的管理、应用及更新的理解；教育设计师成为专业人员引领社会整合知识、分析适宜的承载力和增长的限度，将可持续原则融入公共政策与私人决策，同时开发产生这种整合的支持工具。生态设计课程应该培养学生获得工具和技术（生态基线、基准点、生态足迹等）的应用知识、意识到正在形成的国际标准（对正当的消费和污染进行限定）以及对（能量、经济、环境和人类之间）相互关系的敏感度。

生态设计课程还应该包括多学科决策制定技术、创新—介入过程、参与型规划和设计等实践经验。它们可以应用这些实践经验和博弈技术——例如福勒的世界游戏理论、瓦克纳格尔的生态足迹以及菲斯克的生态平衡游戏，来应对不同思维范式、经济水平及人—环境关系的短期和长期影响。生态设计课程应该包括对可持续的、可再生景观的实地考察，并以对可再生领导地位至关重要的综合（交叉学科和跨学科的）焦点平衡当前的学科焦点。

可持续教育模型 | **Models for Sustainability Education**

大学建立的各种模型帮助社会产生变革。在墨西哥蒙特雷技术研究学院（Instituto Tecnologicao y de Estudios Superiores de Monterrey），作为其1995年课程修订的一部分，学院要求各校区中的每名本科学生都需要进修一门跨学科的**可持续发展课程**（sustainability course）（通过蒙特雷主校区的网络进行授课）。还有一些学校，例如宾夕法尼亚的滑石大学（Slippery Stone University）设立了**可持续发展学位**（degree in sustainability）。波莫纳加州立理工大学则采用另一种方法，他们设立了**可持续发展研究的学位拓展课程或同类型课程**（sustainable studies degree extensions or cognates），在学生完成学科专业知识的学习之后又增加了可持续发展的跨学科研究，将学科知识融入现实世界的复杂性之中。然而，印第安纳州的波尔州立大学采用了另一种**跨院系可持续发展研究辅修课程集合**（Cluster of Inter-departmental Minors in Sustainability）的方式，其中每个辅修课程都包括一个综合核心科目（生态学、环境伦理学、环境经济学以及辅修课之间的整合课程）以及该门辅修课程的特定课程。

17.3.5 校际可持续发展研究行动方案 |
Inter–University Sustainability Initiatives

大多数大学都以一种正式的姿态对待可持续发展。其中包括发布**机构可持续发展宣言**（institutional sustainability declarations），由此使大学承担了可持续发展的义务；为了应对可持续性，发展推进**环境政策**（environmental policies）；设立协助发展和鼓励责任感的**可持续发展委员会**（sustainability committees）以及用于研究、投资和采购的**可持续发展规范**（sustainability specifications）。有些大学——例如波莫纳加州立理工大学和俄亥俄州的奥柏林学院（Oberlin College）都已经通过**可持续设施设计**（sustainable facility design）实践了他们主张的观点。很多大学都参加了校际合作协议和行动方案，在很多最成功的行动方案中执行人员都发挥了重要作用。1995 年，来自 42 个国家的超过 200 位大学校长和校监签署了《塔卢瓦尔协议》（Talloires Agreement），这一宣言陈述了大学领导层在全球环境管理与可持续开发中的职能作用。校园环境管理的范围在《学术界：21 世纪之交的校园环境管理》（Ecodemia: Campus environmental stewardship at the Turn of the 21st Century）（朱利安·柯尼里（Julian Keniry），1995）中进行了评述。最近，波尔州立大学已经举办了三届全国校园绿化会议（Greening of the Campus National Conferences），这些会议推进并更新了对于可持续发展中校园管理范围的理解。

17.4 K–12 教育 ｜ K–12 EDUCATION

社会及其规划、设计专业制定更新再生决策的能力以紧密相关的环境、能量、经济和人类决策的公共意识水平为起点。

17.4.1 目前的以学科为基础的 K–12 教育 ｜
Existing Discipline–Based K–12 Education

教育让我们学会以一种不连贯的方式审视世界和自身、关注特定学科、将行动脱离现实世界的复杂性、降低系统潜力并从公共教育开始降低再生承载力。目前 K–12 教育的焦点是学科，通常未对学科之间的联系给予足够的重视。学科主导的教育促使社会对问题做出狭隘定义，决策的针对性极强，而不是在各个相关系统中全面界定问题，做出可持续再生的决策。目前全球都注重学科专业性：由零散孤立的决策者组成的全球社会不可避免地导致系统崩溃。

17.4.2 以系统为基础的教育 ｜
Systems–Based Education

K–12 教育正在努力第二次朝着以系统为基础的教育进行转变的过程当中，重新建立人与周遭世界、系统更新及有责任感的土地设计决策间的联系。

以系统为基础的第二代教育尝试 ｜
Second–Generation Attempt at Systems–Based Education

在全国至少 40 余个项目中，多个学区、学校和学术机构已经将公共教育纳为建设目标，让学生准备制定综合决策。这些学校采用实践工具和虚拟工具预想对决策（对多种系统）的意义。他们应用能够整合理解、促进作用于空间和时间尺度范围的决策工具，共同提高了以系统为基础、对环境负责的教育处理可持续发展和更新的能力。这些学校还发展了将不同学科、专业和决策同自然与人文系统动力学相结合的全新教育方法。这些学校正在建立对于不同系统的健康、效率和生产力方面的针对性行动所产生影响的理解并构建了 K–12 教育方法，这种教育方法可以发展将决策投入自然和人文系统综合作用之中的能力。我们可以从美国"创新学习交流"（Creative Learning Exchange）获取有关这些行动方案的信息。

系统教育与探究教育的兴起 ｜
Emergence to Systems– and Inquiry–Based Education

20 世纪 90 年代与 60 年代相比更为缓慢，较少波动，但是系统思维的再度觉醒却更加深刻和普遍。以 20 世纪 70、80 年代系统科学家和教育家开发的方法和工具为基础，在日益严重的全球崩溃驱动下，综合教育方法逐渐发展起来。新型工具——例如面向教师、以网络为基础的"理解可持续社区"学习计划（"Understanding Sustainable Communities" learning program，由美国教育部提供资助；与协和联盟（Concord Consortium）联办），通过公立学校课堂使用的环境学习/测试的数据包（包括将水质检测下载到"奔迈"掌上电脑（Palm Pilot））支持了向综合教育方法的转变。很多 K–12 学校都采纳了以探究为基础的教育（inquiry–based education），这种教育将某一领域的知识在相似概念和动力学的基础上转译为其他领域中的学问。这种教学法以总体系统（general–systems）的思维模式——一种以处理不同系统间不断重现的概念和动力学的系统思维子集——为基础。在教育领域中，另一种总体系统方法是为了建立基于系统的教育在一系列学科中应用的通用数字语言和模拟工具。例如，Stella 软件（应用于环境）和 I–Think 软件（应用于社会经济学）都是系统动力学建模软件，它们使用相同的编辑语言和工具栏组件研究不同系统中相似的动力学。

17.4.3 以系统为基础的 K-12 教育模型｜Model for Systems-Based K-12 Education

K-12 教育中，以系统为基础的环境和可持续发展部分应该建立与学生在认知成长各个阶段的决策能力相匹配的复杂性。这种复杂性是从**幼儿园**开始建立的，首先确定世界是相互联系的基本概念，进而使学生们认识到事件的发生不是相互孤立的。

在**小学阶段**（grade school），可以将学生的意识扩展到因果关系的范围以及基本的投入—产出（I-O）关系。在低年级，物理和科学课程包括有经典动画片的最新版本。波尔州立景观建筑学硕士生比尔·麦卡利（Bill McCarley）建议：例如，当原子文化摩擦神灯时，原子能魔怪出现了，而观众会看到将魔怪放回瓶中有多困难（《唐老鸭漫游数学奇境》（*Donald Duck in Mathemagic Land*））；这个内容可以更新改编为当代社会麻木默然地改造地球来擦拭"神灯"，而系统崩溃的妖魔就出现了，观众将看到把妖魔放回瓶中有多困难。菲斯克的生态平衡游戏可以作为把妖魔放回瓶中的工具，将社会的生态足迹限制在瓶子的界限之内。

早期的经历将提醒学生意识到事件是相互联系的，并且是由多种影响造成的。学生可以利用日常经历的实例来探究一种基本的系统语言——事件、联系、反馈。在接下来的几年中，学生们可以解释系统动力学并应用系统语言制作地图和模型——储备、流动和前馈/反馈循环。学生们可以利用以探究为基础的技术（应用适合年龄段的计算机建模和游戏模拟）来构建简单的地图和模型，这些地图和模型将理论、试验、当前事物、现实世界的社会与环境问题及有关系统性能的决策联系起来。

在**中学**（middle school）阶段结束时，学生们可以应对多学科之间的复杂性，评估地区和全球重要性并将信息融入地图和模型之中。学生们还可以解释自然和人工系统的变化、引起变化的原因以及在何处施加影响解决问题。他们可以采用系统思维辨识并处理当地的问题、模拟系统性能、提出解决问题的行动建议并预估建议行为的结果。

在学生们完成**高中**（high school）阶段的学业之前可以建立系统模型，模拟一系列课程主题、利用系统思维和系统动力学原则探讨各种系统（工业、经济和政府）的行为并评估生活方式对建筑环境管理、规划与设计决策的影响。以系统为基础的 K-12 教育的先驱包括美国"创新学习交流"、协和联盟及预测协会（Foresight Institute）。

K-12 系统思维的阶段介绍｜Phased Introduction of K-12 Systems Thinking

理想的系统思维建立在幼儿把不同的信息与外部世界联系起来的能力发展之上。然而，地球不会坐等 12 年之后高中毕业生的综合性思维。因此，以系统为基础的 K-12 课程创新应该在两个平行方向上推行：第一方向是将高中水平的以系统为基础的环境和可持续决策制定介绍给未接受过以系统为基础的初级教育的学生；另一方向是，一种层级化的以系统为基础的环境与可持续教育将以小学阶段的基本系统联系和视觉课程为开端，随后是高中阶段日益复杂的系统动力学和以知识为基础的介入层级。在所有年龄段，教育内容应该与学生的能力相匹配，并建立起联系。当高中毕业时，学生们可以作为有意识的市民参与到联系环境、能量、经济和人的决策之中，并要求决策对生态和文化景观贡献积极的力量。

17.4.4 生态和土地设计在 K-12 教育的转变中扮演的角色｜Role of Ecological and Land Design in K-12 Educational Shift

生态和土地设计教育者可以通过积极参与设计 K-12 环境学习中心、推进生态平衡游戏、土地适用性及土地用途研究并担任生态设计专家，来促进向系统思维的转变。在大学中，生态设计学院和师范学院都有独特的机会，可以把生态设计学院有关环境和系统的专业知识与师范学院的专业知识、教师支持网络结合起来。例如，波尔州立大学的景观建筑系与师范学院和专业化发展学院共同合作，将学校与生态设计资源（生态—恢复顾问、生态足迹专家）联系起来并让景观设计学生、非营利教育者及 K-12 教师通过终身环境学习参与到建立土地伦理的过程中。

生态平衡游戏和系统建模 |
Eco-balance Game and Systems Modeling

前文提及的生态平衡游戏（菲斯克，1997）通过在给定的资源范围内平衡人口数量、生活方式以及用于食物、燃料、水和材料生产需求的土地，帮助学生们理解可持续发展。学生可以制定土地使用决策、识别这些决策的生态足迹并因此对土地使用、开发计划以及通过自然界更新资源（树木向空气中释放氧气并吸收碳，有机体更新水体质量等）的能力平衡给生活方式造成的影响提出有根据的建议。这种实践游戏有潜力与许多模型制作和系统模拟软件（Stella/I-Think、Vensim、Powersim）相联系，帮助高中学生模拟系统动力学。如上所述，这些软件——Stella 及 I-Think（两个使用同一种编辑语言的软件）两者之一被广泛应用在 K-12 的生物、化学、生态、经济、工程学、历史、文学、数学、物理、心理学和社会研究等教育当中。

17.5 土地设计中心、研究所及实验室 |
LAND-DESIGN CENTERS, INSTITUTES, AND LABS

当针对可持续发展经过了十多年的讨论后，联邦政府的代理机构（可持续发展总统委员会（President's Council for Sustainable Development）、美国环保局及其他机构）认识到了大学的迫切需要——不论独立开展，还是与工业或社区一同引领社会向可持续发展的方向迈进。为了满足这种需求，大学需要在校园中和社区中展示其伦理、进程及技术。在美国及世界各地正在成立名目繁多的研究中心和研究所，即统称为"**土地设计研究所**"（land design institutes）。这些研究机构与正规设计教育之间有千丝万缕的联系并且通常包括以大学或社区为基础的示范设施——有时被称为"**土地实验室**"（land labs），它们构建对学生和公众来说显而易见的更新再生技术。某些土地实验室就是生态设计师和学生的生活居所，参与更新再生活动当中——获取能量、增加食物产量、控制废物产生、建造设备等——并由此追求可持续性的生活方式，研究将知识融入自然和人文科学领域，解决广泛界定的问题。这些土地实验室属于示范设施，在综合性的应用研究以及创新性的教育模型中利用实践经验，引导学生和社区向更高层级的可持续性和景观更新再生方向前进。

17.5.1 重建系统与更新再生决策之间的联系 |
Reconnecting to Systems and Regenerative Decisions

土地设计研究所可以帮助社区（专业人员、教育人员、非专业人员）实现"美国生态化"（制定可以融入系统动力学的决策），而不是"驾驭美国"（决策阻碍动力学）。这些研究所可以应用技术去决定、记录并传播关于更新再生决策的信息，这些决策可以通过融入水体、能量和材料的生命周期循环流来延缓系统的衰退。**土地实验室**的各研究小组作为进行实际工作的实验室，可以通过场地开发、建筑、影响小的基础设施、基于场地的或区域性的**绿色材料**（有利于环境并具有生态可更新再生特性）等研究和示范可以弱化景观介入影响的解决方案。每家研究所和土地实验室都可以促进限定项目生态足迹范围边界的设计以及理想的场地位置——如果对场地来说不够理想，那么就转向当地范围；如果在当地范围内仍不可行，就讨论区域范围。它们可以增进对于独特、珍贵、敏感或问题区域（类似于EPA 的非达标区）的了解以及这些区域避免产生额外影响的重要性。每家研究所和土地实验室都可以测试并展示传统材料和策略；评估景观性能（水文学/径流研究、排水研究、水体及能源获取研究等）；检验并示范可供选择的对区域有利的土质、纤维质和废物转化成的建筑材料，这些材料可能是由土壤、纤维和废物转化而成的；并把有关替代农业、本地草原、湿地等方面的跨学科研究（自然资源、生物学、景观建筑学）结合起来。

17.5.2 土地设计研究所、大学与公众之间的关系和作用 |
Role and Relationships Among Land Design Institutes, University, and Public

每个区域土地设计研究所都可以建立起人与土地间的联系、推进场所与决策的协同作用、协助人们更新社区并示范具有区域适宜性的解决方案。它们展开工作的方式会根据它们各自与大学和社区的不同关系而变化。摩特洛克和弗格森（1996）回顾了土地设计研究所（及其土地实验室）、大学和更广泛社区之间的关系范围。每种关系都存在教育和引领的潜力。这些关系共同为设计教育提供了一系列创新机遇，促进基于社区的终身学习。

土地设计研究所／土地实验室与大学学位课程的整合｜
Integration of Land Design Institute/Land Lab with University Degree Program

当前存在一种模型，它可以将土地设计研究所和土地实验室整合到大学或正规的学位课程当中。这种模型通常包括一种以系统为基础的、跨学科的或可持续发展的学位。例如，宾夕法尼亚州滑石大学的和谐家园／可持续系统硕士研究生课程（Harmony Homestead/Master of Sustainable Systems program）将一种研究环境与学位课程结合。跨学科研究课程始于 1990 年，它为学生提供了一种公共的可持续性核心课程并从下面三个重点领域中选修一项：永续生活设计、农业生态学，再有建成环境和能源管理。校内家园（世纪之交采用节能系统、无毒材料和创新性的废物处理系统对农场改造）与永续生活设计景观相结合来生产食物，它是多种学位课程活动的场所。进修这些学位的学生可以参与研究持续进行的场地开发与示范活动，将可持续方法和技术传授给来自周围社区和其他地区的参观者。这种学位课程、社区工作坊及研讨会寻求通过创造性的问题解决方案以及实验室经验和实地经验将人类活动与自然系统结合起来。

土地设计研究所／土地实验室与学位拓展课程的整合｜
Integration of Land Design Institute/Land Lab with Degree-Program Extensions

作为联系各个学科的手段，可以将土地设计研究所或者土地实验室整合并入大学。例如，通过再生研究中心（Center for Regenerative Studies）的工作，波莫纳加州立理工大学提供了再生性研究（或同类型）的学位拓展课程。在学习常规学科的学位课程专业知识之后，学生们可以在研究中心里进行跨学科专业知识学习，研究中心通过更新再生原则让学生们将专业知识与其他学科的知识进行整合。学生团队同波莫纳加州理工大学的跨学科团队、客座教师、系统思维理念设计师协作进行实践性的更新再

生项目以及系统为基础的研究。通过听取信息交流讲座、投入再生性实践项目、参与重温并回答有关项目问题、活动和意义的研讨会，学生们可以提高他们的整合能力。学位延伸课程以土地实验室的活动为中心，包括获取能量、食物生产及废物管理。研究中心整合并入大学，但它以一种跨学科的方式进行运作实时学习，或者针对没有住在研究中心的学生采取双轨制的教育方式。

大学课程与学位课程的流动关系｜
Fluid Relation with University and Degree Programs

作为具有高度创新性的实体机构，土地设计研究所和土地实验室与它们所在的大学联系松散，与大学之间保持流动和演进的关系。例如， 20 世纪 70 年代建立于图森的环境研究实验室，它致力于示范城市环境中的节能设计。该实验室的实验工作和演示设备包括使用被动式供暖与降温系统的城市广场的原型，这种应用可以减少极端生物气候，延长一天或一年中户外城市环境对人类有益的时间。已经进行的实验和示范包括可供选择的水循环系统、夯土车间以及冷却系统的实地对比。通过环境研究实验室的研究项目，学生和研究人员探索了可持续技术，有助于学生们理解跨学科问题解决方案、可持续性的问题解决方案并将这些技术向公众展示。纵观环境研究实验室的历史，环境研究实验室与大学及学位课程的关系都产生了本质性的变化。

不正式归属于大学的研究机构｜
Institutes Not Formally Connected to a University

一些土地设计研究机构和土地实验室选择摆脱正规的机构体制关系，常常作为非营利组织开展活动。例如，得克萨斯州奥斯汀的最大潜能建筑系统研究中心是一个非营利性质的教育、试验、研究中心，它致力于开发并应用适宜的技术及可持续性设计实践。从 1979 年起，它从未正式与任何一所大学建立联系，但它很长时期以来一直参与多所大学的科研。最大潜能建筑系统研究中心为学生们提供了通过实习、现场考察、旅行讲座、咨询大学工作室项目及其他方式获得经验的机会。该中心紧密结合终身学习与教育，引领更广大的社区走向可持续发展。它满足各类学习者的要求：设计专业学生、住

宅施工人员、自然资源和区域规划代理人员及非专业人士。通过现实世界中的项目，最大潜能建筑系统研究中心寻求对材料、能量、信息和资金等各类生命周期循环流进行管理，使之相互联系并且提高整个系统的更新再生能力。该中心的研究项目涉猎从全球到地区的广大范围，目标是将废物转化为资源。该中心还推进了以生物群系为基础的设计方法及生命周期循环设计方法、当地材料的应用以及对于当地系统承载能力的管理。最大潜能建筑系统研究中心同时也是信息交换中心，用全球和本地信息引领社区走向可持续发展。

17.5.3 教育、研究与服务职责｜Education, Research, and Service Role

土地设计研究所可以促进维持生态和文化景观健康的规划和设计以及社区良好发展所依赖的土地资源生产力。它们的日常工作是将土地作为一种资源，并从全球到地方尺度上对生态和文化景观进行管理、规划和设计。它们可以提供一种将社会与以土地为基础的教育联系起来的组织机构路径，包括在基础性的相互关系中维系生态和文化资源的终身学习；加强维系资源能力的跨学科研究；促进以土地为基础的解决方案的社会**服务**（service）；**示范**（demonstration）决策维系以土地为基础的生态与文化资源、提高生活品质的能力。这些研究机构还在景观建筑学、房屋建筑学、城市规划、区域规划及非设计学科的教职员中发挥支持和协调作用：整合他们的工作，影响土地设计教育、研究和服务。

17.5.4 将针对可持续发展的国家意愿转换到区域性工作日程｜Translating National Desire for Sustainability to Regional Agenda

每个研究机构都可以成为适宜当地的研究、教育、推广及示范作用的**区域中心**（regional center），每个研究中心都**以生态群系为基础**（biome-based），在该生物群系中与全球范围内的其他土地设计研究机构建立联系。每个土地设计研究机构其特定生物群系的组群都可以提供途径处理生物群系中资源和气候的全球知识。每个研究机构可以执行一个**区域性研究日程**（regional research agenda），包括基线、

监控及性能评价。这些日程可以将**可持续发展的全球概念转换为区域性工作日程**（translate the national concept of sustainability to regional agenda）。每个研究机构可以将地理信息系统和系统建模软件集合起来，从而展现出建筑材料（开采、运输、加工、分配、应用和回收利用）的区域生命周期循环影响，建立区域基线，评估可供选择的场地开发和设计决策对于基线性能的影响，并且评估尚未开发的以及已经开发基地的生命循环流动。

17.5.5 融入以生物群系为基础的全球性区域土地实验室网络｜Integration into Global Network of Biome-Based Regional Land Labs

土地设计研究所可以融入**以生物群系为基础的土地设计中心构成的全球网络**（global network of biome-based land design centers），每个土地设计中心都包括下属的区域土地实验室（摩特洛克和弗格森，1996）。每个土地设计研究所可以将人、场所和决策制定联系起来。这些土地设计研究机构及其所属的土地实验室共同建立起一个区域研究机构／土地实验室的全球网络。每个土地设计研究所都可以在其生物群系中与全球范围内的其他研究机构／土地实验室建立联系，从而获得关于如何在该生物群系中将人与场所联系起来的全球知识。作为全球网络当中一个子集的国家，将国内可持续发展的努力转化为区域性和本地的更新再生工作日程与实施策略。

17.6 面向光明未来的可再生设计｜REGENERATIVE DESIGN FOR A POSITIVE FUTURE

对于土地设计专业——尤其是根植于系统思维、生命系统和生态动力学的景观建筑学专业来说，当前正是令人激动的时刻。对于这种思维方式的需求对于地球和人类来说从未如此重要。随着系统崩溃的发生，全球危机在幅度、数量、范围和严重程度上的激增，在生态动力学中对于以系统为基础的设计专业的需求也日益增长。愈加严重的系统问题、在富有挑战的多样性生态与文化背景中不断增加的开发数量其结果是景观建筑的工程项目及景观建筑师的职责进一步增多、加大。随着环境问题的日趋严重，对于景观建筑师需求的激增也就是在意料之

中了，当前景观设计师的薪水已经超过了房屋建筑师的薪水，美国景观建筑师协会在鼓励大学增加景观建筑学专业研究生的数量，从而满足对于景观建筑学从业者的需求。

　　一个清醒的社会及清醒的设计群体面对的主要挑战和当务之急就是应对终身学习和正规设计教育之中需要产生重大变化的挑战。这种挑战还要求我们改善社区信息流动，从而使年轻人能够了解这些重要且令人兴奋的专业，并有充足的人数进入这些专业领域。对于景观建筑师的需求以及景观建筑师的生态和社会价值的要求都达到了前所未有的高度。同样地，风险也达到了前所未有之高……已不局限于本地、区域及全球的生态和文化景观中的健康、生产力、多样性与更新再生。

参考文献

Fisk, P. The Eco-balance Game: creating settings for sustainable communities. The Center for Maximum Potential Building Systems. Austin, TX, 1997.

Keniry, J. Ecodemia: Campus Environmental Stewardship at the Turn of the 21st Century. Washington, DC: National Wildlife Federation, 1995.

Motloch, J., and Ferguson, D. " The Land Lab as a Hands-On Tool for Teaching Sustainable Concepts." Second Greening of the Campus Conference, Ball State University, 1996.

Rees, W. E., and Wackernagel, M. Our Ecological Footprint: Reducing Human Impact on the Earth; illustrated by Phil Testemale. Gabriola Island, B.C. Canada: New Society Publishers, 1996.

推荐读物

Ferguson, M, The Aquarian Conspiracy. Los Angeles: Tarcher, 1980.

词汇表
Glossary of Terms

抽象 | Abstraction
在思考过程中排除掉自然世界的某些特性，集中在其他一些特征，同时将这些特征重建来强化想象。

同化 | Acculturation
在婴儿时期即开始的一种过程，个体通过这种过程获得某一群体的文化、学习适宜的社会行为，并学习来自于特定刺激因素的文化含义。

美学需求 | Aesthetic need
人类具有对于体验美的普遍需求。因为美存在于观察者的眼中，经过设计的景观必须表达出用户眼中的美。

印象 | Affect
个人对于某事、某人、物体或环境的评价；与情绪不同，印象是通过某种特定的外部刺激因素引导的。

美国景观建筑师协会 | American Society of Landscape Architects
代表美国景观建筑学专业的专业协会。

人类中心论 | Anthropocentrism
一种认为人类是宇宙中心的世界观。它认为人类统御自然，自然的存在就是为人类服务。环境的价值只存在于它的服务能力之中；环境存在是为了满足人类的使用和利益进行开发。

神人同形同性论 | Anthropomorphism
认为人是基本形式赋予者的世界观。人决定形式，并赋予形式意义。

预期场所 | Anticipated place
个体在预期体验一个场所时心目中所预想的形象。预期场所和体验场所的契合程度将对印象产生影响。

鉴事系统 | Appreciative system
一种将个人视作"独特的装置，它的塑造过程与现实相联系……（他或她）积极而富有创造性地参与其中"的观点（詹奇，1975）。

适当承载能力 | Appropriated carrying capacity
获取资源、产生废物时的最大可持续速度比率。

适宜性 | Appropriateness
设计的环境支持并提升生态及文化环境的程度。

含水层 | Aquifer
储存并输送地下水的地质层。

建筑师 | Architect
设计建筑物和结构的专业人员。

建筑学 | Architectonic
具有建筑原则的特征，或依照建筑原则进行组织。

建筑形态学 | Architectural morphology
建筑的形式与结构。

受到阻碍的发展 | Arrested development
这种观点认为，我们与自然的分裂导致我们无法进行支持生存的行为（谢泼德，1982）。

联想意义 | Associational meaning
随文化和个体的不同而变化的含义；当个体将特定的重要性赋予感知环境、客体对象或关系时，就产生了含义。

不对称平衡 | Asymmetrical balance
通过巧妙地运用不同的可变因素，从而产生同等的视觉分量达到的平衡。

遗传的 | Atavistic
在大部分文化中，被大多数人普遍感受到。

平衡多重用途的伦理 | Balanced multiple-use ethic
特定土地应按照多种目的进行应用、并为后代进行管理的理念。这种观点将使用和管理加以平衡：当用途增多时，管理也应该相应提高，从而缓和有害的影响。

行为环境 | Behavior setting
促进特定行为的自然环境。这种环境由刺激因素进行编码，当刺激因素进行解码时会促进并支持期望行为。

归属感和爱的需求 | Belongingness and love needs
马斯洛对于人类需求层级论述中的第三层级。他认为人们需要付出感情并获得满足。一旦基本需求得到相对满足，那么归属感就成为一种主要的推动力。

346

基准测试 | Benchmarking
在一系列尺度上建立基准点的过程。

基准点 | Benchmarks
与技术、生态、经济或社会目标相关联的预期性能。基准点详细阐述了预期目标及限制的行为。它们是可持续发展框架（目标、目的、准则和标准）中不可分割的一部分。

大构想 | Big idea
形成概念设计基础的知识性构思。

生物群系 | Biome
由生物地理学家提出的关于植物群、动物群系模式以及生态性能界限的全球系统概念。每种生物群系都可以视作一种资源区域，并作为由不同文化和人—环境关系产生的问题解决方案所组成的全球资料馆，同时也是对于生物群系内不同问题解决方案含义的记录。

灌木树阵 | Bosque
以网格形式组织布置树木。

悬索结构 | Cable structure
由通过支撑桥塔上的悬索悬吊的平板组成的一种结构形式。

承载能力 | Carrying capacity
由一定系统所支持的、不会发生系统退化的人口数量或活动水平。

笛卡儿设计思维模式 | Cartesian-design mindset
一种只关注狭隘界定的问题或元素设计的思维模式，它不关注整体、复杂性和系统管理。

笛卡儿哲学 | Cartesian philosophy
以勒内·笛卡儿的教学为基础，这种哲学认为现实基于理性、归纳式的科学，而不是还原式的绝对感觉。

现浇混凝土 | Cast-in-place concrete
在建筑工地上进行最终浇注的混凝土。

精力集中 | Centered
具有左右脑同时思维的能力，可以有效地处理直觉和逻辑问题。

诱发变化因素 | Change trigger
允许新实体出现的环境条件。

混沌理论 | Chaos theory
一种科学理论，宣称：1）数个可变因素可以形成基本的随机性；2）更多的信息并不消除随机性。这一科学通过潜在过程以及跨越不同尺度和时间的行为连续性对现实进行整理。它解释了日常世界的复杂性。

化学风化 | Chemical weathering
随着矿物在地表环境下分解而发生。腐蚀速度取决于气候、岩石组成成分及时间。城市中富含化学物质的空气加速了化学风化，而且这种化学风化倾向于成为人居气候的主导。

土木工程师 | Civil engineer
应用科学知识设计和建造基础设施的专业人员，其目的是捕捉掌控动力。

认知 | Cognition
人对场所进行评估、赋予含义并建立心理意象的过程。认知具有两个阶段：近乎于瞬时的预知，对总体模式和形状进行回应以及对于含义的一种更深层次的认知进程。

（生理）舒适 | Comfort（physiological）
没有生理压力。一种来自于由偏爱的温度、太阳辐射能量、湿度和风速等结合而生的感觉。

地方自治主义 | Communalism
一种关注于社会的相互作用以及个体和他人之间感知责任的世界观。社区有权决定适宜于个体的行为。个体在心理上融入了一种社会意识。个体健康被视为不可避免地与他人及社会的健康联系起来。

社区建设 | Community-building
将人们在认知上与他人联系起来。

社区规划与设计 | Community planning and design
一种迅速成长的景观建筑项目类型，其发展归因于人们需要感受到他们属于所在社区的一部分。这种项目类型关注归属感，它通过具有参与性的规划与设计进程对社区进行建设。

计算机辅助设计软件 | Computer-aided design（CAD）software
作为设计工具的计算机软件。通常包括地形改造、挖方和填方、排水计算、道路线形等一系列的技术场地应用程序。

消耗式传统 | Consumptive tradition
一种以不可持续方式开发不可再生资源的文化传统，其开发目的就是为了追求短期利益产出，而对系统的长期健康和可持续发展关注甚少。

背景文脉 | Context
在全球、区域和当地范围内的环境条件。

等高间距 | Contour interval
在等高线图中，连续等高线的垂直距离。

等高线 | Contour line
表示相同海拔高度的线条。在同一张平面图上连续的等高线通常具有一致的垂直距离。

叠涩 | Corbeling
叠放的上层材料比下层材料延伸出一定的长度，将开口封闭。

文化障碍 | Cultural blocks
寻求消除不适宜行为的文化禁忌，并且在这一过程中阻碍了创造性。

文化景观 | Cultural landscapes
通过在文化上具有重要含义的、非语言交流的形式系统界定的景观，它对当地人们具有强烈的联想意义。文化景观记录了一个民族——他们是什么人以及他们向往成为什么人。

文化感知 | Cultural perception
一种文化上的特定倾向，对一定含义、人—环境的关系、社会相互作用、经济和针对时间的态度进行解码分析。

挖方｜Cut

在地形改造中，规划等高线的高度比现有高度低的区域需要进行的工作。

周期循环时间｜Cyclical time

对于过去、现在和未来的感知不可避免地被时间周期所限定。这种观点通常反映在文化价值和表达上，包括结合过去、现在和未来的景观设计表达。

翩翩起舞的物理大师｜Dancing Wu Li masters

一种观点（祖卡夫，1980）将物理学家比作中国的物理大师，他与物质、能量、有机模式、普遍秩序和普遍规律共舞。

决策制定框架｜Decision-making frameworks

为了制定决策而进行的等级化组织网络。

解码｜Decoding

在环境、目标对象及关系中解读编码线索的认知进程，从而建立对于这些环境的理解——从功能上，是作为具有联想含义的行为环境。

传输模式｜Delivery model

从实体上实施某一进程的程序或方法。

设计｜Design

回应环境、汇集含义的创造过程。

设计—建造｜Design-build

在这种景观建筑实践类型中，设计师还需要建造项目，有助于提高设计师制定可供建造的问题解决方案的能力。设计—建造紧密地将设计师与细节问题和技术问题联系起来。

设计伦理｜Design ethic

一系列影响设计师行为的准则或价值观。

设计目标｜Design goal

一项规划或设计活动的预期结果。通常不是可量化的。

设计指导原则｜Design guideline

指导设计向预期目的发展的指引原则。

设计目的｜Design objective

一种预期的规划或设计成果。通常是一种指向满足设计目标的最终成果，具有可量化及可实现的特征。

设计范式｜Design paradigm

会影响到设计决策的设计师的世界观以及所设计景观的特征、功能与可持续性。

设计标准｜Design standard

用以满足设计指导原则的特定数量、品质或条件，并促进完成设计目的。

调洪结构｜Detention structures

汇集并排走暴雨降水、通常采用预期开发速率测量流量的实体结构。这种结构使总体径流量而不是径流速度随着开发而增加。

开发｜Development

加强人类使用土地、满足人类需求功能的过程或成果。

开发框架｜Development frameworks

按等级组织的开发指导说明网络，包括目的、目标、准则和标准。

发展范式｜Development paradigm

一种以人类中心论及增长发展为基础的态度。寻求通过增加结构和基础设施达到增强基地满足人类需求能力的目的。性能评估以短期经济效益为衡量标准。

由学科驱动的教育｜Discipline-driven education

教育我们站在特定的学科视角观察世界，并使我们的行动与我们自身学科之外的问题相分离。

耗散系统｜Dissipative systems

迅速变化的、本质不稳定的系统。受过去行为影响的决策通常产生消极的反馈以及内部和外部压力。这些系统促进了新的、更具关联性的结构出现。

公共空间｜Distemic space

由具有不同价值观、行为准则、神话传说、象征和认知态度的子群体所共享的空间。一个群体的行为可能侵犯到其他人。公开外在的行为必须由明确的行为暗示、规则、法令或监督所控制。通常只有伤害或侵犯他人的行为是受到禁止的。

昼夜韵律｜Diurnal rhythm

对景观感知和设计具有重大影响的白天与夜晚韵律（明亮与黑暗）。

排水模式｜Drainage pattern

在一个分水岭范围内的表面水流模式。

居住｜Dwelling

被海德格尔用来认定我们与土地联系的词汇。个体与他们的栖居地及设计环境间的联想或情感等级。

动态平衡｜Dynamic equilibrium

高度整合、缓慢变化的系统条件，系统元素之间的变化相互协调一致。

早期演替｜Early successional

处于可预知变化序列的早期阶段。

早期演替文化系统｜Early successional cultural systems

采用短期竞争性战略的文化系统。像早期演替生态系统，它们使用过剩的资源进行快速增长。它们在资源充足的时期是很成功的。

东方的世界观｜Eastern world view

具有互补性的动态世界观。现实不是绝对的；现实的表现形式通过动态的反作用力的相互作用而产生——例如阴—阳。

生态平衡｜Eco-balance

资源流上下游之间的平衡。例如，人消耗氧气，工业排放二氧化碳可以通过植物产生氧气并固碳的光合作用加以平衡。

生态平衡游戏 | Eco-Balance Game™
一种具有可持续性土地使用的互动式棋盘游戏，由最大潜能建筑系统研究中心开发；它是一种生态平衡的社区决策工具，而且是生态足迹在教育上的应用。

生态基线 | Ecological baselines
生态基线是现有性能（最普遍的实践）的水平等级，用以帮助决策制定者确定问题解决方案和性能是否会随着时间的推移引领系统向更新再生或是衰退恶化的方向发展。

确定生态基线 | Ecological baselining
建立全球和区域基线的过程。一旦建立起生态基线，设计解决方案的性能就可以与这些基线进行对比，从而帮助设计师制定出有责任感的决策。

生态伦理 | Ecological ethic
一种土地伦理，寻求平衡人与其他生命形式的需求，目的是维持系统承载能力。

生态足迹（瑞斯和瓦克纳格尔） | Ecological footprinting（Rees and Wackernagel）
用于评估环境影响空间尺度的语汇和工具。一种行为的足迹就是它的空间影响，即需要缓和其影响的区域。足迹图表明了必须获得资源分配的区域，从而在维持消费水平的同时不会导致生产潜力的退化。

生态影响力 | Ecological forces
自然影响力有三类——地质过程（构造、水文、冰川、风和风化）、土壤形成过程及生物过程。影响力相互作用形成了生态系统。变化是本质的。通过演替，这些过程演化出丰富并多样的景观。

生态规划与设计 | Ecological planning and design
这种景观建筑项目类型通过政策、框架、规划和设计应对人—环境之间的互动，从而提高生态环境的品质。这一专业门类需要具有环境法的相关知识（《清洁水法》、《安全饮用水法》、联邦湿地规范等）以及领导跨学科团队的能力。

生态系统 | Ecological system
一区域中有无生命（非生物）部分和有生命（生物）部分的整合结构与功能。在系统中，各部分从整体上相关联。生态系统朝着秩序、复杂、稳定以及高效利用能量的方向演进。

生态平衡植物 | Ecologically balanced plants
与环境具有协同关系的本地或移植植物。

商业生态学 | Ecology of commerce
商业是建立在商务（指导我们如何获取金融财富）和生态学（教育我们除非建立在自然循环的过程之上，否则财富只能是短期的）之间对话的基础上。商业生态学认为商务必须成为一种伦理行为，将相互关联的、复杂的、高效的以及永续的自然模型扩展到商业系统之中。

设计生态学 | Ecology of design
整合规划设计与生态学的一种方法，从而对系统进行更新再生，促进生态、生理和心理的健康及生产力的发展。

经济伦理 | Economic ethic
这种伦理将土地视为一种经济资源，并寻求使资源可为人所用。当人类社会宣称要统御地球，并且根据短期的经济收益定义资源时，经济伦理时常颇为盛行。

生态心理学 | Ecopsychology
寻求将人与生命系统、健全心智、生活品质以及自然的世界联系起来的科学。它认为脱离自然是与人类生存进化规则相悖的。生态心理学认为，人类神经变态的起源就是这种分裂。还将人与自然之间重新构建联系视作一种自愈力。

生态系统 | Ecosystem
亚瑟·乔治·坦斯利（Arthur George Tansley）1935年提出的概念，生态系统是将各类生命形式与它们的非生命环境相互作用构成的集合。生态系统管理是一种景观设计的基本概念。

群落交错区 | Ecotone
两个或更多生态区域的交界区；它通常被评估为野生动物栖息地或者动物活动区域。

弹性力学 | Elasticity
当某种外力移除后，材料恢复它最初形状的一种性质，如果要改变其形状则需要施加持续的外力。

视觉形式的元素 | Elements of visual form
可以通过操控诱发心理反应的视觉特征。

情绪障碍 | Emotional blocks
阻碍创造性的自我因素（自尊心、超我、害怕失败等）。

情感响应 | Emotional response
个体感觉中的一种变化，这种改变伴随着影响行为的生理变化。因为情感是人与行为之间的主要介质，情感响应是场所营造的一个目标。

授权 | Empowerment
个体感受到他们持有的影响。

围合 | Enclosure
感知到某一空间与其周围环境相分隔的程度。

编码 | Encoding
将感知与联想含义的暗示线索融入物体、场所和关系的过程。

能量 | Energy
工作的能力。

能量资源叠加图 | Energy resource overlay mapping
拓宽使用叠图法来制定土地使用和设计决策，决策以生物气候舒适潜力（坡度特征、季节气流、背风区域图）以及获取能量的潜力（生物量、风以及其他能量资源图）为基础。

熵 | Entropy
向无序状态发展的普遍趋势。

环境 | Environment
自然、社会以及文化环境的集合，它会影响个体和社区。

环境艺术家 | Environmental artist
创造户外艺术作品的艺术家（包括景观艺术家）。

环境障碍 | Environmental blocks
由于自然或人文背景产生的对于创造性的障碍。

环境感知 | Environmental perception
个体通过对线索的解析接收环境信息的过程。

平衡结构 | Equilibrium structures
（在静态或缓慢变化的系统中）具有细致协调的关系、积极反馈、几乎没有矛盾冲突的结构。这种结构强化了现有条件并使现状得到永续、延伸、演进和更新。它们的变化缓慢，各部分在动态平衡中交互变化。

自尊的需求 | Esteem needs
马斯洛对于人类需求层级划分中的第四层级。一旦较低层级的需求，包括归属感和爱的需求，得到相对满足，感受到自尊以及受到他人尊重的需求就成为一种主要的推动力。

行为学方法 | Ethological approach
这种方法认为，很大一部分人类行为反映了在进化历史中通过与原始环境的对话沟通培养的性情。

欧几里德几何学 | Euclidean geometry
由数学上静态的几何形式（直线、圆和折线形式以及它们相应的三维形式）组成的几何学。

进化的几何 | Evolving geometries
具有自然形式特征、在数学上的加速或减速几何学。

表达障碍 | Expressive blocks
由于缺乏图形或语言表达技能或是无法运用这些技能造成的对于创造力的障碍。

设施运行 | Facilities operation
这种景观建筑学项目类型指的是对户外空间的运作及操控，为户外空间设计和人类生活间的关系提供了深入理解。与其他用后评估一样，它提高了设计者与土地管理、规划、设计与日常景观体验的联系。

斐波那契数列 | Fibonacci Series
13 世纪时提出的一套整数数列，相邻两项的比值愈加接近黄金分割，自然界中常常表现为植物和动物的外形。

数域矩阵 | Field matrices
将两种变量（有时是三种，也有时包含四种潜在的变量）组织起来并建立一对一关系的工具。

填方 | Fill
在地形改造中，规划等高线的高度比现有高度高的区域需要进行的回填工作。

第一代设计过程 | First-generation design processes
线性的、系统的、由"专家主导"、定量的并以规划为基础的问题解决方法，是对先入为主的直觉设计的否定回应。

固定特征 | Fixed features
在空间上永久固定的景观元素（树木、建筑及基础设施）。

灵活的建筑物 | Flexible buildings
设计为可随时间而变化的建筑物。这类建筑物可以响应它们的背景系统中的变化而发生改变。

正规住区 | Formal settlement
住区采用运输模型、运营结构以及生产部门建设完成，并通过与背景相关的决策社区加以制度化。

形成影响 | Formative influences
表现秩序、形式和含义的实体。自然和建筑景观形式、材料、尺度、肌理以及精神都对这些影响作出回应。

第四代设计过程（摩特洛克，1991） | Fourth-generation design processes（Motloch，1991）
创新—介入的设计方法，这种方法用于管理对话、整合专业知识并促进具有回应性的设计。这种设计过程寻求消除人们的生活与正式的规划和设计之间的藩篱，并将多样的价值系统整合起来。

分形几何 | Fractal geometry
贝努瓦·曼德布罗特所论述的复杂的几何学（也是新的混沌科学的一部分）。分形几何产生于一种对于欧几里德几何学的认识，即认为欧氏几何在表现自然形式的尺度独立性与复杂性时存在不足。在尺度不断变化时，分形的复杂性仍然保持一致，在表达行为时与尺度无关。

法式排水 | French drain
多孔管道或带有开口的管道铺在砾石铺底的沟渠中，这些沟渠汇集土壤中的水分并将其排走。

全成本核算 | Full cost accounting
应对短期成本和长期成本以及对近距离和远程距离影响的经济学。

园丁 | Gardeners
从事庭园设计与维护工作的人，不必具有景观建筑学所需的高等教育学位。

一般系统论 | General systems theory
探索各种系统间重复出现的相似动力的系统科学分支。

场所精神 | Genus loci
一种认为人类精神与场所中的精神紧密相联的观点；同时也认为人类的幸福不可避免地与景观的良好状态密不可分。

网格穹顶 | Geodesic dome
由理查德·布克敏斯特·福勒根据自然界中高效能分子结构发明的三角形网格状曲面空间网架。

地理信息系统（GIS） | Geographic information systems
基于计算机的空间数据管理系统，它便于参照空间信息的管理来绘制土地和资源图。

地质作用过程 | Geological processes

岩石形成、分化、腐蚀并沉淀从而再次形成岩石的过程。

全球景观操作 | Global landscape management

这种新兴的景观建筑项目类型并未被美国景观建筑师协会列入名录，它关注于信息流动、技术转移、在全球和全球—区域（生物群系）尺度上更新土地的规划与设计。

黄金分割 | Golden section

整体中的较小部分与较大部分之比等于较大部分与两部分总和之比的比例关系。早期的古希腊人相信黄金分割是完美的比例关系。在历史上，人们运用黄金分割的实例——希腊神庙、帕提农神庙、文艺复兴时期的建筑物、勒·柯布西耶的模数比例系统等。

土地平整 | Grading

一种概括性术语，指对现有地形进行改造实现排水，让水从建筑物和场地使用区域中流走，创造视觉效果以及其他使用目的。重塑土地是景观设计不可分割的一部分。

设计的伟大传统 | Grand tradition of design

在设计学院中教授给学生的神人同形同性论的高雅艺术。它推动将设计作为人类独特性的一种公开表达。

重力流动系统 | Gravity-flow systems

在重力影响下、需要斜坡发挥作用的运行系统。这些系统的外形或模式，包括雨水和污水系统，都与地形学形式相关。

绿色材料 | Green materials

有利于环境的建筑材料，材料获取过程具有可持续性，其生产过程的污染少，由可再生原料制成等。

十字拱 | Groined vault

当两个桶形拱呈直角（90°）相交时形成的结构形式。

地下水 | Groundwater

地面以下、存在于土壤颗粒中及缝隙之间的水，地下水在重力的影响作用下缓慢地向下流动。

栖居地 | Habitat

植物和动物生存的一系列环境条件。通常是某种有机体生存的场所类型。

晕滃线 | Hachures

（在地形图上）绘制出与最陡坡度线平行的线条，它们将连续的等高线连接起来。在二维平面上，晕滃线是一种具有视觉冲击力的表达地形的方式。

硬木 | Hardwood

来自落叶或常绿阔叶树木的木材。

和谐关系 | Harmonious interrelationships

自然之中的相互关联性和相互依附性。

健康 | Health

在生命系统中，通过整合的结构和功能以及更新再生的方式，长时间地维持良好状态。

吸热区 | Heat sinks

由于它们可以接受额外的阳光或其他热源从而比周围区域更温暖的场所。

历史性景观的保护与再利用 | Historic landscape preservation and restoration

一系列专业活动，包括在相对静态的条件下对场地维护或保养、将场地作为更大范围的具有历史重要价值区域中的一部分加以保护、将场地修复到一个特定时期或特定品质以及为了继续利用或新用途对场地进行更新。

整体设计 | Holistic design

在多种影响——包括自然影响和文化影响之间建立协同作用的综合设计。

整体设计心态 | Holistic-design mindset

力图将设计融入系统并表达系统动力学的心态。在这种设计心态中，景观设计被视作对于自然、生态以及文化景观的综合操作。

园艺师 | Horticulturists

在种植和培育植物方面经过专业培训的科学家。

人类生态系统 | Human ecosystems

莱尔（1985）提出的关于建立功能性生态系统的开发概念。

人类需求 | Human needs

马斯洛（1970）划分的需求等级概念，其中，基本的生物和生理需求在最下层，复杂的心理需求在顶层。在较高等级需求显示出重要性之前，较低等级的需求必须得到相对的满足。

水文循环 | Hydrologic cycle

从海洋到大气、雨水、径流、土壤水、（含水层中的）地下水并重新回归到海洋的水体运动。

水文作用力 | Hydrologic forces

由于水体运动产生的作用力。

理想主义价值系统 | Idealistic value system

这种价值系统从物质上和精神上审视现实。由这种世界观主导的历史时期（希腊黄金时期、文艺复兴时期）通常是真理与美的特殊时期；在这些时期，哲学、艺术、科学与场所、人和技术之间产生了协同配合。

概念价值系统 | Ideational value system

这种系统从精神世界的角度审视现实。这种世界观认为知识存在于内在意识之中。它拥护理想价值观、伦理和真理。它表现于西方社会的犹太—基督教对于上帝的概念以及泛神论观点之中，也表现在东方文化的道家思想、禅宗佛教和印度教信仰中。

意象性 | Imageability

林奇使用的词汇，用来指场所形成生动形象并可被长时间记忆的能力。

个人主义 | Individualism

个体自给自足，几乎没有公共义务的世界观。个体可以在不限定他人权利的同时做出任何决定。个体的幸福健康是一种责任，与他人的幸福健康无关。这种观点促进了个性的公开表达。

渗透 | Infiltration

地表水分进入土壤中的运动。

非正规住区 | Informal settlement

不采用制度化的运输模型、运营结构及生产部门建造的住区。通常与自给自足的方法结合。

基础设施 | Infrastructure

在工业及后工业社会中，促进生态系统更好地为人们的集中居住进行服务的系统。其中包括运送人类以及动力、雨水、废水和信息流动的系统。

投入—产出（I-O）建模 | Input–output modeling

用于组织活动的一种工业生态学方法。这种模型关注库存的流入与流出；将投入和产出联系起来置于生产链之中。

探究式的教育 | Inquiry-based education

通过关注共享概念和动力学，将某一领域的知识转化为到另一领域中进行学习的一种教育。

日照 | Insolation

接收到的太阳辐射。

瞬时时间 | Instantaneous time

关注当前和即时的满足感，制定决策就是为了使短期收益最大化的美国主流观点。

综合管理 | Integrated management

将长时间内多个参与者的决策进行整合，同时促进自然和人类健康。

智力障碍 | Intellectual blocks

在智力方面的创造力障碍，包括无效的思维形式、无法在思维形式间进行转换，而且会产生错误数据等。

国际标准 | International standards

跨国家之间共同遵守的产品标准。当前正在从以能量为基础的ISO9000转变为以减轻环境影响为基础的ISO14001。

喀斯特地形 | Karstic

一种景观类型，其特征是有落水洞以及时而消失、时而再现的溪流。由前南斯拉夫的喀斯特地区而得名。

以知识为基础的规划与设计 | Knowledge-based planning and design

运用通过艺术与科学的综合协同作用而产生的灵感进行规划和设计。

《失衡的生活》 | Koyaanisqatsi

"Koyaanisqatsi" 是美国霍皮族印第安人单词，意思接近为"失去平衡的生活"。这部电影是一部具有悲伤色彩的纪录片，表现了20世纪美国场所的退化。

土地 | Land

地球表面的固体部分。

以土地为基础的教育 | Land-based education

基于维系以土地为基础的生态和文化资源的相互关系的教育。

土地研究中心 | Land design institutes

从事区域土地管理、规划和设计议程的研究机构。这些研究机构通常包括被称为"土地实验室"（land labs）的自然设施。

土地开发规划 | Land development planning

这种项目类型将政策规划和项目开发结合在一起。这种项目类型需要房地产经济、开发规范、环境进程以及市场动态的相关知识。这种项目需要一系列专业知识，并通常由景观建筑师牵头带领多学科团队进行设计。

土地伦理 | Land ethics

个人或文化针对引领形成资源感知的人—环境关系的态度。

地形 | Landform

地球表面的三维起伏形态。

土地实验室 | Land labs

从事教育、研究、服务和示范等方面工作的实验室，它们可以增进对于区域土地资源、土地管理、规划与设计等方面的理解。

土地管理 | Land management

在三个层面上进行的工作——对资源和土地用途进行管理、基础设施支持规划以及给定场所和时间的项目设计。

景观 | Landscape

生态、技术和文化进程的即时表达。它是一个内涵广泛的词汇：荒原是自然景观，郊区是城郊景观，市中心是城市景观。

景观建筑师 | Landscape architects

针对一系列项目类型和尺度的土地用途及户外空间设计进行工作的专业人员：全球景观管理、区域景观规划、生态规划和设计以及开发规划、城镇或城市规划、公园和娱乐规划、社区规划与设计、场地规划、场地设计、历史保护、设计的社会与行为特征、景观建造及设施运营。

景观建筑学 | Landscape architecture

在管理、规划与设计自然和文化景观中将艺术和科学进行整合的专业。

景观建造 | Landscape construction

这种景观建筑项目类型在技术问题上提供了实践经验，并可以开发设计师制定具有高度可行性的问题解决方案的能力。

景观承包商 | Landscape contractors

从事景观项目建造及安装的人。

景观设计 | Landscape design

这种景观建筑项目类型关注一系列个人及公众项目的外部空间的设计（居住、商业、工业、教育）。同时从历史上开始，景观设计也是景观建筑专业的核心。

景观设计 | Landscape design

创造出具有回应性的、可激发情感的、有意义的、可持续并可更新的景观。

设计生态学｜Landscape ecology
设计生态学认为景观元素被编制在一种复杂而相互作用的整体中，整体和其中的组成部分在功能与行为上加以整合，所有组成部分和整体都在动态平衡中发生变化，人只是这些部分之一。

景观管理｜Landscape management
一种概括性术语，指的是对优化景观潜力策略的确认与实施。景观管理也是一种景观建筑项目类型，它对土地进行操作，在广泛的尺度（全球和区域战略；生态、历史及文化资源管理；城市—成长管理；公园及娱乐系统管理等）上寻求结构和法律手段来实施管理干预。

景观感知｜Landscape perception
对于景观的感官体验，通常被称为"环境感知"（environmental perception）。

景观规划｜Landscape planning
一种概括性术语，指的是积极主动地参与支持实现景观潜力的决策（包括提供结构和基础设施）。景观规划包括一系列景观建筑项目类型，这些项目类型对于在广泛尺度上满足人类需求的健康景观（区域景观规划、生态规划与设计、土地开发规划、城市/城镇规划、公园与娱乐规划、社区规划、历史景观保护与再利用规划等）具有促进作用。

景观保护与再利用｜Landscape preservation and reclamation
这种景观建筑项目类型主要对具有历史意义的场地（花园、滨水区、湿地）进行修复，并且由于不断增加的人口和土地使用竞争的压力而显得更加重要。景观保护与再利用包括在相对静止的背景下进行维护、对历史区域的基地保护、将场地恢复到某一时期或作为历史的变迁以及为了继续使用或全新的用途对场地进行整修。

景观更新再生｜Landscape regeneration
景观对其中的元素、元素间的关系、景观的健康和生产力进行补充和再创造的自然功能。景观更新包括通过在可持续限度内获取资源从而维系景观自我更新潜能、满足长期系统需求、结合生命周期循环进行管理、规划与设计的人类活动。

庭园设计师｜Landscapers
从事庭园设计与维护工作的人，不必具有景观建筑学所需的高等教育学位。

晚期演替｜Late successional
演化序列的晚期阶段。

晚期演替文化系统｜Late successional cultural systems
由包括长期策略、强调维系系统长期健康与生产力的文化所建立的系统。这种文化更有可能在资源稀缺的时代获得成功。

秉持者｜Leavers
遵守自然法则（奎恩，1995）并在闭合的循环、生命周期循环范式中运作的人。

易识别性｜Legibility
阅读和解释某一环境，并在这种环境中预测和维系一种感觉方向的能力。

决策制定层级｜Levels of decision-making
系统科学的三个决策层级——客体、系统和元数据。客体层级决策主要针对项目以及眼前利益和当地需求。系统层级的决策为支持系统健康的客体层级的决策确定了限制条件并提供指导。元数据层面的决策负责处理关系、条件以及促进系统和客体层面的恰当决策进程。

生命周期循环评估｜Life-cycle assessment
生命周期循环评估主要分析产品和工序从摇篮到坟墓的环境影响。识别并认定资源和技术，包括资源从何处开采和获取、运输、加工、分配和使用并重新转化为资源。确定提高生命周期循环性能的潜力，促进对近距离和远程距离的系统影响最小的决策，帮助设计师理解他们使用的材料及他们设计的项目对生命周期循环流的影响。

生命周期循环经济学｜Life-cycle economics
以资源获取、缓解上下游影响、更新再生系统健康和生产力为基础的经济学。

资源的生命周期循环流｜Life-cycle flows of resources
由物理、化学及生物进程为动力的、闭合循环的资源（碳、氧、水）更新再生流。

生命周期循环框架｜Life-cycle frameworks
管理生命周期循环对各类人群长时期内行动影响的决策框架。

生命周期循环影响分析｜Life-cycle impact analysis
对环境荷载的影响进行（定量或定性的）评价。

生命周期循环改善分析｜Life-cycle improvement analysis
识别降低环境影响的设计过程和解决方案。

生命周期循环细目｜Life-cycle inventories
量化现有和预期的能量与资源要求、排放、废水、废物及环境释放物的详细清单。

生命周期循环规划与设计｜Life-cycle planning and design
设计资源开采和获取、运输、加工、分配、使用、再利用及更新再生等方面的影响要素。在设计中对数据进行组织和解读从而制定对远、近距离地区负面影响最小的决策，尤其在那些达到最低标准也非常困难的区域。

轻质框架结构｜Light frame construction
一种木质框架结构，包括由支柱和门楣形成洞口的墙体、地板和天花板龙骨以及由柱子支撑的横梁。

线性流动｜Linear flows
将资源转化为废物，并将土地、空气和水作为废物垃圾桶的流动。

线性时间｜Linear time
对于时间不断向前推移的感知。当前被视作由过去衍生而来并影响未来，但是当前、过去与未来三者之间是清晰地隔离开的。

长期思维｜Long-term thinking

认为较长的时间段具有价值相关意义，选择可以使长期影响最大化的行为，并将部分能量用于维持某一系统的存在及其承载力。

大气候｜Macroclimate

在区域范围内的气候。

人造土地｜Made land

经人工造就的土地，通常是以使某一场所可以进行建造工作为目的，而常常对于长期系统性能缺乏充分的考量。

管理｜Management

对于优化潜能的策略进行确认和实施。

总体规划／场地规划｜Master planning/site planning

这种景观建筑项目类型主要分析某一地块中建筑物与自然元素的实体排布。这种项目类型将人造元素与场地的自然模式及特征（地理学、地形学、地下和地表水、植被、野生动物、气候等）进行整合。这种项目类型寻求将环境影响和项目成本最小化，为场地增加经济价值。

机械风化｜Mechanical weathering

机械风化包括由于风、水、冰川、温度变化和植物生长造成岩石产生物理性破损。在干燥或极端气温区，以机械风化为主。

力学｜Mechanics

研究力作用于物体上行为的科学。

模因｜Memes

由一种文化创造的承载价值的信息，它可以帮助其成员审视世界，并给世界赋予含义。

模因论｜Memetics

对承载价值的信息进行研究。模因论将提高个人在其所处的文化及其他文化环境中识别这些信息的能力，评估承载价值信息的复杂性，并制定回应这种复杂性的决策。

元危机｜Metacrisis

大量相互关联危机的潜在原因。元危机也是一种状态，它造成了多种危机并指出了向系统崩溃方向的运动。

元层级的决策｜Meta-level decisions

元层级的决策分析了促进在系统和客体层级上制定适宜决策的关系、条件和进程。

元系统方法｜Meta-system approach

决策制定的等级水平，其中包括在客体层级的场地决策、在系统层级的景观管理决策以及在元系统等级制定的进程决策（策略、步骤）。

元系统设计｜Meta-system design

这种设计的等级划分对规划和设计的决策制定环境进行管理。

微气候｜Microclimate

特定地点的气候，即场地尺度的气候。

军事山脊｜Military crest

一条与山脊或山岬平行或略低的假想线。这个位置从下方较难观察到，但是从此可以获得很好的山谷视野。在历史上，军事山脊是军队俯瞰山谷，而又不会从远处被发现的场所。

减缓｜Mitigation

在为了补偿栖居地的流失而重建土地的生产能力时，减轻开发影响的进程。

现代建筑｜Modern architecture

在20世纪60、70年代的主流建筑运动中，现代建筑将设计的意义简化为功能术语，并避免设计承载主观含义。

冰碛石｜Moraines

在冰川范围内的旁边（侧面）或在下坡最远处（尽端）呈线性排布的条状巨石。

狭隘的思维方式｜Narrow-window thinking

笛卡儿的以学科为基础、贯穿某一专业知识领域的世界观。持有这种世界观的人认为他们会负责自己的专业领域，而其他人将负责其他区域和整体。驾驶轮船仅仅是另一项专长，而这些人认为有人在航海。

本地植物｜Native plants

在同一地区生长演进的植物。

自然资本｜Natural capital

在某一系统中，多产且可再生资源的现有库存。自然资本通过可持续地获取可再生资源（太阳能、有机生物体）、平衡可补充的资源流（氧气、地下水）、避免使不可再生资源（化石燃料、矿物）枯竭从而得到维系。

自然主义的｜Naturalistic

利用自然中不断演进的线条和形式。

知晓与理解的需求｜Need to know and understand

根据马斯洛的观点，获得关于我们周围世界的知识与洞察力是一种普遍的人类需求。

负地貌｜Negative landforms

由外力作用在体量上而产生并表现出的地貌，包括由于腐蚀（风、雨和冰流）和风化（物理和化学侵蚀）形成的地形。

负熵｜Negentropy（negative entropy）

生物系统加强秩序、复杂性、效率以及为后期使用储存能量的倾向。

牛顿科学｜Newtonian science

使用科学的调查方法，从而对片段进行简化与理解，并将片段组织为整体。

非固定特征｜Non-fixed features

指可移动的元素（座椅、人，等等），将环境改变以满足人类需求，并表达相关含义。

惯例式规定的观点｜Normative-prescriptive view

这种世界观寻求计划或规定"可能是什么"。

客体层级的决策制定 | Object-level decision-making

为满足即时和本地需求而在项目层级制定的决策。

开放建筑 | Open architecture

建筑物设计方法的要求是新建筑具备能够灵活翻新改造、适应性利用并便于建造的能量与材料。由此设计的建筑物可以随时间进行高效率地变更。

开放设计 | Open-ended design

可以随时间进行改变从而适应不断进化的内部和外部条件的设计过程。

秩序 | Order

可以提高将某种元素融入一种模式的思维能力的状态。通过确认、同化和元素间的互动加强秩序。

叠加法 | Overlay method

将地图进行叠加，分析具有一致性的模式作为形成过程线索的设计分析方法，这种方法在 20 世纪 70 年代被景观规划师和设计师认可并接受，它与 20 世纪 80 年代的地理信息系统具有关联性。当今，在土地使用规划中叠加法和地理信息系统广泛应用于大量数据的组织和关联工作上。

范式 | Paradigm

世界观。

公园和娱乐规划 | Parks and recreation planning

这种景观建筑项目类型在一系列尺度和背景，包括国家、地区、州、城市、郊区和乡村中的公园和娱乐区域进行规划。其中包括国家公园、野生动物保护区以及社区、邻里和街心花园。

参与型 / 辅助型的设计过程 | Participatory/facility design processes

鼓励参与其中的规划和设计过程。设计师促进了对于人们的希望、梦想和愿望的认识。

模式认知 | Pattern recognition

将景观作为模式进行读解从而发现产生这种模式的作用力的能力。

人—环境的关系 | People-environment relationships

人与环境之间相互依存的关系，这种关系将对行为和景观产生影响。人们改造环境，而环境又对个体及其行为产生影响。

人—环境的研究 | People-environment studies

人与自然环境之间相互关联的系统研究。

百分比法 | Percentage method

将坡度以百分比形式定义。用垂直标高差除以水平距离，再把所得的小数结果转化为百分数。

感知 | Perception

当对感官刺激分析解码作为环境线索并由此激活思维中的潜在信息时，思维实体向前推进的过程。

感性认知 | Perception-cognition

感官刺激成为思维实体的过程。

感知障碍 | Perceptual blocks

阻止设计师了解问题、获取解决问题必要信息的认知条件（模式化观念、过于狭隘地界定问题等）。

感知意义 | Perceptual meaning

由某种环境传达出的意义，包括：1）其结构完整，或通过元素和相互关系辨识区分场所的方式；2）通过个性化的分析解码及情感评估传达的意义。

现象学 | Phenomenology

一种对于现实的主观视角，通过这种视角，现象被理解为可见实体与观察工具之间的互动。现象学包括了多种多样的事实以及对于复杂关系的主观阐释。

光合作用 | Photosynthesis

含有叶绿素的植物获取并汇集太阳能，将太阳能结合在可供更高等生命形式的化学键中的过程。光合作用在食物链中是至关重要的第一步，它通过生态系统使营养物质实现循环，而且运用太阳能进行工作。

生理需求 | Physiological needs

根据马斯洛的观点，最基本的人类需求（饥饿、口渴、休息）在其他需求成为主要推动力之前必须得到相对满足。

场所 | Place

当个体为环境赋予含义时，通过环境感受和认知所产生的时空体验的心理构建。场所受环境、背景、先前的体验以及心理（情绪）状态所影响。场所伴随着使用者的运动产生起伏、在环境中变化并在情绪状态中发生改变。

场所依附 | Place attachment

在个体和环境之间，以客体及与环境关联的人的积极体验为基础的情感联系。

场所从属 | Place dependency

个体感受到被环境所需要。当这种从属获得了支持时，环境将促进场所的依附。

场所特征 | Place identity

这种特征类型取决于以场所实体特性、联想以及界限力度为基础的想象能力。界限分明、特性适宜的环境设计具有强烈的场所特征。

无场所性 | Placelessness

环境无法唤起生动的思维形象、无法影响个人长期的情绪状态的变化。无场所性的场所缺乏功能、文化、美学或联想含义，传达出一种消极的感觉。

场所性 | Placeness

环境唤起思维形象、在情绪状态中引起变化、并且经过长时间后仍然可以回忆的能力。它是在预期场所、计划行为及环境特性之间的积极关系。通过认知，个体将环境转换为场所，并确定了场所性。

特定场所的社区意识（维戈，1990） | Place-specific sense of community（Vigo，1990）

当场所感觉、场所依附、场所从属、场所特征及社区意识共同建立一种协同作用、并在认知上将人与场所以及场所中的居民联系起来的时候所产生的认知效果。

厚木板梁框架 | Plank and beam framing

一种木质板面结构系统，由支柱承载的梁之间较厚的地板部件组成。

规划 | Planning

对于预期方向或活动有意识的决定。

规划与设计框架 | Planning and design frameworks

用于指导规划和设计的等级化组织网络（目标、目的、导则和标准）。

植物层次 | Plant strata

由一个植物群落组成的水平层次（林冠层树木、林下叶层树木、灌木、地被植物）。

平台框架 | Platform framing

由地面铺装、龙骨、梁以及柱子组成的木质板面结构系统。

充气结构 | Pneumatic structures

由气压差异进行支撑的轻盈、柔软、密封的材料薄膜。

建筑的诗意形式 | Poetic form of architecture

由建筑师迈克尔·格雷夫斯创造，用来描述社会的神话和仪式的三维表现形式，这种形式对某种文化的比喻、联想以及人神同形同性论的范畴进行回应。

正地貌 | Positive landforms

由体量内部的作用力产生并表现的地貌。

实证主义 | Positivism

将复杂性简化为组成元素，并对这些元素进行研究从而理解整体。实证主义对世界进行重构，使世界变得更加可控制、可预知、可复制。牛顿科学建立在理性的现实之上；当前西方文化就是以机械主义的观点为中心构建起来的。

支柱和门楣 | Post and lintel

由立柱或支柱承载水平门楣构成的结构系统。

后现代主义 | Post-modernism

20世纪70、80年代对现代主义的否定。后现代主义在很大程度上放弃了将问题解决作为一种设计方法的做法。它包括设计语汇、形式类型学以及主观含义。

后张法预应力混凝土 | Post-tensioned concrete

在固化之后，张拉作用力持续地施加在钢筋混凝土上。

预制混凝土 | Precast concrete

在工场或厂房中铸造并在场地内组装的混凝土构件。

自然保护主义伦理 | Preservation ethic

这种伦理在一种未受干扰的状态下促进了对于土地的维系。认为土地是一种仅限于非破坏性使用的、具有生命的、生态的实验室。这种伦理主张为了后代要保护土地，而这种观点被经济伦理学的支持者认为是在浪费资源。

压力流系统 | Pressure-flow systems

除了重力以外，不会有其他外部作用力引导流动的系统。这种系统的平面形式，包括电力、天然气、通信和运输，通常情况下它不会受到地形学上的限制。

先张法预应力混凝土 | Prestressed concrete

在固化过程中先在钢筋上施加张拉作用力的混凝土。

原始 | Primitive

在相对同质的、以传统为导向的文化中的一种方法。在这种文化中，个人通过连续一致的表达建立结构和基础设施。久而久之，原型被巧妙地调整来满足文化、自然与维护的需求；同时，文化发展出一种结合场所、文化和形式的表达传统。

原始建筑物 | Primitive buildings

在技术和经济处于原始水平的社会中建造的建筑物。作为文化传统的一部分，建造结构的人通常仅具有普通装备，并且在建造住房方面的知识有限。

视觉形式原则 | Principles of visual form

元素之间的视觉关系。由这些视觉关系引起的感官印象。

私人性 | Privateness

由发挥遏制或社会筛选作用的线索系统唤起的一种感觉。

（景观建筑学）私人实践 | Private practice（landscape architecture）

在一系列尺度和项目类型中从事规划和设计的个人和公司，他们在由私人或公众从业者或市场建立的管理与规划环境中进行工作。

产品标签系统 | Product labeling system

证明产品应对长期问题、广泛定义的影响以及综合经济学要求的系统。这些国家性的产品标签系统包括德国的蓝色标记产品评级系统以及"绿色标签"和"蓝天使"计划。

外形图 | Profile

以层叠方式表现现存形式和计划形式纵向布局的二维图画。

策划 | Programming

对于人类需求的界定和分析。

设计的项目层次 | Project level of design

某一建筑、场地或环境元素的设计，包括大多数城市建筑学和景观建筑学设计项目。

比例 | Proportion

片段之间、或片段和整体之间的尺寸关系。

瞭望与庇护理论 | Prospect and refuge theory

这种理论认为人们偏爱的场所可以观察景观及其中的其他人，同时可以提供不被他人看到的庇护。

空间关系学 | Proxemics

在文化上，群体使用空间的特定方式。作为对于文化详细说明的空间使用。

公共空间｜Proxemic space
被具有同种特征的群体以连续的空间行为占据、通常具有高度联想含义的主场。监督通过社会压力产生。在公共空间中几乎没有人际冲突，对行为线索的需求甚少。社会和实体环境（想必是由于熟悉性）可以较为复杂。

公共性｜Publicness
由交流的相互作用的线索唤起的感觉。几乎没有感知线索进行相互联系的区域，这些线索可能阻止区域之间的运动。

（景观建筑学）公众实践｜Public practice（landscape architecture）
公众实践关注土地操作和规划。公众实践者在设计上付出的时间较少，并用更多的时间促进他人的活动。个体与公众共同进行工作，并在成为有效的促进因素的同时从中获益。

品质｜Quality
对于值得称赞并令人向往的刺激因素产生的一种情感回应。

生活品质｜Quality of life
当体验与动机产生积极关联时产生的对内心满足的情感回应。

坡度比法｜Ratio method
使用水平距离差值和竖向标高差值之比（3:1，2:1，1:1）对坡度进行定义。按照惯例，第二个数字通常是将垂直标高约定为1。

含可回收材质的产品｜Recycled content products
指所采用的可回收材料是符合或高于回收该材料的工业标准的产品。

还原主义｜Reductionism
将复杂现象简化为简单术语的倾向。

还原思维｜Reductive thinking
缺少跨学科丰富性和交流的狭隘思维。

更新规划设计｜Regenerative planning and design
对于我们最终依赖的系统进行更新的景观操作、规划和设计。

更新资源流动｜Regenerative resource flows
重建生产能力的闭合循环资源流动。

区域地形｜Regional landform
描述特定区域地形的特点语汇。

区域景观规划｜Regional landscape planning
一种主要的、新式的景观建筑学项目类型，这种项目类型建立在近期公共环境意识提升的基础上，并将景观建筑学与环境规划结合起来，从而对陆地和水体环境范围领域进行管理和规划。

区域景观｜Regional landscapes
特定区域的景观表达，这种景观在整体上回应区域影响的多样性。

钢筋混凝土｜Reinforced concrete
由混凝土（用来产生抗压强度）和嵌入的钢筋组成的复合材料（产生抗拉强度）。

关联性｜Relatedness
在一个环境中个体元素与其特征相关联的程度。

可更新能量资源图｜Renewable-energy resource mapping
太阳能资源（与太阳高度角相关的坡度特征）、风能资源（与地形相关的季风、风力加速度、背风区）、生物量资源（木材、废料）及水能资源（地下水和地表水）的叠加图。

重塑者（拉普卜特，1977）｜Reshapers（Rapoport，1977）
重塑环境使环境支持人们日常生活的人。

资源获取｜Resource harvesting
以能够维系统自我更新、健康和生产力的数量和方式使用资源。

资源管理范式｜Resource management paradigm
产生于20世纪60年代的设计心态，彼时景观建筑学认可了系统，并将设计目标从不断经济增长转向资源和景观系统的管理。这种转化促使产生新的项目类型（区域景观规划、生态规划和设计）。

资源开采｜Resource mining
以不可持续的速度或方式开采资源。资源开采降低了系统承载力，并使系统自我更新、健康和生产力退化。

蓄洪结构｜Retention structures
汇集并储存暴雨降水径流，直到雨水可以渗入地下的景观结构。

加肋十字拱｜Ribbed groin vault
十字拱是两个桶形拱十字交叉的形式，它表现为两个交叉的对角拱券结构。

山脊线｜Ridgeline
将景观划分为两个称为"分水岭"的排水区域的地形隆起。

规则｜Rubrics
确定在某一给定系统中的形式选项时为数不多的物理、几何或化学限制条件以及它们将会发生的可能性。

安全需求｜Safety needs
马斯洛定义的人类需求层级中的第二层次，也就是个体需要感到安全和受到保护，免受恐惧和混乱影响。当生理需求得到相对满足时，安全需求就成为了一种主要的推动力。

跃移｜Saltation
沙粒被风吹起（或由水涌起的卵石）并弹跳，或敲击其他更大的（以及更多的）粒子进入气流或水流。

尺度｜Scale
与人或其他度量单元产生关联的尺寸。某一空间的尺度包括与它的背景尺寸产生关联的尺寸以及与观察者产生关联的尺寸．

季节韵律｜Seasonal rhythm
在季节性景观中具有象征意义的出生、成熟、老化及死亡的韵律：春、夏、秋、冬。在落叶景观和寒冷气候中，这四个季节会以富有戏剧性的方式进行表达，产生极其多变的季节特征。在常绿景观和温和气候中，景观的变化不是很剧烈。

第二代设计过程｜Second-generation design processes

基于两种信念的设计：专业知识分布于参与者之中，设计问题的解决方案应该来自于设计师与使用者之间的对话。

第二层次的变化｜Second-order change

决策制定环境中的变化。

剖面图｜Section

表达现有或计划形式垂直排布的二维绘图。

沉积结构｜Sedimentation structures

设计用于汇集沉淀物和遭到污染的径流然后进行过滤的地形，通常利用沙子附着沉淀物和带有沉淀的污染物。

自我实现的需求｜Self-actualization needs

马斯洛对于人类需求划分中最为复杂的层级，一旦个体的自尊需求以及其他较低层级的需求得到相对满足后，感觉到靠自身实现愿望的需求成为主要的推动力。

半固定特征｜Semi-fixed feature

家具和景观并不固定在场所中，可相对容易或频繁地重新排布。

符号学｜Semiotics

语言与逻辑的科学，与某种符号词汇的创造以及应用这些符号表达含义等相关。

感知价值系统｜Sensate value system

这种价值系统认为，物质是现实，感官感知是真理和知识，任何精神现象仅仅是物质现实的一种表达。

社区意识｜Sense of community

感觉我们是属于具有价值的某种事物一部分，并且我们在一定程度上可以掌控自己的命运。

场所感｜Sense of place

由某一环境的特征、特征间的关系以及它们引发联想所产生的心理建构。具有强烈感觉的场所据说具有高度的场所性，即便是在经过长时间之后人们通常仍然可以回忆起这种场所。

连续视觉｜Serial vision

连续感知的视觉。景观体验是构建在时间中的感知序列。

石块｜Sets

小型花岗岩石块，最初用作船只的压舱物，后来被重新利用作为铺地单元组件。

环境｜Settings

带有编码含义的自然实体，它们在现象上被解读为整体，而不是作为片段的集合。环境是被人类所体验的经设计或未经设计的特定地点。

居住｜Settlement

在某个场所建立住房的过程。

塑造者（拉普卜特，1977）｜Shapers（Rapoport，1977）

为他人塑造环境的人（规划师、设计师、政策制定者）。

短期经济学｜Short-term economics

以牺牲长期系统健康和性能为代价来获取短期收益最大化的经济学。

短期思维｜Short-term thinking

只观察到眼前相对很短的时期，作出短期收益最大化的决策。这种思维是为了即时利益开发资源。

场地分析｜Site analysis

针对给定场地确定设计机会和特定限制条件。

现浇混凝土｜Site-cast（In Situ）concrete

在现场浇注到构件部位的混凝土，而不是在工厂中预制的。

场地设计｜Site design

在项目场地尺度上进行的景观设计。

场地清单｜Site inventory

确认场地及场地周围的条件。

坡度｜Slope

表面的倾斜程度。坡度比率法是使用水平距离和垂直高度差之比（3:1，2:1，1:1）对坡度进行定义。百分比法是用垂直高度差除以水平距离，再把所得的小数结果转化为百分数对坡度进行描述。

坡度特征或坡向｜Slope aspect or slope orientation

地表的坡度及方向。它们与太阳的垂直角度以及平面方向共同决定一定时间照射到地面的相对太阳辐射量。

景观设计的社会和行为特征｜Social and behavioral aspects of landscape design

这种景观建筑学项目类型主要关注与人相关的方面，包括特定人口的需求。这种项目类型要求设计师学习社会科学并管理跨学科团队。

社会承载能力｜Social carrying capacity

社区对一系列标准（多样性、安全性、社会公平）及行为（项目、政策等）进行评估，并制定导向可持续性和更新再生决策的能力。

软木｜Softwood

来自针叶或常绿植物材料的木材。

土壤形成过程｜Soil-forming processes

土壤形成过程包括机械和化学风化以及非生物（无生命）和生物（有生命）活动。

空间框架｜Space frames

由上层和下层网格及中间支柱组合形成的三维结构。

空间韵律｜Spatial rhythm

空间元素的序列关系。

场所的精神｜Spirit of place

当特定地点的特征被解读为一种相互作用的综合体时，就产生了场所精神。

自发性｜Spontaneity

一种打破模式的状况。自发性由新颖性、矛盾冲突、感知意识缺失或预定关系缺失得到提高。

建筑物的标准形式｜Standard form of building

由实践和构建需求所决定的一座建筑物共同的内在语汇。

静力学｜Statics

研究保持物体处于静止或平衡状态的作用力之间关系的力学分支。

管理传统｜Stewardship tradition

一种在生态学上敏感的文化传统，它关注于资源管理和长期景观健康与可持续发展。

叙事线索｜Story line

景观之中不断演进的感官体验。空间序列和连续视觉是叙事的主要组成部分。

压力｜Stress

具有高度激励感与低愉悦感的情绪状态。压力是针对环境刺激或个人目标、个人适应能力或是应对两者差异能力的回应。

实体性观点｜Substantive-descriptive view

寻求提高关于"是什么"理解的世界观。

演替｜Succession

生物系统随时间发生变化的自然倾向。演替是一种组织序列，通过这种序列自然系统向着更高等的秩序、复杂性及稳定性演化，并且更为有效地利用能量资源。

演替韵律｜Successional rhythm

长期景观韵律，由开拓、建立、早期演替、晚期演替、扰动（在序列的任何地方都可能产生）及再扰动组成。这个序列在一定程度上是可预见性的，其变化速度与气候有关。

可持续性｜Sustainability

景观（或者某一规划或设计决策）维持其所在系统承载力的能力，而同时不会带来额外的介入，也不会发生资源枯竭或系统退化。

可持续发展的社区｜Sustainable communities

在维系自身时不耗尽环境和人类资源并且不引起环境或人文系统退化的社区。这种社区维护了人—环境系统，为居民带来了归属于生机勃勃的生活社区的感受，并在自然、生态及人文环境的健康中发挥重要作用。

可持续发展｜Sustainable development

这种发展类型的决策以整体的成本—收益分析为基础；有助于长期的可行性及生产力；并且促进长期经济发展及政策刺激。可持续发展将活动置于适于它们的景观当中，同时抑制不适宜场所的活动，为重要用途（例如主要的农用耕地）保留土地，管理土地避免或减缓影响。

可持续土地伦理｜Sustainable-earth ethic

这种伦理寻求以当下人类需求去平衡人类和其他生命形式当前及未来的需求，维持系统承载能力。

可持续景观｜Sustainable landscapes

满足现今需求并维持满足未来需求能力的景观。

对称的平衡｜Symmetrical balance

通过按中央轴线对称的镜像产生的构图平衡。

协同作用｜Synergism

"不相关的影响要素的合作行为，例如整体效果比个体产生效果的总量要更可观。"（《韦氏新世界字典》）一种共生的相互亲密关系，也是一种相互获益的联合。

系统设计｜Systemic design

结合设计动力学并促进关联感觉的设计。

基于系统的教育｜Systems-based education

以互联性为基础的教育，自然和人为系统通过这种互联性发挥作用。这种教育课程发展了学生建立学科之间以及学科与地球和人类之间联系的能力。系统思维是这种教育的范式；相互联系是它的教学方法。

系统动力学｜Systems dynamics

系统的内部和外部行为。

系统动力建模软件｜Systems-dynamics modeling software

让人们从概念上模拟系统动力学、量化模型、长时间运行虚拟系统以评估模型的有效性、并完善个人系统建模技能的数字软件（例如 Stella 和 Vinsim）。

处于耗散状态的系统｜Systems in dissipation

具有高度自发性、迅速变化、本质不稳定的系统。先前行为产生的决策通常产生消极的反馈以及内部和外部的压力。这类系统促进产生了新的、更具有相关性的关系。

处于平衡的系统｜Systems in equilibrium

缓慢变化的系统，具有高度整合性、相互作用、强化、自我永续与更新再生等特点。

系统层级的决策｜Systems-level decisions

关注系统管理的决策，包括为客体层级的决策确定极限框架并提供指导。

系统层级的设计｜Systems-level design

这种设计管理了自然系统以及可持续性场所与含义丰富场所的整合。

系统操作｜Systems management

对各种关系和功能整体加以管理；管理系统的健康与生产力。

系统思维｜Systems thinking

对整合了系统动力学的认知进行思考。这种思维认可了复杂性，并寻求理解整体及其组成部分。

接受者｜Takers

认为自己不需要遵守自然规律（奎恩，1995）并且一味追求产量、按照从资源到废物的思维范式进行运作的人。

（形式）分类学｜Taxonomy（of form）

构成群体类型的系统秩序。

《塔卢瓦尔协议》｜Talloires agreement

这一协议陈述了大学领导层在全球环境管理与可持续开发中的

职责作用。1995 年，来自 42 个国家的超过 200 位大学校长和校监签署了这份协议。

构造作用力｜Tectonic forces

来自于地球内部的作用力，推动地球板块移动，从而创造了构造活动区。在某些区域，地壳遭到破坏；在另一些区域，地壳被弯折、扭曲或破裂；还有其他一些区域，创造出新的地壳。

时序网络｜Temporal networks

构建时间中的体验或事件。

时间韵律｜Temporal rhythm

时间上重复构件元素的序列关系。

时间节奏｜Temporal rhythms

规律或不规律发生的周期变化。

张拉整体结构｜Tensegrity structure

由肯尼思·斯内尔森发明的空间构架类型的结构系统，这一结构系统由钢制或铝制管状耐压构件和钢索张拉构件组成。

张拉膜结构｜Tensile structures

由支柱支撑、通过绳索拉伸的像帐篷一样的织物薄膜。

创造性思维｜Thinking outside the box

超越事物界限审视关系与关联，从而克服由于我们自身历史上的还原性思维所导致的本地和全球范围的分化。

第三代设计过程｜Third-generation design processes

该过程认定设计师作为专业人士进行设计构想，但并不认为设计师应该决定人们的生活方式。

地形气候｜Topoclimate

受地形影响的气候。

地形｜Topography（landform）

地球表面的三维起伏形态。

三角形网络｜Triangular networks

实现效率所必需的便于最紧密组装的模式。这种模式在自然中随处可见——从六边形的蜂巢小室到肥皂泡及细胞结构。

桁架｜Trusses

由三角形构架组成的二维结构。

（形式）类型学｜Typology（of form）

由形式类型或理想形态学为基础的形式研究。

普适性｜Universality

一种错误观点，认为在一种环境、社会经济、技术和政治背景中发展出来的问题解决方案等同于普遍规律，能够适用于所有环境、社会经济、技术和政治背景。

普遍韵律｜Universal rhythms

一种基于普遍循环（日夜轮回的过程、季节交替以及更长的自然韵律——例如动物数量和干旱周期），关于现实的观点。决策就是应对韵律及韵律中极端之间的对话。

大学可持续发展委员会｜University sustainability committees

由大学成立，帮助研究机构发展并促进可持续性的委员会。

大学可持续发展宣言｜University sustainability declaration

大学承诺致力于可持续研究义务的宣言。

大学可持续发展规范｜University sustainability specifications

由大学采纳促进可持续研究、投资和收购的具体规定。

大学可持续设施设计｜University sustainable facility design

大学在其建筑和基础设施设计中实践可持续性的过程。

城市设计｜Urban design

对城市元素（公共空间、广场、街景）以及这些元素的功能、体验及愉悦感之间关系的设计。高品质的城市体验设计。

城市管理｜Urban management

在城市环境中实施满足人类和环境需求的政策。

城市/区域规划师｜Urban/regional planners

为城市和区域实施综合规划的专业人员。

城市/城镇规划｜Urban/town planning

这种项目类型通常由规划师或景观建筑师领导，包括城市区位决策；政策、规范及法规监管环境的建设以及城市、城镇规划的生成。

价值系统｜Value systems

由文化和个体持有的世界观和价值观体系，价值系统影响了文化与个体同环境的关系、二者如何介入环境当中以及环境的形象。对于它们与环境的形象和介入之间的关系产生影响。

价值系统理论（考恩和贝克，1989）｜Value Systems Theory（Cowan & Beck，1989）

这种理论认为个体和文化经过复杂的生物社会层级发展进步。每个层级都以世界如何通过人们的一系列活动进行运转的假定为基础，这些活动包括人们对问题的界定、制定应对策略、解决界定的问题，并产生出无法从世界观进行预想或解决的新问题。

风土建筑｜Vernacular buildings

风土建筑由商人建造，但众所周知，建筑类型、形式以及材料属于文化的一部分。建筑类型追随文化传统。单个建筑微调传统主题以适应特定的条件（家庭人数、基地、微气候等）。

风土设计｜Vernacular design

"将需求、价值观、人们的希望、梦想和激情，直接、自然地转译为一种文化的实体形式"（拉普卜特，1969）。建筑是由商人建造的，与居民和谐呼应；由此，居民成为形成过程之中不可分割的一部分。建筑之间不存在形式、模型、材料和建造等方面的差异，只是模型稍加调整。

视域 | Viewshed
从特定位置可以观察到的广阔区域。

分水岭 | Watershed
使水流向特定排水点的地形表面。分水岭通常是最合理和有效的景观操控单元。

风化 | Weathering
主要的侵蚀机制，包括机械风化或腐败及化学风化。

西方观点 | Western view
认为万物是绝对固定的世界观。西方观点通常将人类健康与环境健康割裂分离。这通常导致以目标为导向以及短期的价值系统。

湿地 | Wetland
被频繁或持续的淹没或浸透的土地表面，湿地中到处蔓延适于潮湿土壤条件的植被。

风影 | Wind shadow
地形、树木或其他条件为一个地区挡风的状况。

全脑认知 | Whole-brain knowing
通过左右大脑同时思考获得洞察并实现潜能，全脑认知包括：1）直觉上归纳式的、从主观上及感官上进行感知（feeling）以及2）从逻辑上进行演绎性思维（thinking），从而确定可使用性与适宜性。

世界游戏 | World games
理查德·布克敏斯特·福勒（20世纪中期）掀起的关于探索"地球太空船"的承载能力及其维系文化能力的讨论。

中外文人名译名对照
Foreign-Chinese Name Bilingual List

A

Aalto, Alvar 阿尔瓦·阿尔托, 1898—1976, 芬兰建筑师

Adams, Ansel Easton 安塞尔·伊斯顿·亚当斯, 1902—1984, 美国著名摄影师

Adams, James L. 詹姆斯·L. 亚当斯, 美国斯坦福大学教授

Alexander, Christopher 克里斯托弗·亚历山大, 1936—, 美国建筑设计理论家

Altman, Gerald 杰拉德·奥尔特曼

Appleton, Edward Victor 爱德华·维克多·阿普尔顿, 1892—1965, 英国物理学家

Athanasiou, Tom 汤姆·阿萨纳修, 美国当代记者

B

Bacon, Francis 弗朗西斯·培根, 1561—1626, 英国哲学家

Baum, Andrew 安德鲁·鲍默

Baum, Carlene 卡琳·鲍默

Beck, Donald Edward 唐纳德·爱德华·贝克, 美国当代心理学者

Bensen, Rob 罗布·本森, 美国当代建筑摄影师

Berlyne, Daniel Ellis 丹尼尔·埃利斯·伯莱因, 1924—1976, 英国心理学家

Blumenfeld, Hans 汉斯·布鲁门菲尔德, 1892—1988, 德裔加拿大建筑师和城市规划师

Booth, Norman 诺曼·布斯, 美国当代景观建筑师

Boulding, Kenneth 肯尼思·鲍尔丁, 1910—1993, 英国经济学家、教育家

Brand, Stewart 斯图尔特·布兰德, 1938—, 美国作家

Broadbent, Donald 唐纳德·布罗德本特, 1926—1993, 英国心理学家

Broadbent, Geoffrey 杰弗里·布罗德本特, 美国当代建筑学家

Bronowski, Jacob 雅各布·布洛诺斯基, 1908—1974, 波兰裔英国数学家、生物学家、科学史学家

Brown, Lester 莱斯特·布朗, 1934—, 美国环境学家

Brown, Mark T. 马克·T. 布朗, 美国当代生态学者

Brugmann, Jeb 杰布·布鲁格曼, 美国当代经济学家

Burrough, Peter Alan 彼得·艾伦·伯勒, 1944—2009, 美国地理学家

C

Capra, Fritjof 弗里蒂奥夫·卡普拉, 1939—, 美国物理学家

Carson, Rachel 蕾切尔·卡逊, 1907—1964, 美国作家

Chavis, David M. 戴维·M. 查维斯, 美国当代心理学者

Chomsky, Noam 诺姆·乔姆斯基, 1928—, 美国语言学家、哲学家、认知科学家

Chowdrury, Ali A. 阿里·A. 乔德鲁里

Churchman, Charles West 查尔斯·维斯特·丘奇曼, 1913—2004, 美国系统科学家

Clark, William Cummin 威廉·卡明·克拉克, 1948—, 美国生态学家

Cleveland, Horace 霍拉斯·克利夫兰, 1814—1899, 美国景观建筑师

Coan, Arthur 亚瑟·科恩, 1959—1930, 苏格兰物理学家、作家

Collard, S. S. 科拉德

Colman, Samuel 赛缪尔·科尔曼, 1832—1920, 美国画家、室内设计师、作家

Conner, Kevin 凯文·康纳

Cook, Theodore Andrea 西奥多·安德烈·库克, 1867—1928, 英国艺术批评家、作家

Cousineau, Phil 菲尔·柯西诺, 1952—, 美国作家

Cowan, Christopher 克里斯托弗·考恩

Csikszentmihalyi, Mihaly 米哈利·契克森米哈依, 1934—, 匈牙利心理学家

D

Dangerman, Jack 杰克·达格曼, 美国当代环境科学家

Davidson，C. C. 戴维森

DeBono，Edward 爱德华·德·波诺，1933—，法国心理学家

Demkin，Joseph A. 约瑟夫·A. 德莫金

Descartes，Rene 勒内·笛卡儿，1596—1650，法国哲学家、科学家和数学家

Doczi，Georgy 乔治·多柯茨，美国当代建筑师

Dubos，René Jules 雷内·朱利斯·杜博斯，1901—1982，美国微生物学家

Duchamp，Marcel 马塞尔·杜尚，1887—1968，法国画家

E

Eckbo，Garrett 瑞特·埃克博，1910—2000，美国景观建筑师

Eisenman，Peter 彼得·埃森曼，1932—，美国建筑师

Eliot，Charles 查理斯·埃利奥特，1859—1897，美国景观建筑师

Escher，Maurits Cornelis 莫里茨·柯奈利斯·埃舍尔，1898—1972，荷兰平面艺术家

Espitia，Carmen 卡门·伊斯皮提亚

F

Ferguson，Marilyn 玛丽琳·弗格森，1938—2008，美国女作家、编辑和公共演说家

Field，K.F. K.F. 菲尔德

Findlay，R.A. R.A. 芬德利

Fisk，Pliny 普林尼·菲斯克，1944—，美国建筑与规划系统论专家

Forrester，Jay 杰伊·福瑞斯特，1918—，美国计算机工程师

Freud，Sigmund 西格蒙德·弗洛伊德，1856—1939，奥地利精神分析学家

Fuller，Richard Buckminster 理查德·布克敏斯特·福勒，1895—1983，美国工程师

G

Garnham，Harry Launce 哈利·劳恩斯·加纳姆，1941—，美国当代学者

Gehry，Frank 弗兰克·盖里，1929—，加拿大裔美国建筑师，普利茨克奖获得者

Gibson，James Jerome 詹姆斯·杰罗姆·吉布森，1904—1979，美国心理学家

Gigch，John Peter van 约翰·彼得·凡·季驰，1930—2006，美国组织理论家

Gilbert，A.J. A.J. 吉尔伯特

Glass，David C. 戴维·C. 格拉斯，美国当代心理学家

Gleick，James 詹姆斯·格雷伊克，1954—，美国作家、记者、传记作家

Graves，Michael 迈克尔·格雷夫斯，1934—，美国建筑师

Greenbie，Barrie 巴里·格林比，1934—1997，美国城市规划学者

Grimaldo，Lisa 丽莎·格里马尔多

H

Hack，Gary 加里·海克，美国当代城市设计师

Hall，Charles A.S. 查尔斯·A.S. 霍尔，1943—，美国系统论生态学家

Hall，Edward Twitchell 爱德华·特威切尔·霍尔，1914—2009，美国人类学家和交叉文化学者

Hamilton，Joseph Reuben 约瑟夫·鲁本·汉密尔顿

Hartkopf，Volker 沃尔克·哈特科普夫，美国当代建筑学者

Hawken，Paul 保罗·霍肯，1946—，美国环境学家

Hebb，Donald Olding 唐纳德·奥尔丁·赫布，1904—1985，加拿大心理学家

Heidegger，Martin 马丁·海德格尔，1889—1976，德国哲学家

Hill，George Angus 乔治·安格斯·希尔，加拿大当代景观设计师

Hofstadter，Douglas Richard 道格拉斯·理查德·霍夫斯塔特，1945—，美国学者

Holloway，John 约翰·霍洛韦

Hopkins，Lou 卢·霍普金斯

Hull，Dr.R.Bruce R. 布鲁斯·赫尔博士，美国当代景观建筑学者

Hunt，M. M. 亨特

I

Irwin，Robert 罗伯特·欧文，1928—，美国装置艺术家

Ittelson，William H. 威廉·H. 爱特森

J

Jackson，Marion T. 马里恩·T. 杰克森，美国当代景观建筑学者

Jackson，Wes 韦斯·杰克逊，1936—，美国生物学研究学者

Jacobi，M. M. 雅可比

Jacobs，Jane 简·雅各布斯，1916—2006，美国城市规划师

Jantsch，Erich 埃里克·詹奇，1929—1980，奥地利天文物理学家

Javacheff，Christo Vladimirov 克里斯托·弗拉基米洛夫·加瓦歇夫，1935—，保加利亚艺术家

Jencks，Charles 查尔斯·詹克斯，1939—，美国建筑理论家、

景观建筑师和设计师

Jensen, Jens 詹斯·詹森，1860—1951，丹麦籍美国景观建筑师

Jones, Melinda 梅琳达·琼斯

Jordaan, Gwen 格温·乔丹

Junega, Narendra 纳伦德拉·朱尼加

K

Kahn, Louis 路易·康，1901—1974，美国建筑师

Kaplan, Stephen 斯蒂芬·卡普兰，美国当代心理学者

Kelbrough, Don 堂·凯尔布拉夫

Keniry, Julian 朱利安·柯尼里

Kiley, Dan 丹·凯利，1912—2004，美国景观建筑师

Klatt, Fred 弗雷德·克拉特

L

Labs, Kenneth 肯尼斯·莱伯斯

Landphair, Dr. Harlow C. 哈洛·C. 兰德菲尔博士，美国当代景观建筑学者

Laurie, Michael 米歇尔·劳瑞，1932—2002，美国景观建筑学者

Lazarus, Richard 理查德·拉扎勒斯，1922—2002，美国心理学家

Le Corbusier 勒·柯布西耶，1987—1965，瑞士—法国建筑师

Leopold, Aldo 奥尔多·利奥波德，1887—1948，美国科学家、生态学家

Lewis, Phillip 菲利普·刘易斯，1925—，美国景观建筑师

Lewis, Pierce Free 皮尔斯·福瑞·刘易斯，1927—，美国地理学家

Loftness, Vivian 维维安·洛夫特尼斯，美国卡内基—梅隆大学建筑与环境工程教授

Lutyens, Edwin Landseer 埃德温·兰西尔·鲁斯琴，1869—1944，英国建筑师

Lyle, John MacIntosh 约翰·麦金托什·莱尔，1872—1945，加拿大建筑师、设计师、城市规划师

Lyle, John Tillman 约翰·迪尔曼·莱尔，1934—1998，美国景观设计师

Lynch, Kevin 凯文·林奇，1918—1984，美国城市规划师

M

MacLean, Paul 保罗·麦克林，1913—2007，美国内科医生和神经科学家

Mandelbrot, Benoit 贝努瓦·曼德布罗特，1924—1910，美籍法国数学家

Manning, Warren 沃伦·曼宁，1860—1938，美国景观建筑师

Marshall, Lane L. 莱恩·L. 马歇尔，1937—2003，美国景观建筑师

Marx, Roberto Burle 罗伯托·布雷·马克斯，1909—1994，巴西景观建筑师

Maslow, Abraham 亚伯拉罕·马斯洛，1908—1970，美国社会心理学家

McCarley, Bill 比尔·麦卡利

McCarthy, Dr. Michael M. 米歇尔·M. 麦卡锡博士

McDonough, Bill 比尔·麦克多诺，1951—，美国生态建筑师

McHarg, Ian Lennox 伊恩·伦诺克斯·麦克哈格，1920—2001，英国著名园林设计师、规划师和教育家

McMillan, David W. 戴维·W. 麦克米兰

Meadows, Donella H. 多拉·H. 梅多斯，1941—2001，美国环境科学家

Mehrabian, Albert 阿尔伯特·梅拉比安，1939—，美国心理学家

Meier, Richard 理查德·迈耶，1934—，美国建筑师

Meinig, Donald William 唐纳德·威廉·迈尼格，1924—，美国地理学家

Miller, George Armitage 乔治·阿米蒂奇·米勒，1920—2012，美国心理学家

Miller, George Tyler, Jr. 小乔治·泰勒·米勒

Murphy, Michael 米歇尔·墨菲

N

Nasar, Jack L. 杰克·L. 纳萨尔，美国当代规划学者

Norberg-Schulz, Christian 克里斯蒂安·诺伯格—舒尔茨，1926—2000，挪威建筑师、建筑历史学家、理论家

Nôtre, André Le 安德烈·勒·诺特，1613—1700，法国景观设计师

O

Odum, Eugene 尤金·奥德姆，1913—2002，美国科学家

Odum, Howard 霍华德·奥德姆，1924—2002，美国生态学家

Olin, Laurie 劳瑞·欧林，1938—，美国景观建筑学者

Olmsted, Frederick Law 弗雷德里克·劳·奥姆斯泰德，1822—1903，美国景观设计师

P

Pacheco, Pedro 佩德罗·帕切科

Peale, Norman Vincent 诺曼·文森特·皮尔，1989—1993，作家、职业演说家

Pearce, Peter Jon 彼得·乔恩·皮尔斯，1936—，美国产品设

计师

Perugino，Pietro　皮特罗·佩鲁吉诺，1445—1523，意大利画家

Peterson，Larry　拉里·彼得森

Piano，Renzo　伦佐·皮亚诺，1937—，意大利建筑师

Pirsig，Robert　罗伯特·波西格，1928—，美国作家、哲学家

Press，Frank　弗兰克·普雷斯，1924—，美国地质学家

Proshansky，Harold M.　哈罗德·M.普洛杉斯基，1920—1990，美国环境心理学家

Prugh，Thomas　托马斯·普鲁夫

Pushkarev，Boris　鲍里斯·普什卡列夫，1929—，美国建筑学者

Pythagoras　毕达哥拉斯，约公元前 580 年—约前 500 年，古希腊数学家

Q

Quinn，Daniel　丹尼尔·奎恩，1935—，美国作家

R

Rapoport，Amos　阿摩斯·拉普卜特，1929—，威斯康星州密尔沃基大学建筑与城市规划学院教授

Redfield，Robert　罗伯特·雷德菲尔德，1897—1958，美国人类学家、人类文化语言学者

Rees，William　威廉姆·瑞斯，1943—，加拿大生态学者

Rifkin，Jeremy　杰米里·里夫金，1945—，美国经济学家

Rivlin，Leanne　利安娜·瑞夫林，1929—，美国环境心理学家

Rogers，Richard　理查德·罗杰斯，1933—，英国建筑师

Rohe，Mies van der　密斯·凡·德罗，1886—1969，德国建筑师

Rose，James　詹姆斯·罗斯，1913—1991，20 世纪美国先锋景观建筑师

Roszak，Theodore　西奥多·罗扎克，1933—2011，美国作家、历史学家

Rudofski，Bernard　伯纳德·鲁道夫斯基，1905—1988，美国作家、建筑师

Russell，James　詹姆斯·拉塞尔，1947—，美国心理学家

Ryan，Dennis Michael　丹尼斯·米歇尔·瑞安，1943—，美国建筑学者

S

Saenz，Abbe　阿贝·萨恩斯

Sausmarez，Maurice De　莫里斯·德·索斯马兹，1915—1969，英国具象画家

Schaatz，Joel　乔尔·莎茨

Schimper，Andreas Franz Wilhelm　安德烈·弗朗兹·威廉·席姆佩尔，1856—1901，瑞士植物学家

Scott，Perry　佩里·斯科特

Shepard，Paul　保罗·谢泼德，1925—1996，美国环境学家

Shumaker，S. A.　S. A. 舒梅克

Siever，Raymond　雷蒙德·西维尔，1923—2004，美国地质学家

Singer，Jerome Everett　杰罗姆·埃弗雷特·辛格，1934–2010，美国心理学家

Smith，Dr. Hadley　哈德利·史密斯博士

Smith，Les　莱斯·史密斯

Smithson，Robert　罗伯特·史密森，1938—1973，美国大地艺术家

Snelson，Kenneth　肯尼思·斯内尔森，1927—，美国当代雕塑家和摄影师

Sonnenfeld，Joseph　约瑟夫·索南菲尔德，1924—2014，美国行为地理学家

Sorenson，J.　J.索伦森

Sorokin，Pitirim　皮季里姆·索罗金，1889—1968，俄裔美国社会学家

Steinitz，Carl　卡尔·斯坦尼兹，美国当代景观规划设计师

Stokols，Daniel　丹尼尔·斯托克斯，1948—，美国当代心理学家

Strauss，E.　E.斯特劳斯

T

Tansley，Arthur George　亚瑟·乔治·坦斯利，1871—1955，英国生态学家

Taylor，R.B.　R.B.泰勒

Thompson，D'Arcy Wentworth　达西·温特沃斯·汤普森，1860—1948，苏格兰生物学家、数学家

Thompson，William Irwin　威廉·欧文·汤普森，1938—，美国社会哲学家、文化批评家

Thurstone，Louis Leon　路易斯·列昂·瑟斯顿，1887—1955，美国心理测验学和心理物理学先驱

Tibbs，Hardin　哈丁·提布斯，英国当代管理学者

Tobey，George B.　乔治·B.托比

Todd，John　约翰·托德，1939—，加拿大动物学家

Toffler，Alvin　阿尔文·托夫勒，1928—，美国作家和未来学家

Tschumi，Bernard　伯纳德·屈米，1944—，瑞士建筑师

Tuan，Yi-Fu　段义孚，1930—，华裔美国地理学家

Tunnard，Christopher　克里斯托弗·滕纳德，1910—1979，加拿大景观设计师